新世纪美学译丛

实用主义美学

——生活之美，艺术之思

〔美〕理查德·舒斯特曼　著

彭　锋　译

商務印書館

2016年·北京

Richard Shusterman

PRAGMATIST AESTHETICS:

Living Beauty, Rethinking Art

Rowman & Littlefield Publishers, 2000

本书根据美国罗曼和利特菲尔德出版社 2000 年版译出

《新世纪美学译丛》编者前言

美学在当代中国的特殊地位,常常使外国同行既惊诧,又羡慕。

首先是人多势众,如果以一国来计,中国美学研究者人数当属世界第一。其次,在我们的大学教育中,在出版物中,在学术讨论中,美学常常扮演热门显学的角色,进入了公共学术论坛,这与美学在西方由一批专门学者进行专业内的探讨形成了鲜明对照。

回顾近代以来美学在中国建立的历程,有一个不争的事实,那就是西方美学著述的译介对这一学科的建构具有不可或缺的作用。老一辈美学家在新文化运动中引入西方美学,为中国现代美学提供了重要的参照系和丰富的理论资源。这也许可以视为中国现代美学建构过程中的第一波"西潮"。我们今天耳熟能详的诸多美学大师,如朱光潜、宗白华等都有许多重要的西方美学译著。改革开放以来,一些有识之士克服重重困难,恢复了译介西方美学著述的工程,这大约可以算作中国美学的第二波"西潮"。李泽厚主编了煌煌数十卷的《美学译文丛书》。除此之外,还有许多单本的译作问世。这些翻译工作有力地推动了中国当代美学发展。如果没有这些西方美学基本文献的译介,中国当代美学的发展是难以想象的。

今天,我们身处新世纪的起点上,全球化浪潮使得学术的交往和理论的旅行变得日益频繁,也日益重要。美学建设需要更广阔的视野和更丰厚的资源。然而,上世纪刊行的西方美学译著,大都限于从 19 世纪至 20 世纪中叶的西方美学。这以后的半个世纪里,出现了许多新的学派、理论和方法,出现了对美学这个学科对象和范围的种种新的理解,也出现与同时代的哲学、文学、艺术,以至文化研究、人类学、民族和区域等多种研究的互动和互渗关系。西方美学经过差不多两代学者的不懈努力,基本面貌已经发生了根本的变化。一些新的、有影响的美学论述出现了,一些新的理论框架产生了,美学上的论争开始在新的理论平台上进行。

美学界重新面临着由于不了解新的情况而丧失国际学术对话能力的危险,美学界重新出现了当年被老一代美学家们所批评的闭门构思一个又一个大体系的倾向。了解国际美学发展的现状,以我们自身的理论资源,参加到国际美学对话中去,这是新世纪中国美学的必由之路。

正是基于这样的认识,基于对发展中国美学尽我们绵薄之力的愿望,我们筹划了这套《新世纪美学译丛》。

王国维说:"中西二学,盛则俱盛,衰则俱衰,风气既开,互相推助。"中国现代学术的发展,证明此话并非夸大之言。就美学研究来说,情况亦如是。秉承前辈学者所开创的西方美学著述的译介工作,乃是我辈同仁不可推诿的责任。我们的想法是,这套文丛所选篇什尽力反映出西方美学的最新发展,揭橥西方美学研究晚近形成的新领域和新路径。总之就是借"他山之石",将中国当代美学提升到一个新的境界。

周　宪　高建平

2002 年 7 月

目　　录

中译本序

这本书发展了一种基于实用主义哲学的方法和教导的美学理论。虽然它涉及从总体上来考虑艺术，但对大众传媒文化的通俗艺术给予了特别的关注。有些人也许会觉得奇怪：为什么这本书对今天的中国读者需要有一个专门的介绍。哲学的真理和价值，还有她的错误与误导，对任何国家（或任何时代）的有才智的读者——不管他们的特殊文化语境——来说，难道不应该是一样可以接受的吗？我希望哲学的命运，不依赖那种单一的、一致的和与语境无关的哲学推理的本领的假定。

尽管前言不是讨论这些问题的最好的地方，但是，对语境的多元性的尊重，是美国实用主义的一个主要的主题；这种多元语境有助于对这本书将美国哲学与通俗艺术结合起来作出解释。尽管美国通俗文化已经变成了当今世界上一种强有力的存在，……但是，对通俗艺术的严肃的哲学处理，仍然是极为罕见，而占统治地位的欧洲哲学方法，似乎缺乏对它提供真正理解的装备。不仅学院哲学对通俗文化的具体形式典型地显得过于抽象和疏忽，而且哲学的传统视野对激发通俗艺术的目标、意识形态和社会－文化事实也常常完全充满敌意。例如，笛卡尔的二元论和康德的美学，当然不是欣赏拉谱的方式，甚至不是欣赏法国或德国拉谱的方式。

要提出一种基于美国哲学的美学理论，作为理解美国通俗文化的更好的方法,也许会被误解为在表达文化帝国主义和最糟糕的沙文主义。相反,我将实用主义美学推荐给通俗艺术,倒应该被当作对文化差异性的一种更加谦让的哲学赏识,它意味着不仅对艺术形式和艺术理论而且对一般意义上的哲学实践的一种语境的、实用主义的探究。

这种对哲学中的语境性的认可,并不必然导致一种排除所有普遍化的不可救药的相对主义。这是因为我们不同的语境经常包含大量的交迭和共有的特征。虽然美国城市黑人社区的确与众不同,但其他社区也熟悉相似的贫穷和社会-政治压迫的经验。虽然实用主义被正确地公认为美国对哲学的独特贡献,但它也被看作更早的英国和德国哲学的一种建设性的融合,在新世界的大熔炉中,它们被创造性地锻造,它们可以被更有成效地与更大的自由融合起来,因为它们可以摆脱由其旧的国家文化领域加给它们的限制而自由地发挥作用。

* * *

实用主义的多重根源也可以延伸到亚洲的思想。被广泛地公认为在 C. S. 皮尔斯正式开创的实用主义运动之前的实用主义先知的拉尔夫·沃尔多·爱默生,就深受《奥义书》(Upanishads)和佛的学说的激发。威廉·詹姆斯对宗教经验的探讨,同样受到瑜珈、吠檀多(Vedanta)和佛教的重要启示。约翰·杜威,当然对我的实用主义美学理论产生了最大的影响,他尤其受到从中国学到的东西的影响,不仅是从中国的著述中学到的东西,而且是从他于1919-1921年间在醇厚而激荡的中国文化中的生活经验学到的东西。正如他的女儿简所证实的那样,这种经验"是如此重要,以至于起到了一种复兴(杜威的)智识热情的作用",因此,他将中国当作"最靠近他心灵的国家,就像他自己的国家一样"* 杜威对中国的赏识得到了热烈的回报,他在那里的演讲受到热烈的欢迎,得到了广泛的出版发行,并对那个时候的新文化运动产生了广泛的影响。我尤其高兴见到《实用主义美学》中译本的一个原因是,它有助于复兴由杜威在上个世纪初期创立的实用主义和中国思想之间的富有成效的联系。

不过,除了杜威这个特殊的历史例子之外,我在实用主义的一般取向和中国哲学之间,发现了大量有希望的交叉重叠。尽管我还有太多要向中国哲学学习的东西,但中国哲学与实用主义在下列主题上似乎是共享的。首先,存在这个同样的主张:哲学在根本上要指向人生的保存、培育和完善,因此,哲学应该与伦理学和政治学有密切的关联。换句话说,哲学的首要目的,在于人类的利益和增进我们的人道主义,而不在于仅仅为了制造真的句子而描述事实。

这个观点可以有一个必然的美学推论:美学的最高作用,是增进我们对艺术和美的经验,而不是制造关于这些概念的语言定义。而且,增进我们对艺术的经验,不只是意味着增加我们个人对艺术作品的享受和理解。因为艺术不仅是内在愉快的一个源泉(同样是一个重要的价值),而且也是赋予日常生活的社会运行以雅致和优美的一种实践方式。

艺术还是可以改善个人和社会的伦理教育的重要手段。我认为,儒家对乐和礼的强调,使这种审美教育模式变得非常清楚了。这一点通过这种美学类推也隐语式地传达出来了:"玉不琢不成

---

* See Jane Dewey, "Biography of John Dewey," in P. A. Schilpp (ed.), *The Philosophy of John Dewey*, 2nd ed. (New York: Tudor, 1951), 42.

器,人不学不知道。”这本书的中国读者将会看到实用主义论证审美教育作为道德和政治改造的关键的方式,不过,我在《哲学实践》*对这些伦理和政治问题进行了更详细的讨论。

尽管实用主义集中于人的改善,但是,它是由承认这个观点——人的本性是不可避免地和非常有益地被置于人类富有成效地参与其中的自然的大舞台上——来进行这种改善的。用我从中国哲学中学到的术语来说,仁属于更具包容性的道。因此,需要理解和利用更大的自然力量来推进我们人类的事业,包括完善我们人性的整个事业。在美学中,这意味着承认:艺术的节奏与活力是从周围自然世界中的节奏与活力中浮现出来的,并且是卓有成效地建立在自然的节奏与活力的基础上。

对于通过哲学改善人的环境条件的关注,是实用主义深刻的实践本性的明显证据,我在中国哲学中也发现了这种关注。即使我希望将哲学归结为它自身的某些特别的内在价值,但哲学的首要价值仍然是改善人的生活的工具价值。不过,在将哲学当作这种最高目的的一种手段中,并不是降低哲学为缺乏价值。因为如果我们看重和希望实现这种目的的话,我们就必须同样尊重能够获取这个目的的最好手段(当然,在没有任何有关这些手段的不道德的情况下)。作为一种真诚对待手段的哲学,实用主义也欣赏在不同的极端之间发现最有用的手段的重要性,认识到正确手段也是不断变化的多元性语境的一种变化的作用。

我很高兴在中国哲学中发现了一种学术探究的包容性的开明

---

* Richard Shusterman, *Practicing Philosophy: Pragmatism and the Philosophical Life* (New York: Routledge, 1997).

思想,它常常使我想起实用主义的基本多元主义。与通过排除所有其他可选择的观点来探索真理不同,这些哲学赏识互补性的作用,因此它们试图在一种更有生产力和更灵活通融的综合中将不同观点的洞见联合起来。如果构成智慧的知识是单一的或单面的,那么在表达或获得它的时候就不会如此困难。智慧的一个十分重要的维度是谦逊,实用主义通过它那无法获得明确知识的理论(fallibilism)的学说表达了这种谦逊,承认任何我们现在所掌握的真理最终都会被未来的经验所驳倒。然而,无法获得明确知识的理论不是怀疑论,因为它一直坚定地相信那些我们正确地拥有的真理,直到我们有了很强的根据去怀疑它们。

我想指出我的实用主义似乎与中国思想走到一起的最后一点:主张身体对作为一种生活艺术的哲学的至关重要的作用。与统治绝大多数欧洲哲学的观念主义对身体的忽视不同,中国哲学展示了对身体在人性完善中的作用的深深尊重。像孟子所写到的那样:“守孰为大?守身为大。”他还补充说,“形色,天性也。惟圣人然后可以践形。”中国文化将对身体的理论肯定与改善我们运动与精神集中能力的实际身体训练(诸如太极拳)的发展结合起来,使我们的行为变得更加高雅,使我们的意识变得更加愉快和敏锐。

虽然我将身体美学确立为一种包括理论和实践的学科的努力受到中国哲学和其他古代亚洲哲学的鼓励,但也受到某些现代西方身-心治疗方法的鼓励。尽管我在本书的最后才介绍身体美学的领域,不过在我随后的《践行生活》(*Performing Live*)* 一书中

---

* Richard Shusterman, *Performing Live: Aesthetic Alternatives for the Ends of Art* (Ithaca: Cornell University Press, 2000), chapters 7-8.

对它有更发展和更详细的说明。

如果我已经从亚洲哲学中学到了某些重要的东西的话，我还希望去学习更多的东西，而且最好的学习方式不是经由书本，而是经由对活生生的文化的直接经验。因此，我最后希望花一些时间去亚洲研究，而且，要是这本书能够为我与中国思想家之间打开富有成效的、协力合作的对话提供一种有效的方式，我将会感到非常幸福。

如果不是因为富有想像、聪明和勤勉的彭锋博士，他完成了将我这本书翻译成中文并安排出版这项艰苦的工作，这一切都只不过是一种空想。在他写信给我表明有兴趣翻译这本书之后，我在他作为访问学者于美国停留期间会见了他。他很快赢得了我对他理解我的实用主义观点的信任。译著实际上只不过相当于它的译者。不论你在这本书中发现怎样有价值的东西，都像我自己工作的产物一样，也是彭锋博士工作的结果。如果你开始喜欢这本书，那么你也分享了某些我对他的努力的极大感激。

中译者导言:分析与解构之间

一

《实用主义美学》是美国当代著名美学家理查德·舒斯特曼(Richard Shusterman)的代表作,全名《实用主义美学——生活之美,艺术之思》(*Pragmatist Aesthetics: Living Beauty, Rethinking Art*),1992 年由 Blackwell 出版,2000 年由 Rowan & Littlefield Publishers 再版。该书一出版就引起了西方学界的不小震动,包括罗蒂、布尔迪厄、哈贝马斯、丹托等在内的当今西方最活跃的思想家们都作出了积极的反应,给予了很高的评价。迄今为止,该书已经被翻译为德、法、芬兰、波兰、葡萄牙、日、韩、斯洛伐克、匈牙利和罗马尼亚等 10 种文字,在世界范围内拥有大量的、跨越了学术和非学术界限的读者。*

笔者结识舒斯特曼和他的新实用主义还有一段因缘。2000－2001 学年,笔者有机会赴耶鲁大学访学。本来打算跟从著名分析美学家沃尔特斯托夫(Nicholas Wolterstorff,国内翻译过他的《宗教与艺术》),从事分析美学和艺术作品本体论研究。但由于缺乏

---

* 正如作者在"第二版导言"中指出的那样:"受惠于许多翻译,这本书有幸受到了来自范围广泛的文化视界和来自哲学之外的各种学科的批评关注。我从这种国际的、多学科的批评中学到了很多,在随后的许多出版物中,我通过提炼、修正和扩充本书的主要论点,对它们作出了回应。"(p. iii. 下面引用该书的文字,只注明页码。)

分析哲学的训练,对分析美学的那套路数,我确实不太适应。当然更重要的原因还是,我始终提不起对分析美学的兴趣。我对分析美学的偏见,不仅没有引起沃尔特斯托夫的反感,反而赢得了他的同情。他建议我去见他的朋友,一个曾经醉心于分析美学但现在已经与它分道扬镳的美学家:理查德·舒斯特曼。

舒斯特曼像多数犹太人一样,有着不一般的经历。他早年在美国长大,随后赴以色列接受高等教育,在希伯莱大学读完学士和硕士之后,又赴牛津大学攻读博士学位。最后辗转回到美国从事哲学教育,现任美国费城天普大学哲学系主任,巴黎国际哲学学院导师(Directeur de Programme at the Collège International de Philosophie, Paris)。

天普大学哲学系可以说是美国美学研究的中心,从比尔兹利(M. C. Beardsley)到马戈利斯(J. Margolis)再到舒斯特曼,这个学校的哲学系始终由美学家所主持。在现有的10名教员编制中,有3人是从事美学研究和教学的。著名的美学杂志《美学与艺术评论》(*Journal of Aesthetics and Art Criticism*)就由他们主办。

舒斯特曼早在1970－1980年代,就以研究分析美学而闻名。他曾经作为特约编辑,为《美学与艺术评论》杂志主编过"分析美学"专辑。分析美学中的经典文本之一:《分析美学》,* 也是由他主编的。具有讽刺意味的是,由于国内的《哲学译丛》曾经发表过他的《对分析美学的回顾与展望》的译文,因此,国内美学界将舒斯特曼视为典型的分析美学家。**

---

* *Analytic Aesthetics*, R. Shusterman ed., Oxford: Blackwell, 1987.

** 例如,蒋孔阳、朱立元主编的《西方美学通史》中,就有这样的表述:"……美国另一位分析美学家理查德·苏斯特曼中肯地指出……"(《西方美学通史》,第七卷,187页)。在《分析美学的衰落与形而上学的复兴》一文中,作者也似乎将舒斯特曼列入年轻的分析哲学家一类中(见《复印报刊资料·美学》2001年第2期)。

舒斯特曼对他由分析美学向实用主义的转变,在《实用主义美学》第一版序言中,曾经有这样一段叙述:"实用主义是一种与众不同的美国哲学,本书(尤其是它对摇滚和拉谱* 的兴趣)对某些读者来说,似乎太美国化了。对我个人来说,它代表了一个在经历差不多20年的学校教育和学术工作之后,重新回到美国生活和文化的旅程。在耶路撒冷和牛津,我没有接受过实用主义教育;在内盖夫,我也没有教过它。在那里,哲学意味着分析哲学,美学意味着分析美学。只有当我在1985年回到美国就职于天普大学的时候,实用主义才作为一种哲学视域呈现给我。在其他事物中,它实际上是一种帮助我再次融合于一种最初造就我、但现在似乎令我困惑而刺激的新文化的智识工具。然而,直到1988年春天,当我给一群非常混杂而活跃的哲学和舞蹈专业的研究生听众教美学讨论课时,我向实用主义美学的最终'转变'和本书的观点,才开始形成。……我最初倾向于,主要用杜威作为我当时视为远为出众的阿多诺美学理论(我仍然非常钦佩)的衬托。但在学期结束时,经过仔细观察课堂上不同的论辩和在跳舞的地板上检验某些论点,我不得不用阿多诺严峻、阴沉和傲慢的精英马克思主义,来换取杜威更朴实、乐观和民主的实用主义。"(p. xvii.这里的页码是原书的页码,即中译本的边码,下同。)

这本书之所以受到读者欢迎或有五点理由:"首先,作者恢复了美国自己的哲学传统,即实用主义哲学传统,并且很好地将实用主义哲学置于争执不下的分析哲学与解构主义之间,使之在调和

---

* 拉谱是最早起源于纽约黑人区的一种通俗艺术形式,国内常见的翻译有"说唱"和"饶舌"。鉴于Rap主要有"拉话"和"摆谱"的毅思,因此直接将它音译为拉谱,似乎更为传神。

二者矛盾的基础上,对当今西方主流思想有了更进一步的推进,让人们看到当代处于困境中的西方哲学与美学有了一个新的发展的希望。其次,作者最先从理论上对通俗艺术,特别是 1980 年代在美国兴起的拉谱音乐,作出了有力的辩护。作者对拉谱音乐引人入胜的分析和深刻的洞见,是该书吸引广大学术圈子之外的读者的一个重要原因。第三,作者指出了一种后现代社会的新的伦理生活形式,即所谓的趣味伦理或者审美伦理,这为当前正在探寻新的价值标准的人们打开了一个崭新的视界。第四,作者对身体因素在美学和美好生活中的重要地位的强调,与当代西方思想倾向于关注自然、身体和社会制度等物质层面的东西的潮流是一致的。最后,作者对太极、瑜珈、禅等东方文化和思想的强烈兴趣和积极推崇,使它在日、韩等东方国家也产生了极大的影响。"*

在这里,我将主要显示舒斯特曼独特的实用主义立场,看他究竟怎样在势不两立的分析与解构之间进行周旋调和,怎样在僵持不下的分析与解构之间开出一条"最有希望、最有前景的"哲学和美学道路。围绕这个问题的论述,不一定是《实用主义美学》中最精彩的部分,但无疑是其最有理论意味的部分。

二

舒斯特曼为什么要从分析美学转向实用主义?除了上述社会

* 关于这本书的受欢迎的程度,由作者跟我开的一个玩笑可见一斑。我曾经跟作者抱怨:这本书刚刚再版,怎么在美国东海岸最有名的耶鲁书店都找不到,在以藏书丰富而自豪的耶鲁大学图书馆里也找不到第一个版本?作者开玩笑说:我这本书不仅有人买,还有人偷,无论在美国还是在欧洲都一样。如果说耶鲁书店的书被买走了的话,那么耶鲁图书馆里的书,很有可能被偷走了。

学方面的原因之外,我们更感兴趣的还是理论上的原因。《实用主义美学》的前半部分的主要工作,就是要让我们信服:作者的这种转向,绝不是出于个人的好恶,而是一种普遍的理论倾向。

分析与解构,无疑是当今西方思想界最活跃同时又相互竞争的两大流派。舒斯特曼要在分析与解构争持不下的局面下,恢复美国本土的实用主义传统,这不仅需要重提实用主义的观念,而且需要在当代哲学的论争语境中给它找到一个合适的位置。明确地说,要在分析与解构分别代表英美与欧陆哲学传统的时代背景下,找到实用主义的合适位置。

舒斯特曼为实用主义找到的理论位置,介于分析与解构之间。如果说分析与解构分别居于当代思想的两个极端的话,实用主义则是不偏不倚的中道。它不仅调和了分析与解构之间的矛盾,而且突破了它们各自的局限。用作者本人的话来说,"由于处于分析美学和欧陆美学之间,实用主义美学将后者的洞察和广泛关涉,与前者的经验主义精神和落实到底的见识结合起来,在帮助我们重新定位和复兴艺术哲学上,占有很好的位置。这种将实用主义看作分析和大陆传统之间更有前途的中道与调和的观点,……激发了我这本书的大部分内容。"(p.4)

为了帮助我们理解实用主义所处的特别的理论位置,舒斯特曼独具匠心地选取了两个经典的美学观念:有机统一和解释。正如作者所说:"……我选择有机统一和解释作为问题的范例。在这两者中,实用主义都将自身展示为一条在基础分析哲学和解构主义之间的有希望的中间道路,这不仅体现在美学上,而且体现在更深入的本体论、语言和认识论的问题上,体现在这两种'美学'问题的转向上。"(p. 62)

有机统一,是传统美学的核心概念。自从亚里士多德以来,用有机统一或有机整体作为美或艺术作品的主要特征的观点,在美学史上可谓汗牛充栋。尤其是在以黑格尔为代表的德国古典哲学那里,有机统一的思想被发展到了极致。在当代思想中,表面看来,解构主义最反对有机统一观念,而分析(尤其在摩尔的伦理学那里)却主张某种意义上的有机统一。舒斯特曼通过对解构主义和分析哲学的更深刻的逻辑层面的发掘,发现事实上刚好相反。在根本上反对有机统一观念的,不是解构主义,而是分析哲学。通过考察它们对待有机统一观念的不同态度,可以清晰地发现解构主义与分析哲学的不同立场,同时能够很好地确立实用主义介于二者之间的中道地位。正如舒斯特曼所说:"有机统一,确实为描绘解构主义和分析哲学最深刻地相互限制的对立关系,提供了一个特别有效的焦点。因为尽管解构主义反对美学中的有机统一,但我们将发现,在美学表面之下、在更深的逻辑层面上,解构主义,在根本上将自身交付给和无法逃脱地嫁与了有机统一的一个重要的(起源于黑格尔的)意义。甚至,它对美学的统一性的攻击,刚好在根本上依赖这种有机原则。相反,尽管分析哲学主张某种形式的有机统一作为美学的原则,但它强有力地否认有机统一的更根本的逻辑原则。这种逻辑原则不仅构成解构主义威胁美学统一性的重要基础,而且构成解构主义威胁指涉和个体化的可能性——分析方案的根本核心——的重要基础。从这两个匹敌的哲学的争斗僵局中,实用主义将作为恢复它们各自优势的最合适的选择而出现。"(p. 64)

舒斯特曼所谓分析哲学主张某种形式的有机统一作为美学原则的判断,主要指的是摩尔在《伦理学原理》中对某种意义上的有机统一观念的赞同。在《伦理学原理》中,摩尔区分了三种意义的有机统一。第一种意义的有机统一,大意是"一个整体中的部分的任何变化,不仅会在某种程度上改变整体,而且还会改变其他的部分。"因此,"如果具有不同的部分,显然就是一种不同的整体。"(p.66)这种意义的有机统一,可以称之为"因果"意义上的有机统一。第二种意义的有机统一,"更像是一个具有突显性质的整体,它的突显性质不能还原为它的组成部分的性质,甚或不与它的组成部分的性质相称。""因此,有机统一的这种意义可以被更一般地认作一种统一,其中整体的性质不同于它的个别部分性质的总和,且不能还原为它的个别部分性质的总和。"(p. 67)摩尔认同这两种意义的有机统一观念。尤其是第二种,摩尔还专门对它从美学上加以说明:"一幅画的所有部分,不具有像身体的某些部分所具有的那种互为因果的依赖关系,可是那些不具有这种关系的部分的存在,对整体的价值来说,却是绝对必不可少的。"(p. 67)第三种意义上的有机统一,指的是黑格尔意义上的有机统一。其核心思想是:如果一个东西成了一个整体的一部分,它就具有一种否则就不具有的性质——不仅作为整体的部分的性质,而且通过它参与整体之中而获得更本质的突显性质。譬如,当一只手作为有机整体的人的一部分时,它所具有的力量和性质,不同于那只同身体分离的手。具有不同性质的东西不能被等同起来,因此作为一个有机部分的手,一定在本质上不同于从整体上砍下来的同一只手。它的不同特性,似乎明显取决于它所属于的整体,或者由它所属于的整体构成。这样整体不仅是由部分构成的,而且反过来成为构成部分的性质的东西。摩尔谴责这种形式的有机统一为既混乱不清又自相矛盾。

根据摩尔的分析,这种有机原理主张有一个部分(P),它有助于形成整体(W),因此在逻辑上可区分于W,同时又反对P具有任何自身独立的和可区别的性质,只不过是它真正的同一性陷入了整体(W)和它是其中一部分的相互联系的系统之中。因此,虽然P本来具有区别于W的同一性,仅仅作为W的一部分,但它随后又被矛盾地当作在分析上包括W作为它自身的部分,因为它自身是由整个W的部分之间的关系组成的。换句话说,有机统一的根本观念,要求任何我们区分为用来形成整体的独立的部分都不能被如此地区分。作为在自身中的部分和在整体中的部分是不能相同的,因为作为整体中的部分,它具有本质上或构成上不同的性质。因此,我们被引进了一种矛盾之中:P是又不是整体W的部分;或者替换为P不是P(因为当它是整体中的部分和当它是孤立存在的时候,不是同一个东西)。像摩尔总起来所说的那样,"同一个事物,因为它在此时比在彼时是更有价值的整体中的一部分,因而在此时比在彼时具有更内在的价值,这个假定促成了这个自我矛盾的信仰:同一个事物可以成为两个不同的东西,而且只有在它的一种形式中,它才真正地是其所是"。(p. 68–69)

不可否认,摩尔对有机统一的三种意义的区分和对黑格尔意义上的有机统一的批判,是非常机敏和有力的。但舒斯特曼对摩尔的分析提出了批判。舒斯特曼指出,摩尔的分析明显依据两个根深蒂固的原则:作为法则的同一性与矛盾性,和作为现实的自我同一的个别或逻辑上独立的个体。据此,摩尔完全忽视任何关于有机统一的时间、生命和发展的意义,而这些在杜威的实用主义和浪漫主义美学中,是非常重要的思想。摩尔之所以忽视有机统一这方面的意义,原因在于:如果被称作部分的东西能够随时间改变,如果部分仅仅可以由对部分和整体的一种部署的不同的暂时理解而不同地构成,那么整个关于部分具有逻辑上坚固的自我同一性的观念就变得更有问题了,而摩尔从依赖它的矛盾中而来的常识主张,就变得不那么强势了。舒斯特曼进一步指出,从黑格尔的观点来看,可以说由于对心灵在它有关什么是部分和整体的流动性解释构成中的时间方面和构成游戏的忽视,摩尔使自己受困于安全可靠、但在哲学上贫乏无趣的常识理解水平。这种水平天真地认为,我们所处理的对象、部分和整体都是固定的、自主的事实,而黑格尔主义者和解构主义者,却将它们理解为心灵活动或差异性语言游戏的灵活抽象和建构性产物。(p. 70)摩尔通过分析认定,整体和部分,各有自己的特性。整体的这种特性,是不能从部分中归纳出来的。

三

舒斯特曼还揭示了解构主义中的一个十分有趣的现象:解构主义不仅挑战摩尔对部分和整体各自固定的自我同一的分析承诺,而且它正好依靠摩尔使之成为疑问的(即黑格尔式的)有机统一观念的根本逻辑意义,攻击对有机统一美学的分析性认可。舒斯特曼通过对德里达的延异(*différance*)观念的分析,来说明解构主义如何在根本上依据(黑格尔式的)有机统一观念来反对表面上的(摩尔式的)有机统一。

德里达的延异概念,基于索绪尔的结构主义观念:在语言系统中,只有差异,没有确实的术语。例如,任何一个音素的同一性,都不是由任何确实的本质、任何真正独特的声学上的语音构成的(就它在众多质量上不同的语音中可以辨认而言)，而是由它同系统中其他因素的区分关系构成的。德里达在索绪尔的基础上进一步认识到，我们世界上所有对象和概念都是被语言中介的，因而主张所有谈论中的对象、要素或范畴也都是区分地构成，而不是建立在超越语言的区分网络、在根本上真实而绝对的本质之上。由于任何事物或者要素，都将自己的个性和意义建立在同其他要素的不同联系上，因此，它必然导致任何事物之所是，在根本上都是一种它所不是的作用。由于任何事物或者要素，是由它与不同的、既不简单在其中出现也不必然自动地或连续地随它出现的要素的不同联系中构成的(在这里 *différance* 的延宕意义被展现出来了)，因此任何事物或要素，从来没有完全呈现在自身之中，或者简单地由(或者为)它自身构成。

舒斯特曼指出，如果我们用整体观念来表现这种语言差异的系统或结构，延异和有机统一的基本观念的根本相似性，就立刻会显而易见。因为，像我们看见的那样，基本有机主义断定：任何部分或要素"离开它的整体就不能具有意义或作用"，没有独立的部分能够是一个自我同一的、自我充足的"清晰的思想对象"，因为所有"部分都不是它们所是而是为整体的存在"，"除了作为整体的部分之外，它们是不可思议的"，因为每个部分都从它与整体的其他部分的联系中获得它的意义。既然由于任何我们通常确信为整体的对象，其自身都可能被看作一个更大的整体、结构或者系统中的部分(至少在最小限度的、最模糊的意义上，它是世界的一部分)，因此我们能够将这个有机的、差异的同一性原理，应用于任何对象。从有机统一或差异这个逻辑原理出发，于是可以得出：任何对象之所是，在根本上是它所不是的东西的一种作用；它在本质上由它与它从中被区分出来的其他对象的差异关系构成。没有与它们联系的、相关的差别，它就不可能是其所是，或者不可能像它所是的那样超群出众。(p. 71－72)

由此，解构在根本上与有机统一的相似性，就被揭示出来了。只有假定所有事物都处于一个相互联系的整体中，一个事物从与其他事物的关系中确立自己的同一性的基本的解构主义观念，才有可能成立。有机统一观念，成了解构主义潜在的逻辑前提。

四

基于上述对分析和解构的理解，舒斯特曼将它们之间的对立揭示出来了：分析主张我们能够谈论一个部分(或事物)和它的内在本质，而解构则强调所有部分(或事物)都缺乏自己的内在规定性，事物的同一性只是在它同所有其他事物的相互关系、与所有别的事物的相互区分中建立起来的。

尽管分析与解构都标榜反对传统的形而上学，但它们却都有意无意地落入了其极力避免的形而上学的窠臼。分析独断所有事物都有自身的内在本质，解构则暗中采取一种普遍联系的形而上学姿态。在舒斯特曼看来，它们都是对事物的不自然的理解，都是专业哲学家为了标新立异而抽象出的对世界的极端的看法。

于是，舒斯特曼在这两种哲学极端之间，机敏地确立了他的实用主义立场："按照我的想法，实用主义是分析和解构之间最好的调解和选择，既能将事物看作某种意义上(或者在某些时候已经是)的解释，但解释又是如此无法逃避地深植于我们的实际思想，以至于它们获得了事实或现实的身份。然而，它不必从基础事实的不可获取性匆忙得出解释学和解构主义的总体性结论：所有理解都是解释（或误解），在可理解经验的自由和流动的游戏中，不存在区分它们的东西，没有优先或等级。为此将放弃理解和解释之间的、我们无需要求进一步说明所抓住的东西和为了我们满意地掌握而需要解释的东西之间的一个经常有用的区分。因为对实用主义者来说，现实在根本上具有‘最终对思想的强制’，而真理大致‘在最终和总体上’是‘凡是证明自身在信仰上好的’和‘在我们思想上便利的’，因此，在它的特殊对象和独立事物具有它们自己的性质上，实用主义比解构主义更接近常识的世界观。但是它不想从将世界引到涉及终极存在的基础形而上学的推论的路线上继续下去。它将让这种本体论的问题开放或者——也许更好一些——简单地让它成为无用的和空洞的问题。”(p. 81－82)

显然，舒斯特曼的实用主义立场，建立在对事物的自然理解的常识的世界观的基础之上。根据常识，我们知道有些事物是毋需说明就能把握的，而有些事物则需要深入的、进一步的解释；有些事物具有现实意义上的真实性，有些事物只具有解释意义上的真实性。一种真正的实用主义立场，应该能够包容这些不同的看法。甚至，这里根本不存在是否应该的问题，我们的生活本身就是如此。

五

为了更清楚地理解舒斯特曼这种更接近常识的新实用主义世界观，我们不妨将它与中国儒家哲学的中道观进行简要的比较。中国儒家哲学十分崇尚“中”。《论语·雍也》记载孔子的言论：“中庸之为德也，其至矣乎！民鲜久矣。"《论语·子罕》："吾有知乎哉？无知也。有鄙夫问于我，空空如也。我叩其两端而竭焉。"《论语·尧曰》还记载尧命舜说："允执其中。"《中庸》引孔子的话说："执其两端，用其中于民。"所谓"中庸"，照后来理学家的解释，"中者，不偏不倚，无过不及之名。庸，平常也。""不偏之谓中；不易之谓庸。中者，天下之正道；庸者，天下之定理。"* 用现代汉语来说，"中庸"即事物的中间状态。事物的中间状态究竟是什么？《论语》不直接说"中庸"是什么，为了表达"中庸"的意思，《论语》常常直接说出事物的两端。说出了两端，中间是什么也就大致明白了。如《论语》对孔子的描述是："温而厉，威而不猛，恭而安。""温"和"厉"是两端，把这两端合起来，我们就能得到关于孔子的大致印象。

由于"中"需要"叩其两端"才能得到，所以，孔子也讲"权"。《论语·子罕》记载："子曰：'可与共学，未可与适道；可与适道，未可与立；可与立，未可与权。'"这里的"权"既有权衡的意思，也有权变、变通的意思。无"过"与"不及"的"中"，需要通过权衡两端才能得到，所以"权"有权衡的意思。更重要的是，经由"中"而确立起来的"礼"不能当作僵死的规矩，需要根据不同的情况而权变，由此，"权"也有变通的意思。《中庸》引孔子的话说："君子中庸，小人反中庸。君子之中庸也，君子而时中。小人之中庸也，小人而无忌惮也。"这里的"时中"，照孟子后来的发挥，"中"并不是固定在两端之间的中心点上，"中"是随时而变的。"时中"不仅叫人时时守"中"，而且叫人时时度"中"。《孟子·尽心下》："杨子取为我，拔一毛而利天下不为也。墨子兼爱，摩顶放踵为之。子莫执中。执中为近之；

---

* 见朱熹《中庸章句》标题下注及引程子语。

执中无权,犹执一也。所恶执一者,为其贼道也,举一而废百也。”照孟子所说,杨子的“为我”和墨子的“兼爱”都只是两端。子莫能够“执中”,“执中”比“过”和“不及”两端要好一点。但“执中”还须有“权”,如果“执中无权”,还是执着于固定的一点上。尽管它是中间的一点,但还是有害于变动不居的“道”(即“象”)的*。

在孔孟的这种中庸思想中,包含了四种不同的哲学立场:作为两个极端的“过”与“不及”、固定在两端之间的中心点上的另一个极端“执中”,以及在两端之间不断权衡定夺的“时中”。我们可以将分析和解构看作两个极端,将新实用主义视为处于这两端之间的“中”。正如舒斯特曼所说:“在最深的本体论层次上将传统分析哲学与解构主义对立起来,我们就得面临一个选择:罗素和维特根斯坦通过其外在联系形成事实结构的根本独立和自我同一的实体的、原子论的形而上学,与尼采的解构主义图像,其中没有分别的单个实体或统一,而仅仅因为有一个更巨大的囊括所有的区分性整体,因此有一个无所不包的整体,它的内在区分性关系构成分析者当作个体事物的东西。实用主义者在这个本体论层次上(她勉强走进那里)所理解的,二者都不是:既不是一个自治的原子世界,也不单独是一个整合的相互关系和本质上连接的、相互构成的术语的世界。不同的是,她理解的(在一个她感觉更舒服的本体论层次上)更像是‘尚未完满地结成整体的世界’,很大程度上是‘常识世界,其中我们发现事物部分结合、部分未结合’,一些自我同一但它们的个体性依赖我们的实践和目的的事物。”(p. 83)

---

* 关于“中”的分析,参见冯友兰《中国哲学史新编》第一册 141 - 144 页;第二册 83 - 84页。

新实用主义作为两端之间的“执中”,还是不断权衡定夺的“时中”?在舒斯特曼看来,有一种极端地固执于分析和解构之间的实用主义,那就是以罗蒂为代表的新实用主义。罗蒂不仅主张解释的普遍存在,而且主张所有事物都具有自己的特性,从而将分析和解构完全调和起来。不过罗蒂所主张的事物的特性,不像分析那样,由事物的不变的本质构成,而是由绝对的偶然性和专断的特殊性构成。因此,舒斯特曼指出,“这种由理查德·罗蒂强力鼓吹的实用主义,不管怎么说,似乎进入了一个倒转的反本质主义的本质主义,强调‘个性和偶然的普遍性和必然性’。”(p. 83)罗蒂的反本质主义,由于对个性和偶然性的过分强调,反而成了另一种本质主义,一种反本质的本质主义。这与子莫“执中无权,犹执一也”,有着惊人的相似。

分析、解构和罗蒂的新实用主义,它们在反对传统的形而上学的同时,自身却不知不觉地陷入了某种极端、某种固执,从而限制了自由选择的空间和不断权衡定夺的机能。根据舒斯特曼的设想,一种后罗蒂的实用主义,应该既赞赏整体,又尊重差异;既反对事物基于本质上的同一性,又反对事物毫无确定性;既主张偶然,又看到必然……这一切都取决于实践的境遇和对目标的要求。因此舒斯特曼说:“一个后罗蒂的实用主义,需要认识到这种更适度但更自由的选择。因为一旦我们真的挣脱基础主义的形而上学,本质性质的观念(以及本质和非本质之间的区别)就能够被实用主义地再解释和恢复使用。”(p. 83)舒斯特曼的新实用主义,主张最大限度地利用以往所有的哲学资源,而不主张为突出某种哲学立场而最大限度地限制以往的哲学资源。这似乎是一种标准的后现代主义哲学。

六

到这里为止，我们对舒斯特曼的实用主义立场，已经有了一个大致的了解。在第二版导言中，舒斯特曼将他的立场总结为包括性的析取立场。"'非 p 即 q'的观念，可以被多元论地理解为包括或者一个或者二者的选择（就像在标准的命题逻辑和日常生活的普通场合中那样，一个人可以选择不止一个东西，例如，酒或者水或者二者）。当然，'非此即彼'的析取也有排除的意思，其中一个选择严格地排除另一个，就像生活和逻辑中有时真的所做的那样。但是，采用实用主义的包括立场，我们应该姑且认为：选择的价值能够以某种方式被调和与实现，直到我们有了好的理由解释它们为什么相互排斥。这似乎是在追求生活的多重价值中，充分重视我们的好处的最佳方式。不幸的是，由于析取的排除意义似乎更为精确和惹人注目，它经常在哲学理论中获得无意识的统治地位，激发思想的二元习惯，其中肯定一个选择必然要否定另一个选择，一个人可以拥有酒或者水，但不能二者都有。"(p. xi)

舒斯特曼围绕解释的分析，其目的旨在进一步阐明他不同于分析、解构和罗蒂式的实用主义的独特立场。由于通过上述围绕有机统一的叙述，我们对舒斯特曼的实用主义立场已经有了大致的了解。在这里，我们对他围绕解释的讨论就不再作具体的评述了。而他对通俗艺术的精彩辩护，只有留给读者自己去品味了。

本书的翻译得到了许多专家和朋友的指点和帮助。杜小真教授解决了一些法语翻译上的问题，徐辉博士解决了一些日语上的翻译问题，我的朋友诗人周伟驰博士翻译了《侃侃爵士》这首拉谱的歌词,我的学生宁晓萌、张汉英帮助我通读了校样,周宪博士、高建平博士对本书的翻译十分关心,此外,本书的翻译还得到了"北京大学创建世界一流大学经费"支持,在此深表谢意。

第二版导言

《实用主义美学》的第二版，不仅是一个问候新千年读者的可喜的场合，而且提供了一个改善由巴兹尔·布莱克威尔出版公司(Basil Blackwell)于1992年出版的初版的机会。受惠于许多翻译，这本书有幸受到了来自范围广大的文化视界和哲学之外的不同学科的批评关注。[①]我从这种国际的、多学科的批评中学到了很多，在随后的许多出版物中，我通过提炼、修正和扩充本书的主要论点，对它们作出了回应。[②]

把所有这些改善的论述全部塞入这个新版本中的至善主义的诱惑，将被抗拒。根据我的实用主义见解，哲学著作不应该寻求成为被崇拜的完美对象，而应该是思想的有用工具。这些工具的价值(甚至像一个工具的尽善尽美的意义一样)，取决于规定它的用法的复杂环境。至于像哲学著作一样的工具，这些环境也包括审美的和经济的因素。在今天信息社会的紧张竞争中，一本很长的书会显得既太沉闷，又太昂贵，而不能在比专家范围更宽泛的学术读者中有效地发挥作用。为了使第二版对更多的读者更有助益，我通过基本上将它们限定在这个导言和新增加的一个结束章中，来简化对它的修订，而不是以插入评论和说明，使原来的文本变得复杂。[③]新的一章专注于这本书的第一版经常提到的、但从来没有机会系统而详细地阐发的主题：身体的美学。

这个导论不能详述那些有洞察的批评以及我们文化世界的变

ix 化事实迫使我超出《实用主义美学》初版来进行思考的所有方式，但我应该至少指出做出重大改进的较重要的主题(和出版物)。在对当代伦理的审美化探究中，《实用主义美学》没有涉及对构成这种美学转向的政治理论和制度的详细研究。因此，我接下来的一本书——《实践哲学》——为自由主义民主的理解与实践而集中于实用主义美学的政治含义。在批评地涉及杜威、罗蒂、罗尔斯、普特南、卡维尔和哈贝马斯的政治思想中，我通过为自由主义民主发展出一种美学理由，而且铸造了一种鼓励卷入政治的审美生活的具体景象，试图填上当前民主理论中的一个缺口。[4]

尽管受到杜威的深刻启发，《实用主义美学》也挑战他的某些观点。由于批评者有时未能看出我们之间的差异，因此我在后来的文本中对它们作了更清晰的阐明。这些文本挑战杜威对艺术的经验定义和审美经验的实在论理论，质疑他对通俗艺术的半心半意的近乎，以及对他过分依赖当下经验作为所有思想的基础和证明审美价值的标准进行争辩。[5]但是，所有这些批评的核心，在这本书的初版中已经可以找到。

最初写作《实用主义美学》的时候，拉谱音乐还相当新鲜，尚未为今天盛行的自鸣得意的商业主义和歹徒风格所统治。尽管我继续支持本书对拉谱的积极报道，但我的新作中，包含对使拉谱文化深受其苦的暴力和犯罪的更详细讨论，以便我们可以继续区分和辩护希普霍普(hip hop)中有价值的东西，不仅作为一种艺术形式，而且作为一种生活方式。[6]不管怎样，这种建构性的批评方向已经在《实用主义美学》的改良方案中表达出来了：通俗艺术，包括拉谱在内，需要改善，因为它遭受真的缺陷与难题之苦；但它完全值得进行改善的努力，因为它那已经检验了的促进审美价值和社会实践的进步能力。

我集中于拉谱的一个原因是，它适合于挑战大众传媒批评家的一个常见的论点：通俗艺术不可能是创造的或有趣的，因为为了吸引最广泛的受众，它必须将自己限制在主流风格和一般公众的既成观点的范围之内。拉谱恰好通过蔑视主流趣味而实现它的流行，因而强调了通俗艺术受众和大众受众之间一个至关紧要的区别，从而推翻了这个观点。但是，拉谱的反对态度，使得一些读者对我用它作为通俗艺术的范例感到很不舒服。皮埃尔·布尔迪厄 x
和理查德·罗蒂就分别独立地进行反对：由于拉谱的反抗姿态可以同前卫传统结成联盟，因此同其他通俗艺术类型相比，太容易从美学上对它进行辩护。他们向我挑战，要我显示实用主义美学如何能够为不太对抗的形式进行辩护，为此，我用实用主义者对它所引发的美国乡村音乐和通俗电影类型的欣赏进行回应。[7]我很遗憾，这里没有重印那篇文章的余地。

如果实用主义的可误性观念给予我们的错误以安抚，那么它的改良论学说又对改正它们予以鞭策。这本书以“实用主义美学从杜威开始”的大胆宣称开篇，因为无论是皮尔斯还是詹姆斯，都没有阐明系统的艺术理论（尽管皮尔斯的确创造了非常有系统的符号学）。现在我想通过承认两位实用主义思想家拉尔夫·沃尔多·爱默生和阿兰·洛克来修正我最初的主张。他们几乎预见了我在杜威那里发现的非常有启发的所有美学主题，并很有可能对杜威的美学思想产生了深刻的（尽管没有得到普遍承认）影响。[8]

爱默生被广泛认可为古典实用主义的先驱，因为他作为一个“民主哲学家”的影响而受到杜威赞扬。但杜威没有认识到爱默生的文章在多大程度上表达了——以精炼的强度和诗的力量，尽管没有支持的论证——杜威自己美学中的主要问题和洞见：艺术的自然根基和服务生活、它的深入而广泛的功用性、它的道德意味以及与科学的连续性、作为艺术价值核心的审美经验的动态活力、对平民或通俗美学的民主认可。差不多在《艺术即经验》(1934)十年之前，这些重要的主题也由阿兰·洛克给出了强有力的(即使不一定是系统性的)阐明。这位非洲－美国哲学家在哈佛获得他的实用主义训练，他的理论和艺术批评激发了黑人社区的复兴运动(the Harlem Renaissance)。尽管杜威的出版物中从未提及洛克，但他一定熟悉洛克划时代的选集《新黑人》(*The New Negro*, 1925)。他也可能通过艺术批评家艾伯特·C.巴恩斯间接吸收了洛克的观点。巴恩斯与洛克在《新黑人》上合作，被杜威形容为对他自己的美学的主要影响者。

在回顾针对《实用主义美学》初版的非常不同的批评中，我吃
xi 惊地发现他们经常刚好源自同一个逻辑错误：没有理解可以被称作包括性"析取立场"的多元论。就像我在一年级逻辑学中所学习的那样，"非 p 即 q"的观念，可以被多元论地理解为包括或者一个或者二者的选择(就像在标准的命题逻辑和日常生活的普通场合中那样，一个人可以选择不止一个东西，例如，酒或者水或者二者)。当然，"非此即彼"的析取也有排除的意思，其中一个选择严格地排除另一个选择，就像生活和逻辑中有时真的所做的那样。但是，采用实用主义的包括立场，我们应该姑且认为：选择的价值能够以某种方式被调和与实现，直到我们有了好的理由解释它们为什么相互排斥。这似乎是在追求生活的多重价值中，充分重视我们的好处的最佳方式。不幸的是，由于析取的排除意义似乎更为精确和惹人注目，它经常在哲学理论中获得无意识的统治地位，

激发思想的二元习惯,其中肯定一个选择必然要否定另一个选择,一个人可以拥有酒或者水,但不能二者都有。这种二元论者的曲解,可以用来解释本书的另外一些敏锐的批评者的某些令人吃惊的误读的原因。⑨

例如,有几个批评者将本书对通俗艺术的辩护,曲解为对高级艺术的声讨,将我对拉谱的兴趣,误解为蔑视奉为神圣的有教养形式的确凿标志,尽管这本书还专用一章讨论 T. S. 艾略特的高级现代主义诗歌。只有受二元论束缚的头脑才会认为,欣赏通俗艺术意味着谴责高级艺术,或者反之亦然,因为许多敏感的人明显二者都予以重视。无论如何,我解释清楚了,我对高级艺术意识形态和制度的限制性的批评,决不包含抵制这种艺术,而只是用来抵制它自己对通俗形式的排他性抵制(140)*。某些热切拥护审美价值的批评者,似乎是如此地被排除性的析取所支配,以至于他们将本书对艺术社会功能的关注,误读为对恰当的审美价值的批判。刚好相反,本书的论证显示了这些不同的优点怎样可以被深深地统合起来,审美价值如何可以增进艺术作品的社会功能,而艺术作品的社会功能反过来又能提升它的审美经验。

另一方面,《实用主义美学》的社会学批评,也经常遭受同样的排除性析取的谬误之苦。仅仅因为我赏识艺术的自然根基与活力,我就被指责为无视它的社会-历史构造,尽管我在对杜威的审美经验实在论的批评中,恰好强调这种维度。为什么有这种混淆?由于在自然和社会之间假定一种排他性的分离,这些批评者很难看见,像自然语言和艺术之类的现象如何明显无疑地包含这两个

* 括号中的阿拉伯数字指本书英文本的页码,下同。——译注

维度。

这种排他性选择的假定,促成了其他社会学上的指控。由于xii 论证了高级艺术和通俗艺术之间的严格区别不能在哲学上或美学上被证明合理,我被指责为断定在真的社会世界中不存在这种区别,被指责为天真地认为审美价值的证明自身具有文化的合法性。我在为犯罪开脱。同样地,在对通俗艺术的美学分析可以增进它的理解、甚至促成它的文化合法性的证明中,我决没有暗示美学应该取代(或忽视)探索通俗艺术受众目标的构造以及它的生产、传播与接受模式的社会学研究。

就实用主义的包容性立场来说,正因为它们各自不同的力量,这两种类型的探究都有价值且相互补充。因此,在近来的著述中,我试图显示美学批评——通过它诉诸主体的个人经验、通过它的工具和实践的文化威望——具有某种对通俗艺术的纯粹社会学研究所不能提供的合法性力量;而社会学研究也能致使美学批评更加敏锐和有力。[10]

两个更深一层的反对,显示了同样有缺陷的排他性逻辑:在对通俗艺术的复杂性、创造性和形式的欣赏中,我必须拒斥它所提供的更简单和“更低级的”愉快的价值,因此根本没有对通俗艺术作出真正的辩护;而通过提供对通俗艺术作品的知性分析,我摒除了欣赏的更偶然的或物质的形式。这些反对由其他相反谴责我对简单、熟悉、身体愉快的赞美的批评作出了巧妙的回答。幸运的是,有些读者理解多元论的意义。像流行音乐专家西蒙·弗里思正确地指出的那样,我一致地肯定高级和低级愉快、审美和实用价值。艺术(无论高级还是低级)的重要本领,就是可以被不同模式和不同层次地欣赏。

出于对我们人类要求享乐的敏感,《实用主义美学》深深感激艺术的愉快。这必然导致对艺术的洞见和理解的认识价值的危险漠视吗？决不。不仅个别地而且尤其是当它们一起整合在艺术中的时候,析取立场可以包容愉快、认识和功用等不同的价值。将享乐主义视为无知、无为的肉欲主义的批评家们,遭受着他们自己对愉快的深度、变化和效用的肤浅理解之苦。自从苏格拉底的时代以来,哲学家们不断地宣称思想的快乐,而圣徒们断言神圣真理的狂喜,心理学家则指出有效地执行职能行为的愉快。从亚里士多德到现在,艺术愉快不是被当作与知识矛盾的选择,而是作为认识的产品和工具。“理解一首诗”,T. S. 艾略特提醒我们,“与以正当理由享受它结果相同”。[11] xiii

但是,如果我提倡一种身体愉快的美学,我怎么可以促进这些理解的愉快？主张审美经验中精神和身体的势不两立、假定我在对身体的颂扬中藐视精神的批评者们,势必遭受他们全体中最普遍深入的最为隔绝和分离的二元论之苦。因此,在新增的结束章中,我试图消除这个固执的偏见,但不是通过仅仅给出对心－身二元论的老的和新的反对——一个通过复述它的争论范围而只不过是趋于增强难题的策略,而是采用一种更有建设性的策略,通过整合身体与精神的训练而提出一个实用主义地统一身体与精神的美学学科。我将这个学科称之为身体美学(somaesthetics)。在《实践哲学》中简单介绍、在《实用主义美学》初版中更早预示的这个学科,其结论性论证将唤起对某种“培养身体的愉快和训练”的领域的要求,以便推进“更加肉身化的审美”。但是,我遗憾地指出,对这个领域的探究将“不得不等待另一本著作”(259,261)。

我很高兴,终于提供了一个系统的身体美学大纲,并显示它对身体与精神的整合怎样响应了作为生活艺术的哲学的最古老和最重要的目标,来结束这个新的版本。最后这一章不仅延伸了我对身体作为审美经验和艺术塑造的场所所扮演的重要角色的论证,而且通过回到奠定现代美学的理论著作——亚历山大·鲍姆加通的《美学》——也丰富本书的历史视界,从而可以更清晰地把握身体美学的需要,同时揭示其哲学忽视的历史根源。不必说了,这一章只是一个急需要求更多研究的领域的开端。

如果没有许多给予其初版和翻译以充分关注的人:批评家、新闻记者、译者、编辑、出版者、同事和将它作为教科书检验的学生,《实用主义美学》的这个新版本是不可能有的。他们太多了以至于
xiv 不能分别表达感谢,但有四位答谢是必不可少的:乔希·迈克尔·海斯在校对和更新包括导论和最后一章的索引上,给予了很大的帮助。最后一章的初稿发表于《美学与艺术评论杂志》(1999 年夏),由于其编辑菲利普·阿尔佩森的好心许可而重新放在这里。我也要感谢本书的初版委托编辑——布莱克威尔的斯蒂芬·钱伯斯,感谢他愉快地给予我机会,将第二个英文版本给予一个新的出版社。莫林·迈克格罗甘(她为卢特里奇出版公司编辑过我的《实践哲学》)用她的新家罗曼和利特菲尔德 (Rowman and Littlefield) 给予《实用主义美学》一个新家,应再一次接受我的特别感谢。

序

这本书的题目也许会引起某些怀疑的眼光。因为正是实用主义美学的概念,可以被认为在根本上是自相矛盾的。当然,实用主义不可避免地结合了实用概念,而审美在传统上则刚好与这个概念相对,甚至相反地被定义为无目的和无利害。本书的目的之一,就是通过挑战传统的实用-审美的对立,从占统治地位的哲学意识形态和文化经济已经赋予它的狭隘的领域和角色中,扩大我们的审美观念。当我们开始认识到美学在拥抱实践中,在表现和报告生活现实中,也延伸到社会和政治领域时,美学就变得更为重要和富有意义了。审美的解放扩大,同样涉及从自由的观点来重新构想艺术,将艺术从它那高贵的修道院中——在那里它与生活隔绝,与更通俗的文化表现形式相对——解放出来。艺术、生活和通俗文化,都遭受这些顽固的区分之苦,因而遭受将艺术狭隘地等同于精英的美的艺术之苦。我对通俗艺术的审美合法性的辩护和将伦理视为生活艺术的主张,二者都旨在重新构想一种更加扩展和民主的艺术。

在重新思考艺术和审美中,实用主义也重新思考哲学的角色。哲学不再中立地旨在忠实地表现它所检验的概念,而要变得主动地改造它们,以便更好地为我们服务。因此,美学理论的任务,不是抓住我们对艺术的通行理解的真理,而是要重新构想艺术以便提升它的地位和价值;最终目的不是知识而是改善经验,尽管真理

和知识对实现这个目标当然应该是必不可少的。同样地，虽然实
xvi 用主义美学不应该忽视艺术哲学的传统难题，但如果它想产生真正而确实的影响，就不能将自己限制在传统的学术难题之中，而必须处理今天活的美学问题和新的艺术形式。因此，在仔细考虑诸如审美经验、有机统一、解释和艺术定义等典型论题之后，我专用较长的两章关注通俗文化和拉谱。

在寻求将理论更切近艺术经验以便它们双方都得到深化和提升中，实用主义美学不应该将自己限制为传统哲学话语的抽象论证和归纳风格。它必须从具体的艺术作品和通过具体的艺术作品来开展工作。这些不应该被当作粗糙思考的例子，而应该视为不间断的美学分析的焦点，视为通过切近的和理论渊博的批评研究而使其经验得到丰富的美学对象。我用 T. S. 艾略特的诗和斯特察索尼克的拉谱来尝试这种更有美学风格的美学谈论。尽管将高级现代主义与希普霍普集合在一本书中，也许会被视为后现代折衷主义的特征(或者只不过是我自己的分裂趣味的特征)，但我宁愿它被当作社会-文化理想——其中所谓高级和低级艺术(以及它们的受众)在没有压迫的等级制度的情况下一起得到表现和接受，不存在支配和羞愧的区分——的标志。

实用主义美学肇始于约翰·杜威——而且差不多也在他那里终结。他是实用主义创始人中惟一就艺术大量写作且视美学为哲学中心的人。但是，他的美学理论的哲学影响非常短暂。实用主义美学很快被分析美学所超越和拒斥(究其原因我在第一章中讨论)；它至今仍然没有得到完全恢复。这不是否定当代实用主义者对某些美学问题所作出的重要贡献——例如，罗蒂在文学的伦理角色方面、马戈利斯和菲什在解释方面所做的贡献。这只是强调

有更多的东西需要去做。尤其是杜威美学兴趣范围中的更多东西，应该被恢复和翻新。今天的主要实用主义者都设法避开杜威的美学，这也许是因为它的革命精神和对身体经验的强调，在社会－政治保守主义的抑制和统治当今实用主义哲学的"墨守原文"中很难得到领会的缘故。为了发展一种更彻底和具体的实用主义美学，本书回到杜威那里寻求范例和灵感，但它很快采取自己的路 xvii
径，去面对更困扰我们当前而不是杜威过去的问题和对手。

实用主义是一种与众不同的美国哲学，本书(尤其是它对摇滚和拉谱的兴趣)对某些读者来说似乎太美国化了。对我个人来说，它代表了一个在经历差不多20年的学校教育和学术工作之后重新回到美国生活和文化的旅程。在耶路撒冷和牛津，我没有受过实用主义的教育；在内盖夫(Negev)，我也没有教过它。在那里，哲学意味着分析哲学，美学意味着分析美学。只有当我在1985年回到美国就职于天普大学的时候，实用主义才作为一种哲学视域呈现给我。在其他事物中，它实际上是一个帮助我再次融于一种最初形成而现在似乎令我困惑而刺激的新文化的智力工具。然而，直到1988年春天，当我给一群非常混杂和活跃的哲学和舞蹈的研究生听众教美学讨论课时，我向实用主义美学的最终"转变"和本书的观点才开始形成。我欠他们的情义，比我在这里记下的要多得多。我最初倾向于主要用杜威作为我当时视为远为出众的阿多诺美学理论(我仍然非常钦佩)的衬托。但在学期结束时，经过仔细观察课堂上不同的论辩和在跳舞的地板上检验某些论点，我不得不用杜威那更朴实、乐观和民主的实用主义替换阿多诺那严峻、阴沉和傲慢的精英马克思主义。

那个夏天稍后，在圣克鲁斯(Santa Cruz)关于解释的人文学国家基金研讨班——由休伯特·德莱弗斯和戴维·霍伊(David Hoy)指导——上,这种更快乐的实用主义视野得到了巩固。我对解释的报告深深受惠于那个研讨班,受惠于苛刻但有同情心的理论家们,他们在这个词的完整意义上使它成了一个团体。至于本书的其他方面,学会的三个职员也有特别的助益。亚历山大·内哈玛斯和斯坦利·卡维尔使我确信哲学美学不应该忽视通俗艺术的问题,通过对个别作品的解释性阅读可以很有启发地对它进行处理。而理查德·罗蒂——像读者将要发现的那样——经常通过惹起激烈的争论而在发展我的实用主义观上起了不可估价的作用。我付出许多努力与他争论的事实,应该表明他的著作对我是多么重要和多么切近。不过,我想在这里表示我的谢意和歉意。

如果我没有得到离开正常的大学职责的时间,这本书就会拖
xviii 延更长的时间才能完成。我要感谢天普大学给我研究休假,感谢人文学国家基金给我研究基金,使我可以用整个 1990 年致力于研究和写作。

由于我的实用主义方案似乎是非常美国的,因此,我想我应该将它放到一个更宽广的视界中,通过了解它在海外的遭遇如何,来检验它的效力和影响。有什么能比在巴黎做这件事情更好呢?我最感谢皮埃尔·布尔迪厄和高等社会科学院(L'École des Hautes Études en Sciences Sociales)邀请我到那里作为一名合作研究主任(Directeur d'études associé),感谢国际哲学学院(the Collège International de Philosophie)邀请我开一个讨论班,使我在班上能够试着将本书的观点公布给外国听众和用外语来宣讲本书的观点。在我的巴黎同事中,我要感谢弗朗索瓦·加亚尔(Françoise Gaillard),热拉尔·热奈特(Gérard Genette),路易丝·马兰(Louis Marin),路

易丝·平脱(Louis Pinto),雅克·普兰(Jacques Poulain)和雷纳·罗赫利茨(Rainer Rochlitz),感谢他们细心地阅读本书的不同章节,尤其是卡特林·迪朗(Catherine Durand)和克里斯蒂娜·诺伊勒(Christine Noille),帮助我将其中一些章节翻译为地道的法文。我很高兴所有这种鼓励至少将由子夜出版社出版的本书(稍微有些删节)的法文译本所回报。

当我回到费城,我的天普同事约瑟夫·马戈利斯和丘克·迪克(Chuck Dyke)十分友好地阅读全部完成的手稿,提出了一些非常有益的最后的批评,就像阿瑟·丹托所做的那样。其他同事和朋友阅读了本书的部分,并慷慨提供注释。我很遗憾不能在这里将他们全部列出,但我至少必须提及休斯顿·贝克(Houston Baker)、理查德·伯恩斯坦(Richard Bernstein)、吉姆·波曼(Jim Bohman)、诺埃尔·卡罗(Noêl Carroll)、里德·达森布罗克(Reed Dasenbrook)、特里·迪费(Terry Diffey)、乔治·唐宁(George Downing)、埃德里·费顿(Edrie Ferdun)、莉迪娅·戈尔(Lydia Goehr)、朱迪思·戈尔德斯泰因(Judith Goldstein)、戴维·希利(David Hiley)、迈克尔·克劳泽(Michael Krauze)、杰里·利维森(Jerry Levinson)、保尔·马蒂克(Paul Mattick)、布赖恩·迈克哈勒(Brian Mckhale)、丹·奥哈拉(Dan O'Hara)、保尔·罗斯(Paul Roth)和吉亚尼·瓦蒂莫(Gianni Vattimo)。我也不应该忘记纳迪娅·克拉夫琴科(Nadia Kravchenko)在文字处理上的努力,她设法在天普将我从巴黎寄送的混乱的文本组成连贯一致的手稿。许多在学术界之外的人和经验增进了我对这里讨论的通俗音乐的理解,不过我想表达我对摇滚批评家汤姆·穆恩(Tom Moon)的特别感谢,他给我提供了特别有帮助的信息和令人享受的音乐。最后,我必须感谢巴兹尔·布莱克威尔的斯蒂芬·钱伯斯。感谢他早先对这个项目的兴趣和对我的工作的不断鼓励。

本书的某些论证已经以较粗略和尝试的形式发表过，我要感谢《英国美学杂志》、《美学与艺术批评杂志》、《新文学史》、《理论》、
xix 《文化与社会》、《一元论者》和《哲学与文学》，以及明尼苏达大学出版社和阳光出版社的编辑和出版人，感谢他们允许我再用这些材料。衷心感谢 Faber and Faber 出版公司与 Harcourt Brace Jovanovich 出版公司，允许我从 T. S. 艾略特的《诗选，1909－1962》中重印他的《一位女士的画像》，也感谢 TG 少女音乐（Tee Gee Girl Music）（BMI），允许重印斯特察索尼克的“侃侃爵士”（“Talkin' All That Jazz”）。

第一部分

实用主义和传统理论

3

第一章　实用主义的定位

一

20世纪英美美学显示出了两种典型形式，它们由两种截然不同的哲学根源衍生而来：分析哲学与实用主义。前者起源于英国，后者代表美国对哲学的独特贡献。分析美学已经兴旺发达，而实用主义美学事实上却已销声匿迹。然而奇妙的是，它们的起源却暗示出相反的一方将会更有希望。

美学，曾经是20世纪实用主义最活跃和最有影响的人物约翰·杜威的一个非常重要的关注所在。但是，对主要的分析哲学家摩尔、罗素和维特根斯坦来说，美学仅有次要的哲学重要性。罗素对美学问题实际上什么都没说；而摩尔和维特根斯坦的美学讨论，虽然非常重要，但在范围上和细节上都相当有限。摩尔的美学讨论，基本上局限在他的《伦理学原理》的大约12节中；维特根斯坦的美学见解，虽然产生了巨大的影响，但却十分概要化，组织松散，并且基本上依赖于死后出版的、从演讲中记录下来的抄本。[1]总之，任何分析哲学的元老所提供的美学，都不能与杜威那范围广泛、讨论详细和激情洋溢的《艺术即经验》(*Art as Experience*, 1934)相提并论。[2]然而，尽管这本书一开始引起了相当大的兴趣，[3]但今天却几乎没有对它的研究，更不用说把它看作未来美学理论的有前途的源头了。在最近的50年中，实用主义美学，几乎完全为艺术分析哲学所遮蔽，从那时到现在，艺术分析哲学一直是英美美学中惟一的主流传统。

但是，已经有了改变的征兆。英美美学中的分析霸权，正在遭 4
到基于解释学、后结构主义和马克思主义哲学等有欧陆灵气的理论的严峻挑战。这些哲学反对基础主义的区分和非历史的实证本质，转而强调思想和它的对象的易变性、语境化以及社会－历史的实践构造。这些都与传统的分析哲学相反，而与实用主义一致。而且，近来蒯因、古德曼和戴维森等人的分析著作，由于破坏了许多分析的基础性假定和区分（例如，原子主义的证实和分析/综合、图式/内容、世界/世界－摹状之类的区分），因而可以被视为同某些大陆主题的会聚。在对分析的不妥协的自我批评精神和欧陆理论的特别魅力的回应中，实用主义——尽管它还没有在新的美学中清晰地表现自己——正在美国哲学中经历一种复兴，这是不足为怪的。

作为详细阐述的理论的一种预备，确立实用主义美学在其哲学语境和竞争对手中的位置是必要的。为了做到这一点，也为了解释为什么实用主义会被分析哲学所抑制，这一章将探究实用主义美学（像杜威所描绘的那样）和分析美学之间的主要差异。透过这些对照，我们可以看到，比较起来，使分析美学显得似乎单调乏味的当代欧陆理论中某些更有意义的主题，它们是怎样在杜威那里已经有了强有力的表现——在那里它们经常得到更清晰和更鼓舞人心的表达。由于处于分析美学和欧陆美学之间，结合了后者的洞察和广泛关涉与前者的经验主义精神和落实到底的见识，实用主义美学在帮助我们重新定位和复兴艺术哲学上，占有很好的位置。这种将实用主义看作分析和大陆传统之间更有前途的中间与调和的观点，虽然只是在这一章关于杜威的美学中着手论述的，但它激发了我这本书的大部分内容。

为什么杜威的美学对英美哲学家只有那么有限的和短暂的吸引力，这是有许多原因的。一个显而易见的原因是，分析哲学对实用主义的全面统治。当然，这里不是给它作出全面解释的地方。在最宽泛和最空泛的推测层次上，且套用奥斯卡·王尔德关于艺术的一瞥（*aperçu*）来说，一个人可以这么认为：对哲学的征服，要么是一种新的强有力的人格的产物，要么是一种新的媒介的产物。凭借摩尔和罗素那飞扬跋扈的人格，再加上随后的新符号逻辑，分
5 析充分地满足了这两方面的条件。实用主义，就它所有关于作为一种方法的谈论来看，从来没有给出任何特别的方法或媒介，即那种无论在什么地方接近像《数学原理》（*Principia Mathematica*）中的逻辑那样给人以深刻印象的科学的方法或媒介。此外，虽然所有实用主义者都褒扬科学和它的方法，尽管皮尔斯和詹姆斯分明是科学界的人物，但实用主义不认为所有的哲学都能够或者应该被视为科学哲学。在科学是大学各学科的君主和范式的专业主义时代，实用主义输给作为更忠诚的科学活动的分析哲学，是不足为怪的。

实用主义美学也不容易合并到分析哲学中去。因为尽管分析同情实用主义的经验的和实际的精神，但它总是强烈反对实用主义最核心的关于真理、知识和经验的学说。这种反对的一部分，想必可以追溯到分析哲学对黑格尔的整体主义主题和历史相对论的反基础主义的反感，而这些正是实用主义、尤其是杜威的中心。我们必须牢记，分析自身，是在对布拉德雷、鲍桑葵和迈克塔格特等

当时绝对正统的新黑格尔主义的猛烈攻击和剥夺其哲学资格中建立起来的。摩尔和罗素攻击黑格尔主义的实质，是对内在联系和有机整体的整体主义学说的批判。这种整体主义的观念是：元素或概念，不具有独立的同一性或本质，而一概都是它同它所属的那个整体中所有其他元素或概念的相互关联的一种作用。分析活动，是在逻辑原子主义的庇护下开始进行的。逻辑原子主义的观念是：世界上至少有一些逻辑上独立的事实或东西（即使它们仅仅是感觉材料），构成现实、真理和证明的不变的基础，并以某种方式，通过我们的概念图式，在经验中再现给我们。在一种对职业的康德式的基本区分中，哲学因其分析概念的特殊任务而区别于科学——通过这些概念，这些事实、甚至是整个经验事实，被再现和知晓；哲学不是提供经验真理的另一个分支，而是导致非经验的、能够必然知道的、因此能够作为所有知识要求的基础的概念真理。

理查德·罗蒂甚至主张，在分析和实用主义之间的认识论和形上学的冲突，反映了康德和黑格尔之间的一个更古老的争执；而我认为这一点约略可以延伸到美学之中。[4]杜威的美学，在它的整体主义、历史主义和机体主义方面，显然是黑格尔的，对他的一些实用主义的追随者来说，甚至是太黑格尔了。[5]它甚至可以比作克罗齐的美学，一种与黑格尔的唯心主义连在一起、成为对“唯心主义 6
美学”的分析批评的焦点的美学。[6]就像我们将要看到的那样，杜威美学的一些黑格尔方面和艺术分析哲学中常见的康德式假说、方法和关涉之间如此冲突，以至于使得杜威的理论给那些后来在分析哲学样式中工作的英美美学家——如果他们不再在分析哲学的原初活动中工作——一种无可救药的坏味感。

然而，我这里的目的，不是证明康德/黑格尔—分析/实用主义之间的平行关系，而是将实用主义美学与分析美学对立起来，以便我们可以理解：为什么分析家们特别将杜威的《艺术即经验》作为“一种矛盾的方法和无训练的推理的大杂烩”[7]而排除出去。为了使对比清晰明朗而容易驾驭，我将用一种相当大胆和粗线条的韦伯式的“理想典型”的方式——尽管是一种严格基于分析运动的实际历史的方式，来描述分析美学的特征。

二

(1)杜威美学的一个最重要的特征，是它的身体自然主义。《艺术即经验》的头一章，就题为“活的创造物”；同所有后来的章节一样，它致力于将美学建立在人的有机体的自然需要、构造和行动的基础上。杜威旨在“恢复审美经验同生命的正常过程之间的连续性”(*AE* 16)。美学理解，必须从这里开始，并且始终不能忘记：艺术和美的根源，潜伏在“基本生命功能”和人与“鸟兽”共享的“生物学的常见现象”之中(*AE* 19－20)。对杜威来说，所有艺术，都是生命机体和它的环境之间交互作用的结果，是一种包含能量、行动和材料的重新组织的经历与活动。虽然美的艺术已经日益变得更为精神化了，但“有机的底层，仍然保持为胎动和根深的基础”，仍然保持为一种使生命得到极大增进的艺术情感能量的持续来源(*AE* 30－1)。这种根本的生理学层面，不只限于艺术家。为了欣赏艺术，感知者也一样，必须使她的自然情感和能量、以及她
7 的生理感觉运动的反应参与其中，这对杜威来说，等于在审美经验中，重新构成某种像艺术一样的东西。因此，这种反应渠道的预先训练，“是审美教育的一大部分。知道看什么和怎么看，是代表运

动能力方面的一种敏捷迅疾的事情”，尽管它也要求一种积蓄“从以前的经验中吸取的意义和价值”的储备（*AE* 103－4）。

标准地表现审美经验和艺术对象的特征的东西，是形式的在场。但是，即使在绘画和雕塑中，形式也不是静止的空间关系，而是展现那种“累积、张力、持存、期望和完成”要素的动态的交互作用，它与情感强度一道，是一个审美经验的规定性特征。这种“形式情形……深深地扎根在世界自身之中”、在我们自己的生物节奏和自然的更大的节奏之中，它们逐步在神话和艺术的节奏、以及有节奏的科学“法则”中得到反映和阐述（*AE* 152）。杜威因此宣称：“在每一种艺术和每一个艺术作品的节奏下面，都有……联系生物体及其环境的基本式样”；因此，“在自然的最宽和最深意义上，自然主义对所有伟大艺术来说，是必不可少的”（*AE* 155－6）。艺术的作用，不是为了达到纯粹空灵的经验而否定人的自然和机体的根基与需要，而是给出一个不仅令我们的身体层面而且令我们的精神层面都感到满意的完整表述。杜威认为，我们已经犯了将它们区分开来的痛苦错误。艺术的目的“是以其统一的生命力的形式服务于人的整体”。（*AE* 122）

分析美学最重要的攻击，是强烈反对用自然规律来解释艺术和审美价值。尽管 G. E. 摩尔几乎不是最典型的分析美学家，但他也用他的自然主义谬误——一个“像关于善一样，已经被相当普遍地认可的关于美”的谬误[8]——的教条，对这个事件提出了一个强有力的分析策略。我们不能简单地将美等同于任何自然性质，因为我们总是能够有意义地提问，是否任何被给予的对象都具有那种事实上是美的性质；如果美等同于那种自然性质，这样的问题就完全没有意义。即使在对这种“未决问题(open question)”的讨论要求已经极大地减弱的时候,分析美学家仍然拒绝将审美性质等同于某种自然性质,或者甚至将它们视为在逻辑上由自然知觉性质必然引起的。这就是为什么玛格丽特·麦克唐纳坚持“艺术作品是奥秘的对象”;这正好是弗兰克·西布利的开创性论文《美学概念》(Aesthetic Concepts)中的要点。这篇文章论证了这种概念不
8 能在自然的感官知觉和智力的基础上正确地使用,而要求一种特殊的趣味官能。这种趣味,对西布利来说,似乎既不是由规则统治的,也不像一种人性的普遍礼物那样为所有人共有。[9]

尽管无规则统治的趣味官能的观念可以清楚地追溯到康德,但在坚持趣味的标准基于“人的本性之中……,事实上在那种我们期望每个人具有和可以对他们进行要求的东西中”[10]的意义上,反而可以将康德的趣味美学看作绝对自然主义的。不过,康德美学的自然主义在很大程度上是一个假像。不仅康德对审美判断的说明是以特殊的文化训练和等级特权为条件,[11]而且他为了替那种判断的普遍有效性找到根基而最终求助的人的本性,如我们对它的理解那样,也是一种超越自然领域之上的东西:“所有主体官能的超感觉的根底(任何知性概念都不能达到的)”,是一种被断定为信仰的形而上学的东西。这种向超感觉的逃逸,透露出了这样的事实:康德的美学自然主义,表达了一种非常空虚和干枯的人性观念。与杜威对整个生命体的关注相反,康德的审美判断,狭隘地集中在理智化的形式特性上。只有那种从“认识能力……生出”、“不是感觉中的满足而仅仅是由形式满足”而来的快感,才是恰当的审美。源于情感和感官愉快的自然满足,以它们涉及利害和欲望为理由而被拒绝接受。因此,对康德来说,“在魅力或情感参与某物被描述为美的所依据的判断的地方,总会出现一个污点”;而倡导

这种满足的趣味，“还没有从野蛮状态中开化出来”。

(2)康德的无利害观念，在很多艺术分析哲学中都有表现，成为与实用主义美学的第二个反差。像善一样，美是一种纯粹的内在价值、一个自身中的非工具性的目的，将它作为手段就只能被误解或滥用，这不仅仅是摩尔的观点。还有进一步将艺术的特征描述为某种由它的非工具性和无酬劳性所决定的东西。斯特劳森解释说，通过将我们对艺术的兴趣界定为完全没有任何“它可能或应该有的对事物的兴趣，或者我们利用它的兴趣，不包括对它可能引起我们特别反应(如，兴奋或麻木)的兴趣”，因此不可能形成任何对艺术的一般规则。同样地，斯图亚特·汉普希尔告诉我们：“一件艺术作品是无酬劳的”，某种“无酬劳地制作或从事的、且不答复所引起的问题的”东西。[12]这种试图将艺术从任何功能中纯净出来的潜在动机，并不是把它贬低为一钱不值，而是把它的价值置于工具 9
价值领域之外和之上。这种策略，一种“为艺术而艺术”的转移，是因为担心艺术在工具价值方面不能充分竞争，从而在同无情地占支配地位的功利主义思考的不公平的竞争中，去保护艺术的自律性。希望从粗俗的、精于计算的手段－目的理性中，去保护某些人类的精神领域。这种手段－目的理性，不仅使世界脱离幻想，而且用功能化的产业的腐烂来糟践它。审美应该代表一个与众不同的自由领域；艺术应该从功能、用途和问题解决中解放出来；这种从用途中解放出来的自由，就是艺术明确而高贵的特征。

所有这些都同杜威的实用主义美学背道而驰。尽管杜威经常致力于为审美辩护，证明它的不可替代的价值，但他的辩护是强调艺术伟大而全面的工具价值。[13]因为任何具有人类价值的东西，必须以某种方式满足人在应付她的环境世界中的机体需要，增进机体的生命和发展。康德的传统错误是假定：由于艺术没有特殊的、可以确认的、能够比任何别的东西更好地起作用的功用，因此，只能将它辩护为完全超越用途和功能、具有纯粹的内在价值。由于有一个假定的手段－目的二分，并将工具同“一些狭隘的、没有基础只讲功效的办公室”联系起来（*AE* 144），所以这种错误又常常与工具总以某种方式反对内在价值的观念混在一起。

杜威的正确性，不是简单地通过重新理解手段－目的的区分，反对工具价值与内在价值之间的对立（但不是差异）（*AE* 143－6，201－4）。更重要的是，它试图论证艺术的特殊功用和价值，不是基于任何专门的、特殊的目的，而是基于通过服务于不同的目的，最重要的是通过增进鼓动和激发我们的直接经验，从而帮助我们实现自己所追求的无论什么样的更长远的目的，来以全方位的方式满足生命体。因此，艺术自身中既有工具价值，又有令人满意的目的（*AE* 144）。“那种仅仅是有用的东西，满足……一个特殊和有限的目的。而审美的艺术作品，则满足许多目的……它服务于生命，而不是去规定一种确定的和有限的生命形式”（*AE* 140）。“我们被赋予一种精神振奋的态度，去面对日常生活的环境和紧急事件”。“当直接的知觉活动停止的时候”，艺术的工具性也不会停止。“它继续在非直接的渠道中活动”（*AE* 144）。在收获的田野
10 上歌唱劳动号子，不仅给收获者提供一种满足的审美经验，而且它所激起的兴致也会延伸到他们的工作中，给它以鼓舞和增进，并且慢慢地灌输在歌唱和劳作结束之后仍然延续很长时间的团结精神。同样范围广泛的工具性，在高等艺术中也能发现。它们不单是一套为产生特别的审美经验的精致器具。它们致力于使我们的

知觉和交流得以修缮和敏锐；给我们以激励和鼓舞，因为审美经验总是溢出自身并与我们的其他行为结成一体，使它们得以提高和拓深（*AE* 101,110,138,248－9,335,348－9）。

艺术因此"保持激发在其丰满的形式中去经验日常世界的活力"（*AE* 138），通过其经验中的某些"令人满意的统一感"的引入，使得世界和我们在世界中的存在显得更有意义和更可承受（*AE* 199）。艺术的这种深刻作用，即由给予它愉快的形式和完整的感觉而证明其存在的合理性，使得杜威的审美与尼采的"这个世界只有作为一个审美现象才能被证明合理"的观念——一个在福柯的"存在的美学"的古希腊理想中再次出现的观念——结成了联盟。而且，在提倡完全具体化的审美和反对康德的无利害关系中，杜威转向尼采对"美学的'生理学'"和它的"'利害关系'的……兴奋"的认可是正确的。[14]他同福柯和巴塔耶一道分享这些尼采的身体主题，其对异常、社会－文化的曲解和无节制的极端强调，使得杜威显得好像要么充满生气地强健，要么天真无邪地质朴。不论好坏，他那快乐向上的充满自然活力的审美，与清醒的欧洲知识分子——包括那些在美国出生和养育的——相比，更能鼓动那些充满希望的"新世纪"的探险家。不过，无论如何，它抓住了分析美学中缺乏的、欧陆理论中日益重要和诱人的、在美学上至关重要的身体主题。杜威的身体立场，也许与梅洛－庞蒂奠定的对有生命的身体的关注形成了更切近的共鸣。后者对"身体的表达活动，由最小的感知开始。这种感知在绘画和艺术中得到放大"的主张，可以说恰好是从《艺术即经验》中获取的，尽管它当然不是。[15]

（3）杜威对艺术的全面功能性的认可，与另一个他与绝大多数

分析哲学家明显不同的观点——艺术和审美的文化首要性和哲学中心性——联系起来了。由于审美经验是“所有人于其中变得活
11 泼”和“最活泼”的经验，杜威论证说，“因此，对审美经验来说，哲学家必须去弄懂它是什么经验”。对杜威来说，一种能够抓住审美经验的哲学能力是：一种“抓住经验自身的本性”的能力的检验，“……没有一种检验会像哲学对艺术和审美经验的处理那样，如此确实无疑地暴露出哲学的片面性”(*AE* 24－25,33,278)。杜威进一步强调：“文化……品质的最后尺度，是艺术的繁荣兴旺”(*AE* 347)，但是，对分析哲学家来说，与此相反，人类成就的理想和范例是科学。

由于分析哲学将自己塑造为科学哲学的典范，因此，艺术和美学被给予边缘的地位，而且常常被有意地边缘化为无可救药地位于科学理解的范围之外。至少在最初的时候，分析美学在很大程度上是一种这样的尝试：将科学哲学逻辑上严格和精确的方法，运用于难以捉摸和混乱不清的艺术领域、澄清它的解释和评价的晦昧概念与混乱方法，通过它艺术作品得以理解和欣赏。尽管杜威热情赞赏科学及其对文明的馈赠，但他却不得不将科学经验视为比艺术更表面的东西。因为艺术以更有意义和更直接满足的方式，使人的有机体中更多的部分参与其中(*AE* 90－91,126,278)。这是一种包括更高的思想复杂性的参与：“一件真正的艺术作品的制作，与绝大部分在那些以‘知识分子’自居的人们中间进行的所谓思想相比，很可能要求更多的聪明才智”(*AE* 52)。杜威因此认为：“艺术——负载着能够当下令人满足地拥有的意义的行为方式——是自然的完美顶峰，而严格说来，‘科学’只是将自然事件引领到这种快乐结果的女婢。”[16]

我没有看到明显的方式,可以证明这种有点过分的主张,或者证明审美经验是从哲学上理解“经验自身的本性”的必不可少的关键的主张(*AE* 278)。我甚至也不能确信,在多大程度上审美经验应该以哲学的方式来分析,虽然在对杜威的研究和应用中,我应该详细地讨论这一点。然而,有两样东西是清楚的。首先,杜威在一种基础自然主义和经验主义的哲学根基上授予艺术以超过科学的特权,在一个占统治地位的文化英雄是科学家的日益技术化的世界里,是一种既勇敢又有治疗作用的姿态。其次,美学探究,似乎可以通过一种不仅将艺术而且将它的理论视为具有最高哲学重要性和回报性的哲学,而最好地服务于我们文化的自我理解。这里, 12
杜威的实用主义和欧陆哲学一道,再一次享有超过分析美学的优越性。

(4)在对严密思考对艺术像对科学一样重要的强调中,杜威很快由承认科学自身只不过是缺乏感觉和想象的纯粹思想、而“审美性质……可以内在于科学工作之中”(*AE* 202)来进行弥补。因为科学探究偶尔也能够提供“[从]通过秩序化和条理化的运动所达到的内在整合与完满中[显现]的……令人满足的情感性质”,这种运动涉及我们人的所有官能。这正是杜威式的艺术和审美的特点(*AE* 45)。事实上,杜威热衷于强调作为整理和应付经验的形式的艺术与科学之间的深层相似性,指出它们在古代和原始文化中是很难区分的(*AE* 153－154)。杜威甚至走得更远,以至于宣称“科学自身只不过是一种辅助其他艺术的产生和应用的重要艺术”,科学和哲学都能给它们的从业者提供审美经验(*AE* 125－126)。

所有这些不同学科间的联结与相似，显示了杜威在美学和别处中的一个最为关键的论点，即像它通常被命名的那样，被称作连续性论点。与分析哲学相对(也许再一次反映出康德/黑格尔之间的对立)，杜威热衷于进行联结而不是区分。他喜爱联结已经被专门的、分门别类的思想分开的、随后被专门的分门别类的制度——在这种制度中，那种破碎的学科思想得到重新认可和巩固——更残酷地分割的人的经验和行为的方方面面。因此，在某种意义上，他预见了福柯对学术权力的更精致的分析和阿多诺对由我们的管理社会——一个由在它的资本主义形式中的区分和随后的均匀化所统治的社会——造成的社会和个人之间的分裂的更沉痛的批判。出于对由区分－具体化业已推进的痛苦的经验分裂的痛惜，杜威大声疾呼，反对既是其特有源泉又是其不变结果的、无法忍受的社会区分与文化矛盾。由于总是敏感到思想与经验的社会和历史的条件作用，杜威认识到：

> 通过将艺术与它的欣赏置于它们自己的领域之中，使之失去同其他经验样式的联系而将它们孤立起来的理论，不是内在于它们的主旨中，而是由于可列举的外部条件引起的。像它们深植在制度与生活习惯中那样，这些条件因为特别无意识地起作用而有效地运作。于是，理论家以为它们深植在
> 13 事物的本性之中。然而，这些条件的影响并不局限于理论……，它通过驱逐作为幸福的必要成分的审美感知，或者将它们还原到短暂的补偿性的愉快刺激的层次上，而深深影响到生活实践。(*AE* 16)

人类的制度化生活因组织紊乱而被玷污。这种杂乱无序

> 经常被这样的事实所掩饰：它采取呆板的阶级划分形式，只要它是如此稳定和如此被接受以至于不会发生公开的冲突，这种呆板的分离就被接受为秩序的真正本质。生活被分隔，制度化的分隔被分成高等与低等；它们的价值被区分为世俗的与神圣的、物质的与观念的。兴趣被外在地和机械地相互联系……因为宗教、道德、政治、商业每一种都有自己的区分，每一种都应该维持在它适宜的区分中，艺术也必须有它自己特别和独立的领域……那些撰写经验解剖学的人们于是臆想：这些区分内在于人的本性的真正构造中……[尽管因为]我们的多数经验就像它实际上在现存经济和法律制度条件下被经历的那样，因此这些分离所主张的也极为真实。(*AE* 26－27)

杜威旨在“恢复审美经验同生活的正常过程之间的连续性”的审美自然主义，是他试图打破沉闷坚持“美的艺术的区分概念”的一部分，这种艺术概念，即是陈旧的、在制度上牢固的、严格将艺术区分于真实生活而将它移交“给一个独立领域”——博物馆、剧院和音乐厅——的审美的哲学意识形态。(*AE* 9,14,16)

但是，杜威的连续性美学，联结的不止艺术与生活；它还坚决主张一大群传统二分的观念——其长期假定的对立差异已经构成了太多的哲学美学——在根本上的连续性。这些二分的观念有：美的艺术对应用的或实践的艺术、高级的艺术对通俗的艺术(*AE* 191)、时间艺术对空间艺术(*AE* 181)、审美的对认识的(*AE* 45，52,80,202)和实践的(*AE* 45－47,265－267)，[17]艺术家对组成其受众的“普通”人(*AE* 54,60,80)。实际上，为了确保美学中的连续性，杜威将他对二分思想的攻击扩展到去破坏那种支持和巩固

14 我们艺术经验的隔离和碎裂的更基本的二元论。这些二元论中最重要的有：身体与心灵、物质与观念、思想与情感、形式与质料、人与自然、自我与世界、主体与客体和手段与目的之间的二分。

这里不是呈现杜威对所有这些二元论的批评的地方。[18]但注意到他对连续性的强调怎样在根本上与分析方法——它的名称恰好意指分割成部分，而且自以其区别的清晰和精密而自豪——相对，是至关重要的。分析美学首先通过攻击模糊而空洞的一般化而形成它的标志，这种一般化似乎产生于将艺术和审美作为连续整体的探究。对于这种整体，一个人可以进行有益的一般化研究。它主要的批判靶子，不是杜威，而是克罗齐。克罗齐将艺术定义为自由创造的直觉－表现，否认所有类型区分的有效性，否认艺术家和受众之间、所谓的艺术和其他表现之间的任何本质性的区分，从而事实上明确将审美与语言合并起来。分析家们的主要观点是，对审美连续性的承诺，会产生包罗万象的理论。这些理论要么是如此含糊和可通融地暧昧，以至于实际上等同于空洞无物；要么——如果更明确的话——去歪曲某些艺术的特殊特征，使它们符合一般理论。他们所鼓吹的对一般美学的含糊不清的“贫乏”和歪曲的治疗，是“无情地作出区分”和更专门化的学术探究。它甚至提议“没有美学，只有文学批评、音乐批评等等的法则”，一般理论将因“对个别艺术透彻的专门研究”而遭批判和摈弃。[19]

这种深入到对不同艺术及其批评的切近分析的美学探究的区分焦点，在某些方面是富有成效的。它甚至还不是对用符号表现和再现的一般理解作出重要贡献的分析美学惟一有价值的成就。但是，有三点需要提及。首先，对个别艺术的区分性的专门研究，在很大程度上是这些艺术的专业学术批评突然兴盛的产物，这种批评在体制上建立在大学分开的系科和学术期刊的基础之上。专业合法性的压力,使得对专门化的鼓吹势不可挡。其次,即使这些个别研究,通常是在含糊的艺术观念下执行的——不管各种艺术那显然的和突出的差异,但不知何故(至少在历史上)它们又连在一起,但这种学术专门化的持续影响,仍然不能令人十分满意。因为我们现在正亲眼见证对艺术的跨学科研究的反潮倡导。不断增 15
长的新期刊和文化研究系科的数字,对这种向整体整合的有前途的转向,给予了体制上欢迎的表示和支持。

第三,分析家们对进行区分的必要性的最强力论证——即没有对结构谈论的区分,富有成效的探究就不可能——对杜威是完全可以接受的。因为杜威乐意接受区分和界定,作为标明倾向和提供洞见的灵活而暂时的工具。他只是反对将它们当作分类和评价的神圣不可侵犯的原则,当作在具体经验中深深地和成功地连在一起的事物中标出的必需的和不可逾越的鸿沟。杜威自己也将审美经验从其他经验中区分出来(*AE* 61),将审美情感区别于普通情感(*AE* 85),他还通过不同的媒介区分不同的艺术(*AE* 111,231)。但是,与寻找一个单一的、特殊的性质或经验去定义艺术或审美、"一个单一的基本区分(*fundamentum divisionis*")[20]的典型分析方法相反,杜威的区分,是用在复杂的相互联结的特征的群体中突出的或"重要的倾向"方面(*AE* 221,227,287)。审美经验的区别,不是通过它惟独拥有一个特别的要素,而是通过它对日常经验的所有要素的更完美、更热情的整合,"在它们的所有的多样性中,用它们做成一个整体",给经验者对世界的秩序和整体的更大感受(*AE* 199,278)。"这种经验,以比在普通经验中发生的所有心理要素的更大的囊括为标志,而不是以将它们还原为一个单一的反应为标志”(*AE* 259)。

对杜威的整体论来说,试图通过离析一个对象“在总体经验中的一个方面”(感觉的、情感的、形式的或无论什么的部分)来定义审美,是一个分析的错误,其实所谓的审美方面仅仅是“某种因为促成整体样式并被整体样式所吸收而存在的东西”(*AE* 295)。同样地,在艺术之间以及在艺术媒介之间的区别,也不是严格清晰的。除了显然的混合媒介的艺术之外,我们还在绘画、雕塑和舞蹈中发现隐语和其他文学特征;而在印刷好的诗歌文本中,也存在审美地制作的绘画视感。[21]因此,对杜威来说,“诸如诗歌的、建筑的、戏剧的、雕塑的、绘画的、文学的之类的单词……表明在某种程度上属于每一种艺术的倾向,因为它们可以修饰任何完整的经验,不
16 过,虽然如此,一种特殊媒介还是最适合于用来使它那种艺术种类变得突出”(*AE* 233)。区分(诸如形式与质料或者不同类型之间)取决于语境;它们的价值和“真正的职责,是研究具体材料的变化运用的手段,而不是将那种材料束缚为严格的固定不变”(*AE* 137,229)。区分的危险是:我们结束对材料的崇拜,“将它们提取到分隔为若干部分的区分之中”(*AE* 257)。

杜威反对美学中分类区分的实际论证,显得非常粗略和不那么明确。通过对经验中明显是整体的东西的分隔和分隔研究,我们似乎倾向于扭曲和消耗我们对经验整体作为整体的理解。因为根据杜威认可的有机统一原则,任何审美整体都要大于它作为孤立部分的部分性质的总和。实际上,如果不是因为从把它们分离出去的分门别类那里将它们整合在整体中,部分本身甚至不会像它们所是的那样显现(*AE* 43-44,140-141,166,196)。

一个相关的论证可以是:将事物视为统一的而不是分离的,的

确显得更为丰富和令人满意。这一点也许可以通过这样的观念来解释：在根据任何严格方式对人的官能、兴趣和对象进行区分之中，我们都在将人生分割为与她自身相对，迫使她在本来自然地一道起作用的能力（情感的、智力的、感觉的）中进行选择，因而制造内在冲突和一种从一个人自己的部分中自我疏离的感觉（*AE* 26－28，34，252－253）。而且，像杜威远在解构之前所显示的那样，区分倾向于具有估价的色彩，在赋予一个条目超过其他条目的特权中，我们遮蔽或者降低了主宰条目的真正价值，因为更深入的反省表明自身对“上级”的价值是根本性的。条目和它们产生的“体制化的分隔，被分类为高级的和低级的；它们的价值被分类为世俗的和神圣的、物质的和观念的”、感觉的和智力的。“在这种情形下，感觉和肉体得到了一个坏的名声”，我们忽视它们对完满生活——甚至是在道德和智力的维度上——不可替代的贡献（*AE* 26－27）。

杜威反对分类性区分的最重要的论证也许是：它们用预先决定的路线和熟悉的限制，将思想和感知僵化为固定的惯例、标准化的自动路径。这就制约了感知的范围和丰富性，阻碍了创造力，限制了向经验的开放，而这正是杜威视为对生命的发掘和增进来说是根本性的东西。一成不变的审美类型的“分类给感知设置了限制……［和］制约了创造性的作品……无论如何都已经有了真正表现方面的足够障碍。致力于分类的规则，又再多增添了一个阻碍” 17
（*AE* 229－230）。

与杜威的整体论不同，分析美学在最大程度上集中于区分方案，将大量努力投入明确区分审美与非审美、艺术与非艺术、以及（在纳尔逊·古德曼的著作中最为显著）独特的艺术作品与其他被错误地以为对其再现的对象(如赝品和不忠实的文本与表演)。但是,至少有一位分析家,莫里斯·韦兹,在质疑艺术的分类定义的价值上,非常接近于杜威。因为他不仅断言为这些逻辑上开放的概念提供真正的定义(根据本质或必要与充分条件)在逻辑上是不可能的,而且进一步论证试图将它们封闭起来使之变得可以定义也没什么好处。这种定义的封闭,只会限制或"阻止……艺术中的创造的真正条件。"[22]

另一方面,韦兹对引出一个非常有影响的区分负有责任。这个区分已经可预见性地僵化为一种使分析美学陷入贫乏的限制性的二分。他的"艺术"一词具有两种截然不同的用法——作为一种分类性描述和作为一种褒扬性术语——的观点,被乔治·迪基提升为一种对艺术概念的两种不同"意义"的划分:纯粹描述的或分类的与评价的。前者由于完全没有评价的内容因而没有争议,可以经得起客观定义的考验,从而成为价值中立的有关艺术的制度定义的中心。这种以无可争议的"客观"方式对艺术进行辨别和区分的严格探究,导致了用一种剔除艺术价值的空洞形式的方式来对艺术进行定义。一件艺术作品,只是任何一种由称之为"艺术界"的机构授予其艺术资格的人工制品,不管那个人工制品是否值得被如此对待。

(5)我将在下一章再一次回到韦兹、迪基和艺术定义。但这里我应该指出,这种艺术的描述性意义和评价性意义的区分,以及紧接着对后者的偏重,是分析美学推卸评价问题的一般倾向的典型症状。这是一种源于其欲成为科学哲学的要求和其作为价值中立之真理的科学概念的倾向。[23]分析美学那占统治地位的作为元批评的自我看法,使这种倾向非常明显。它的目的是分析和澄清已经确立的批评概念和实践,不在任何实质意义上对它们作出修正。18 它希望给予我们的艺术概念一种真正的说明,而不对它作出改变。杜威的美学则完全相反,它对为真理而真理不感兴趣。它所感兴趣的是:不管艺术被怎样定义,都要获得更丰富和更令人满足的经验,要体验那种没有它艺术就没有意义或寓意、没有它艺术就不可能作为一种整全的现象而存在或被理解的价值。在杜威的实用主义中,最终的标准是经验而不是真理;甚至“观念的价值,也处于它们所引导的经验之中”(*AE* 325)。他的知识工具主义理论,将所有探究的最终目的——包括科学的和美学的,不是视为单纯的真理或知识本身,而是视为更好的经验和经验价值。知识的价值,存在于作为“通过对其执行的行为的控制而丰富当下经验的工具性”之中(*AE* 294);对杜威来说,没有任何东西可以与审美经验那充实的当下直接性相媲美。

从价值的这种根本的经验标准出发,必然会得出科学从属于艺术的结论;而且它还会必然得出这种结论:审美价值,决不会被艺术理论或批评所永久固定,它必须被经验持续不断地检验,而且可以为变化的审美感知的法庭彻底推翻。“对象具有固定的和不可变更的价值的观念,正好是对艺术使我们获得解放的怀有偏见”,因为对“艺术作品来说,其证明完全在于实践”,而不在于任何“先验准则”或批评原理(*AE* 100－101)。

(6)但是,这种经验标准还有一个更进一步的和远为激进的结果:即,我们的美学概念,包括艺术概念自身,只不过是这样的工具:当它们不能提供最好的经验的时候,就需要被质疑和修正。这可以说明杜威明显地努力从根本革新我们的艺术和审美观念上指导他的美学理论。这是一种与分析方案在本质上接受的、分类的精神全然不同的努力。在分析美学遵循浪漫和现代主义以将艺术概念等同于“高级”艺术概念(与崇高和天才联系起来)来界定艺术的价值和自主的时候,杜威则痛悔这种精英主义传统。他在“艺术的博物馆概念”和“美的艺术的奥秘观念”的标签下,对这种精英主义进行猛烈抨击(*AE* 12,90)。

杜威对艺术向精神化退隐的反对,更早是与其自然主义一起被提到的。但他攻击的主导动机,并不是从自然主义的连续和突
19 显的本体论的考虑中生长出来的。他的主导动机是那种通过社会-文化的转型而改善我们当下经验的工具目的,在这种转型中,艺术可以使更多的人变得更加丰富和更加满意,因为艺术将更靠近人们最充满生命活力的兴趣和更好地整合在人们的生活之中。艺术的分隔和精神化,作为一种高高在上的、奉为“一个远不可及的偶像”的、脱离物质和其他人类成就的“单独领域”,这已经将艺术从我们绝大多数人中间撤走,从而使我们生活的审美质量变得贫乏(*AE* 9-15)。艺术被有效地封锁在博物馆、音乐厅、教室和剧院里,远离自由和随便的日常使用。将艺术与高级艺术精英主义等同,不仅使许多人们远离和害怕在美的艺术中寻求满足,而且会否认他们对其所享受的所谓“低级”艺术或娱乐——“电影、爵士音乐、连环漫画”——的艺术合法性和潜力的认可。他们因此被迫对培养艺术敏感感到绝望,转而在愈加“低劣和……粗俗”的东西中寻求满足(*AE* 11-12)。因此,将艺术等同于高级艺术传统,可以服务于压迫的社会-文化精英,他们通过确信艺术(至少在其所推崇的欣赏模式之内)将保持超出常人的趣味和领域,通过既标明

又巩固常人普遍的自卑感，来寻求维护和巩固其阶级的优越性。

而且，对杜威来说，即使是文化精英的经验，最终也被精神化和深奥化的美的艺术概念所消耗和限制。因为就生存和成功来说，他们也一定不止是审美家，而是在生活中忙碌的、积极参与的个体，当艺术更切近地关联和增进生活经验时，他们对艺术的欣赏也会更加丰富和更加满足。就算是艺术家，也会受到这种将艺术视为与生活不同和超越于生活之上的观念的困扰。由于在职业上“从实际兴趣的主流中”孤立出来、“比以前更少地结合到社会服务的正常流程中”、且与如此广泛的可能成为其受众的人们断绝联系，艺术家们在可以服务于其艺术创造的经验材料和源泉方面，受到了更加狭隘的限制。他们也被迫（由一种专门化和创新的循环逻辑，驱使他们维护自己同其他职业甚至其他艺术家之间的严格区别）去发展一种特别强烈的个人主义，这种强烈的个人主义使得对他们的作品的深入理解和充满愉快的欣赏变得愈加困难（*AE* 15）。

但是，远不止艺术深受其精神化的退隐之苦；这种分隔也不止 20
是由审美家和为审美家所确立，以此去确保和净化他们的愉快。艺术作为一个以其自由、想象和愉快为特征的独立领域，具有一个可怕的假定作为其潜在的相关观念：即，日常生活必定是一种沉闷无趣的、缺乏想象力的压抑生活。这为那种权力和制度提供了借口，这种权利和制度将我们的日常生活构成为对人类自然要求美的愉快和想象的自由感到漠不关心的生活。这不是在真实生活中的寻求，而是在艺术中的寻求，艺术与真实的相对和对真实的逃避，给了我们人类受害者以暂时的安慰和解脱。因此，通过将艺术和审美分隔为某种当我们从现实中稍作歇息时而被享受的东西，我们文明中最可怕和难以承受的制度和实践，就变得合法和更为牢固，就像不可避免的真实一样；它们还被提升为艺术和美根据现实原则一定要从属的必需品。更为糟糕的是：那些严格而残酷分裂的制度现实，于是通过我们文明在超越和避免它们时所制造的高级艺术，来进一步证明和赞美自身。用杜威最有讽刺意味的话来说，艺术变成了“文明的美丽会客室”，用一个华丽的审美外表，覆盖着它那丑恶的恐怖和残忍。对杜威来说，这些丑恶的东西包括阶级的势利、帝国主义和资本主义追求利润的压迫、社会的瓦解以及劳动的异化（*AE* 14－16，345－347）。

这里，我们再一次发现杜威预见了从法兰克福学派引进的、当前富有影响力的主题。本雅明和阿多诺对我们最高级文化的背面是最不文明的鄙劣的哀叹，在杜威将艺术视为“文明的美丽会客室”、但“文明并不文明”的观点中，已经响起了信号（*AE* 339，346）。颂扬杜威为美学中“一个真正摆脱拘束的思想家”的阿多诺，哀悼同样残忍的社会现实，在那里“奢侈的”资产阶级艺术只响应“禁欲的”生活，“剥夺了……在当下感觉经验领域中的真正满足”。[24]但是，当阿多诺慎重地强调，艺术坚决使自身保持同生活的分离，维持它的神圣但对社会有罪的独立性，维持将艺术狭隘地等同于高级文化，以便消除腐败社会的污染，从而维持对那个丑恶社会的纯粹批判的时候，杜威的实用主义，在其充满雄心的积极思想方面，似乎更接近于马克思。艺术的任务（像哲学的任务一样），不是批评现实，而是改变现实；如果艺术保持为一个与世隔绝的领域，就不会实现什么改变。杜威因此强烈要求：尽管冒着被非审美世界堕落地盗用的风险，艺术还是应该撤去它那神圣的分隔，而进入日常生活领域，在这里艺术可以作为建构性的改革的指导、范式和推动，而不仅仅是对现实的一个外来的装饰或一个令人向往的想象上的改变，而更有效地发挥作用。[25]在内心里，本雅明比阿多 21 诺更乐意用高级艺术的超凡权威的专制光环，来换取一个增进的生活和丰富的理解共同体的更加实际和民主的光辉。总之，对杜威来说，作为我们社会改革的重要部分，我们的艺术概念也需要改革。在这个需要改革的社会中，占统治地位的制度、等级差异和阶级区分，已经有效地塑造了这个艺术概念，并且已经在某种程度上反过来得到了它的巩固。[26]

(7)杜威和分析美学在这里的分歧，不仅在于他对精英主义的审美分隔的攻击，以及他对改革的关注胜过分类、对可以改变实践的理论的关注胜过对现实的解释、退避和证明；而且还在于杜威理论的历史和社会－文化的厚度，在于他强调没有对它们的社会－历史层面的了解，艺术和审美就不能被理解。这种强调，反映了他的黑格尔历史主义的整体论，并使他的思想与欧陆美学中的马克思传统结成了联盟。直到最近，绝大多数分析美学家还将这些背景层面当作毫不相干的东西置之不理，这不仅因为它的当下满足，而且因为它与直接的感知而不是推论的思考相类似。摩尔曾经给无论什么情况下的审美欣赏，推荐了一种"绝对孤立的方法"，即对不同的审美对象的直觉估价，就好像"它们凭自身存在于绝对孤立之中"。克莱夫·贝尔，一个分析传统的开创性艺术理论家，表达了同样典型的对历史语境的轻蔑态度。"我不是一个艺术的或任何别的什么的历史学家。我根本不关心东西是什么时候做的，或者为什么要做它们；我关心它们对我们情感的意义。对历史学家来说，每一件东西，都是一个通向某些其他手段的手段；对我来说，每一个有关系的东西,都是一个通向情感的直接手段。”这种反历史化的倾向,通过门罗·比尔兹利那令人感动的和创始性的(包括故意的)谬误理论——明显想要将审美对象从制作和接受它们的更大的历史语境中孤立出来——得到了进一步的支持。[27]

阿瑟·丹托或许是第一个使分析美学关注我们艺术欣赏不可排除的社会-历史维度的人。针对像杜尚的《泉》(*Fountain*)和沃
22 赫尔的布利洛盒子(*Brillo Box*)之类的作品,他于1964年写道:“将某个东西看作艺术,要求某种眼睛不能察觉的东西——一种艺术的氛围,一种艺术史的知识:一种艺术界。”[28]尽管丹托的艺术界观念,被转化为迪基对艺术的制度定义,然而丹托、沃尔海姆和其他分析家,已经强调艺术史在构建我们的艺术和审美概念中的重要作用。但是,这种对艺术的社会和历史理解的分析尝试,与杜威的理论相比,显得非常狭隘、内在和薄弱。对杜威来说,艺术界不是一个抽象的、独立的美学概念,而是某种在真实世界中被在物质上缠绕的、被它的社会-经济和政治因素有效地结构的东西。杜威将艺术史看作同样由这些因素所决定的,而不是看作由丹托和他的分析军团所描绘的、在根本上独立的“内在发展”。[29]更为重要的是,杜威认识到:不仅是我们进行理论化的艺术和审美的概念,而且尤其是我们的理论和哲学概念,它们本身都为形成我们生活和思想的社会实践和制度所构建和制约,因而由以某种方式形成那些构成性的实践和制度的历史偶然和斗争所构建和制约。

要倡导艺术与生活的整合,杜威就必须论证,它们那公认的对立不是某种必然势不两立的产物;不过,杜威不是通过吹毛求疵的概念分析,而是通过历史-政治的和社会-经济的谱系来做这种论证的。实践和审美之间的裂隙,不是一个必然的不幸,而是一个

历史的灾难。因此,杜威通过唤起那在审美上更为整合的古希腊社会,来开始他的理论建设。在古代希腊,好的行为也被描述为美的(*kalon-agathon*),艺术是某种“社会的精神气质和制度整体的部分……‘为艺术而艺术’的观念甚至不被理解”(*AE* 13-14)。于是,他用非常简要的和一般的术语,继续指出某些“美的艺术的区分性概念兴起的历史原因”,以便通过其起源上的污点来从中破坏这种艺术概念。

> 我们现存的美的艺术品被移入和储存于其中的博物馆和美术馆,说明了实行艺术隔离、而不是发现它作为寺庙、广场的附属物和与生活发生关联的其他形式的部分原因……我可以指出一些最突出的事实。在其他事物中间,许多欧洲的博物馆,是民族主义和帝国主义兴起的纪念馆。每个首都一定有它自己的绘画、雕塑等博物馆,用一部分展出它过去的艺术 23
> 的伟大,用另一部分展出由其君主在对其他民族的征服中搜集起来的掠夺品;例如拿破仑的战利品就聚集在卢浮宫。它们证实了在艺术的现代隔离与民族主义和军国主义之间的联系。(*AE* 14)

帮助造成和保护艺术的博物馆概念的社会-历史的因素,既是经济的,也是政治的。

> 资本主义的成长,对作为艺术作品的适当居所的博物馆、对艺术远离普通生活的观念的促进,具有强有力的影响。作为资本主义体制的一个重要的副产品的爆发户(*nouveaux riches*),尤其觉得理应将自己用稀有的、昂贵的美的艺术作品包围起来。一般来说,典型的收藏家就是典型的资本家。为

> 了证明在高级文化中具有良好的名望,他积聚绘画、雕像和艺术珠宝……不仅个人,而且社会和民族,通过修建歌剧院、美术馆和博物馆,来显示它们良好的文化趣味。这些表明,一个社会不是全部专心致志于物质财富,因为它乐意将利润花费在赞助艺术上……这些东西反映和确立优等的文化身份,而它们与普通生活的隔离,反映出它们不是本地的和自发的文化中的一部分。
>
> ……[美的艺术于是可以反映]一种对吸引了社会绝大多数时间和精力的兴趣和工作……假装虔诚得令人讨厌的姿态。(*AE* 14-15)

杜威继续论证,国际资本主义和工业化是怎样改变艺术的生产和接受,以便使艺术成为一个自身与世隔绝的世界。

> 由于经济体制而产生的贸易和人口的流动,已经削弱或摧毁了艺术作品和曾经是自然表现的地方氛围之间的联系。由于艺术作品已经失去了它们的本土身份,它们就得获取一个新的形象——成为美的艺术的典范,而不是别的什么……像其他商品一样,为在市场上出售而马上被生产的东西。(*AE* 15)

与过去来自艺术家知道的个人的、或基于像教堂一样的机构的社团经济赞助相反,艺术生产被抛入"一个非人格的世界市场",
24 被剥夺了与(或者哪怕是了解)其公众"亲密的社会联系"。因此艺术家被愈加从社会的"正常流程"中边缘化和孤立出来,被驱使通过强调其独特的特性而唤起人们注意她的作品。而且,由于我们的社会是由唯利是图的利润所统治,因此,艺术家可以很好地将从社会孤立出来视为对其艺术是根本性的、视为在其艺术中必然表达的东西。艺术因而变得更为分隔化地专门、冷僻和“深奥”(*AE* 15)。

将所有这些因素连接起来,再加上在自由享受和“受外部强迫的”劳动之间、想象的情感愉快和机械的无趣制作之间、更“一般地在现代社会中生产者和消费者之间”作出如此划分的一般社会情形,我们就有了“日常经验和审美经验之间的裂隙,就有了在真实世界中积极实践的生活,与从那个世界中逃进博物馆、剧院或音乐厅的被沉思的艺术之间的鸿沟(*AE* 15-16,285)。

杜威警告说:他的简要谱系,并不意味着认可一种对艺术的全面的经济决定论;实际上,就像皮埃尔·布尔迪厄的作品使之变得显明那样,财产和社会阶级之间、经济资本和文化地位之间的联系,比杜威提出的要远为复杂。[30]文化地位和阶级势利,不仅可以通过占有和赞赏艺术的神圣化对象而获得,而且同样可以通过他们那专业化的、规定的占有模式而获得。这些也可以被置于一个基础上、被置于一种这样的东西上:它们可以通过改变批评方式被不断改变,以便将它们保持在一种对日常经验和经验者冷僻的、特权的孤立之中。然而,杜威的谱系成功地致力于显示的东西是:那种标准的“通过将艺术及其欣赏置于它们自身的领域之中,割断它们与其他经验模式之间的关联,而将它们孤立起来的理论”,它们自身也不是发现事物真实和必然本性的纯粹理性的不可改变的裁决,而是“能够具体列举的外部条件”的结果。这些条件,被社会性地嵌入“制度和生活习惯之中”(*AE* 16)。作为历史地和偶然地构成的东西,这些理论和它们的概念,也不能要求特权真理的地位,不可能免于杜威美学理论所针对的那种革新改造。

更进一步，对杜威来说，理论的社会－历史构造，不限于美学。伦理理论中手段与目的之间的严格区分，传统心灵哲学"明确的心
25 理区分"，在很大程度上，是在古希腊"社会的阶级和分配中发现的差异的公式化"的产物（*AE* 252，*EN* 298－299）。这种黑格尔—实用主义的哲学观，即哲学不是作为永恒的概念真理，而是作为一种历史地形成的对"其自身在思想中领会的时代"的表达，[31]加上对这种思想的批评而创造更好的时代和更好的思想，使得它与分析哲学完全不同。因此，杜威的反资本主义的激情，当然是相当坦率的，这种激情弥漫在他的美学理论中，表明了他想要的理论和社会改革的社会主义方向。在1950年分析美学突然勃兴的麦卡锡时代，这种黑格尔与马克思的结合，几乎不可能使他的艺术理论成为对美国哲学有吸引力的选择，尽管我怀疑这一点是否可以单独解释他的美学被蒙蔽和忽视的程度。

（8）我将以思考另一个问题，来结束我对杜威的导论性概述。在这里，他对分析美学中占统治地位的假定的反对，非常有希望地与当代欧陆哲学中的强大潮流汇聚起来了。这也许是杜威最重要的美学主题：动态的审美经验，具有超过固定的实质性对象的特权，我们习惯的思想就是将这种对象等同——因而共同修正（commodifies）和崇拜——为艺术作品。对杜威来说，艺术的本质和价值，不只是存在于我们典型地视为艺术的人工制品之中，而是存在于创造和感知它们的动态和发展的经验行为中。因此，他由区分"艺术作品"——像绘画、雕塑或印刷文本一样的客体，一旦被创造出来，就可以"外在地和物理地""离开人的经验"而存在——和"作为带有经验和在经验之中的作品的实际艺术对象"开始（*AE*

9,167)。通过授予审美过程超过作品的特权,艺术被定义为“一种经验性质”,而不是一个物体的集合,或一个仅被这些物体共有的实体性的本质;审美经验因此成为了艺术哲学的基石。[32]

杜威不否认艺术的物质客体的重要性。像阿多诺那样,为了某种适当固定的和性质上有助于指导和组织审美经验的创造的东西,他强调不可避免的“对客观化的要求”。[33]对杜威来说,“离开对象就不可能有审美经验,……一个对象要成为审美欣赏的内容,它 26
必须满足那些客观条件,没有它们……[审美经验的必要条件]是不可能的”(*AE* 151)。就像“只有当观念停止动摇和在对象中具体化时,审美产品才有可能产生”,因此,只有当一个人的“想象和情感也系结于对象……与对象的内容融会一起的时候”,作为审美经验的艺术作品才有可能产生(*AE* 280)。但是,尽管艺术的固定对象是必须的,杜威仍然赋予阿多诺随后描述为“审美经验和艺术作品的过程本质”以特权,赋予“艺术作品只有存在于动态(*actu*)中”、存在于有生命的动态经验中的事实以特权。[34]

杜威将艺术定义为审美经验的首要目的,是要打破艺术博物馆概念那令人窒息的统治。这个概念的力量,由我们对艺术的神圣化客体的过分偏爱所巩固。因为审美经验明显超出美的艺术和它的对象的限制。不过,杜威的经验转向,也要求提供对美的艺术的一种增强了的欣赏,而且在某种意义上,这种要求似乎是可信的。首先,根据生动的经验而不是静态的对象来理解美的艺术,对使艺术如此迷人地生动活泼的动态力量和动人精神来说,更为合理(*AE* 181,197)。因为审美经验,即使是对所谓静态艺术的沉思,总是一个短暂的进行着的和经历着的动态过程,在那里,经验被累积发展并达到完满;在那里,感知者像创造的艺术家一样,通过他自己参与的和贡献的活力而被攫住和推向那种完满，这种活力通过被如此地参与和吸引而感到满足和生命力得以增强（*AE* 57－62，70－71，142－143，165－166，178－181）。其次，当艺术被当作审美经验而不是资本主义投机买卖的共同修正的（commodified）对象时，对艺术内在和即时价值的要求，就变得更为可信和更少矛盾了。第三，从分隔孤立和独立的对象向它们在经验中的作用和它们在经验中的历史的转移，为适应艺术复杂的社会－历史语境提供了一个更好的基础。由于作品既不能在逻辑上从它最初生成的方面服务于它的创作者的经验，也不能在逻辑上从不同和变化的接受方面服务于他人的经验；作品最初的社会－历史条件和它随后的解释与评价的变化，这两方面就都与它的意义与价值有关。因此，作品的意义和价值，的确可以随着作为我们对其经验的条件的现实和实践的改变而改变。正如阿多诺赞同的那样，“艺
27 术作品决不是固定不变的，而是在流动中……由于它们的过程本质而具有一种历史的存在……［而且］与人们历史地改变的态度一致地发生变化”，尽管这种变化不必如此之大，以至于妨碍我们有意义地谈论同一个艺术作品。[35]

杜威对艺术的经验定义的目的、优点和问题，将在下一章中继续详细讨论。在那里，我将集中于艺术定义的问题和理论的作用，以及简要勾勒我的实用主义方案不同于它的杜威来源的方面。不过，在这里我应该探究，分析美学为什么相反地授予艺术对象超过它的审美经验的特权，为什么甚至正是审美经验的观念，常常被艺术的分析哲学家们所回避，有时还被猛烈攻击。

一个理由是，传统分析害怕心理主义，他们担心：任何经验概念，都一定会被经验主体的私人主观性完全玷污，以至于根据审美

经验对艺术的思考,必然会使它唯我论地私人化,从而使它丧失任何真正的可传达性或通力合作的批评。杜威的有效回应是:这种害怕,滋生于将经验仅仅等同于对它的一种狭隘的哲学见解,即将经验当作本质上主观的、原子的感觉或感受。这种见解——杜威将其根源追溯到经验主义和对内在生活的浪漫主义鼓吹——不仅是在历史上狭窄的和在哲学上狭隘的,而且在经验上也是错误的。[36]“对古希腊人来说,经验是实际行为、苦难和不断建立为……技术的感知……的积累的产物。对经验来说,根本没有仅仅是个人的或主观的东西”(*EN* 189)。这个古老的观念,今天仍然存在,它实际上形成了也许是我们专业哲学之外的最共同的经验观念的核心。当我们谈及一个有经验的人,或者问及某人是否具有对某个工作所必需的经验,我们并不关心那人是否具有足够的私人感觉或正确的“肉体感觉”。

但是,构成杜威审美经验核心的东西,是另一种通常意义的经验——它指的是一种令人难忘的或绝对令人满意的生活事件,一种由其“内在的整合与完满”,从无数生活之流中突显为“一个经验”的东西。这种“内在的整合与完满”,是通过对意义与活力的进一步组织、以提供某种类型的令人满意的情感性质而达到的。对杜威来说,与众不同的审美经验,其实只不过是“一个被提升到超出感知阈限”和“为其自身缘由”而被欣赏的经验的令人满意的因素和性质(*AE* 42,45,63)。[37]但是,情感上满意的导入,并没有致使一种必然私人的和完全主观的经验。因为除了哲学怀疑论者以其 28
专业身份的怀疑之外,没有人会对我们可以共享这种难忘的经验有片刻的怀疑,即使它们通过我们不同的个性和历史总是稍微受到某些不同的影响。实际上,这种提升的经验,经常被记住为共享的，而且常常因为它们是共享的而被记住。鉴于个人误解的恼人重现和永久可能，将它构想为一个妨碍分享情感经验的私密监狱，这只是出于哲学对确定性的严格追求。

杜威进一步强调，即使所谓的私人心理经验，总不止是心理学上的隐私。因为经验总是"有机体[其自身总不止是一个心理主体]与其环境的交互作用。这种环境是人类的，也是自然的，它包括传统和习惯的原料，也包括地方环境的原料"(*AE* 251)。我们最私人化的思想，也总是在共享的和公共的语言之中，正如我们的感觉经验，由于它建立在一个心理的、但受语言和文化影响的"[或多或少]对该文化中所有正常个体是共同的构造"之上，因此它在某种程度上是可以分享的一样(*AE* 250)。

分析美学为什么从杜威对审美经验的强调中退缩的第二个理由是：这种经验似乎像它是所谓重要的那样，也是短暂的和不得要领地难以把握的。与艺术对象——它可以毫不含糊地保持为独立的、可以逐个数清的东西，且满足了奥斯汀称之为哲学对"中号货物(middle－seized goods)"的存在论偏见——相反，审美经验不为分析和区分维持一个稳定的本质或可明晰界定的现象。要将它从通常不分类为审美的或艺术的经验中，从像体育运动、性交或美食之类的愉快事物中分离出来，似乎也是不可救药地困难。相反地，审美经验不能确信务必在艺术杰作之前呈现自身。但是，如果作为一种经验，没有对所有那些审美经验是共有的和专门的东西，那么我们怎么可以说存在一种与众不同的审美经验呢？由于审美经验似乎既在本质上抵抗分析的定义，又与我们区分审美与非审美、艺术与非艺术的牢固习惯毫不协调，因此，它被谴责为一种无益的和混乱的形而上学的"幻影"。[38]虽然，分析的批评对某种定义和应用这种经验的误导方式作出了部分合理的反击，但审美经验的不可定义性和它在传统的非美学中的泛滥，并不构成一种反对它在艺术哲学中的存在和重要性的理由。事实上，对蔑视定义的限制 29
性、从而打破习惯上顽固的分割的枷锁来说，审美经验的力量，恰好是使它对像杜威那样的审美革新来说显得非常重要的东西。

授予艺术对象超过审美经验的特权（和更一般地授予艺术概念超过审美概念的特权）的第三个理由是：审美经验被当作某种为琐细地关注愉快、感性和情感所统治的概念，作为某种掩饰艺术本质性的认识和经验力量、以及它的实践－政治潜能的东西。因为我们传统的“审美”观念，像丹托所抱怨的那样，表现了哲学“通过将艺术视为仅仅符合于愉快而使之显得无足轻重的努力”，艺术在根本上被视为仅限于形式和无足轻重。[39]杜威丝毫不会否认这种指责。他反而会强调：艺术那范围广泛的价值的更好确立，不是通过回避审美观念，而是通过从更丰富的方面对审美进行重构性的再解释，承认审美经验在认识和实践上的重要性，更一般地，承认艺术与审美同思想与行为的日常世界的连续性。不过，杜威也会强调：仅就愉快本身来说，就远非一种无足轻重的事情，因为我们人类（包括哲学家在内）在根本上不是为真理而活着，而是为感觉和情感的愉快而活着。[40]因此，即使审美经验的愉快同理解和认识不可分割，但它那基于冲动的情感价值，在对审美经验的估价中，是不能不予理会的，因而审美经验的价值不能还原为认识价值（像纳尔逊·古德曼建议的那样）或实际效用。[41]

与杜威快乐的审美经验的目标相反，分析哲学旨在客观真理，一种被非常狭隘地理解为关于独立于精神的客体的真理。因此，毫无疑问，分析美学要极度地全神贯注于艺术对象。为了确定不同艺术中的艺术对象的本体论资格，为了在艺术作品的不同显现（可信的复制、印刷、表演等等）中确认同一个作品，以便赋予它不同于其他作品的个性和将它从错误的显现中区分出来，分析美学花费了无数的努力。对这种工作的社会－文化的压力，是相当明显的。宗教信仰的死亡，使得高级艺术作品成为我们拥有的与神圣文本和圣洁遗物最为接近的东西；由于被当作这样的东西来崇拜，因此它们不得不保护它们的纯洁，以防冒名顶替。但是，在将这种艺术文本从经验媒介向受崇拜的“词语偶像”（就像批评家威
30 姆萨特给它所起的那个令人满意的绰号那样[42]）的转化中，也许具有更大影响力的是学院的专业压力。

大学中的批评，必须表明信奉客观知识，而不是增进经验。客观知识被设想为要求一个清楚地限定的对象；作为元批评的分析美学，将这一点视为它的目标。即使比尔兹利，他的第一本著作把审美经验作为其元批评的艺术哲学的中心，但后来仍然授予作为客观批评必要保证的对象以无可争议的特权。“使批评可能所要求的第一个东西，就是一个被批评的对象——某种……用它自己的特性面对解释和判断可以被检验的东西。”因此，他确立“独立”和“自律”的具体化原则为：“作为个体存在的文学作品”，和“作为自足实体”的文学作品，其性质和意义独立于它们在经验中的起源和接受的上下文关系。[43]在纳尔逊·古德曼极有影响的《艺术的语言》中，对精确界定艺术对象的元批评的要求，已接近于矛盾的极端。为了在严格的理论意义上界定艺术作品，以便使之免受曲解，古德曼将艺术作品的同一性与其显现的可靠性，视为独立于它的“在审美上重要的性质”。对“一个作品的构成性质”的界定，“……不能等同于它所具有的审美性质”，因为对定义的精确性来说，这

种审美性质容许有太多的模糊和变化。对古德曼来说，由于音乐作品的同一性和演奏的可靠性，是由“对乐谱的完全依从”所限定的，因此，“没有明确错误的最糟糕的演奏”，被认为是那个作品完全可信的例子，“而有一个错误音符的最卓越的演奏则不是”。同样的矛盾还出现在他对文学和作为艺术的戏剧作品的符号定义中。[44]不过，杜威会问：如果不用它们去建构审美经验，如此严格地界定和维护艺术作品的目的是什么？再者，如此地界定它们，以至于不必为经验保护“在审美上重要的性质”，而如果符号上正确、审美上糟糕透顶也是合法的，这种界定的寓意又是什么呢？

后结构主义以反对分析地认可的艺术作品的观念——即艺术作品作为一种完全固定的、自足的和神圣不可侵犯的对象，一种盲目崇拜的封闭整体——而吸引我们。它对一个文本的意义，不是一个固定不变的给予，而是（可改变的）写作和阅读实践中可改变的产物的强调，类似于实用主义对一个由人类努力所形成的开放的、可塑的宇宙的本体论主张，就像杜威的世界作为“改变的原料”的观念中所主张的那样。[45]事实上，从封闭的作品向开放、发展的 31
实践的转移，从作为发现先在真理的批评向作为创造满意意义的批评的转移，在杜威的美学中有明显的预示。正如后结构主义这样论证一样：一个文本的意义是不断改变的，因为它是一个不断改变的语言语境的产物，是一个在它与其他文本（包括我们等同为我们的阅读和写作自身的、具体化的文本构成和实践）之间的语言联系的交互游戏的产物；杜威也可以这样论证文本的意义是不断变化的。因为它是永远变化的经验语境的产物，而经验总是涉及相对稳定的艺术产品与有机体和它的环境因素——这二者都在持续的流动之中——之间的交互游戏。尽管“一片羊皮纸、一块大理石、一块帆布……保持(经受了时间的破坏)贯穿不同时代的自身同一性”,因为“一件艺术作品不只是……存在于某些个体化的经验中”,但是,它一定被有几分不同地“再创造,在它每次被审美地经验的时候”(*AE* 113)。因为“经验是一种艺术产品与自我之间的交互作用。因此,对两个不同的人来说,它不是两次完全相似的东西……它还随同一个人在他带给一个作品某些不同东西的不同时候而发生变化”(*AE* 334)。即使艺术家“本人,在不同的日子、不同的小时和他自己发展的不同阶段,也会在其中发现不同的意义。如果他可以清楚地说出,他会说:‘我只意味着那个,而那个的意思是,无论什么你或者无论是谁能够诚实地,即根据你自己的生动经验[和对艺术作品的切近关注],从它之中发现的东西”(*AE* 113 - 114)。[46]

但是,在对同一性、结构上的封闭和关系到艺术客观性质(也关系到经验自身)的有机统一的反对中,杜威可能没有后结构主义那么偏激。因为一旦这些观念被实用主义地解释为灵活的和功能性的而不是基础性的观念,就没有理由不使用它们。而且,他对变化和差异的欣赏,也受到这样的认识的调节:稳定、共识和统一,可以以不同的和灵活多变的形式实现,而且它们代表的价值,对美好生活和有效的社会 - 政治行为是如此根本,以至于不能被证明为必然等同于停止的僵化、单调的一致和压迫性的总体化。由于杜威的审美经验的观念,是对统一性的赞美(*AE* 43 - 49),因此,它至少必须再面对一个反对——这一次是来自后结构主义视野的反对。这个反对是:它致使审美经验过于纯洁和有序、过于自鸣得意地封闭于对它所达到的统一的洋洋自满之中,以至于不能公正地
32 对待使艺术成为一种积极的骚动和激发力量的不和谐效果。经

验,像它的语源学所显示的那样,是一条穿过危险和风险的延续的通道;照此论证,审美经验也不会有什么不同。[47]

然而,对这种指责的纠正,将违反古典美学和新批评的有机主义。这种有机主义实在是对杜威的误解,因为杜威再三强调,审美经验的统一,不是一个封闭的和永恒的天堂,我们可以于其中最终依靠令人满意的沉思。它更像是一个运动的、碎裂的和消散的事件,一个用它那即刻掌握的混乱和张力的能量,暂时于经验之流的裂隙中品味的事件。它是一个发展的过程,在其顶峰被解构地消融于随之发生的经验之流中,将我们推向未知之中,推向面对形成新的审美经验的挑战,一种从过去经验的碎片和抵抗以及当前的环境因素而来的、新的运动和暂时的统一。

而且,对杜威来说,经验统一的持久性,不仅是不可能的,它在审美上也不是令人欢迎的;因为艺术要求张力和破坏性的新奇的挑战,要求对秩序的实现和破坏的有节奏的奋争。“由于艺术家以一种特殊的方式关注在被实现的统一中的经验状态,因此他不会避开阻抗和紧张的瞬间。他宁愿去培育它们,不是为它们自己的原因,而是为它们潜在的可能性”去转变为一种统一的经验(*AE* 21)。因此,对杜威来说,“有两种类型的可能世界,在它们之中不可能发生审美经验”。在“一个纯粹变动的世界中”,统一、稳定或顶峰经验,都将是不可能的。但是,另一方面,“一个已经完成的、终结的世界,就不会有悬念和危机的特征,不会给问题解决提供机会。虽然每一个事物都已经是完成的,但没有完满。我们愉快地面对涅槃和统一的上天极乐,只是因为它们被投射在我们压迫的和冲突的现存世界的背景上。”它们的实际经验,像永久持续的经验的审美统一一样,会是死一般地令人厌烦的。我们需要骚动和杂乱,因为"从骚动通向和谐的片刻,是那种最热烈的生活"和最令人满足的经验(*AE* 22 – 23)。我们也不能逗留在这种和谐之中;审美经验只不过是一种暂时品味到的顶点,一种有节奏的休息间
33 隔,它分享生活对变化的要求,不会对秩序感到满足,从而"将我们推进未知之中"(*AE* 173)。它跟旧世界的一个已经实现的秩序一样,是一个朝向新世界的有刺激性的骚动。在这一点上,杜威是非常明确的。

> 在生活过程中,一段时间的平衡的获得,同时是与环境新的联系的开始,这是一种带给它通过斗争作出的新的调整能力的环境。完成的时候,也是重新开始的时候。任何超出其范围使伴随完满时间的快乐与和谐永恒不朽的企图,都构成从世界中的退却。因此,它标志着生命力的降低和丧失。(*AE* 23)

杜威较早的时候关于有机生命所说的东西,也可以应用于审美经验——他视为从有机生命节奏中的突显——的发展、分解和因此激发的统一:"越过确立的限制,是毁灭和死亡,然而,在它们之外,新的节奏被建立起来"(*AE* 22)。审美经验像生活之美一样闪耀,不仅因为它被混乱的死亡和单调的常规所包围,而且因为它自己闪烁的生涯,投射出它那像生存一样的死亡过程。

第二章 在经验和实践之间的艺术和理论

34

一

什么是艺术的问题长时间以来困扰着美学理论，但迄今为止提供的众多的定义中，没有一个已经在哲学上证明是令人满意或者获得毫无争议的接受。杜威的艺术即经验的实用主义定义也不例外，而且可以招致更多的哲学批评。最明显的是，它似乎过于模糊和一般。因为它的审美经验的定义概念，不像通常认为的那样指艺术经验，而是包含了无数的东西（例如，房间的整洁与体育活动），它显然不能表现我们艺术概念的准确内容与范围。

艺术的定义已证明是如此抵抗理论上的解决，以至于一些哲学家已经提议，把它当作一个完全琐细无用的科目而予以废弃。一些当代实用主义者，虽然正确地尊重实践的首要地位，但已经走得太远，以至于整个儿否定理论的价值与潜能。这种实用主义理论家目前正处于困境之中。由于怀疑传统的主张与理论的成功，他不愿勉强再提出一个艺术定义，让哲学来检验它并最终被扔进美学史的垃圾箱中。但他们同样意识到，“艺术是什么”的问题太重要了，以至于无法回避。理论似乎是既不能获得，又无法避免。

在我看来，解决这种历史上艺术与其理论之间的坏的配合的惟一方法，就是显示：定义和理论的目的尽管已经被误解，但仍然能够有望被改造去更好地为艺术效力。但这不是让艺术免于批评和重新构想。由于我们的艺术概念在很大程度上是误导的理论的产物,因此,它自身也可能被误导并需要重新确立方向。

35 为了帮助澄清和证明这些观点,我将表明一个似是而非的论点:杜威将艺术定义为经验是正确的,尽管根据传统的哲学标准,这明显是一个不充足和不精确的定义。当然,对主张艺术和理论的重新构想来说,需要比这更多的论证。如果理论的目的和方向已经被误导,如果艺术已经被误解,那么我们就需要通过看看艺术定义的历史,来弄清楚为什么会误导以及是怎样误导的。而且,如果杜威的经验定义在某种意义上是正确的,我们就需要弄清楚为什么它比今天最强有力的理论——把艺术定义为一种实践从而似乎像杜威的理论那样显然是实用主义的——更好些。让我们从艺术定义的历史开始吧。

二

定义艺术,对哲学来说已经是一个长期的难题,它甚至比美学在 18 世纪末作为一个独特的哲学学科出现还要久远。实际上,艺术定义对哲学自身发展和自身构成是至关重要的。[1]因为哲学兴起于古雅典文化,它以好斗的姿态将自身严格定义为与艺术相对的最高智慧的来源,一种不仅能够提供最好的指导而且能够提供最高贵的和最强烈的沉思的愉悦的最高追求。对于苏格拉底和柏拉图来说,哲学诞生于对理智的至高地位的奋争中,一方面同修辞家和诡辩者作战,另一方面同艺术家斗争(诗歌是主要的艺术敌人,因为它最能获取传统的神圣智慧又没有造型艺术的物质特征)。

就像它采用一些修辞学的论辩策略一样,哲学似乎从艺术中获取了它的一些认识论和形而上学的方向。作为 *theoria*(理论)知识的理想,哲学是一种对现实的分离的沉思,而不是对它的积极的交互作用与重建,它反映了观看戏剧的观众的态度,或者对很好地完成了的造型艺术作品的有鉴赏力的旁观者的态度。同样,现实在根本上由很好界定的和稳定的形式——它们是理性地与和谐地安排的,对它们的沉思可以提供异常的愉悦——构成的观念,给了艺术作品一个先入之见:一个有清晰形状和分明轮廓的令人羡慕的固定形象,它们那持久的可理解的和谐,使得它们居于日常经验的混乱之流之上,使得它们似乎比日常经验的现实更为生动、恒 36
久、引人注目——在某种意义上更为真实。由于诗人不仅作为美的创造者而且作为智慧的供养者而得到很高的尊重,因此,哲学不得不通过用更否定的术语定义艺术来确立自己的独立和特权。依靠敏锐的辩证灵活性,哲学把自身对艺术的认识论和形而上学的模仿,变形为一种对艺术的蔑视性的定义:艺术即模仿,或者 *mimesis*(模仿)。

对柏拉图来说,艺术(作为仅仅对外表的模仿)不仅双重离开现实的真实形式,不仅欺骗和诉诸灵魂中最低劣的部分,而且甚至在美和欲望的快乐方面也不能同哲学竞争。虽然艺术可以给出美的对象的外观,但哲学却能够提供对更完美的超越形式——它使艺术的模仿对象(实际上所有对象)变美——全神贯注的沉思,提供一个梦幻般的愉快节目,这种愉快在美的绝对形式的最终美中达到顶点。哲学家因此(在《会饮》中)被描述为“好色学的大师”,而不仅仅被描绘为真理的高傲牧师。

因此，柏拉图对艺术的定义，不是推进艺术实践或者增进对艺术有鉴赏力的理解，而是抨击、限定和控制艺术——甚至，像我们在《理想国》中所看到的那样，达到审查和驱逐的程度。而且，在对艺术的定义中，他也定义艺术哲学。就像哲学的其他部分那样，艺术哲学可以被视为对柏拉图的反动注脚。由于最初被这种否定的和有疑问的动机所孕育和指导，美学理论被误导因此是可以想见的。而且，由于有了柏拉图在这个领域中留下的程式化的烙印，即使当哲学家日益感觉到要摆脱柏拉图对艺术的非难性记录时，他们仍然因最初造成的错误方向而保持对他的盲从。我们在亚里士多德对艺术的辩护中就可以看到这一点。为了寻求将艺术从柏拉图的模仿感觉特征的先入之见的责难中救赎出来，亚里士多德主张：悲剧模仿普遍的东西，因而比历史提供更高的"更哲学的"真理。但这仅仅是对模仿理论和哲学霸权的修补和巩固。而且，像他的净化学说所涉及的那样，亚里士多德继续着柏拉图对待艺术的态度：将艺术当作一个在根本上同普通生活和行为分离的截然不同的对象领域。总之，尽管柏拉图艺术即模仿的定义，不仅是在限定区分的意义上，而且是在"范畴"的希腊本义即谴责的意义上，来对艺术进行规范的，但是，后来的理论虽然放弃了谴责的意义，却仍然固执于区分的定义习惯。

37 当模仿终于失去了它的魅力和权威的时候，其他理论被提出来了，最主要的有表现、形式、游戏和符号等理论。然而，它们中没有一个满足哲学的传统要求：将艺术定义为一类特殊的事物并细想它的独特本质。它们都没能提供一个在共同和个别两方面都适宜于所有艺术作品的本质，都没能提供满足某物是艺术作品而不是普通物件的不仅充分而且必要的条件。这种定义，只注重艺术作品所展示的特别显著的特征,但要么失之于过宽,要么失之于太窄。像模仿一样,表现、游戏、形式和符号等特征,既不分明是艺术的独特特征,也不是在单称或全称上说明了艺术所有的重要特征。至于更狭窄的贝尔-弗莱(Bell-Fry)的有意味的形式理论,不仅循环地依赖神秘的审美情感——其自身正是通过有意味的形式来识别的,而且非常清楚,它也不能涵盖那些再现内容是不可否定地重要的艺术。

纵览了试图对艺术进行本质主义定义的漫长的失败历史和清楚地意识到近来艺术自身的不断革命的历史,莫里斯·韦兹于1955年提出了一个激进的补救方法。[②]对艺术的真正定义(也就是在本质上或充分和必要属性上的定义)的追问,必须被当作逻辑上的不可能而予以放弃,因为没有被定义的共同本质。对于这种论点:本质对一般的"艺术"术语的可分享性意义和可理解性用法是必需的,韦兹用维特根斯坦的方式反驳:复杂的相似网络和家族相似——通过它们艺术作品被联系起来,提供了对有效使用和教导一般性艺术概念所必需的所有东西。在已经熟悉的艺术作品和它们的相似网络的背景的基础上,我们也能够将"艺术"一词用到新的和不熟悉的对象上去。韦兹的论点不只是指艺术缺乏一个本质,缺乏一套在或者必须在任何一个被适当地称之为艺术的作品中展现的必要和充分的特性;而是指这个概念在逻辑上绝对禁止它拥有这样的本质。艺术是一个在本质上开放和易变的概念,一个以它的原创、新奇和革新而自豪的领域。因此,即使我们能够发现一套涵盖所有艺术作品的定义条件,也不能保证未来艺术将服从这种限制;事实上完全有理由认为,艺术将尽自己的最大努力去亵渎它们。总之,"艺术的特别扩张和冒险的特征",使对它的定义是“在逻辑上不可能的”。

哲学家因此被迫放弃毫无用处的定义方案，代之以致力于分析艺术概念的逻辑。这种分析显示，艺术概念不仅是开放的，而且
38 是复杂的，在根本上充满争论的。对韦兹来说，因为有分类和评价两种截然不同的用法，因此艺术概念是非常复杂的。不是所有标上“艺术作品”标签的东西，我们都用这种术语来褒扬它。正是这种评价的用法——它使得艺术概念充满争论，使得过去相互冲突的艺术定义显得令人厌烦——试图荐举我们在艺术中应该重视的东西。韦兹坚持认为，这些传统理论，作为“艺术优点的必然标准”的可估价的提议，或者作为“以某种方式留意艺术的某些特征”的合理的建议，是颇有价值的。但是，它们被误导为其工作不是估价或建议而是逻辑描述与概念阐明的哲学理论。③

为了克服韦兹的论点，一种新型定义被提出来了。如果可估价的结果导致任何定义都无可避免地充满争论，那么，定义就应该限于艺术的分类范围。如果艺术作品似乎没有表现出一系列共同的和特别的特征，也许确定艺术的本质不在它们所展现的特征中，而在它们的产生过程中。这种理论反对韦兹说，纯粹的相似性不能解释艺术概念的统一性。因为在任何两个事物之间，都有可能发现相似性，而可选择的家族相似的概念已经暗示有一个共同的出生上的核心或共享的历史。这些论点形成乔治·迪基的艺术制度理论的支点。这种理论将艺术作品定义为“一个……某人或某些人代表某个社会制度（艺术界）授予了它以欣赏的候选资格的人工产品。”④

这个理论值得讨论，不仅因为它对分析美学有相当可观的影响，而且因为它既生动地显示了精巧的灵活性，又生动地显示了沉

思、区分性定义的根本错乱。尽管它根据充分和必要条件来定义“艺术作品”，但是，它只是纯形式上的和程序上的，因而既没有排除审美创新，也没有对评价标准抱有偏见(像所有其他实质性东西一样，这种排除和偏见留给了艺术界)。此外，这个理论还有凸显社会情境的长处。通过这种社会情境，艺术被诞生或被赋予某些不直接展现给感觉的特征。这是对艺术缺乏展示出来的公共本质的补偿，而且既给了艺术一个无限的境域，又给了艺术一个定义的基地。一个即使它不展现任何东西但也不为任何事物——任何一种艺术作品的存在或不存在——所动摇的基地。

在对从程序上赋予身份的形式主义的依靠以及对可估价的和 39
有实质的内容的排除上，迪基的艺术定义，类似于对法律的合法性的实证主义定义，因而它也会遭到同样的批评。⑤赋予身份的制度行为，似乎既不必要，也不充分。最有说服力的是，一些作品产生于这样情境中：在那里艺术的身份不需要被清晰地授予，而是被自动地采取的；而且如果一个特定的赋予身份的行为不是由艺术界采取适当的方式，它也很难保证艺术的身份。同样的困难是：定义狭隘地着眼于艺术的纯粹分类意义。除了对艺术界和它的生产力的认可之外，这个定义还能具有什么实质性的启发或目的？甚至连迪基自己也承认，“这是艺术”这个严格的分类判断，在美学谈论中实际上没有任何用处。因为对传统上着力于寻求定义的实质性美学问题——我们应该是否与怎样将一个人工制品作为艺术作品来欣赏的问题——来说，这只是被推延给了艺术界和它的估价决定与标准。

最后，尽管迪基在这一点上是对的：坚持主张成为一件艺术作品不必包含是一件好的或有价值的作品上；但他错误地假定：“艺术作品”可以在一种排除价值的意义上被定义。事实上，在迪基自己的定义中，恰好是那个欣赏候选者的概念，已经预先假定了一个艺术在其中被欣赏的背景，正如那个“艺术界”的概念预先假定了一个艺术在其中被评价为文化实践和文化成就的世界一样。总体说来，艺术和价值是不能被分开的，这意味着在一种纯粹分类意义上根本地定义艺术，不正当地将那些对艺术是本质性的东西排除在外，即使这种本质性的东西在许多被归类到艺术中的对象那里是缺乏的。

如果说迪基的理论没有提供可以用来解释为什么艺术被赋予价值以及用来丰富我们对艺术的欣赏经验与理解的实质性洞见，这不是因为他不具有这种知识，而是因为他受了一种沉思的、区分的定义模式的驱使。这种定义的根本目的，是更多地涵盖通行的对艺术的理解，而不是去深化和改进它。由于有了这样的假定：艺术是一个独特的对象领域，必须被清晰地从其他领域中孤立出来，因此，定义的操作即是去寻找一个语言公式。根据对艺术领域的业已公认的理解，这个公式将能适合所有的而且只被称之为艺术作品的对象。我们可以用给出反例来挑战这个被提议的定义，这种反例是，它的语言公式要么错误地涵盖要么没有成功地涵盖的、
40 因而是要么错误地包括要么错误地排除的属于艺术领域的东西。因此，这个定义表现得要么过宽，要么太窄；而它所追求的理想是完美地覆盖，因而可以被很好地称之为“包装(Wrapper)”型理论。

就像很好的食品包装那样，这类艺术理论可以一目了然地展示、包含和保存它们的对象——我们对艺术的理解。它们既不有意义地改变那些理解；除了附带会这样做之外，它们也不增进或改善我们对艺术的经验与实践。如果它们赢得了我们赞赏地认同，

那也是因为在“涵盖”的游戏和论证中，它们所表现的在哲学上的敏锐性和富有想像的独创性，或者因为它们对那些给它们以支持的艺术的敏锐的和有洞察力的讨论。迪基的包装理论，以及它的艺术界的毫无内容的透明性，因其巨大的弹性，对哲学家具有特别的吸引力；它能够涵盖制度化的艺术界所要求的任何东西。极具讽刺意味的是，它也在很大程度上因为艺术界的制度形象还不够弹性而遭到反对。

制度（像那些国家、宗教或教育一样）典型地包含一个角色、结构和惯例等组成的清晰网络，它们被清楚地变成法典并严格地予以执行。显然，艺术界比这种制度要模糊和有弹性得多。人们不是被正式登记、洗礼或录取进入艺术界（或者被从其中流放、驱逐或开除）。没有特别的条件要求一个人必须以艺术界的名义去活动；也没有任何明确表述的规则去规范这种活动。如果要辩解地承认艺术界的规则和规章是非正式的和不严格的，只不过是认可艺术不是一个严格的制度，而是更像一种文化传统和社会实践。这种观念以它那更灵活和更有历史见识的艺术界的景象，代表了可能是当今最强有力的艺术“包装”理论。

三

阿瑟·丹托，当今一位很有想像力和艺术敏感性的美学家，越来越倾向根据艺术的历史来定义艺术。尽管是他对艺术界的“发现”激发了迪基的定义，尽管他继续坚持“没有艺术界就没有艺术”，但是丹托在很大程度上反对艺术制度理论，因为它缺乏历史深度。[6]由于无视沃尔夫林著名的见解——不是每件事物每次都

有可能(成为艺术作品),艺术制度理论把所有的东西都不可思议
41 地留给具有万能的和专断力量的艺术界代理,而不考虑历史的约束,这些约束构成艺术界因此告悉和限制它的代理的行为。因此,即使它能够解释安迪·沃赫尔的布利洛盒子(公开承认激发丹托的理论建立)怎样能够被提议得到艺术身份,但它几乎不能说明为什么这个作品应该被如此接受,而一个毫无区别的盒子却被拒绝,或者为什么如果沃赫尔在巴黎的凡德赛(*fin - de - siècle*)或15世纪的佛罗伦萨制作它,它自身就将不被接受。

丹托论辩说,解释依赖于艺术史和艺术理论。艺术作品的身份,一定包含比仅仅被艺术界的代理授予欣赏候选资格更多的东西。一个博物馆的门卫,可以代表馆长送给我们一束漂亮的花,但不会使它成为一件艺术作品,即使在那里正陈列一件真正的花的艺术作品(标题为《鲜活之美》[*Living Beauty*])。对丹托来说,任何对象要成功地宣称为艺术,必须具有作为一个特别的艺术作品的解释(例如,花的艺术作品,大体上可以解释为作为静物和博物馆艺术的垂死特征的一种有美感的评论)。就像"没有将它构成为艺术作品的解释,任何东西都不是艺术作品"那样,为了使必不可少的解释成为可能,就必须获取艺术史和艺术理论的某些结构和上下文关系。[7]因此,布利洛盒子作为艺术作品,要求对那种效果——既是沃赫尔创作的,也是其观众反应的——有一个解释;艺术界"要求一种历史的发展",使得这种解释成为可能。如果对象是如此这般在艺术界中被解释(也就是说构成性地解释),那么它们就是艺术作品;由于艺术界只是从一个艺术的、批评的、历史编撰的和理论的实践等构成的艺术历史中抽象出来的东西,艺术在根本上是一个复杂的历史实践或传统(尽管丹托没有用这两个术

语),必须从历史上进行定义。

当然,丹托的艺术理论过于丰富和枝蔓,以至于不能以这种概要的形式来把握。但尽管它的实质性内容和历史的深度使它远离了迪基的理论,但它仍然同样被定义的包装理论和它那完美涵盖的隐喻所统治,这表现在激发其关注的动机中:“任何艺术定义必须包括布利洛盒子”,即沃赫尔创作的那种,而又不能涵盖它们毫无区别的普通相似物。[8]事实上,丹托对“盒子中的艺术”这个独特偶像那个令人吃惊的沉重偏见,可以很好地表明他的区分性包容的艺术定义的动机。如果享有“各个时代的哲学渴望,一个定义将不会被历史的推翻所威胁”,因此,丹托独具匠心地寻求在历史自身中的定义,即在根本上按照艺术的历史来定义艺术,更进一步说,通过将艺术近来的历史看作一种朝向“对其自身历史本质的理 42
解”[9]的发展来定义艺术。

对丹托来说,对这种说法具有讽刺意味的曲解是:为了使我们去理解艺术的历史本质,艺术就应该已经完成它的历史使命,因此,在某种意义上完成了它的历史(尽管在它的后现代主义的后历史中依然存活着)。但是,这不是反驳把艺术定义为一种在历史上展现的文化实践;因为被声称终结的,只是朝着一个设想好的目标线性发展意义上的历史,而不是作为文化传统的历史,这种文化传统从过去的成就中发展而来,并且包含对它们的延续、阐述和反抗性的拒斥等等反应。于是,历史是对艺术进行定义的最后容器,因为所有且仅有那些被艺术史当作艺术作品的对象,将必然被这种历史定义所容纳。

在将艺术处理为一个在根本上由它的历史决定的复杂的和有时间性发展的社会-文化传统上,丹托不是孤立无依的。理查德·

沃尔海姆在强调“在维特根斯坦的意义上，艺术是一种生活形式”，具有独立的程序和制度，以及“艺术在本质上是历史的”[10]时，他基本上在说同样的东西。阿多诺从他那非常不同的马克思主义视野，赞同艺术不能用任何“不变的原则”来定义，因为“它是一群历史地变化着的东西”，它的内容和构成的整体，最好是由“向后看”它那作为一种截然不同的实践的“具体发展”来界定，既与社会同流合污又有抵抗性的自律。[11]

最近，许多美学家更喜欢通过将艺术定义为社会和文化实践，来表达同样的根本的历史主义观点，这里的实践概念将被做如下的简要理解。[12]实践是一个相互连接的活动的复合体，它要求经过训练得到的技巧和知识，旨在实现某些内在于实践的目的（例如，在肖像画中对相似的把握），即使外在目的（像利益和名望）也可能作为副产品被追求。正因为实践受内在目的指引，因此，它们受成就的内在原因和标准的支配，这些内在原因和标准不会像在实践的历史中、在它的传统成就或杰作中所具体表现的那样，被特别严格地公式化。由于这些内在原因、标准和目的不是严格地定义了的，因此一个实践将包含一个当时有关它的解释与相对合法性的大范围的辩论。这可能导致许多相互竞争的结果，并导致对实践的内在目的、原因和标准的扩展或修正。但是，尽管实践有这些变
43 化，尽管它分有不同的本质，它依然结合在一起，作为一个独特的整体，一个特定的贯穿着共同历史的实践。

引起争论的艺术，最好被定义为这种由不同艺术和它们的不同类型组成的复合实践，这些艺术和它们的类型本身也是各种各样的实践复合体。从其他对象中确认艺术作品的传统定义功能，不再依赖于发现艺术的本质，而是留给艺术的实践复合体的内在

原因和标准去处理,也许还要留给它的各种不同的亚实践去处理(音乐的实践确认音乐的艺术作品,而诗歌则确认诗歌自身的作品)。而且,像沃尔特斯托夫和卡罗尔所指出的那样,艺术作为实践,它在定义上的覆盖,超过了将艺术定义为艺术作品。因为由于实践的概念既凸显了人的因素,也凸显了对所完成的产品的认识,因此,将艺术定义为一个实践复合体,不仅有助于理解艺术对象,而且有助于理解维持实践的主体——艺术作品的制作者和接受者。

艺术作为一个在历史中发展和变化的实践的实践复合体,它不应该由一个固定不变的本质来定义,而应该根据一个复杂的连贯的历史叙述来定义,这种叙述既解释又帮助维持它的一致和完整。艺术的定义叙述的精确形式,必须是开放的和可修订的,不仅因为要考虑到未来的作品,而且因为叙述工作本身就是一个开放的和竞争的实践,即艺术的历史和批评的实践。但是,并不能因此将不可能有叙述的完成因而不可能有定义终结当作一个有害的缺点。因为叙述定义的开放性,对把握艺术的开放性是十分必要的。此外,如果卡罗尔是正确的话,至少在原则上我们总能给出一个到目前为止的完满叙述,它可以定义"艺术的实践为我们知道的那种实践",将来发生的变化和叙述,可以因将来的展现而完成。[13]

在艺术即实践的观点中有许多真理。实际上,就理论的传统目的来说,艺术作为一个历史限定的社会－文化实践的定义,或许和我们能够得到的定义差不多一样好。由于它的范围、灵活性以及潜在的艺术－历史的实质,这个定义凭借它充分把握艺术概念的内容以及将艺术从其他事物中区分出来,似乎达到了哲学对艺术进行理论化的努力的顶点。在忠实表现艺术对象和行为是怎样被识别、叙述以及怎样被从总体上区别开来上，它都最好地实现了定义的双重目的，即精确的反映和分隔性的区分。然而，正因为如此，它也暴露了这种理论的目的是何等的琐细和固执。

首先，即使采取卡罗尔的说法，一个完整的、统一的定义在原则上是可能的(一个有疑问的假定，因为艺术和它的历史在根本上
44 充满争辩的本质，可以引出矛盾的和可能是不可比较的叙述)，这种定义，像卡罗尔自己承认的那样，在艺术实践中既不切实可行，也实在不值得需要。因为那多得令人喘不过气来的一大群细节和一大群没有意义、没有创新的艺术作品，使得一个完全的叙述变得既没有实践上的可能，也会无法想像地冗长乏味。实际上，对所有重复细节的坚决要求，可能刚好遮掩了对艺术进行定义和将艺术统一起来的那种发展的叙述结构。

更进一步，即使我们忽略这种困难，假定我们能够发现一个可以适当处理的叙述，这种叙述只给出对完整地和可信地描述我们的艺术概念来说是必须的东西，那么，这种定义的价值又是什么呢？它能为我们做些什么？在将艺术定义为一种受艺术－历史限定的实践中，所有关于什么算做艺术或者有什么包括在艺术之中等实质性决定，都留给了实践的内在决定，就像艺术史所记录的那样。艺术哲学只不过是艺术史的承让，而有关什么是艺术的有效的和重要的问题，被还原到一种对艺术迄今为止已经是什么的向后看的总体说明。当艺术理论忠实地再现“如我们所知的艺术实践”时，它就实现了它的目的。但是，如果它仅仅反映出艺术是怎样已经被理解的，那么，艺术哲学就会像谴责艺术那样，要谴责自己为一种还原性的定义。它在根本上是一个模仿的模仿：艺术的艺术史再现的再现。除了满足旧哲学把理论当作对现实的镜子似

的反映习惯之外，这种再现还能服务于怎样的目的？虽然这种认识论的习惯被根深蒂固地保护着，然而，它似乎像一种根深蒂固的误导一样，只不过比给予它意义的先验形而上学显得更加耐久而已。

如果在超出日常经验理解之上的固定的或必然的本质意义上来构想现实，这种反观理论的理想本来很有道理。因为在那种情形中，一旦我们获得了对真实的适当描述，它就会作为评价日常理解的标准而总是保持正确和有效。然而，一旦我们的现实是艺术工作中经验的和变化的偶然事件，反观的模式就毫无意义。因为在这里，理论的描述既不能穿透变化的现象，也不能维持它们的变化。相反，它必须与一个毫无希望的永久的叙述修改赛跑，通过描述它的历史，拿着反观理论的镜子来映照艺术变化的本质。

但是，对于艺术易变的历史，不必只是再现，而且可以制造。而且，它不仅可以被艺术家的作品和历史学家的叙述所制造，而且可以被理论家的干预所制造。理论家的观点，对艺术家、批评家和 45
艺术史家于其中开展活动的创造和批评语境来说，在传统上是十分重要的。例如，可以想一想，亚里士多德的诗学是怎样统治数百年的戏剧家和批评家的，或者康德的审美想象和判断的观念，是如何有助于形成浪漫主义诗学和证明现代主义形式主义的正当性的。在今天的后现代危机中，艺术似乎已经失去了方向，以至于不仅要正视它的终结，而且要面对它的死亡，这对理论干预来说，既有必要也是机会，因为对艺术的修正性的再定位胜过静止的反观。

在对艺术的重新思考和改造中，实用主义美学使这种激进主义的角色变得受人欢迎；杜威最初试图通过将艺术定义为经验来做这种工作。但是，抛弃了哲学作为对真理的全然无利害追求的传统方案和自我形象之后,这种理论的激进主义不是意味着废黜哲学吗?对这个反对,这里有两点反驳。

首先,像杜威所坚持的那样,哲学的主要成就从来不真的是受这种目的左右;哲学的理论和所选择的问题,更像是对当时的社会-文化条件和困惑的聪明反应。[14]柏拉图的理论当然不能被视为对艺术本质的无利害再现。它明显是对一个十分紧迫的问题——在一个混乱的转折时期,在它的传统、稳定和权力不仅因为内部纠纷和革命而且因为军事失败的耻辱受到严重的挑战的时候,究竟谁的智识领导力(古老的艺术智慧和新的哲学理性)应该指导雅典社会——的有政治动机的反应。虽然柏拉图否定和限制艺术的目的与杜威的正好相反,但在他们那里,哲学所扮演的应战和积极行动的角色是一样的。

其次,尤其是那种观念——干预带来的暂时收获还不抵哲学因此失去的中立的反观理想,哲学必须保持自身的纯粹,即使以付出在别的什么地方承受腐败堕落的代价——本身就是一个不纯的偏见。高高在上的无利害性的严厉姿态,反映出一种狭隘和专业化哲学的保守主义,它要么乐于通过在哲学的定义中对艺术和文化的再现来巩固它们的现状,要么只是太羞于和倦于在决定艺术和文化的肮脏斗争中冒着弄脏了手的风险。更危险的是,对无利害性中立的盲目崇拜掩盖了这样的事实:哲学的最终目的是有益于人的生活,而不是为它自己的原因而服务于纯粹的真理。由于艺术是人类兴旺至关重要的东西和珍爱的源泉,如果哲学只是在放任的中立立场上来看待艺术的发展历史,而不加入到改善艺术的未来的奋斗中去,哲学就背叛了它的使命。

四

46

通过对将艺术定义为实践的进一步批评，我们可以更好地理解杜威艺术即经验的重建性定义。考虑一下那个包装模式，即定义具有艺术的再现性覆盖和分隔性区分两方面的目的。迄今为止我们的批评都集中于前一个目的，集中于批评它那实践上的无用性以及它那反观性地退缩到艺术史的空洞寂静之中。但是，当艺术被视为在历史上限定的特殊实践且以这个名字为荣的时候，狭隘的区分定义就有了问题；这些问题通过杜威艺术即经验的主张似乎可以得到最好的克服。

（1）首先涉及到什么和谁决定艺术的价值的问题。将艺术的区分性定义当作一种特别的历史实践，所有的价值问题都被推到了这种实践的内部，并分裂成关于特别的内在目的——它的价值由内在于实践的标准和程序所决定——的狭小问题。这种价值的彻底内在化，既没有解释作为整体的实践价值的根源，也没有真的说明它的内在目的和标准的优势。如果说它们是好的因为实践是这样规定它们的，这似乎明显是循环论证。而且，将所有价值问题限定给艺术界的实践去决断，有效地将那个实践从一个更宽的标准视界的批评中转移出去——这种视界可以指导那个实践的重建，这种定义就有可能变成对绝大多数人的生活和快乐的误导和不断异化。[15]这是随艺术被视为一种特别的历史限定的实践而来的艺术自律的危险，当那个实践长期在不公正的社会－政治的可悲的历史条件下形成的时候，这个危险似乎就成了更为不幸的真实。

但是,更不能接受的是相反的观点,即艺术的价值必须由完全外在于艺术的东西来评定。把艺术的价值视为达到其他目的如认识、道德、心理平衡或文化形象等的工具,同样是去制定一种阉割逻辑,它首先剥夺艺术的资格,然后将它交给像哲学之类的其他的文化实践。这种外在的工具主义观点也很不可信。因为似乎总存在某些关于艺术价值的自律的东西,某些有关艺术自身目的的东西,我们把它们作为在艺术自身中的目的来追求,而不是作为通向在其他实践中的其他目的的手段。这里的某些东西正是审美经
47 验。正是这种经验的直接的有吸引力的满足,使它毫无争议地成为在艺术自身中的目的。这种经验的价值,常常直接给我们的感觉和想像以一种压倒性的力量,给艺术一种无可反驳的(虽然不是系统阐述的)标准的证明。[16]虽然艺术的内在目的有时等同于其产品的物质性目的(雕刻或绘画对象、音响现象,等等,我们也称之为艺术作品),但是,这些产品只要离开它们在审美经验中的(实际的或潜在的)使用价值,就不具有艺术价值。[17]如果没有经验的主体,它们就是死的和没有意义的;而要是将艺术的物质性层面视为具有独立的价值,则鼓励了具体化、物化和恋物的畸形,这种畸形正困惑着当代的艺术景观。

尽管许多艺术作品未能产生审美经验,但如果审美经验构成内在的目的和价值,那么也许仍然有很好的理由根据它来对艺术进行定义。这种定义(即那种评价的定义而不是那种逻辑本质的定义)不是旨在区分性地涵盖所有历史上认可的艺术,而是旨在突出那些最重要的东西,以便增进对艺术的欣赏,即使它也意味着在艺术传统上特许的领域之外来认识它。因为审美经验不受制于艺

术作为历史限定的实践的狭窄范围，从而不屈服于那些支配实践和决定实践的内在目的的人惟我独尊的控制。因此，特别是当目标是改变艺术实践的方向，以便能为更多的社会成员提供更丰满、更经常的审美经验的时候，它就能够充当一种不完全独立、又不全部外在的标准，凭借它来批评和提高艺术实践。

审美经验超出艺术的历史限定的实践之外，是显而易见的。首先，它不仅存在于对自然的欣赏中，尤其是作为充满生气的人体的那部分自然。而且，我们也发现它在典礼和运动中，在检阅、焰火和流行文化的媒介中，在身体和家庭的装饰中——从原始的文身与洞穴绘画到当今的化装和室内装修，甚至在充斥我们城市和丰富我们日常生活的无数五颜六色的景观与运动事物中。有时候有人会提出两个相互关系的论证，来反对这种自律的审美经验。第一个论证是：因为所有有意义的和完成的经验都有一个实践背景，因此没有任何审美经验可以从艺术实践中分离出来。尽管审美经验可以在它的当下直接性中自发地显现，但它（像杜威自己所强调的那样）总是依赖于在先的感知、在先构成的方向以及固定的 48
意义背景，这些方向和意义自身也必然伴有实践背景。但所有由这个观点必然得出的东西，是要求某些实践背景，而不必是那种特殊的作为历史地和区分地限定的艺术的实践背景。

第二个论证建立在这样的事实上："审美"一词（不管它的希腊语词根）只不过是在18世纪作为同样的区分文化范围（科学的、实践－道德的和艺术的）过程中的一部分才新造出来的，这种区分也诞生了我们作为狭义的美的艺术的实践的现代艺术概念。如果在艺术作为一种区分性的特别实践在现代性中确立之前，"审美"概念从来不曾存在的话，那么，审美经验也不能离开这种艺术而存在,而且要保持对它的依赖。因此,当我们针对自然的时候,对它的审美经验,也是从由现代性艺术实践学来的欣赏习惯中获得它的特别态度和特殊品质,从而使对自然的审美经验在根本上保持在艺术的容纳之中。[18]

这个论点尤其有问题。因为首先即使承认审美经验的出现在历史上依赖于艺术概念和艺术实践的现代演变,这也决不会导致它在今天仍然必须完全保持在那种实践的限制之中。尤其是当我们考虑到艺术实践和审美观念在随后的发展中显得怎样不同、有时甚至显得正好相反的时候,这种推论显然是那种原始谬误的一个相当拙劣的代理。其次,证明在我们有"审美"一词之前可能没有审美经验,这似乎犯了一个盲目的语言转向的错误。用同样的逻辑,我们将一定会论证(像科林伍德所做的那样)所谓的希腊艺术不是真正的艺术,因为它们被称为技艺(*technē*)和制作(*poiēsis*),现代的艺术概念和艺术实践(甚至是它拉丁词根)在那时还没有形成。然而,这就像论证在阑尾炎这种疾病被如此诊断和命名以前没有人患阑尾炎一样。对美和崇高的经验,毫无疑问早于18世纪美学诞生之前,但是,这些经验不能因此被有理由地排除在审美经验的范围之外。实际上,"审美"一词是被用来说明和组织这些先前的经验的,这些经验在性质上如此不同以至于不能被"美"和"崇高"的词语所囊括,在意义上如此丰富以至于不能仅仅被描述为趣味,而且显然是太宽泛了以至于不能被艺术实践所范围。[19]

当然,从形式上确定审美的理论家们,不只是给从人类开始以来就已经毫无变化地存在的相似经验以一个新的名称。因为审美
49 经验不与某些不变实体的本质一起,构成一个本体论阶层或者自

然种类。在对美、崇高和诸如“审美”之类的东西的描述,以及对这种描述的意义的界定中,美学理论家也试图按照某些喜爱的方向来发展和改造这些经验。不足为怪的是,大多数哲学家都渴望引导审美经验去增进合理性与精神性;而推动这种目的的一条途径是,将审美经验从自然美的粗野的物质性中诱骗出来,将它的未来托付给美的艺术实践,这种艺术实践有理性目的地制作对象是毋容置疑的,并且它们的精神化潜能已经由数百年的宗教艺术所证明。这种朝向审美的空灵化和非自然性的冲动,在黑格尔那里变得十分明显,他不仅给艺术美以超过自然美的特权,而且根据它们超离物质的自由的程度来区分艺术的等级,诗因为是最为观念的,所以是最高的;同样的冲动激发了这样的观点:审美经验是受历史限定的艺术实践的限制和决定的。

(2) 将审美经验托付给艺术实践,不仅是一种限制,而且是一种可以证明的不断增进的限制,因为这种实践好像是近乎荒谬地通过变得更狭窄化和更专门化而发展起来。作为在历史限定的实践的艺术中固有的紧缩和排除性倾向,表现出了将艺术定义为实践的另一种危机。如果艺术的观念曾经包括一个有巨大差异性的技巧、知识、手艺和技术,那么它今天只是留着专门用来指由现代性区分地制定的美的艺术的实践。这种对艺术的狭隘解释,也许可以用仅仅作为镇定和澄清概念的精确性来辩护。但是,像杜威所争辩的那样,将艺术收缩性地分离为美的艺术,既反映也加强了现代社会里实际劳动(被认为是本质上不愉快的)与审美经验(被坚持认为是令人愉快但没有功用的)之间的恶性区分,一种经常在痛苦的无美感的工业与无用的不相关的美的艺术之间表现自己的区分。[20]

这种美的艺术与生产性产品之间的明确区分，建立在实践和审美之间的值得质疑的根本对立的基础上。因为毫无疑问，可以审美地从事和享受实际劳作(考虑一下木工、制陶和钓鱼之类的业余爱好)，正如审美上的努力可以明显服务于(浪漫爱情、宗教崇拜和社会庆典等等的)实用目的一样。如果它不简单是基于过去的阶级区分(在负载过多痛苦的苦工以至于不能审美地享受事物的
50 劳动阶级与远离实践生活和专心于游手好闲的愉快的有闲阶级之间)的残余偏见，那么假定的实践/审美的对立，就建立在将手段和目的的功能区分看作二者之间根本对立的区分的误解上。由于将手段同仅仅外在的和强制的原因条件混淆起来，它错误地假定，作为手段的功能同样不能被自由地作为目的来选择和享受；它也没有认识到，手段甚至能够被作为目的——对目的来说它们是手段——的一个有贡献的方面来品味。[21]绘画的手段(它的颜色、线条和表现形式)，不单纯是审美经验最终实现的目的的外在原因条件；它们是绘画构成整体所需要的部分。运动汽车的舒适驾驶和飞驰速度，既是一种手段，也是驾驶经验中当下愉快的一个来源。如果像杜威所设想的那样，这种目的和手段的满意融合是审美经验的特征，如果这种经验既能在有用的东西也能在美的艺术中发现，那么对它们之间的明确区分就没有美学上的理由，而且没有理由不根据高级审美标准对工业和商业艺术进行欣赏，没有理由不在工业和商业艺术中要求高级审美标准。工业设计和商业产品正变得在美学上更加自觉和更有回报，这是对审美经验具有超越美学理论和美的艺术的区分旨趣之上的力量的赞颂。

艺术的贫乏性收缩，并没有止步于它依据现代性美的艺术实

践的区分性还原上。因为我们的美的艺术概念,尤其是当它根据它的历史来定义的时候,似乎自身就犯了不断狭窄和不断排除的专门化错误。因为作为在历史上确定的美的艺术,变成了意味着制造艺术史的美的艺术;而这反过来意味着艺术和它那法定的审美经验,在根本上局限于高级艺术以及它的精英和划时代的前卫艺术之中。由于受丹托所谓"历史的命令"(historical imperatives)的东西限定,其中艺术的"成功存在于制造了一场被接受的革新",因此,至少在这个世纪,艺术的发展已经意味着是不断远离多数人的欣赏经验。[22]

像丹托和何塞·奥尔特加—加塞特那样出众的哲学家们坚定地辩解:现代艺术必须是"本质上不流行的"、甚至"反流行的",因为它在根本上等同于艺术发展中的先锋。即使是传统的,它也必须不断创新,因为这种新奇成了传统的一部分;因此,它"必须与社会上最先进水平的生产力[和]意识合拍"。[23]结果是新的艺术只被"有特殊天赋的少数人"、"享有出色的感觉特权的贵族"所理解;可 51
以有理由地认为,对它的经验差不多像"核物理最近的发展"一样,不为"非专家"所理解。当阿多诺(与奥尔特加相反)仍然想将艺术视为人类团结和解放的根本力量时,他主张它"只有在"先进的高级艺术传统的"专门化框架中工作,才能够实现它的普遍人性"。"所有别的",他论辩说,"都是错误的意识",因为它去反对对艺术进行定义的历史进步的方向。因此,凡是诉诸更通俗的经验和不太博学的理解的东西,都被归入次艺术的领域和被轻蔑地标上粗俗(kitsch)、娱乐或者大众文化"工业"的标签。它的欣赏和它的欣赏者的身份,丧失了文化合法性,因此,艺术不是团结社会,而是将社会划分为对真的艺术有特权的欣赏者和自我沉醉于虚假的代替品中的盲目大众。

对高级艺术的专门化、博学和前卫的冲动，这并没有什么东西在本质上是错误的；而夷平高级艺术的高贵大厦去满足贫民论者一般水准的要求，将是一种使之贫乏的降低。问题出在这种排斥性的假设上，即这个传统使合法的艺术和审美经验领域变得枯竭。当艺术根据艺术史来界定的时候，这个假设似乎是不可抗拒的，像实际所做的那样，这种艺术史只是由艺术的进步的、划时代的改变（即使许多改变可以证明是由更通俗文化的活力与内容提供燃料的）所组成的高级艺术的历史。但是，如果我们将审美经验而不是将艺术－历史的凭证作为对艺术是至关紧要的东西，我们就有一个坚实的基础，去抗击艺术体制历史——如果丹托正确，是一种已经处在达到自我瓦解程度的自我纯化的前进道路上的历史——狭窄化的排他倾向。因此，我们可以恢复那些长期以来被艺术的正式历史和阶级－特权制度剥夺了艺术尊严的东西，将它们当作具有合法审美经验的合法艺术；我们不必根据历史上占统治地位的高级艺术的审美使它们排他性地合法化，而是凭借它们提供的强力的和丰满的审美经验，就可以作到这一点。

（3）将艺术等同于历史限定的实践的最后两个困难，涉及到理论上给予那种实践的束缚，它们比艺术与高级艺术和其前卫的现代结合要早得多。第一个是将艺术定义为某种在根本上与现实
52 或生活截然不同的东西。第二个是将艺术定义为一种外在制作的实践，其目的被设想为不影响其创作的人类作用者的独立对象。如果柏拉图的模仿理论开创了第一种情况之先河的话，那么亚里士多德将艺术分类为与 *praxis*（行为或实践）相对的 *poiēsis*（制作）

则有力地确立了第二种情况。这两种理论处理,当然都服务于剥夺艺术相对于像哲学、伦理学和政治学等其他领域一样的资格,这些领域被认为涉及现实和行为而不仅是用人为的虚构对象来模仿它们。如果这两种策略都限制了艺术的作用和欣赏,它们所造成的困难似乎最好用强调艺术即经验来予以纠正。

(a) 柏拉图恶意地安置在艺术和现实之间的鸿沟,已经成了一个毫无疑问的教条,甚至被许多艺术作品加以主题化和强化。但是,显而易见,这种鸿沟观念犯了一个相当简单的错误。艺术毋容置疑是真实的;它具体地和生动地存在于我们的世界和生活之中,对我们大多数人来说,是作为我们可以称之为美好生活的东西的令人珍爱和不可替代的部分。当然,我们总能够在一个真实的对象和它的艺术表现之间作出区别,但是,这不会必然得出这样的结论:艺术表现要么是不真实的,要么是在本质上具有欺骗性的。

所谓艺术从现实的分离,不仅用于把艺术当作认识上毫无价值的东西来污蔑它,而且通过把艺术当作本质上不切实际的彻底虚构而摈弃它,从而服务于将艺术实践从实际的生活和社会-政治活动中孤立出来。因此,尽管艺术被现代美学家给予很高的评价,它的适当的角色和欣赏仍然一直被流放在认识和实践-伦理领域之外;康德之后,艺术被改造成了隔离在本质上由它的绝对无利害性、由对事物的“真实存在”“毫不关心”所限定的审美领域之中。[24]这种看法不仅掩饰了以通过改变我们的态度来改变世界的艺术家的努力,而且它还鼓励将艺术作为一种本质上无目的和无报偿的东西来进行实践和接受。由于无视艺术那范围广泛的认识和社会潜能,从而导致把艺术家曲解为孤立的梦想家和社会的背弃者,把真正的审美者曲解为轻佻的花花公子和浪荡废物。

最后，艺术历史上与生活的分隔，因拒斥审美经验与身体活力和欲望的联系，因在与生活的感觉愉快相对立的意义上来定义审美经验的愉快，已经导致审美经验精华尽失而枯萎不堪。自从康德的断定，即审美愉快是完全“独立于魅力和情感”而必须具有“没
53 有经验的满足……混进它的决定基础”以来，哲学美学已经将艺术经验赶上了一条空洞的精神化的路径上，血色丰满的和被广泛分享的欣赏愉快，被少数人精炼为贫血的和有距离的鉴赏力。即使高级艺术的合法愉快对多数人来说已经变得过于可怕和苦行，但给我们提供最有力的愉快的表达形式，仍被典型地当作一种纯粹的娱乐而没有社会地位。

将艺术看作经验，可以回应所有这些由假定存在于生活和艺术之间的鸿沟而带来的困难。作为经验，艺术是我们生活中明显的部分、我们经验现实的一种特别生动的形式，而不是仅仅对生活的虚构性模仿。其次，因为经验必须与包含在我们行为境域中的不同动机和周围环境相结合，因为我们将任何境域都当作有目的的感知来处理，因此，艺术经验应该被准许容纳认识的和实践的成分而不失去它作为艺术或审美经验的合法性。在这一点上，杜威是相当明确的。“审美经验总是多于审美”。审美经验的不同素材，不是在它们自身中本来就是审美的，“当它们进入一个通向完满顶点的、有秩序的、合节奏的运动时，它们就变成了审美的。这种素材涉及广泛的人的领域”（包括“实践的、社会的和教育的领域”），艺术的功能就是将这种素材塑造成为令人满意的完整整体。[25]虽然艺术作为神圣化的对象的汇集，可以封存在博物馆里，从生活的依托中隔离出来，但是，同样的艺术不能被称之为艺术经验，因为艺术经验的影响洋溢在我们其他的追求之中并促进我们

的追求。最后，杜威强调艺术经验作为完全充满的享受，使“整个人参与于它的统一的生命力之中”以及富于感觉和情感的满足，向将审美愉快精神化地还原为纯粹智力喜悦提出了挑战。

(b) 柏拉图谴责艺术为欺骗性的不真实，部分原因是他害怕艺术力量渗透和污染人的灵魂从而破坏正当行为。艺术创造和欣赏都被认为是非理性的形式，艺术家和观众被连接在一个具有源于缪斯的神力的铁链上。亚里士多德的反对性辩护，是通过将艺术作为一种外在制作的有理性的活动、作为制作(*poiēsis*)，从而把艺术从个别人物和行为中区分开来。诗的活动，作为通过某种生产性技巧对一个特别对象的制作，无论如何都明显地不同于实际(或实践[*praxis*])行为的高级活动，这种实践行为既起源于行为者的内在性格，又反过来有助于这种性格的塑造。虽然艺术制作具有在它自身和它的制作者之外的目的(它的目的和价值存在于被制作的对象中)，但行为则具有在自身和它的行为者之中的目 54
的，行动者尽管被认为不会受到他所制作的东西的影响，但会受到他怎样行动的影响(*Nichomachean Ethics*, book VI, 1140a1 - 1140b25)。

由于亚里士多德，艺术实践已经被这种制作模式所统治，它那扭曲的片面性，要求重新将艺术作为经验来思考，以便获得公平的处理。制作模式的先入之见，导致对艺术对象的偶像崇拜而几乎不关心它在欣赏经验中的实际作用；花在获取艺术作品和保护艺术作品上的金钱不计其数，但几乎没有什么金钱花在审美教育上，以便这些作品能够在增进大多数人的生活上更好地发挥作用。而且，将艺术等同于完全独立于制作它们的艺术家的确定对象的制作，不仅忽视了艺术表现的形式——在那里很难说到一种确定的、独立的作品(就像在即席舞蹈中那样),而且更重要的是,忽视了艺术对它的创作者和观众的不可否认的影响。通过将艺术当作经验而不是外在的制作来重新思考,将使我们重新想起:艺术创造本身就是一种既塑造艺术家也塑造艺术品的强有力的经验。

最后,艺术的制作模型趋向于主张在艺术家与观众之间的根本区分,主动的制作者或观众与沉思的接受者或读者之间的根本区别。连接这个充满麻烦的裂隙的方式之一,是重新将欣赏理解为创造性生产,在那里读者积极主动地重建审美对象;杜威正好强调了这一点(*AE* 261,285)。但是,艺术作为外在制作的模式,在它与学院的批评制度和专业的强制结合起来的时候,已经造成了最近这种更加激进的观点:合法的欣赏被专门地等同于新文本的生产,以至于惟一有价值的阅读形式是修正性的重写,通过制造一个变形的理解文本来使文本表达我们想要的东西。这种将欣赏简缩为自作主张的批评的生产,否认了我们从将自身投身于艺术的改造和诱惑力量中所获得的充实和愉快。艺术那占支配地位的制作理想,反映了将艺术家当作准确地知道他想做的和完全能够控制创作过程的制作者的模式。虽然制作的"男子气"模式,对于柏拉图将艺术非难为被动的和非理性的着魔的观点,是一个有益的回应,但是,它仍然保持不少错误的部分,而且可以被艺术家们的证词雄辩地驳倒,艺术家承认创作过程中有听任灵感和失去控制的成分。[26]

55 重新将艺术作为经验来思考,可以通过结合它们相反的(性别连接的[gender - linked])原则作为经验必须和互相补充的东西,来克服这两种观点相冲突的抵制性和片面性。因为经验,像杜威主张的那样,既包含接受的承受也包含生产的制作,既包含被经验的东西所吸引也包含响应性地重建被经验的东西，在这里，经验主体既塑造又被塑造。这种经验观念，在上述两方面的过程中，可以更好地正确处理艺术的完满性，并将艺术家和观众联结在上述那种双重作用之中。艺术，在它的创作和欣赏中，既是有指向的制作，又是开放的接受，既是有控制的构造，又具有着魔般的吸引力。

五

我们已经看到了根据审美经验来重新定义艺术的一些好的理由。但是，也存在一些明显的困难，以及一些已经在前一章中提到过的对审美经验所提出的反对：它的主观性、自我满足的统一性、平凡的愉快目的，以及在划分一般承认的艺术限制界线上的失败。

（1）一个问题是，审美经验似乎过于含糊而缺乏很强的解释力。虽然审美经验是无可否认地存在着，但它不像某种我们能够清晰地隔离出来和确定的东西那样存在；因此，在将艺术定义为审美经验中，我们在用某种晦涩难懂和不可定义的东西定义相对清晰和明确的东西。

关于这个问题，杜威显得毫无助益地充满矛盾。一方面，他就审美经验特有的特征方面提出了一个很长的和详细的讨论，意味着审美经验能够被充分地定义。因此，审美经验在其自身以及与其他经验相关联的意义上，包含整个生命体和在变化中维持完整的统一体（*AE* 42－49，61－63，166）；它是相对浓烈的和增强的，具有一种特殊的全面渗透的性质，可以将它的部分粘连起来形成一个特别的整体（*AE* 22－24，33，196－199）；它是积极的和充满活力的，具有包含其他相对静止的瞬间的有节奏、有步骤的演进(*AE* 57－60，159－162，177)；它是通过障碍和抵抗来塑造的，这些障碍和抵抗使它能够成为审美上的表现而不单纯是情感上的激动(*AE* 67－70)；它是一个有愉快形式的经验，在那里，手段和目的、主体和客体、构成和消解被统一为一个整体(*AE* 53－55，
56 142－144，201－204，253－255)；最重要的是，它是一个“当下的直接经验”，它的价值是“直接充满”而不服从其他目的或经验(*AE* 87，91，120－126)。杜威甚至确定“累积、张力、保持、期待和充满作为审美经验的形式特征”(*AE* 149)。

另一方面，杜威似乎又清楚地认定审美经验是不能定义的(甚至散漫不可知的)。因为在宣称“当下直接的审美经验”作为“一种审美的必要性”的时候，他也强调所有这些定性为“存在的直接当下性是不能说的……可以用词语来表明，但不可描述或定义”(*AE* 123，*EN* 73)。事实上，当杜威后来谈到那些渗透性的统一从而将一个经验构成为审美经验的特别性质的时候，他说：“它仅能被感觉，也就是说被当下直接经验……[和]不能被描述甚至不能被特别地指出——因为无论什么在一个艺术作品中被特别指出的东西，只是它的区分的一个方面”(*AE* 196)。

如果审美经验在本质上是不能定义的，那么根据它来解释艺术就不会使我们有多大的进步。[27]更糟糕的是，这种定义可能引起美学中的混乱，这种混乱类似于认识论中“被给予的神话”所引起的那种混乱，在那里，证明审美经验的确定性，建立在它那绝对无言的基础上。在将艺术定义为审美经验中，我们可以这么设想：我们已经获得了一个有效的标准，根据它们的经验效果和潜能，将被经验的对象和事件区分为艺术和非艺术。进一步，在将审美经验

界定为艺术价值的来源中,我们被引诱去将经验确立为评价和划分艺术作品等级的标准。即使像门罗·比尔兹利那样小心的哲学家,也禁不住这样的诱惑。比尔兹利也许是惟一欣赏杜威的经验理论的一流分析美学家,他论辩说,我们最终可以根据它们制造"一个相当大数量"的审美经验的能力,来解释我们的评价判断和作品的等级。[28]

但是,假如审美经验丰富但稍纵即逝的直接性不具有确定的形式,它作为批评判断的正当标准就不适当。我们应该怎样衡量(撇开沟通)一个甚至不能为衡量适当地确定或划分出来的经验的量值?仅仅诉诸他的当下经验,批评家没有办法向他人证明他的判决,在其当下直接性和变化无常中的经验,不像证据那样,可以被推论地证明或者保存。当然,批评家可以通过对作品的描述来 57
试图证明他的判决的正当性,这种描述的目的在于在他的读者中引发相似经验,但这已经涉及了比仅仅诉诸直接经验更多的东西。

像我们早先提到的那样,这不是去否认在审美经验中享受的满足可以提供一种对艺术价值的直接"灵通(on－the－pulse)"的证明,这种证明对我们理解艺术和调整艺术的方向两方面都非常重要。但是,在认识到这点的同时,我们也必须认识到,那种非命题的证据,不能承担证明批评正当性的严肃的、细致的认识论工作;将它翻译为命题形式只不过等于说:艺术(或者一个给予的艺术作品)是有价值的,因为它是如此这般被经验的。这在根本上并没有真的说出太多的东西。[29]因此,既然审美经验的解释性是如此贫乏,为什么我们还要用它来定义艺术?杜威的回答基于用一种与众不同的实用主义方式重新构想的哲学定义和哲学理论,其目的主要不是旨在解决抽象的哲学困惑,而是旨在将我们带到更接近实现经验的更多更好的善(虽然这种经验的善并不排除哲学抽象中智力上的满足)。杜威不是去寻找一种传统的关于艺术的包装理论,这种包装理论会导致一种给出艺术的必要和充分条件的形式定义,或者导致一种分类和评价艺术作品的规则系统,因为他感到这种“形式的定义听任我们冷淡无情”(*AE* 155)。[30]与此相反,杜威认为,“一个定义是好的,只要它……指出我们能够在其中迅速拥有经验的方向”(*AE* 202)。因此,一个好的艺术定义,应该有效地将我们引向更多和更好的审美经验。

将艺术定义为审美经验,至少在两个方面将我们迅速引向这个目标。第一,它通过提醒我们艺术最终从事的是经验(而不是收集和批评),从而让我们在处理艺术时,预先准备去寻找和培育审美经验。第二,它帮助我们认识和确认那些给我们提供审美经验的表达形式,而不是那些如果能够被当作合法的艺术来欣赏和培育,它们就能够给我们特别多和特别好的审美经验的表达形式。因此,重新思考艺术即经验,激发我努力为大众文化的艺术合法性进行辩护(见第 7、8 章),而且,通过把生活塑造成艺术的样式,它也能给生活之美的伦理理想打下基础(第 9 章有简要说明)。艺术不再局限于某种在传统上有特权的形式和媒体(由历史上艺术过
58 去的实践所认可和统治),作为审美经验的有目的的生产,艺术变得更值得向未来的在大量不同生活经验的素材中的实验开放,对这些生活经验进行审美塑造和美化。

(2) 在这点上,必须面对杜威定义中的另一个问题:它使理论实践化的企图自身是完全不切实际的,因为它的修正目标是一种过于堂吉诃德式的野心。对哪怕是接近实现杜威重新定义艺术的

目标来说,哲学理论都太过弱小。我们关于艺术的分类概念体系有太深的保护,不可能成功地以杜威那大规模的样式去进行修订。不管我们如何幻想在税收单上描述我们的资产,我们都没有办法重新对艺术的账目进行分类。试图用根据审美经验来重新定义艺术的方式去刷新艺术概念的限制,也许除了混乱之外,将毫无结果。

对这个意见,有两个回应。第一,杜威的主要目标(当然也是我的)不是达到对艺术全面的重新区分,而是推进更充分的审美经验。定义艺术即经验,不必改变我们的分类习惯就能够做到这一点;它只是起一种作为有修辞色彩的说服工具的作用,使我们集中于艺术的审美经验的维度,以及欣赏那些尽管没有但能够被如此分类的东西的审美价值,只要我们能够根据事物令人满足的完满经验去把它们聚集起来。第二,虽然大规模修改艺术概念的边界可能无效,但仍然有一些边界情形,对它们可以做分类上的修正。一个重要的有争论的边界,涉及到大众传媒文化的表现形式,它们被标准地贬低为仅有娱乐的地位。在这里,重新思考艺术即经验,可以有助于像摇滚音乐之类的形式——它为来自如此多的民族、文化和阶级的如此多的人们,提供如此经常的和强烈的令人满足的审美经验——获得艺术的合法性。

在这个较窄的关注点上,我的方案同杜威的很不相同。虽然他通过对那种不可名状的经验的形式特征的描述,勇猛地奋争去实现全面重新定义艺术即审美经验,但我对定义不可定义的审美经验或者将它确定为对艺术的一般哲学定义丝毫没有兴趣。如果杜威的定义有价值,它的价值不是建立在完成了一个大范围的定义革命和满足我们对一般定义的传统冲动上,而是建立在它对治

疗艺术制度实践中某种痛苦限制的指示姿态上。试图以全面重建的艺术即经验的定义来治愈所有这些疾病，是一种英雄主义的努
59 力。但我认为，对这种英雄主义的钦佩和应用比精确模仿更好。因此，不是继续从事杜威那总体定义的追寻，我取而代之的目标是：在化整为零的实用主义工作中，在为向大众文化形式和塑造个人生活风格的伦理艺术扩大艺术的边界中，去做一些具体的事情。

(3) 但是，即使我这有限制的目标也会被更激进的观点所质询，这种观点声称，任何试图通过理论干涉来修改艺术已确定的概念或实践都毫无用处。这种源于实用主义自己阵营中的最麻烦的论点，主张(用斯坦利·菲什的话来说)对于实践，“理论毫无结果”，因为理论是“一种不可能的方案”。[31]在旧的基础意义上，理论作为纯粹的与实践分离的东西，用超验的认识权威和实践兴趣的缺乏来从高处决定实践，这是不可能的。因为像实用主义正确主张那样，理论像所有的人类思想一样，总是在一种特殊的情形中发生的，而且总是由有助于界定那种情形的目的所激发。我们于其中转向理论那种情形，是一种实践已经造就的以及将我们引向那里的情形，一种最典型的我们指望理论去解决的实践中的问题或冲突。因此，理论不仅是由实践动机所贯穿的东西，而且是基于实践并且自己构成一个实践。

但是，如果理论作为指导实践的永恒真理的先验的和无语境的揭示是不可能的，那么，它在形式上能起怎样的重要作用？虽然将理论重新设想为一种对依实际情况发生的实践的一般化的、如实反映式的说明，会特别地使它显得更为合理，但这剥夺了理论的改造力量；因此，艺术理论，像我们所看见的那样，被还原为对艺术

实践历史的静止的第二级的再现。所以,如果理论从实践中分离出来不是不可能的话,那么它仅仅退入实践中就不能构成重新指导实践的力量。

除了否认理论对实际的实践历史的明显和持久的影响之外,这种论点还否认一种中间的实用主义立场的可能性,这种立场使理论处于超验的认识特权和奴性的无力之间,它不仅承认实践的首要地位,而且承认理论的干预力量。在这里,理论被理解为对实践的批判的、想象的反省,是从实践和实践总会产生的第二级问题——怎样确定什么构成正确实践的证明问题,以及关于实践应该被怎样继续进行或修改的规划问题——中浮现的。理论不仅扎根 60
于实践的背景之中,而且根据它对那种实践的成果——理论有助于发展和改进实践——而被实用主义地评判。因此,理论的主张和改革建议,不享有在本质上超越实践之上的、有特权的认识论形象;它们不是通过超验的命令或绝对明白的证明来改变实践,而是通过总是可以争论的劝说、通过在它们提议的变革实践中的实验上的成功来改变实践。[32]

这些否认那种非基础的实用主义理论的作用的论点都是有问题的。主张我们将自己完全限制在实践的第一级问题中,忽视了这个要点:第一和第二级问题的区分,其本身已经是一个理论反观的第二级的产物。[33]同斯坦利·菲什一样,宣称所有有争议的、需要深思熟虑的理论反省的实践问题,都容易以一种"当下直接明显的"、"从作为深深地陷入其境域的、代理者的立场上'自然地'——没有进一步的反省——"产生的方式来解决,一个已经"彻底内化了"实践的代理者,[34]这是无视这个显然的事实:这些问题的这种不费力气的解决,从来就没有实现。因为有关实践的争论非常剧烈,之所以会这样,是因为内在化的实践总是已经打上了冲突和不同趋向的观点的标记。理论的工作,是去批评地评估这些不同的方向,并通过这些批评去推进观念、推进对更好的观念的追求。

当然,理论的意识－提升式的批评反省不是必须要导致实践的改变,这种提升的意识和改变可以由其他的方式来实现,在这方面菲什是对的。[35]但是,这不是以任何方式来驳斥理论的干预力量;这只是否认那种力量的不可抵抗性和唯我独尊性。至于理论不能指导或影响实践因为“它自身是一种实践形式”的观点,它只不过涉及一个逻辑范围的混淆问题,它通过将实践和理论的概念全称化,从而使千差万别的实践(包括理论的实践)之间的不同等质起来。[36]艺术理论本身是一种实践这种事实,并不意味着它正是(或者可完全还原为)它理论化的那种实践,这不是否认艺术理论应该建立在艺术实践的基础上,不是否认在某种意义上艺术理论与艺术实践应该是连续的。

还有一个关于理论完全无力的实用主义的观点。因为理论是在关系到存在的实践中被结构和甚至被估价的,它的想象和批评的视界,必须完全禁闭在实践的视域中,因而缺乏任何真正的变革
61 实践的能力。菲什因此得出结论:在实践中,“没有理论能够迫使一个不是在某种意义已经发生的变化发生”。[37]他进一步强调,实践只有被它们自身的内在机制所改变,因为无论什么处在实践的信仰系统之外的东西,都不能被理解为中肯的、因而可接受的,因为除非改变是可理解和可接受的,否则没有改变能够在实践中发生。但这个论点有两个问题。首先,这个合理的假设——不将它与一个已经存在的信仰结构和实践联系起来就没有任何新的东西能够被理解——被错误地与这个可疑的观点混同起来了:每一个

被理解的东西都已经必须在那个结构中有一个被接受的位置。其次，这个观点不仅否定我们实践那神秘幽深的含糊性，而且否认了它们的交叉、重叠和经常冲突的变化，这些变化允许理论通过从其他实践中获得的理解和观点去批评它的客体-实践。

因此，虽然我们理论上的想象总是很大程度上受到确定的实践的抑制，但它并没有被限制为盲目符合和重复再现。因为环境和与其他实践遭遇的改变，能够提供新的养料和可供选择的方向。由于没有实践能够明确显示所有可能的境域，因此，总是有对想象的预示和创造的决定的需要，作为应该被实际上追求的可能预示，作为适宜于争辩的决定和引起怎样判定这些决定的第二级问题的决定。由于没有实践绝对孤立地存在，不受其他存在的影响，因此，仍然有不同实践之间的联系、协调或公断的需要。只要我们的实践给我们提出这些问题并容许改进，理论就将不仅可能而且必要。

以这种既认识到实践的首要地位也认识到它的问题的实用主义的方式来设想，理论不是被消灭了，而是以失去了它的先验认识特权的传统形象而获得新生。因为，一旦我们放弃将理论当作实践的启迪和不变的必要原理的基础主义(foundationalist)的看法，并进一步放弃它那绝对的、毋容置疑的最终判决的希望；一旦我们不是将我们的实践(和我们的理论)视为偶然的产物，它同变化的环境的遭遇已经使持续不断的调整、澄清、辩护和改进成为必需；那么，理论所扮演的对实践的批评反省的持久角色，是高枕无忧和似乎不可消除的。哲学仍然会四季长青，但是在一个新的意义上。

第三章　有机统一:分析与解构

一

实用主义美学,像我依照杜威所构想的那样,旨在从更宽泛和更民主的方面来重新思考艺术。但美学不止涉及艺术概念。像从事艺术批评的实践那样,其他美学概念也要求批评的分析;而且,一种实用主义美学应该有能力处理这样的论题。由于这本书的大部分将致力于再思艺术这个革新的方案,因此,我至少要考虑,实用主义美学如何能够有助于处理其他在传统上对美学理论至关重要的问题。我选择有机统一和解释作为问题的范例。在这两者中,实用主义都将自身展示为一条在基础分析哲学和解构主义之间的有希望的中间道路,这不仅体现在美学上,而且体现在更深入的本体论、语言和认识论的问题上,体现在这两种"美学"问题的转向上。的确,像我们将要看到的那样,有机统一和解释问题,超出了传统的美学范围。

有机统一观念可以回溯到希腊(尤其在他们的宇宙观念中是毫无疑问的),在那时它已经被有意义地运用到其他许多哲学事业之中:伦理学和政治理论、心灵哲学、宇宙学,当然还有生物哲学,有机统一明显地和在语源上与生物学的核心概念有机体连在一起。而且,正如有机统一提出了两个经典的艺术目的中的一个(另一个是模仿),因此,它也给出了真理和知识的两个最重要的模式中的一个——对一个系统的统一或一致的信仰，而另一个主要认识论模式是对真实的再现性符合。令人感兴趣的是，尽管美学与认识论明显不同，它们却共享两个同样的基本选择策略：再现或有机统一。

由于艺术模仿理论长期为20世纪的艺术和批评所怀疑，这对 63
在有机统一中重拾信心应该是件好事。的确，大部分当代英美美学已经在这个概念中寻找它的最终原则，或者将这个概念落实在外在的艺术作品中，或者落实在它的审美经验中。[①]但是，有机统一自身已经受到后现代艺术和美学的最近发展的根本挑战，这不是没有道理的。因为这个概念可以被迷信和僵化为一种压制性的呆板理想，窒息创造力和形式上的实验，也可以引起我们对世界一种过于轻易和自满的和谐感。结合后现代艺术对碎裂和解中心的强调，存在一种对整个统一观念的强烈理论攻击，不仅它的价值而且它的基础甚至它的一致性，都遭到质疑。毫无疑问，福柯对我们思想中假定的统一和连续结构提出了一个大范围的挑战，其中包括性别的统一，书本的统一和作者作品的统一。皮埃尔·马切利从他的马克思主义视野，同样猛烈抨击美学中传统的统一性假定："作品假定的统一性，它总是已经或多或少明显地出没于批评事业之中，现在必须遭到谴责……我们必须强调，实际形成作品的是明确的不充足、不完整，而不是那种充足的、那种理想的一致性。"[②]但是，最激进和最严厉的怀疑和推翻美学理论中的有机统一观念的企图，或许来自解构主义。

德里达的一个重要目标，是挑战和拆除这样一种传统的结构观念：作为一种有中心的和完整的有机统一，限制了"自由游戏"场地。通过无法逃避的语言媒介，这个场地必须总是"一个无限置换的场地”；通过它的无限置换游戏而“排除整体化”，超出所有假定的结构封闭的固定限制。[3]这种解中心、可无限自由和置换的图景，明显与我们最熟悉的（起源于亚里士多德的）对有机统一的理解相冲突，即将有机统一理解为一个完整的整体，它具有一个确定的“开始、中间和结果”，拥有如此完整地连在一起的部分，“以至于如果它们当中的任何一个被置换或者撤除，整体就将被分裂和打乱。”[4]

在保罗·德·曼（和他之后的卡勒与诺里斯）那里，解构主义对有机统一的攻击，更直接对准以新批评为代表的英美美学。新批评对文本统一性中的语义丰富性的颂扬，据说由显示“众多在根本上可以相互对立的含义”所终结。而根据德·曼，这正好“破除”诗歌中任何有机统一观念、任何类似于“自然世界的一致性”的统一
64 观念。“这种一神论批评最终变成了一种含糊不清的批评，一种对它曾经假定的统一性之缺席的反讽式反映。”[5]

德·曼的观点祈求两个关键而可疑的前提（对他来说也许最终是一样的）：即有机统一从来不能包含任何根本的对立；“自然世界”（德·曼将它等同于“有机世界”）的统一或者一致不包含类似的对立或冲突力量。然而，上溯到赫拉克利特的一大群思想家，都主张这种统一不仅包含对立，而且由它所包含的对立的张力所维持和推进；[6]现代科学似乎显示了自然统一中的根本对立一直向下延伸到原子的正负电荷。德·曼无根据的和不足信的假定，从来没有得到论证。它们诉诸一个从来没有被清晰说明的单纯和单一的有机统一概念，它们有疑问的特征表明，需要给这个概念一个更仔细和严格的处理，去看看究竟有什么——如果有的话——可以从中拯救出来给当代思想。

这里,我将通过以解构主义对抗分析哲学的方式,来承担这项工作。因为解构主义不仅对美学中的有机统一观念提出了最尖锐的指控,而且对许多英美统一性美学所根据的语言分析哲学也提出了最强有力挑战和可选择的余地。有机统一确实提供了一个特别有效的焦点,去描绘解构主义和分析哲学最深刻地相互限制的对立关系。[7]因为尽管解构主义反对美学中的有机统一,但我们将发现,在美学表面之下、在更深的逻辑层面上,解构主义在根本上将自身交付给和无法逃脱地嫁与了有机统一的一个重要(起源于黑格尔的)意义。甚至,它对美学统一性的攻击,刚好和在根本上依赖这种有机原则。相反,尽管分析哲学主张某些形式的有机统一作为美学原则,但它强有力地否认有机统一更根本的逻辑原则。这种逻辑原则不仅构成解构主义威胁美学统一性的重要基础,而且构成解构主义威胁指涉和个体化的可能性——分析方案的根本核心——的重要基础。从这两个匹敌哲学的争斗僵局中,实用主义将作为恢复它们各自优势的最合适的选择而出现。

为了标出对立双方和实用主义的选择,我们首先需要区分不 65
同意义的有机统一;而最好的出发点是G. E. 摩尔对它的三方面分析。摩尔与罗素一道,在这个世纪初通过他们对当时盛行的黑格尔唯心主义的共同厌恶而确立了分析哲学。

二

因为复杂的动机,摩尔对有机统一的处理非常复杂。这个概念在他辩护实在论和内在价值的客观性这两个主要哲学工程中,扮演了重要角色。在前者中,它是必须驱除的唯心主义思想的魔鬼，而在后者中，它在解释某物的内在价值怎么能够既依赖它的部分(它们自身的价值可能微不足道)但又不能还原为它的部分的价值总和上，又扮演了非常积极的角色。依据这个有机原理，即使整体的必要组成部分丝毫没有拓宽可能的内在善的范围、进而拓展实现美好生活的机会，但整体依然能够具有内在价值。因此，它对摩尔的伦理学是至关重要的。摩尔通过仔细区分有机统一的不同意义，安置好其中相互冲突的成分，来试图解决这个概念对他的本体论和伦理学方案所具有的冲突因素。因此，他从《驳斥唯心主义》中对有机统一恶意的全盘拒绝，转变为《伦理学原理》中对它更细心和均衡的三方面分析。⑧

对摩尔的实在论来说，有机统一是一个该攻击的有害原理，因为它给他的唯心主义对手提供了一个否定“感觉或观念和……它的对象”之间的区分力量的武器，这个区分对摩尔的论点——存在一些超过或者区别于被感觉者的真实对象——至关重要。根据摩尔，尽管唯心主义者在某种意义上承认绿色和对绿色的感觉可以区分，但是他们会反过来说，“被区分的事物形成一个‘有机统一’……[如此以至于]每一个事物都不会是**从它与另一个事物的关系中分离出来的东西**”。因此，将它们看作“可以区分的”或彼此独立的，是一种“非法的抽象”，因而在它们之间任何明显的区分，都不能用来辩护绿色的现实或绿色的客体在我们对绿色的观念体验之
66 外。摩尔把有机统一原理说成是：主张“只要你试图断言**任何事物**的无论什么是一个有机整体的**一部分**，你所断言的只能对整体来说是真的”；他严厉谴责它荒谬地蕴涵(假定真的普遍置换的前提必然伴有同一性)：整体绝对地等同于部分，但同时假定它们不知何故与它们对照起来又截然不同(*RI* 14－15)。对有机统一的这

个概要性拒斥，伴随着对它的黑格尔根源的嘲讽性叱责。

> 有机统一的原理……主要被用来辩护持有两个矛盾命题双方的实践，无论在什么情况下它似乎都可以令人满意。在这里，就像在其他问题中一样，黑格尔对哲学的主要贡献，在于给予一种谬误以名称并将它建立为一项原理，一种已经由经验给哲学家们展示的、其余的人们又一道沉溺其中的谬误。他拥有追随者和仰慕者就不足为怪了！（*RI* 16）

在《伦理学原理》中，摩尔对黑格尔有机统一的批判变得细化和苛刻。在这里他区分了三种意义的“有机统一”或“有机整体”，其中两种得到了他的认可。第一种是，整体的部分是如此联系着，“以至于一个[部分]……的持续存在是其他[部分]持续存在的必要条件；而……后者的持续存在也是前者的持续存在的必要条件”（*PE* 31）。这个概念只不过断言，如果一个有机统一的部分不恰好是它们所是的东西，这个有机统一就不能恰好像它所是的那样存在。这可以对任何整体有效，而不只是特殊有机整体的标志。因此，它似乎只是一个微不足道的逻辑真理：一个整体的部分的任何变化，一定会在某种程度上改变整体，那么也可以假定地说（*ex hypothesi*），如果具有不同的部分就是一个不同的整体。[9]

摩尔关于有机统一的第一个意义，不过是断言：不仅整体，而且它的组成部分，都不能幸免于其他部分的毁坏。在这种有机整体中，组成部分（或者至少是它们中的一些）具有“一种彼此互为因果的依赖关系”（*PE* 32）。这种关系曾经被认为（在医学技术最近发展之前）存在于身体的不同生命器官之间。如果一个人的肺和肝被摘除，他的心脏就不只是停止为同一个身体的一部分，而是它很快就完全停止存在。但是,像摩尔暗示的那样(*PE* 32),这种部分的相互依存在非生命的结构中也可以存在。

67 尽管摩尔接受有机统一第一种意义,即有机统一的"因果"意义,但这并不是他发现对他的伦理学和美学不可或缺地有用的那种。关键的有机现象,更像是一个具有突显性质的整体,它的突显性质不能还原为它的组成部分的性质,甚或不与它的组成部分的性质相称。摩尔独具特色地用价值来表示这种整全的机体主义的突显原理:一个有机整体"具有不同于它的部分价值总和的内在价值";事实上"这种整体的价值与它的部分价值总和之间具有不规则的比例关系"(*PE* 27,36)。但是,由于他清楚地认识到,没有性质上的不同就不会有价值上的不同(*PE* 35),因此,有机统一的这种意义,可以被更一般地认作一种统一,其中整体的性质不同于它的个别部分性质的总和,且不能还原为它的个别部分性质的总和。

这种意义不同于第一种,它不认可从一个部分的存在到其他部分的存在、没有其他部分的存在这个部分就不能存在的推论。因此,有机联系不是一种部分为了它们的存在而相互依赖的东西,而是整体为了它的性质和价值而依赖于部分的东西。当然,第二种有机统一也适用于生命有机体,其中作为整体的身体系统,具有它的特殊部分所缺乏的特别性质和价值。这种整体尤其被特别当作艺术作品的特征(不是第一种意义上的通常的有机性),因此,摩尔从美学上对它加以说明:"一幅画的所有部分,不具有像身体的某些部分所具有的那种互为因果的依赖关系,可是那些不具有这种关系的部分的存在,对整体的价值来说,却是绝对必不可缺少的"(*PE* 33)。不过,就像任何沙拉或三明治的制作者所知道的那样,这种整体也可以很容易在生命和(标准的)审美之外发现。

于是,这两种有机统一观念,与被声讨为“唯心主义的反驳”的黑格尔的有机统一形成对照。黑格尔那种令人怀疑的统一,宣称是一种“就像如果没有部分的存在,整体就不是整体,因此如果没有整体的存在,部分就不是部分”的东西。因此,“任何特殊部分都不能存在,除非其他部分也存在”(*PE* 33)。然而,这不仅仅是第一种意义上的因果依赖,而是一种逻辑上的依赖,正是部分的本质或同一性包含它所联系的整体,以至于没有整体,它就不是严格意义上的同一个部分。这种观念是:如果一个东西成了一个整体的一部分,它就具有一种否则就不具有的性质——不仅仅作为整体的部分的性质,而且通过它参与整体之中而获得更本质的突显性 68
质。当一只手作为有机整体的人的一部分时,它所具有的力量和性质,不同于那只同身体分离的手。具有不同性质的东西不能被等同起来,因此,作为一个有机部分的手,一定在本质上不同于从整体上砍下来的同一只手。它的不同特性,似乎明显取决于它所属于的整体,或者由它所属于的整体构成。由于整体据称形成具有其部分的同一性的部分,因此,“离开它的整体”,部分就不能是其所是、且失去它特别的“离开其整体的意义或重要性”。因而“要不是作为整体的部分,这种部分是难以想象的”(*PE* 34,36)。

摩尔谴责这种形式的有机统一为既混乱不清又自相矛盾。它首先混淆了仅仅适当地属于整体的突显性质与部分自身固有的限定性质。其次,它实际上宣称,那个整体的任何部分,必定具有那个整体作为那个部分自身的部分;但是,这与部分的存在是那个整体的可区别的部分相矛盾。关键的一点是,由于一个部分只是在与整体的其他部分联系中展现突显性质或者价值,而在孤立的自身中不展示这种性质或价值,这就意味着它自身(即那个部分)不真正具有这种作为它的同一性的部分的性质。因为仅仅显示一种作为整体的部分的性质,一种仅仅与其他部分连在一起的性质,是根本不具有这种性质,而只是成为拥有这种性质的那种东西(即整体)的一部分。对摩尔来说,这个观念是至关紧要的:突显性质和价值仅仅属于作为整体的有机整体,而不适当地属于在整体中联结而产生它们的部分,这也是他精明地运用于伦理评价问题中的一个观念。不过,它也非常容易应用于美学之中。例如,我们可以指出一个艺术整体的一部分(比如说,一张脸的画面中的一根线条),并宣称这部分是一种呆板的或者狡黠的笑容,但如果没有这张脸的其他线条的配置,就不会是这种笑容。即使为了集中感觉,以便这种整体的突显表现性质能够被更好地把握,我们可以非常准确地指出那根线条,指出整体中的那个部分;但严格地说,笑容的呆板或狡黠是整张脸的性质,不只是单根线条的性质。摩尔在反驳授予人手在它与有生命的躯体联系起来时才展现的那种突显性质中,非美学地提出了这个观点。

> 我们可以容易说,作为身体的一部分,它[手]具有重要的价值,反之根据它自身则没有;因此它的全部"意义"建立在与身体的联系上。但实际上讨论中的价值根本不属于它。具有
> 69 仅仅作为一个部分的价值,等于根本上没有价值,只不过是那个拥有它的东西的部分而已。然而,由于忽视这种区分,断言一个部分作为一个部分具有价值,否则就没有,容易导致这样的假想:它不同于它作为部分所是的东西,因为事实上这是真的:具有不同价值的两个事物,一定在其他方面也不相同(*PE* 35)。

这里包含着对自相矛盾的进一步的指责。这种有机原理主张有一个部分(P),它有助于形成整体(W),因此在逻辑上可区分于W,同时又反对P具有任何自身独立的和可区别的性质,只不过是:它那真正的同一性陷入了整体(W)和它是其中一部分的相互联系的系统之中。因此,虽然P本来具有区别于W的同一性,仅仅作为W的一部分,但它随后又被矛盾地当作在分析上包括W作为它自身的部分,因为它自身是由整个W的部分之间的关系组成的。换句话说,有机统一的根本观念,要求任何我们区分为用来形成整体的独立的部分都不能被如此地区分。作为在自身中的部分和在整体中的部分是不能相同的,因为作为整体中的部分,它具有本质上或构成上不同的性质(即那些它在整体中与其他部分的突显联系和价值)。因此,我们被引进了一种矛盾之中:P是又不是整体即W的部分;或者替换为P不是P(因为当它是整体中的部分和当它是孤立存在的时候,不是同一个东西)。像摩尔总起来所说的那样,"同一个事物,因为它在此时比在彼时是更有价值的整体中的一部分,因而在此时比在彼时具有更内在的价值,这个假定促成了这个自我矛盾的信仰:同一个事物可以成为两个不同的东西,而且只有在它的一种形式中,它才真正地是其所是"(*PE* 35)。

三

摩尔对有机统一的批评力量,源于那种根深蒂固的原则:作为法则的同一性与矛盾性,和作为现实的自我同一的特殊或逻辑上独立的个体。但是,这并不是可以免受批评的。首先,他的三重分 70

析没有穷尽在知识史上具有影响的有机统一的意义。摩尔最明显欠缺的,是任何关于有机统一的时间、生命和发展的意义,它们在浪漫主义美学中[10],当然也在杜威那里,是非常重要的。对杜威和浪漫主义者来说,一个有机统一是一个动力的整体,它的部分以某种自然生长或有序的发展过程而演进和呈现在它们所形成的整体中。

有一个很好的理由,解释为什么摩尔关于有机统一的说明忽视时间和生命的发展。因为对他的说明来说,认可这种流动性会得出这样的主张:他那常识性的理解所坚定地把握为整体的独特的、逻辑上独立的和稳定的部分,在事物的本性中不是固定不变地被给予的。如果被称作部分的东西能够随时间改变,如果部分仅仅可以由对部分和整体的部署不同的暂时理解而不同地构成,那么整个关于部分具有逻辑上坚固的自我同一性的观念,就变得更有问题了,而摩尔从依赖它的矛盾中而来的常识主张,就变得不那么强势了。从黑格尔的观点来看,可以说由于对心灵在它有关什么是部分和整体的流动性解释构成中的时间方面和构成游戏的忽视,摩尔使自己受困于安全可靠、但在哲学上贫乏无趣的常识理解水平。这种水平天真地认为,我们所处理的对象,部分和整体都是固定的、自主的事实,而黑格尔主义者和解构主义者,却将它们理解为心灵活动或差异性语言游戏的灵活抽象和建构性产物。[11]实用主义也将它们视为人类实践和目的的产物;但它坚持我们的常识对象、部分和整体仍然可以相当稳固和可靠,可以给予我们某些实践以牢固的持久性。

解构主义不仅挑战摩尔对部分具有固定的自我同一性的分析承诺,而且它正好依靠摩尔使之成为疑问的有机统一观念的根本逻辑意义,攻击对有机统一美学的分析性认可。显示这一点的最好方式,是通过显示解构主义对审美统一的批评怎样依赖延异观念,通过显示延异观念如何在根本上是古老的基本有机统一观念的一个版本、推论或应用。让我们先从第二点开始。

德里达的延异概念,基于索绪尔的结构主义观念:在语言系统中"只有差异,没有确实的术语"。[12]例如,任何一个音素的同一性, 71
都不是由任何确实的本质、任何真正独特的声学上的语音构成(就它在众多质量上不同的语音中可以辨认而言),而是由它同系统中其他因素的区分关系构成。德里达在索绪尔的基础上且进一步认识到,我们世界上所有对象和概念都是被语言中介的,因而主张所有谈论中的对象、要素或范畴也都是区分地构成,而不是建立在超越语言的区分网络、在根本上真实而绝对的本质之上。他们"不具有一个在某处出现并且自身逃脱区分游戏的主体或实体、通常而言的事物、或者存在,作为它们的原因";他警告不许有对应用这种确定的成分、"对承诺本质的、实质的定义,重建一个本质的谓词系统"的形而上学的响应。[13]

因而,延异是"……要素相互关联的差异的系统游戏、差异的踪迹和间隔的……结构和运动,……没有它,'完满的'词语就没有所指、不起作用"(*Pos* 27)。换句话说,由于任何事物或者要素,都将自己的个性和意义建立在同其他要素的不同联系上,因此,它必然导致任何事物之所是,在根本上都是一种它所不是的作用。由于任何事物或者要素,是由它与不同的、既不简单在其中出现也不必然自动地或连续地随它出现的要素的不同联系中构成的(在这里 *différance* 的延宕意义被展现出来了),因此任何事物或要素,从来没有完全呈现在自身之中,或者简单地由(或者为)它自身构成。

> 差异的游戏认定……在任何时候或者任何意义上，都禁止一个简单的要素在自身中出现、由自身出现、仅仅涉及自身的综合与推举……，不涉及自身不是简单呈现的其他要素，……就没有要素能够发挥作用。这种交织导致每个“要素”……在链条或系统的其他要素中的踪迹基础上被构成……既不在要素中也不在系统中，无论哪里都没有任何东西哪怕简单地呈现或者缺席。到处只有差异和踪迹的踪迹。（*Pos* 26）

特别是如果我们用整体观念，来表现（也许不是完全总起来的）语言差异的系统或结构，延异和有机统一的基本观念的根本相似性，就立刻会显而易见。因为，像我们看见的那样，基本有机主
72 义断定，任何部分或要素“离开它的整体就不能具有意义或作用”，没有独立的部分能够是一个自我同一的、自我充足的“清晰的思想对象”，因为所有“部分都不是它们所是而是为整体的存在”，“除了作为整体的部分之外，它们是不可思议的”，因为每个部分都从它与整体的其他部分的联系中获得它的意义（*PE* 33，34，36）。既然由于任何我们通常确信为整体的对象，其自身都可能被看作一个更大的整体、结构或者系统中的部分（至少在最小限度的、模糊的意义上它是世界的一部分），因此，我们能够将这个有机的、差异的同一性原理，应用于任何对象。从有机统一或差异这个逻辑原理出发，于是可以得出：任何对象之所是，在根本上是它所不是的东西的一种作用；它在本质上由它与它从中被区分出来的其他对象的差异关系构成，没有与它们联系的、相关的差别，它就不可能是其所是，或者不可能像它所是的那样超群出众。

像摩尔所认识到的那样,这种观念可以追溯到黑格尔,那个最为分析思想家诋毁的整体哲学家:“每个存在的事物都在相互关系中,这种相互关系是每个存在的真正本性。以这种方式存在的事物没有自身的存在,有的只是在别的什么东西中的存在。”[14]然而,同样的观念在尼采(另一个日耳曼的主要解构者和分析的诅咒者)那里也非常突出,它形成了他的核心学说强力意志和永久循环的逻辑核心。尼采忠告说:“‘事物在自身中拥有一个构造’——一个必须绝对破除的教条观念”。“在实际世界中……每一个事物都被捆绑在其他事物之上,以其他事物为条件”。因此,“没有什么保持不变,只有动力量子,在同所有其他动力量子的张力关系中:它们的本质建立在它们同所有其他量子的关系之中”。[15]

四

这种延异的有机逻辑是怎样作为一种美学观念被运用于解构的有机统一之中的呢?它为两个旨在破坏一个艺术作品的统一性那种观念的绝对一致性的主要论证,提供了结构的逻辑基础。像解构主义论证所具有的典型特征那样,二者都从假定审美的统一性出发,但随后即致力于通过它们揭露正在那个统一性观念中的困难或内在矛盾,而必定违背那种统一性。

第一个论证,涉及包含在作品的有机统一观念中的整体和完 73
整意义。我们将作品看作一个清楚独立的完整整体,由属于它的部分组成,并且由那些且只有那些部分构成的方式完成自身。但是,这种争论中的整体,只有在它之外的可区分的和排他性的某物的基础上,在不是有机统一的部分或构成要素的基础上构成。如果我们赞同亚里士多德，一个有机统一的作品具有开始、中间和结尾（或者甚至只是开始和结尾），我们就必须认识到：如果没有某物在开始之前和结尾之后，以便标明它们和塑造或构成它们试图包围起来的作品，就不会有它们的存在。因此，所谓与作为整体的自我充足的作品那种外在、分离或者不相关的东西，成了对它来说是本质的和构成性的东西。那些似乎处在作品之外和远离作品的东西，差不多同作品内部的组成部分一样，是构成作品的一部分。只要处在作品之外的东西，变成了对它的内部是本质性的东西，建立在整体统一观念之上的那种在作品之内和之外之间的整个区分就成了问题。只要作品被视为同样由不属于它的部分而是它们的外围背景构成，作为仅仅由它的部分组成的、独立的有机统一作品的真正可能性就没有了。因此，它由与统一不相关的、或刚好相反的东西构成的部分的统一，在根本上和不可避免地是自我分隔而不是成为一体。

卡勒采用这条论证线路，主张"艺术作品的'有机统一'是外框的结果"，它建立在"避开精确公式化的内在和外在区分"之上，即一种在外在背景或辅助框架与这些框架中作品的统一整体之间的区分。但另一方面，"这个边缘的辅助"或外在，反而因此是"本质的、构成的、内龛的"；因为"外框是创造审美对象的东西"。尽管它外在于作品的内在结构，但"外框是一种给我们可以具有内在内容和结构对象的东西"。因此，对卡勒而言，作品的边缘或外在，"正由于它的边际化而变成了中心"（*OD* 195－199）。

卡勒对框架的辩证论证（在作为文学的框架谈论的批评和文学作品自身中的框架元语言设计两方面的详细阐述），源于德里达对作为附属（*parergon*）的框架的分析。他们的表达比我上述勾勒的有机主义的论证似乎稍微复杂一些。但是,这仅仅是因为框架自身——像他们所理解的那样——不是清楚地等同于作品的外界。用德里达的话来说,它更像是“一种附属,一种内在和外在的合成,但不是一种汞合或半对半的合成,而是一种被称作内在之内 74
的外在,将它构成为内在”。[16]尽管如此,我们这里有了某种实质相同的论证。因为是框架的外在存在,使得它被召唤和被拽进内在,将内在变成内在;就像在有机统一原理中那样,是被排除在外面的、外在的非部分,不可避免地被再记录为对内在部分是本质的或构成的东西。

第二个反对艺术作品作为统一整体的论证,不涉及艺术作品同外在于它的东西的区分,而是涉及艺术作品自身之内的区分。要将一个作品构成为部分的统一,我们需要区分在整体中的部分某些一致的结构,一种在某种意义上是赋予特权的或等级的结构。因此,我们可以在一个作品中,特别地论及什么是与边际相对的中心;分析美学家常常从“周围无关紧要的东西的暗影”中,区分作品“本质特征的核心部分”,或者用古德曼的术语来说,从“偶然的”性质中,区分它的“构成的”性质。[17]我们都非常熟悉文学感受的惯例:为了集中于文本中真正有价值的东西,我们需要将文本的某些特征当作辅助的、无关紧要的和偶然意外的加以忽视。如果我们集中于作品的真正意义和整体,显然无意义的词或标点、文本的视觉形状和颜色、[18]它的词汇中同音词的意义或可选择的用法、可以在其他领域中出现但在给予的文学语境中明显不合适的远亲关系等等所有这些,我们都标准地当作离题和妨碍而不予考虑。

然而,解构主义者会问,如果这些不相关的方面属于文本,对照文本的某些可对比的本质,有什么理由给它们贴上不相关或者无关紧要的标牌？因为按照有机统一的逻辑原则，如果没有所谓的不相关和无关紧要的东西给出它们以范围，本质的性质或意义，既不能是也不能区分为本质的。如果非本质的因而被显示为对本质的东西是本质的，这就破坏了将作品构成整体的部分和意义的特权结构。而且，它还建议非本质（像本质一样）值得作为批评者和欣赏者的我们注意；但是，这种注意似乎瓦解了对作品整体的心理经验。整体因此既被主观地也被客观地拆毁了。

这种突出地表现在德里达的边际或补充的逻辑中、表现在解构主义针对文本的“不相关”的解释实践中的观点，在卡勒那里陈述得最为清楚。“一般基于中心和边际、本质和非本质的区分的解
75 释：去解释就是去发现对于文本或文本群什么是中心的。”但是，由于边际不是在本体上被给予的某种东西，而是解释的框架的产物，因此，“被先前的解释者归入边际或者放在一边的东西，对于那些推论来说也许恰好重要。”虽然我们能够“颠倒等级去显示……边际实际上是中心”的事实，不会引向“一个新的中心的确认，但会导致本质和非本质、内在和外在之间区分的颠覆。如果边际的能够变成中心的，那么什么是中心？”（*OD* 140）而且，基于德·曼通过尝试“不再盲目地屈从控制意义的目的论阅读”而颠倒传统的“说明风气”的主张[19]，卡勒批判“我们运用整体和主题统一的观念，去排斥意义的可能性的倾向”，这些意义的可能性对文本的统一理解将会造成问题，“因为它们破坏”这种阅读的“集中性和连贯性”（*OD* 246－247）。

这个论点的进一步迂回演进很重要，因为一个整体的辩护者可以勉强承认这个观点：边际或非本质在逻辑上对框架是本质的，不过要继续表明：我们一定不要将这种本质性同审美集中性或值

得审美注意混淆起来。作为反驳,卡勒首先可以指出,我们判断文本中对审美注意来说什么是中心的或者适当的标准,是它那适合于或贡献于事先假定的文本统一性的标准。但是,他随后可以坚持,这是恰好回避文本是统一这个问题的实质。我们不能诉诸文本有争议的有机统一去证明那种统一。我们也没有权利将它确立为一个形而上学的公理:根据一些无关作者和解释者的意向行为的特别的本体论情形,文学作品是有机统一的。德·曼批评新批评将文学作品具体化为一个独立的有机统一,在这里是令人佩服地正确的。文本假定的统一性(像文本的意义一样),至多是一种在解释学上和语境上构成的意向性结构;它不是一种基础的和不变的已知事物。

然而,在我们解构地拆毁整体观念之前,实用主义却介入其间去重新恢复它。因为即使没有基础的统一,也可以有要求作品中的统一的实用主义理由,将它作为阅读策略和中肯、集中的解释标准。因为阅读提供的丰富统一和满足,刚好是我们在阅读文学文本中所寻求的东西。卡勒不加考虑地反对这个目的,把它当作狭 76
隘的形式主义的快乐论的反映,这像错误地将文学作品归于游戏和快乐的领域一样,缺乏谨慎的阅读所具有的认识论的严格和严肃性。出于对某些老一辈解构主义者如巴特和哈特曼所谓无节制的享乐主义的自卫性反动,他和克里斯托夫·诺里斯一道,避开"丰富说明"的解释目的,并且"拒绝将审美丰富性作为一个目的"。取而代之,他们将通过去中心阅读而获得的解构的"可论证的严格"和"对感觉的掌握",作为有特权和最重要的批评目的。[21]但是,如果审美丰富的愉快给它自己提供一个当下直接的理由,诺里斯和卡勒的指控就缺乏任何类似的强制力。他们的态度只不过不仅反映了不正当的清教主义(直指对“诱人地”愉快的言语偶像的肢解),而且反映了在愉快的阅读和准许的阅读之间错误的二分假定。

如果我们人类需要在无序的经验之流中感知和经验愉快的统一,是激发我们艺术兴趣的东西,这种需要是不应该被反对的。我们应该反对的是:强制艺术仅仅表现那种统一;对拥有它们自身令人刺激的审美(和认识)效果、以及能导致更复杂的和谐形式的不和谐碎片和不连贯性的禁止。同样地,我们应该反对艺术对象的拜物迷恋,似乎离开它们在经验中的作品,它们自身中就存在独立地有价值的统一。最后,像我在第一章中所强调的那样,甚至审美经验的统一也不必拜物地铭刻于某些固定的、永恒的和从生活之流中孤立出来的东西。实用主义对这些附带条件的坚决主张,无论如何都不是否认它对统一的价值的坚定认可。

卡勒可以将我们对统一的假定的偏见,仅仅当作一种文学资格的文化“惯例”,因而当作是独断的和可有可无的而加以摈弃。但是,这种措施错误地假定我们所有的文化惯例实际上都是浅薄地独断的:一种建立在对自然/惯例的区分不加批评地接受的基础上的假定。像我在其他地方所表明的那样,在自然的与有文化见识的或“惯例的”人类兴趣和实践之间,不可以划出一个分明的界线。许多我们所谓的惯例是如此根深蒂固,以至于我们自然地运用它们,把它们当作我们生活形式的基础。没有它们的行为——假使真的切实可行——将会是最贫乏的行为,会使我们自身疏离于构成我们思想、行为和经验的真正形式的东西。[21]就我们对统一
77 习惯的审美偏好来说,卡勒足够诚实地承认:“最强力地宣称它们庆颂异质的批评写作,很可能是在解经的审查制度下显示它们对

那个不容易废除的有机统一观念的信任”(*OD* 200)。实际上,这正好是我们在德里达和卡勒自己对延异的哲学异质的庆颂中所看见的东西。

对作品整体的解释假定,还有另一个实用主义的理由。这是海德格尔—伽达默尔式的想法:解释的理解,是由基于“完成的前概念”——一个“只有真正构成一个意义统一的才可以理解”的假定——的一种偏袒的前理解作出的。正是统一和可理解性之间相同的实用主义联系,构成杜威将探究界定为将混乱的问题－情形转变“为统一整体”的基础。当一个文本(或者行为)被执行和理解的时候,我们总是期待它导致某种一致的整体。因此,要是它似乎不一致,或者在它自身中,或者在它与我们对它所涉及的东西的见解的关系中,我们就需要对它进行解释以便某些“统一的意义能够被认识到”。[22]我们通过将文本解释为与它自身和我们的信仰更为一致,或者通过在一致的解释性说明中解释它的不一致(例如,它的作者不同的文化或心理语境,或者他想要表达不一致以便使我们感到震惊),来典型地做这种工作;换句话说,是在一个更大的意义连贯全体中理解不连贯和不统一。即使德·曼在批评有机统一为自然主义的具体化时,他仍然认可它解释学的真实性:不可否认的“对理解过程的完整性意图”,“一种整体化原则的必然在场,作为批评过程的指导性冲动”。[23]

然而,解释的整体主义原则,以某种方式建立在某种统一观念之上的可理解性观念,已经被德里达宣布为一种普遍错误:“形而上学的自明结构,在形而上学自身的范围内欲求、或梦想、或想象它自身的整体”。“从亚里士多德以来,至少直到柏格森,‘它’(形而上学)已经不断地重复和假定:想和说一定意味着想和说某种可以是一、一个事物的东西”。[24]在主张所有可理解的思想和语言依赖于“个体化的基准”和任何我们能够提及(因此言说)的事物必须是自我同一的观点上,分析哲学已经表达了这种假定。就像一句曾经流行的格言所说的那样,“没有实体就没有同一性”。但是,在何种程度上这种整体和同一性的假定是真正必要、有效甚至可能的呢?存在我们真的能够提及和区分作为从其他中独立出来的“一”吗?我们至少必须假定存在“一”吗?这些“一”必须在何种方式上被统一呢?[25]由此,我们被引回到有机统一的最基础和最具挑战性的水平上——作为逻辑学、形而上学和语言哲学的一项原则,一项也许最分明地区分分析和解构的原则,但又将它们捆绑在不可避免的和也许是永远的对恃的竞争中。

78

五

我们应该回顾摩尔对有机统一的攻击:首先是把整体突显的联系性质错误地当作一个已给予部分的确定性质,其次是自我矛盾地坚持一个部分既逻辑地区分于整体(和整体中的其他部分),但又在本质上全部包括它们作为它自己性质中的一部分。这两方面的批评力量明显地依赖于这个假定:我们能够真正地谈论一个部分和它的内在本质。但是,当基本有机统一强调所有事物(因此任何部分)都缺乏自己的内在特征,而只是通过它同别的所有事物的相互关系、与别的所有事物的区别中建立起来——这种联系(像尼采和黑格尔所强调的那样)不是在基础上固定的,而是(可以变化的)解释的产物——的时候,它所挑战的正是这种假定。任何部分的同一性,都依赖于它被解释为与此相联系的和从中区分的其他部分;没有解释,就没有部分,就像没有事实一样。[26]但是,如果没有从解释中分离的同一性,我们就能够驳回这样的指责:部分的同一性是被错误地描述或自相矛盾地解释。部分只是通过根据不同联系的不同解释,而成为不同的部分。摩尔的逻辑－砍切论证,已经失去了它的刀刃。

对同一性的这种差异的、解释性的说明,分析者可以从两个相互联系的路径作出回应。他可以论辩:差异或者相互关系的统一观念,假定存在差异的和相互关系的实体,假定我们可以没有实体而谈及实体。差异在概念上依赖同一,差不多跟同一似乎预先假定差异观念一样。这些观念的不可分割性,似乎成了詹姆斯将"相同或差异"标举为一个我们最重要的常识概念的实用主义观点。[27]但是,解构主义者和实用主义者都能够令人信服地答辩:这不必需要基础的自我同一的实体,因为在"根据一个特殊解释的同一性" 79
观念中,为区分提供了充分的同一性。同样地,对思想和谈论必然要求真实细节的分析性辩驳,可以用承认这种所指对象能够根据某些解释而成为个体来回答。

分析者还可以通过更特别地质疑基本区分术语或尼采的"动力量子"——解构主义视为进入构成所有对象的相互关系的解释——来进一步施加压力。这些解释的要素是什么?如果它们是基本原子,那么某些进入对象的解释性构成的东西,它们自身就不是如此构成的。如果这些基本要素自身是在解释它们相互关联中更基本的要素的产物,那么我们可以也应该对那些更基本的要素提出同样的问题。通过循环地运用这种分析策略(逻辑原子主义的根本策略),我们必须要么在某种形式的原子要素上打住,要么在解释的无限后退或循环中"永无尽头",那里最终没有什么超出解释的东西来解释。这不简单是一个独立的世界瓦解为表现它的文本中的问题。这里正是这样的观念:文本自身消解在解释中,没有任何独立的、“解释－豁免”的、其自身是解释的文本或对象。[28]

德里达几乎不能从这种结果中退缩,他的确可以批驳分析的论点(和它对原初基础的还原追问)为本体－神学的(onto-theological)形而上学的一种典型症状,它如此长久地蛊惑我们的思想。在对塞尔的回应中,德里达警告说:分析“‘策略上’、理想地返回到一个固执于简单的、童贞的、常态的、纯洁的、标准的、自我同一的……起源或者‘先验’的事业,不只是其他形而上学中的一个形而上学的表示;它是形而上学的紧急要求。”[29]实用主义同样拒斥无限后退的形而上学策略,主张在实际生活和思想中总有一点,在那里进一步返回后退的分析或说明是空洞无用的或者甚至是无意义的。

传统分析的形而上学根底已经清楚无疑。[30]然而,远未清楚的是:解构主义是否——正是在它对分析的批评中——自身没有落入一个它不顾一切地寻求避免的形而上学陷阱。因为潜在于它的批评中的有机统一观念,似乎反映了它自身一种有力的和普遍渗透的形而上学姿态。所有事物都是它与其他事物的相互关联和区别的产物,没有任何东西具有独立的或者内在的本质,这种解构主
80 义的观念依靠在所有事物都确实不可避免地相互关联的观念的根底上。世界作为有机总体或术语系统这个观念——它的相关性破坏独立实体的存在——在黑格尔和尼采那里,令人瞩目地显现为一种形而上学的论题,这是非常清楚的。回想一下黑格尔:“所有存在的事物都位于相互关系之中,这种相互关系是每个存在的真正本性。以这种方式存在的事物没有自己的存在,而仅仅在某些

别的东西中存在”。尼采也一样,他可能最接近于德里达:“在实际的世界中……每一个事物都被捆绑在其他事物之上,以其他事物为条件”。只存在“动力量子,在同所有其他动力量子的张力关系中:它们的本质建立在它们同所有其他量子的关系之中”。“每个原子都影响存在的整体。”[31]

这种世界作为相互联系和相互限定的成分的整体的观念,一个其明显独立的个别对象仅仅是那种内在系统联系的解释构造的世界的观念——这难道不是一个形而上学的看法?为什么我们应该将它作为一个真的世界观来接受?德里达自己已经谴责“存在的总体”的观念为一个危险的形而上学观念,一个他希望从中将尼采(而最终不知不觉地是他自己)解救出来的观念。[32]也许实现这种逃脱的最好方法,是不将尼采的宇宙论整体主义理解为一个基础形而上学观念,而是仅仅理解为一种对世界更有解释力的观点(perspective)。于是,问题是,这种仅仅是观点的身份,似乎剥夺了有机统一驳斥“原子主义”或通常看法——将世界视为具有确定性质或它们自身构造的事物——的力量。仅仅作为对世界的另一种观点,什么是基本有机主义必须提供的?它当然既不为我们言说、思想和行为牢固的逻辑中心方式提供相宜的观点,也不为它们提供实践的观点;它的提倡者们相当开放和愉快地承认这一点。那么,与实用主义的基础相比,它更像是在美学的基础上提出来的吗?我们应该强调,在美学上评估本体论观点没有任何错误;也许最终没有什么区分它们的美学的和实用主义的理由。蒯因的本体论的最低纲领,的确就同时连接着实用主义和“一种对于荒凉景观的趣味”。[33]

尽管最初被利用去破坏所谓艺术作品统一性的审美满足,但

是,解构主义的有机统一或延异所暗示的本体论视野,似乎可以提
81 供某些其他种类的审美满足:一种特别的形而上学的审美满意。因为它将我们世界混乱和深不可测的堆积,最终呈现为(或者至少是最好地解释为)一个本质上相互联系的要素的有机整体。这些要素离开它们的相互联系就没有生命或意义,而且能够被介入其中的解释不同地安排、塑造和处理。因此,我们能够透过我们后现代荒原碎裂和杂乱的碎片,将它们全部视为一个巨大的总集和在根本上相互联系的对象整体。而且,除了对这个广泛包容的整体的满意、放心的慰藉之外,还有一个令人安慰的承诺:在这个世界中任何混乱的事实或对象,都能通过将不同的要素重新解释为更令人愉快的解释意义,而被简单地美化或解构。

这个统一因为太遥远和太形而上学而不能真正地令人满意,而对许多人造成冲击(分析者、实用主义者和外行)。它似乎是对失去传统上根深蒂固的统一——我们习惯将它们视为我们平常世界中的个别对象或美的艺术作品,解构的有机统一要求我们去质疑和放弃的东西——的一个不令人满意的代替。但是,如果我们对那些统一的信仰已经丧失——如果作为在人文学科中被边缘化的知识分子,我们对事实的意识形态和事实本身已经不再着迷,甚至对我们希望通过它们逃离事实的艺术作品也不再着迷,那么,有机统一原理就会提供某种一致性的慰藉。因为不仅所有东西在本质上是相互联系的,而且所有事实都消解在解释之中。

按照我的想法,实用主义是分析和解构之间最好的调解和选择,也能将事物看作某种意义上(或者在某些时候已经是)的解释,但解释又是如此无法逃避地深植于我们的实际思想,以至于它们获得了事实或现实的身份。然而,它不必从基础事实的不可获取

性匆忙得出解释学和解构主义的总体性结论:所有理解都是解释(或误解),在可理解经验的自由和流动的游戏中,不存在区分它们的东西,没有优先或等级。为此将放弃理解和解释之间、我们无需要求进一步说明所抓住的东西和为了我们满意地掌握而需要解释的东西之间一个经常有用的区分。[34]因为对实用主义者来说,现实是在根本上具有"最终对思想的强制"的东西,而真理大致是"在最终和总体上""凡是证明自身在信仰上好的"和"在我们思想上便利的"东西,因此,在它的特殊对象和独立事物具有它们自己的性质 82
上,实用主义比解构主义更接近常识的世界观。[35]但是,它不想从将世界引到涉及终极存在的基础形而上学的推论的路线上继续下去。它将让这种本体论的问题开放或者——也许更好一些——简单地让它成为无用的和空洞的问题。

德里达毫无疑问要否认他的有机统一或延异版本被总体形而上学所捕获。因为他不是清楚地批判了总体观念吗?然而,没有对至少暂时的(或许永远扩展的)相互关联的术语整体的假定,就很难理解我们怎么能够搞清楚意义的系统化区分生产的意思。尽管德里达自己主张语言排除总体,将它的区分领域的特征表明为"在一个*有限全体的封闭*中,一个无限置换的领域"。[36]而且,即使放弃总体问题,但恰好是那个我们世界的所有要素或对象在根本上是区分地相互联系和彼此(无论它们可以怎样地非总计或者非总计化)相互构成的假定,似乎自身清楚地构成了一个偏爱宇宙统一与一致的形而上学的视野。

在最深的本体论层次上将传统分析哲学与解构主义对立起来,我们就得面临一个选择:罗素和维特根斯坦通过其外在联系形成事实结构的根本独立和自我同一的实体的、原子论的形而上学,与尼采的解构主义图像，其中没有分别的单个实体或统一，而仅仅因为有一个更巨大的囊括所有的区分性整体，从而有一个无所不包的整体，它的内在区分性关系构成分析者当作个体事物的东西。实用主义者在这个本体论层次上(她勉强走进那里)所理解的，二者都不是：既不是一个自治的原子世界，也不单独是一个整合的相互关系和本质上连接的、相互构成的术语世界。不同的是，她理解的(在一个她感觉更舒服的本体论层次上)更像是“尚未完满地结成整体的世界”，很大程度上是“常识世界，其中我们发现事物部分结合、部分未结合”，一些自我同一但它们的个体性依赖我们的实践和目的的事物。[37]

关于有机统一，实用主义者究竟想要些什么？詹姆斯提供一个方便的声明，它提出一个回答同时又编进分析和解构的某些主题和口号。“倘若你在事物中承认某些区分，某些独立的颤动，某些
83 些部分彼此的自由游戏，某些真正的新奇和机会，无论多么短暂，她都充分满足，并将给予你任何数量——不管多大——的真实联合。”[38]尽管实用主义深深地赞赏整体，但是，它应该同等地尊重差异；这个方面超越了本体论和美学——达到伦理学、政治学和种族与性别的问题。至少在那些不同部分共享某种相对自治的版本中，有机统一也许能够为差异中的非压制性统一或和谐提供一个模式。

最后，在本质问题上，实用主义应该站在什么样的立场？明显地，它必须反对不可改变的本质的基础主义观念，这种本质永久地定义我们的对象和概念的不同的同一性。像解构主义一样，实用主义认识到这种同一性是视界把握和可修改的语言实践的产物，因此总是要服从再解释。这种洞察可以激发一种激进的反本质主

义,不仅主张解释的普遍存在,而且主张所有事物的绝对的偶然性和专断的特殊性。这种由理查德·罗蒂强力鼓吹的实用主义,不管怎么说,似乎进入了一个倒转的反本质主义的本质主义,强调"个性和偶然的普遍性和必然性"。[39]

当然,在逻辑必然性的意义上,所有事物都可以是偶然的。但有些事物明显比另一些事物更偶然,疏于区分不同种类的偶然,只不过反映了我们绝对论者思想的坏的哲学习惯。如果世界上没有逻辑必然性,还剩下构成实践的确定性的或然性;如果没有基础的本质,还剩下历史的标准(像它们那样可改变和可争论),结构和调节我们语言和其他社会实践,可以说,充当相对的历史化的本质。

一个后罗蒂式的实用主义,需要认识到这种更适度但更自由的选择。因为一旦我们真的挣脱基础主义的形而上学,本质性质的观念(以及本质和非本质之间的区别)就能够被实用主义地再解释和恢复使用。同样地,与基础主义认识论的真正断绝,准许实用主义者重新解释解释本身的本质和角色。我们现在就转向这个问题。

第四章　实用主义和解释

一

至少有三种相当不同的和有影响的解释理论声称为实用主义的。纳普和迈克尔斯的理论是严格地有意图的和有作者—限制的,与之相对,理查德·罗蒂强调非作者的阅读结果。第三种是由斯坦利·菲什发展起来,将作者和读者二者都提交给(和消解于)作为决定文本适当意义的权威的解释共同体观念。在这一章中,我将探讨这些相互竞争的理论,并根据更一般的实用主义原理来检验它们。这种做法的目的,不是奖给最可信的实用主义理论以正统继承的特权,而是达到对解释和它的变化的更好理解,而且这不可以形式化为一个单一的全面的解释理论。①

在检验这些实用主义理论之前,我们应该将它们放进它们必须与之竞争的分析和解构学说的上下文中。在解释的作者权威受到威姆萨特和比尔兹利的意向谬误学说以及巴特的"作者死了"②的宣言的挑战之后,分析和解构双方都对解释的权威和认识地位的定位投入了大量的关注。作者意向长期被普遍当作解释的所谓目的和标准,因为它为判定不同解释的合法性提供了一个确定不变的标准。但是,由于这种惟一的和固定的意义仅仅被担保在理论中,因此,它也允许有关解释工作和途径的不断变化。

总之,虽然那个难以琢磨的作者意向观念,似是而非地提供文学解释中的客观真理和集中性的保证(某种学院批评要求像科学事业那样合法性的东西),然而,它同时又提供这样的担保:客观真 85 理或意义不能被最终一劳永逸地证明,因此,必然有对重新解释的持续要求。[3]这种要求对批评职业来说,甚至比真理更为关键,在那里始终新的重新解释和批评观点的生产,对它自身的再生产和进步(实际上是对它的参与者个人的事业)是必要的。这种强制能够解释为什么近来的学院批评如此热情拥抱首先放逐作者(在新批评中已经出现)随后放逐限制的、确定的作品,以便欢呼巴特和解构主义提倡的多元本文的生产自由。反对这种随心所欲的解释生产的英美理论家表达这样的忧虑:它将摧毁作为一种凝聚真理的学院式认识学科的批评的一致性。[4]在分析和解构的解释理论之间的许多争论,可以被视为关于真理的首要性对创造的生产之间的争论。

即使在它废除作者意向的时候,分析理论仍典型地假定:在由某些确定真理作为动机引起的解释意向,它们在根本上是(或者应该是)一致的。在证明文本意义和文本作者想要它意谓的东西之间的差异中,比尔兹利认识到这种差异至少认可两种不同的解释方案:“发现文本的意义……和发现作者的意义”。虽然比尔兹利因为它那更大的可用性和更丰富的审美回报而建议选择文本意义,但是,他仍然坚持解释目的本身不是审美的丰富性而是真理或正确性,在那里解释“必须原则上具有显示对或错的能力”。因此,解释的“一般和基本的任务”是发现文本自身意义,一种由公众语言规则决定的意义,一种足够确定的意义,可以杜绝矛盾的解释陈述成为正确的陈述。[5]

尽管如此,比尔兹利攻击的理论家们仍然分享他的假定:合法的解释本质上旨在描述的真理或某些相关的认识类比。赫什承诺“解释中的知识”目标，确信文学研究必须是一种“人文知识”的形式，有资格的解释者在其中“共同工作或相互竞赛”，通过“经验主义的调查”“能够增加文学的知识”。[⑥]实际上，他提倡将作者意向
86 作为文本意义的清楚明白标准去确保客观解释知识的目标，其论据是：只有一种意义的文本确定性将允许那种知识，而且只有作者的意向能够提供那种确定性。因此，尽管意识到“作者的意向不是解释惟一可能的标准”，赫什还是主张“它是解释的认识学科惟一的实践标准”。[⑦]他宣称：没有它，在公众语言习惯左右的意义中，简直有太多的自由、不确定和不稳定去获得通过它去识别作品、从而为研究和批评构成一个稳定对象的解释会聚。

约瑟夫·马戈利斯，比尔兹利的另一个主要靶子，对英美解释理论的认识论一元论来说，似乎可以是一个例外，因为他鼓吹一种“强势相对主义”，不仅将解释的有效性从作者意向中解放出来，而且将它从意义的严格确定性中解放出来，从而允许相互冲突的解释可以有效。[⑧]不过，虽然马戈利斯自由接受解释路径和结论的多元性与非会聚性，但是，他仍然继续受到一种“解释的认识论观念”的限制。批评的解释（与解释行为相对，对这种解释行为来说，在许多方面都可以非常相似）在本质上旨在普遍化的真理和“类似真理”的陈述；似真性和非似真性的观念被引入去提供那种相对化的“‘真理－价值’而不是对与错”。而且，对作品的任何似真的解释必须建立在对这个作品严格意义上真的描述的基础上，而不是仅仅相对地似是而非：“解释的要求必须与一个给予的作品的（最低程度的）描述真相一致……没有似真的说明可以与无可否认的真陈述不一致。”这就是马戈利斯的所谓“描述”，既作为同解释相区

分的东西但又作为解释的必要基础，它给任何似真解释提供了必须依赖的真陈述。与解释不同，描述仅仅是独立于相对化批评语境的艺术作品的对或错。它们展示了对不一致——比尔兹利和赫什也将它归之于解释——的无法容忍：要么"一个对象……具有要么不具有……那种被描述的性质"。相反，"'解释'……显示少许艺术趣味、一种表现的成分，……和对现有材料的某些创造性使用、对解释者的附加贡献、以及对可选择解释的开放性……的强调。"

这里，马戈利斯聪明地试图满足那种对确定真理和持续生产 87
的相冲突的要求，这种生产也是比尔兹利和赫什以含蓄方式在他们自身中寻求的东西。对于赫什来说，如果作者意向满足真理的要求，作者意向的难以捉摸则许诺了持续的解释。对于比尔兹利，真理能够通过意义的公众习惯获得保障，解释的持续性生产则通过那些习惯是持续改变的这个事实而被确证。对于马戈利斯，真理是在对艺术作品确凿的、不可否认的性质的描述性说明中被给予的，但是，解释对于扩展作品超出这些核心描述性质的创造贡献，不仅准许而且鼓励一个持续的、永不终止的解释生产，这种解释生产以真理为基础，受真理的约束，但不受它的限制。如果不是因为这样的事实：这种区分不能被维持在一个坚定的、原则化的、不只是注重实效的方式之中，那么，这种区分描述要素和解释要素的策略，将是一种理想的解决。

任何坚定地和明确地区分描述真理（呈现作品明白无疑的性质的核心）与解释阐述的观念，都将为这样的事实所破坏：被当作描述的真的东西，经常依赖于我们想采纳的作品的解释。[9]例如，哈姆雷特对他父亲的爱（他既直接宣布也表现在悲伤、忧郁的行为中)已经被当作剧本的描述性的“确凿事实”,但是,如果我们采取弗洛伊德对哈姆雷特的情绪、延宕和对他母亲的行为的似真解释,这个显然坚固的事实就消失在哈姆雷特自我欺骗的合理性之中了。更一般地,我们能够从起初我们视为有关作品的单纯事实的东西,被引导到对作品的解释上,这种解释通过以最初的陈述似乎不再是真的或恰当的方式展示作品,来改变或重建作品的事实。实际上,叙事艺术和我们在阅读中享受的惊奇,常常建立在这种现象之上。

换句话说,不是我们全部赞同怎样描述事实和只是不赞同我们从中所阐述的解释,而是描述事实仅仅是某种我们更加和强烈赞同的东西,而解释只是某种较少要求同意和表现(或容忍)更大分歧的东西。但是,如果没有确定的描述性质的固定核心,以便构成作品和任何有效解释的无疑的事实基础,那么,任何以它为必要条件的理论都将遭到瓦解。解构主义正是采用这种被觉察到的描述本质的缺乏,来论证解释必须总是包含歪曲性的改变,从而论证“所有的阅读都是误读”。

二

88 哈罗德·布鲁姆为这种误读的一元论和养育这种误读的专业主义狭隘性与生产所压迫,提供了一个绝妙的例子。在对“‘渎职’或十足‘误读’的自卫需要”的宣告中,他坚持主张我们“为篡改阅读,就像诗人为篡改写作一样”;所有寻求篡改的本质性的东西,是权力或者影响,它要求从过去的影响中的解放。[10]布鲁姆犯了一个将读者与职业批评家或解释者混同起来、因而将阅读行为与形式化的批评行为或提出批评解释的批评行为等同起来的常识性错误。为了做成它的职业样式，这种解释必须作出某些新奇的主张，以便将自己区别出来。因此，它只能从影响它的先前解释中突显出来，只能是为了研究而从被给予作品已经接受的（它们自身常常是为提供出版的解释或“阅读”的专业压力的产物）许多批评解释中挑选出来。对专业读者－解释者来说，有比仅仅要求理解和享受更多的东西。他必须用创造出他自己的解释——这种解释将影响他人——来打上他的标记。当布鲁姆早期说“阅读……是一种迟到的和几乎不可能的行为，只要是强势阅读，就总是一种误读”的时候，他接近于承认：存在其他的读者——被恶意地暗示为弱势的，他们完全没有文学上的野心，因此也许可以使自己充分顺从于文本，从而设法去阅读它。但是，布鲁姆立即贬低这种阅读的重要性，因为只有“强势的读者……他的阅读将对他人和他自己都至关紧要”。[11]只有写出一种新颖解释的批评家，而不是仅仅执行阅读的读者，将在专业化的图纸上留下他的印记，将享受对专业批评家布鲁姆如此着迷的影响权力（以及避免被影响的焦虑）。

如果我们发现布鲁姆对“误读的必要性”的论证是不令人信服地建立在对爱好者、“弱势读者”不公正的罢免上的话，那么，他的解构主义同僚们可以很快拿出更有力的认识论理由去显示：即使最驯服的非专业人员也不得不误读。其论证的基本思路是：所有语言意义和因此而来的文本意义，在根本上都是语境－依赖的；由于语境无情地改变，因此文本的意义不能准确地在忠实的阅读中被重新制造或重新发现。基于索绪尔，德里达和他的弟子们不将 89
语言意义视为基于或停靠于在先的外在于语言的现实，即语言所指的并从中获得其意义的现实。相反，语言的意义只是语言系统的不同成分之间的区分关系(词例的和句段的)的产物,这种系统永远向新成分开放和不断改变自己,因而无法真正地构成结构主义的标准的、封闭的、完全调准意义上的结构。语言凭借它的延异根基,变成了一个变化的“差异的系统化游戏”,它“与结构概念中静态的、共时的、分类的、反历史的动机势不两立”,展示了“一个不可还原的和不断生成的多样性”。[12]于是,语言的这种变化无常的景象与天真的前维特根斯坦式的理解图像结合起来,从而使得真的阅读和理解——作为特殊的意向内容或意义对象的重获和再造成为——一种彻底没有希望的追求。

因此,卡勒主张:“[声称]维护和再生内容或意义的阅读和理解”的观念,“维持它的同一性,而误解和误读则歪曲它;它们制造或者引进差异”。[13]不过,他继续论辩,这种主张是没有根据的,由于语言(因而和它的理解)总是在语境中变化因而总是包含差异,因此使得意义的绝对同一、维护或复制成为一种不可能。正如卡勒对它简洁有力的表述那样:“意义是语境限制的而语境却无限制”;“新的语境特征……改变语境内表现的力量”。由于意义从来不能被完全画出语境界线从而许可它的完美复制,因此导致真的阅读或解释变得不可能和“所有的阅读都是误读”。虽然布鲁姆以为所有好的读者有目的地为篡改而误读,即使他们没有意识到这种篡改意向,但是,卡勒通过主张他们实在不必考虑特别的误读问题而将所有的阅读意向扯平。因为无论哪种阅读主体的意向(总之他作为完全自主的作用者的身份受到挑战),既然语言的意义必然永远无法重复自己,他或她就不得不误读。

但是,卡勒的论证并没有强制力,因为它的两个主要前提之一是一个危险的错误。我们不应该否认解构主义的原则:在某种程度上语言处在永恒的变化和发展之中,尽管我们要记住许多变化是几乎没有意义且发生在一个偶然性占优势的背景之中。但是,第二个前提——将阅读、理解和解释认作一个同一的语义对象的复原或再生、“一种内容或意义”——提供了一个不正当的但普遍 90
深入的哲学图像,它长期误导着解释理论。艺术被实体化为一种分离的和自律的对象,而不是被认作某种东西,它的存在是本质上相互联系的,摆脱不了人类的社会-语言实践。对于这一要点,解构主义在它的关键时刻没有很好地强调。

像维特根斯坦着力教导我们那样,意义不是一个分离的对象或内容,不过是理解的相互关联。理解某物,不是某种固定的和确凿的意向对象或语义内容的镜子似的捕捉或复制。它在根本上是一种以某种可接受的方式处理或者响应事物的能力,这种方式被社会共同体交感地分享、认可和反复灌输,但它对解释和修正却仍然是可通融的和开放的。视作对真的理解的适当反应的东西,不仅取决于被给予的社会规范化的实践,而且相对于在那种社会和它的亚文化群中的不同语境而变化。例如,我们应该期待,不同的理解反应,在对一句话的普通的、文学的、心理分析的理解中扮演一定的角色。维特根斯坦自己承认理解是语境的、不能被单一的普遍标准所统治。他强调对理解一个词语意义的两个一般性标准是:正确地使用它的能力和解释它的意义的能力;不过,他又主张:对理解一首诗的一个一般标准可以是用一种适当的强调或节奏去读它。[14]

三

尽管有维特根斯坦的批评，为什么还有这种经久不衰的假定：意义是一个有确定内容（无论是为真的陈述还是为误解）的对象？部分理由是：这种“意义实在论”提供了一个有关解释的清晰的知识模型。因为，像赫什论辩的那样，如果没有意义对象对“知识对象”[15]是真的、没有意义对象服务于“知识对象”，怎么可能有文本意义的真理或知识？为这种具体化的意义辩护打下基础的，是真理和知识的符合理论，这种符合理论是非常有问题的并且现在已经差不多被完全抛弃了。[16]这种真理作为与现实符合的直白观念，简直太模糊不清而毫无助益；只要更明确（用早期逻辑原子主义的
91 习惯用语）说到对事实或事件陈述的符合，马上就会出现那种挫败原子主义方案的问题。例如，由于我们离开表达事实的真命题似乎就不能使事实个体化或者提及事实，那么，我们怎样才能在那种命题和使它们为真的事实之间作出有意义的区分，以便为任何对照和符合做好准备？不容忍那个难以理解的古怪的否定性事实的观念，我们怎样理解否定性真理？

对独立对象的符合也有很多问题，因为它们像事实一样不能从我们散漫的实践中孤立出来，以便作为它们正确的、屈从知识的符合的一种标准而起作用。因为对象只能根据它们的某些语言描绘被提及，而语言构成深入不同对象领域的方式会多种多样。没有对世界的单一描述，没有对它的对象的超越的、非语言的上帝之眼式的观察，以便我们去求助，甚至哪怕对于作为语言使用者的我们是可以理解的。因此，假如我们提及的对象总是被语言媒介的，

那么就不存在一个未被媒介的“真的像在其自身中存在”的对象的可用观念,被符合理论从认识论上来采用。[17]尤其当问题中的对象或现实是文本意义的时候,就很难避免罗蒂的实用主义结论:作为符合的真理观念,是“一个不能兑现和过时的隐语”。[18]

如果有这样的困难,为什么不放弃那作为与作品意义符合的解释真理的整个观念?也许担心的是:放弃它就不得不放弃所有解释知识的要求。但是,这种担心是没有根据的,而且不是因为使这种要求合法的可供选择的(一致的和实用主义的)真理理论。因为即使这种可选择性和实际上所有真理理论都是不成功的或者误导的,仍然会剩下关键的一点:真理不耗尽知识。还存在赖尔所谓的“知道怎样”。知道怎样跳舞或游泳,怎样尊重地或无礼地行为,怎样用手势或用语言表达自己,这不是简单可还原为任何一套可清晰言说的真理的知识。与此不同,这种知识(知道)是由一种能力构成的,一种按照某些确定方式活动的处理实际事物的能力,这些确定方式一般说来是符合(而不是奴性地严格忠于)一定的社会认可的惯例、标准和范式的,它们可以在很大程度上是不可言说的和可以容许有争论的、可选择的理解的。要拥有这种处理事物的实践知识,用维特根斯坦的术语来说,要求“知道这样进行”,怎样在超出过去的应用和标准范围之外,作出合理的、富有成效的、或者至少可以辩护的与实践相应的方案。这种知识,像杜威断言的 92
那样,是在一个积极响应的作用者和一种有结构的但可改变的环境之间的“一种交互作用的范型”,一种通过它二者都可以得到改变的交互作用,而不是被动的、镜子反映似的沉思。[19]

解释的知识也可以在这种样式中被视为某种以顺应文化上适当的反应方式对作品作出反应的执行能力,即某种以业已被接受的方式或者可能赢得接受的方式。由于这个原因，我们的解释目标，不是挖掘和描述已经被作者仔细埋入作品中的客观意义，而是发展和传送对作品的一种富有意义的反应。这种方案不是描述作品被给予的和确定的意义，而是去搞清作品的意义。尽管这种搞清意义的行为不是盲从地镜照或记录先前的不变意义，但是，它既不是完全自由的，也不是被宣告为独断的、反常的“误读”。因为我们不仅从一开始就受到我们的文化训练——根据某种突出它们的一致性、深度和对生活问题的反省的方式去理解文学作品——的限制，而且我们由于担心对它们的不同解释将会失去太多的美而被强力推动去继续从事这种实践。我们最确定的和受尊敬的文学解释实践，似乎是由一种能够被称为“一致的理解综合”[20]的两面性原则所形成的。因为它旨在将一个更大量的有意义的要素相关联地组成一个更一致的全体，一个超越作品自身限制的一致理解，一个真正能够通过在一个更大的语境中解释和安置它们、从而在作品和它的解释困惑的矛盾上构成的一致理解。

然而，这种一般的解释学方向不会蕴涵解释目的的严格一致性，因为存在为了搞清文本意义，为了将它们一致地(甚至在不一致中)交给我们的理解，而在社会上根深蒂固的、在美学上得到证明的、但又相互竞争的解释策略的巨大的多样性。当代批评在很大程度上区分为认同文本的阅读和对抗文本的阅读；即使在一种单一的搞清意义的策略中(像作者的意向)，解释有效性的精确目的和结果标准也将随语境而发生变化，这种语境总是决定在其中发生的理解的全体。对周末版报纸合适的，对讲堂或学术杂志来说也许是不合适的，而且它们的标准几乎是无法统一的。

93　还有其他两点贡献给文本的意义澄清的基本变化。首先，不是所有的解释反应都受认识论目的支配;增进的审美经验(像在创造性解释执行中那样)的目标,能够越过那种设法在某种非审美意义上为"真"的目的。我们哲学家需要提醒,知识不是值得阅读和解释的惟一理由。其次,意义澄清不总是一种建构某种明白说出的语言反应,以便去再现作品内容或形式。事实上,某些意义澄清的方式能够是如此直接、当下和不假思考,以至于它们最好被描述为单纯的阅读和理解而不是解释。

解释即意义澄清的实用主义说明,必须面对将客观化意义作为阅读和解释的对象和目标的一个最终主张:没有一些用来识别作品的固定的意义对象,就没有适当的方式将它作为一个反应或理解的共同对象来提及或孤立出来,因而就没有关于它应该被怎样理解的富有成果的批评对话的可能性。毫无疑问,理解一个文学作品(或任何别的东西)必须去理解某种东西;但是,要是没有一个客观化的意义,就没有为读者和批评家去理解的共同的意义对象。

显然,我们不能将一个文学作品简单地等同于它的物理记录的或口头执行的文本中的任何一种(或总计)。因为,像赫什提议的那样,如果没有意义的假定,这些文本就仅仅是纸上的印记或空中的噪音;如果没有一些共有的意义将它们拢在一起(像同一个模子的铸品)的假定,它们就是毫无关系的对象和事件。但是,如果作品作为某种有意义的东西的同一性仅仅是努力搞清意义的结果,就像它的读者不同地搞清它的意义那样,我们怎么能够继续将它确认为同一个作品?它似乎更像是分散在像不同的读者给出的不同意义一样多的作品之中。因此没有为不同读者不同反应或解释的共同作品,没有批评讨论的共同对象。然而,由于我们似乎能够讨论一个给予的对象，它表明一定存在某种我们讨论的共同的意向对象，无论我们将它等同于作者的意向（赫什），还是等同于文本自身的客观意义（比尔兹利）。

正如这种主张所显示的说服力那样，不应该为了替它的批评讨论担保一个指涉对象的同一性，而迫使我们把一个固定的独立意义作为作品的同一性。关键是将认同指涉对象的逻辑事务，区
94 别于被认同的东西的本质、特性或意义。当然，无论我们准许对一个作品的解释有多大程度地不同，但为了在根本上能够谈论“那个”作品（实际上是“它的”不同接受），我们必须准许在这些不同中对同一个作品的重新认同。话语的普通提及和表述功能，只不过要求形成个体的那种直白逻辑语法的同一性。但是，这种同一性不必必然含有：在不同场合同一的东西，完全或甚至在实体上是同样的。[21]就谈话的实际目的来说，我们可以同意我们正在谈论同一个东西，虽然有关那个东西的实体性本质是什么可以根本不同，不管它是一只鸟、一架飞机还是真正的超人。关于指涉的同一性的认同，能够由对一种确定的最小数目的识别性描述的认同而被确保，或者简单地（和经常是）能够由我们个体根深蒂固的文化习惯而获取。按照对指涉性认同和实体性认同的区分方式，我们同样能够区分解释对象中变化和解释对象的变化，前者不必（如果十分极端的话，但能够）包含后者。一个新颖的解释或作者的修订，能够使一首诗新鲜，而不用在个体化的指涉性意义上将它变成一首完全不同的诗。

对杜威来说，解释和知识总是致使在它们所占有的对象中发生变化。但是，如果存在贯穿这些变化的充分的连续性背景，我们就可以持续地认同和指称它们为同一个对象。这种对象不是固定

的,而是"相对地维持的"或稳定的;要求稳定性的程度和性质,取决于我们(变化的)个体化的目的。[22]艺术作品或者文本是文化实体,由社会的和语言的实践与它们所服务的文化传统构成或再构成为个体对象。越出这种实践,它们的个体化和同一性将一无所靠,因而它们像这些实践那样向变化开放。认识到这一点,我们就能够容易解释一个作品的性质和意义的实体性同一可以怎样有意义地随着时间的变化而变化,即使作品已经被它的作者写出或者"完成",即使我们持续认同它为同一个作品。我们也不需要持续地为有了这些变化它还是不是真正同一个作品的问题——假定这个问题必须有一个确定的答案,就像如果我们假定作品必须作为一个事先确定的和独立的使意义具体化的对象而存在,它事实上应该有一个确定的答案那样——而苦恼。

不同的是,根据我已经勾勒的实用主义主张,一个艺术作品结果为一个努力确定它的理解和解释的持续和角逐的建构——一种 95
努力确定作品怎样被认为是和被认为是什么的建构,从实用主义上来说,就是它怎样实际上是和它实际上是什么的建构。尽管这种确定理解的努力也许可以说是始于作者(如果我们忘记这个难忘的事实:艺术和语言的传统,已经正在确定她的确定工作),但是,那种持续指导和塑造理解的意向仍然远远超出她的作者的控制。

四

同一性和解释问题的悬而未决,以及真理对生产的辩证关系,二者对当前三种占统治地位的实用主义解释理论都很重要。纳普和迈克尔斯的解释理论，以一种论战性的“反对理论”奇异地发展起来，在那里“理论”被狭隘地定义为“通过诉诸对解释的一般性说明而决定个别文本解释的企图”。[23]纳普和迈克尔斯的策略的要点，是去论证：有关解释的理论化的整个方案，建立在有某种东西需要理论化的错误上，建立在一个文本大体上意味着什么和它应该被怎样解释的问题上。只有根据这种假定：存在文本意义和解释可能是什么的可选择的可能性，存在“在解释的可选择方式之间的选择幻觉”，理论才能将自己置身于这种问题的空间之中，并给予它自己在这些可能性之间进行估价和决定的功能（*AT* 18）。

由于大多数的解释理论化都集中在文本意义是否应该被等同于它的作者意向的问题上，纳普和迈克尔斯以坚持文本的意义除了作者意向之外在逻辑上不可能是任何东西，来挑战这个问题的真正有效性。如果没有可能的更迭或选择，那么就完全没有空间为理论去争论文学的解释是否应该是意向性的。根据这种方式，他们将自己的立场区别于多数传统的意向性理论（如赫什的理论），宣称根本不需要去理论化，而只是在一种概念必要性上报告文本的意义和理解：即“一个文本所意谓的东西和它的作者想要它
96 意谓的东西是同一的”，因此解释必须“忠实于历史上作者的意向”（*AT* 19，103）。

但是，在日常的和批评的话语中，“意义”和“作者的意向”在概念上就不是同一的。我们知道这一点，不仅因为意向主义的问题被热烈地讨论着，而且仅凭我们可以有意义地提问一个给予的作品是否真的传达了作者的意向这个简单的事实就可以知道。但纳普和迈克尔斯忽视了这种朴素的经验事实，而先验地主张：文本意义和作者意向在概念上的同一，是在逻辑上和必然地从语言的真

正本性得出来的。

他们将自己的论证基于一个如今被广泛支持的观点(由格赖斯和瑟尔从奥斯汀那里发展起来),主张语言的意义必须根据具体表达它们的意向和讲话行为来理解。虽然分析哲学经常避开意向主义,因为它依赖于太可怕的私人实体,因为意向性语境抗拒对意义的标准的、有真理功能的说明,但是,它展示了一个发展的认识:句子和说话的意义由于不能根据纯粹的外在方面来充分解释,因而在某种意义上语言必须是意向性的(即使我们的意向反过来被认为是在根本上依赖于语言)。这里我们没有必要解决这个一般性的问题。因为即使我们同意纳普和迈克尔斯的"意义总是意向性的",仍然不能保证他们的结论:"一个文本意谓的东西和它的作者想要它意谓的东西是同一的",以及"解释的必要对象",实际上是"所有阅读的"对象,"总是历史上的作者的意向"(*AT* 24,101,103)。我们必须小心,不要将所有文本的意义在某种意义上是意向性的观点,与一个文本的意义等同于历史上的**作者意向**或意向的意义这个特别值得质疑的主张混淆起来。

但是,这恰好是纳普和迈克尔斯的错误。通过将"意义"与"作者意向的意义"合并起来,他们因而排除某人的讲话或写作没有成功地意谓想要意谓的东西的可能性,一种实际上特别经常是一种现实的可能性。拒斥这种合并,我们仍然能够准许纳普和迈克尔斯正确强调的这种语言的基本意向性。首先,一个人能够在整体的意义上准许:没有人类意向性背景就没有语言的意义,没有"语言先于和独立于意向的可能"(*AT* 19)。但是,一个人也可以似真地进一步以为:每个个体的语言文本都为它的意义要求某些特别的意向。由计算机或沙滩上的波浪偶然制造的一行文字(像纳普

97 和迈克尔斯的例子那样),仍然将它的意义建立在一个意向性行为上——这里是读者将印记看作和用作一个有意义的文本,作为语言而不是纯粹的印记的意向。

然而,即使我们追随纳普和迈克尔斯,否定"能够存在……无意向的意义",并主张(在某种意义上)"被意向的东西和被意谓的东西是同一的",这仍然不能必然得出:"一个文本的意义纯粹等同于作者的意向意义"(*AT* 12,15,17)。所有必然导致的东西只不过是:文本的意义不能从某些意向(或意向群)或别的什么中区分出来。但是,那种必要的作为意义保障的意向,也可能属于文本的读者(或共同地属于一个解释群体),而不属于它的原始的"历史上的作者",纳普和迈克尔斯正是把这种作者的意向等同于文本意义。[24]

对他们确保这种认同的惟一途径将是去声称:一个文本的任何读者,都像它的意义－给予的作者一样。但是,这种过于激烈的补救,由于恰好拆除了作者的观念而破坏意向主义的整个观念,即作者－定向的解释观念。纳普和迈克尔斯可理解地拒斥这种改变,因而将"作者"限制为"历史上的作者",并将她的意义－给予的意向更狭隘地限制为她在制造文本的"特殊场合"的那种意向(*AT* 103,141)。对他们来说,可以不存在谁的意义－给予的意向对我们的目的更富有成效的选择问题,不存在用哪种意向语境来处理作品会更有用的选择问题(尽管实用主义的考量最为出色),只存在"决定它的[历史上的]作者意向的经验主义困难"(*AT* 142)。

当然,纳普和迈克尔斯意识到了,文学解释经常要求且好像是去关注意义而不是历史上的作者的意义。为了反驳这种顽固的经验证据,他们没有主张这种非作者的解释对于批评是根本上反生产性的——一种合法的和典型的实用主义成本核算的主张,而是采取他们假装逃避的高级理论和先验论证的路线。他们将其他意义的发生和制造,完全移交给整个阅读和理解之外的领域,将它处理为另一部作品的写作:"用某些其他意向来取代作者的意向……根本[是]重写而不再是解释"(*AT* 103)。

为了证明这种移交的正当性,纳普和迈克尔斯宣称同一个文本在逻辑上不可能具有两种不同的意向或解释。因此,去解释一个意向不同于确定它的一个作者,是去解释或重写一个不同的文 98
本。我们通常当作文本不同的可能意义或被表达意向的东西,被认为是不同文本的意义。一个文本完全不能具有不同的意义,他们论辩说,因为文本的一致性要求意义一致性,而意义一致性自身又被确定为意向一致性。因此,他们放逐解释多元性和将文本意义与作者意义等同起来的情形,最终建立在关于文本同一性问题的理论主张上。只有严格地将它的意义与它的历史上的作者的特殊意向等同起来,文本才能被充分地个别处理;只有"在某种场合中的某个作者"的意向"……[才能够是]给予文本作为文本同一性的东西"(*AT* 141)。但是,对于将指涉同一性和实体同一性合并起来作为个体化的惟一可行标准,他们没有提供真正的论证;再者,在严厉地反对他们的理论的方面,最清楚的事实莫过于文本并不是被如此地个体化以至于排除不同的意向或解释。[25]

最后,即使我们同意根据某个作者的意向来使文本个体化,这仍然不排除多元的解释或可能的意义。因为,首先,意向自身享有许多它们在其中被典型地构成的语言上的不确定性,因此,它们自身可以被不同地解释。纳普和迈克尔斯简单地设想,意向将以某种固定的和透明的东西给予意义与文本同一性以基础，而这种固定和透明的东西自身是既不需要解释也不准许某些分歧的东西。但是，我们没有理由相信这种透明的、语言中立的、自我解释的和毫不含糊的意向性的个人习语存在甚或能够存在。由于意向自身是不确定的和可以被不同地解释的，因此，它不能确保对文本澄净的和单一的解释。其次，事实上，个体化的意向可以是文本多义和多种解释的产生根源，这种多义和多种解释的详细变化不能被全部预见和事先决定。毫无疑问，对一个模糊的开放文本的有意生产，是当代艺术和美学解释的特征，而且部分地将它们从更为实际的谈论——在那里意向和解释的单一性更为重要——中区分出来。因此，纳普和迈克尔斯不加怀疑地将文学文本当作更普通的言说行为的情形，就像他们公然反对有助于滋养开放、多义文本的观念的解释理论的实践一样，是毫不令人奇怪的。

尽管存在问题和不足以令人相信，但纳普和迈克尔斯的意向主义理论对实用主义解释学大有裨益，因为它似乎走到了最错误的地方，去反对它想要表现的实用主义精神。首先，他们的立场否
99 认对什么解释是可能的问题任何选择的可能性；它有疑问地"将那种方式说成是解释总是那样发生的方式"，而且是必须必然地不顾文学批评和制度的意向与活动而发生的方式（*AT* 105）。依照否认任何对我们可以解释的方式的选择，纳普和迈克尔斯同样不准许任何解释为了使之更好地服务和满足我们（变化的）需要而可以有的任何变化和发展。这种严格的解释一元论与实用主义传统背道而驰，因为实用主义传统挑战被公认的思想的必要性和静止的宇宙的固定性，转而旨在强调和扩大在认识和行为中的选择领域。

实用主义的态度，詹姆斯说，是多元的和开放的、"离开……假

定的必要性看问题”，宁愿去认识与推进选择在开拓我们世界的对象“去满足我们人类的目的”中所扮演的角色和可能性的范围。[26]实用主义也是一种朝前看的哲学，它强调未来的结果和变化的重要性。[27]它的主张“不是依据先行的现象而是依据随后的现象，不是依据先例而是依赖行为的可能性”，这是(用杜威的话来说)将实用主义区别于“历史经验主义”的东西。[28]纳普和迈克尔斯将他们自身显示为更像旧式的经验主义者，这不仅体现在他们对意义的向后看和静态的说明上，而且体现在他们企图通过诉诸有疑问的文本意义必然是作者意向的概念真理去证明它的必要性上。这种要求包含在蒯因的经验主义的第一个教条之中，即对意义的毫无异议的分析真理的信仰。

与实用主义的改良主义尖锐对立，纳普和迈克尔斯的必然论自傲地回避任何改善解释实践的目标。因为像它反对的理论方案那样，除了寻求阻止理论实践自身以外，他们的“反理论”可以“对文学批评的实践毫无结果”(*AT* 99)。但是，要是解释必然总是发现作者意向这样同一桩事情，解释理论因而就“没有实际结果”(*AT* 25)，这有什么值得大惊小怪的？只是单凭理论有时将我们从实践中转移出来的纯粹事实，不能证明纳普和迈克尔斯根除理论和确立文本意义与作者意向在概念上的同一性的热切愿望的合理性。他们的热切只是泄露了害怕承认理论改变解释实践的力量，害怕承认在产生摆脱作者意图的不同解释模式上，理论过去已经获得的成功。他们的忧虑是：这种解释的多元论和意义的不稳 100
定性，将销毁确信文学批评为一门在认识论上受尊敬的学科所必需的集中性。为了支持这种解释的集中性，纳普和迈克尔斯通过主张这种不同仅仅是外表上的，但要作为逻辑上不合法而禁止它，不仅寻求将不同的解释等同起来，而且宣布不同的解释为非法。通过将非作者的解释归结为“重写”的范畴，通过否定解释改变的真正可能性，他们寻求固定和限制解释的范围，因而约束文本可以意味的或可以成为的东西。“所有阅读对象都总是历史上的作者的意向”，这原则上采取了一个固定的和共同的解释目的和对象（*AT* 103）。[29]

由于认识到如果文本没有个体化和再认同，批评的谈论就不一致，因此，理论家们典型地假定这种同一性只能由这样来理解和维持：将它固定在将变化的解释实践拒之门外的某些永恒的实体层和某些不变的本质上。纳普和迈克尔斯，像更传统的意向主义者一样，将它落实在作者的意向上，反之，像比尔兹利和古德曼之类的文本主义者，则将它定位于文本自身。[30]双方都犯有将个体化和指涉的连续性需要与固定的实体同一性的强求混淆起来的错误。在挑战这种假定——我们需要某种超出不确定的实践的实体固定性，以便准许一致的个体化和富有成效的探究——中，杜威的实用主义将文学向变化开放，将它的同一性和意义托付给它的解释者共同体不断变化的实践和目的。罗蒂和菲什紧跟着这个灵活的、向前看的和实践决定的方向。因此，当代实用主义应该欢迎他们对解释的变化与差异的认识；但是，也必须小心地考虑他们认可多样和变化的局限和代价。

五

在很多方面，罗蒂都表现出与纳普和迈克尔斯的必然论和在作者上向后看的理论最惊人的反差。[31]当他们将文本意义看作某种由历史上的作者过去的意向永恒地决定的东西时，罗蒂却将它们看作某种由将来、由将来的读者意向和实践持续重新界定的东西。一方面纳普和迈克尔斯认为解释具有必然的对象和目的，另 101
一方面罗蒂却主张解释的对象和目的总是"一种选择的东西"（*PP* 134），总是再次语境化重新描述的产物，它旨在通过重新编制我们的信仰与要求网络以"得到我们想要的东西"（*CP* 150）。对于罗蒂，我们从文学及其批评那里想要的，是变异和新奇：新的意义、新的语汇、"新的言说方式"（*CP* 150），相反，纳普和迈克尔斯以批评的真理名义从过去的意义去寻求一致性和固定性。虽然他们要求一个固定的实体同一性，没有它谈论文本就没有意义，但是，罗蒂却反对这种需要"以一个对象为前提"、"一个变化的描述的持续不变的基础"作为批评交往的惟一和必须的基础。罗蒂宁愿将文本的客观性外罩消解在"关系的瞬间网络中的节点"、"效用的可能性"的聚集之中（*TL* 12；*CP* 153）。

但是，如果没有一个持续的实质对象，怎么为批评的谈论目的确认一个文本？罗蒂采用的上述草描的实用主义策略主张：散漫的实践自身为批评交往的丰富多产提供了充分的个体化。要确定指涉的同一性以便我们不同的解释和变化的描述能够指向和阐明同一个作品，我们也不必假定文本的某种实质的和永恒的同一性或本质——"刚好是文本自身，或文本的真的意义"为解释的适当性的永恒标准和断言提供了永恒的所指。"所有被要求的东西，就是关于我们正在谈论的东西的可以获得的认同——这只意味着认同一个合理数目的使用有关术语的命题"（*TL* 12）。这种在解释者之间的认同，一个在必要数目的文本名号（或它的名字的代替称呼）的散漫运用中的认可，能够给我们提供个体化的焦点和逻辑的所指，去建构我们对已经如此认同的东西进一步的讨论。作品变成了一个为生产谈论的构成性焦点和场域，而不是一个静态的实质性的同一。不过，它只是通过在谈论或起作用的方式上的认同而被构成为一个焦点，在实用主义的意义上将它等同为同一个作品，尽管允许它的描述和解释（但从来不会同时是它们全部）发生变化，却不必然意味着我们改变了谈论的对象。

102 这种对解释对象的实用主义的解具体化（dereification），起初似乎荒诞不经，也许甚至是恶性循环。但这里除了熟悉的语言转向之外什么也没有：也就是说，语言项的个体化像文本一样，依赖进一步的语言实践，根本没有语言之外的方式去从根本上谈论任何个体，一种不必一定导致将整个世界和对它的经验还原为语言的观点。但是，尽管通过散漫认同的共同个体化策略在根本上似乎是完全可以接受的，然而，当它同罗蒂的单方面强调散漫的"多样和新奇"与他那赋予自主的私人性以超过公共性的根本特权结合起来的时候，就成了有疑问的不一致性（*CIS* xiv，77）。

罗蒂不断主张：在我们对语言的使用中，至关重要的，不是发现真理的实在论目的，甚至也不是哈贝马斯那协力解决问题、推进对信仰的一致同意的目标，而是通过原创的私人性完善的目标。首要的目标是"通过创造一种新的语言"，重新用他们"自己的术语"描述这些事情，去摆脱公共的"传承描述"的压力，其中包含布鲁姆的影响的焦虑、"发现自己只是一个拷贝或复制的恐惧"，从而"使事物新鲜"、"做一些以前从来未曾梦见的事情"，去实现对于自我和他的世界的自律（*CIS* 13，27－29）。

罗蒂相信，这种语言策略对文学作品和批评尤其正确，因为我们"从这些作品和它们的批评中想要的[是]新的术语"（*CP* 142）。

为了保证没有对刺激“知识分子私人想象力”的新增语汇的限制，罗蒂主张我们“不需要批评能够在其中进行讨论的公共语言”(*CP* 158)。但是，由于否定这种公共语言，罗蒂似乎恰好否定了提议的、用他自己的说法即准许他从根本上谈论文本(或者甚至所有对象)的认同条件。要具有我们能够谈论的解释对象，不管它们如何短暂地存在、不管它们如何被不同地解释，都必须有关于陈述的认同，因此都必须认同某些公共语言或推论实践，以便提供解释对象。否定任何公共语言就是否定任何有效的指涉个体化，因而是否定任何有效的谈论。这正是维特根斯坦反对的而罗蒂实际上认可的私人语言案例中的一个方面。

对罗蒂来说，有两种方式对付这种反对。一种是采取戴维森的隐喻意义和他的“语言的传递理论(passing theory of lan- 103
guage)”[32]的说法，论证我们不需要一套公共的语言名词去实现对命题因而对客体个体化的临时认同，因为我们通过意义的直觉估测去做这件事，这种意义的直觉估测建立在语境之上、建立在我们语言理解根本稳定和恒久的先前习惯的基础上。但反驳是：如果语言像罗蒂所要求它的那样是根本创新的、变化无常的和私人化的，那么那些习惯就被毁坏和无法预料了。

对罗蒂来说，另一种迂回攻击这种对私人语言论点的扭曲方式是：区分语言的公共用法与私人用法。前者是共享的，并服务于语言共同体(包括对象的个体化)的基本要求。如果我们的目的在于放大差异、新奇和自律，后者就不需要或不应该被共享，但是，它可以被充分落实于或关联于共享的公共语言，以便摆脱私人语言的说法的压力。罗蒂最近对在一个自由城邦中个人主义的自我创造和自我完善的伦理学主张，就建立在这种公众语言和私人语言的区分上,这种区分给予私人用法或个人方言作为对我们生活更有价值和更有意义的特权,但承认它依赖于公众语言,以便保持整个语言和社会方案的通畅。[33]用同样的方式,对于我们的文本同一性的问题,罗蒂可以主张共享的公共语言为文本同一性提供了充分的认同,但另一方面又给予批评家完全自由编织他们自己的私人语汇和意义网络,去填充已经被公众认同的意义或内容,而不用担心认同焦点的消解。这种策略反应了实际的批评实践,在这种实践中,我们可以毫无问题地认同我们正在讨论的文本,但在认同文本究竟严格意谓着什么上,存在无穷无尽的问题。

然而,任何如此强烈地依赖“私人与公众之间的严格区分”(*CIS* 83)的策略,都不得不陷入像那种变化无常的区分的稳定性一样的疑问。罗蒂所谓批评家的私人语汇和阅读方式,总不止是私人的,不仅因为它们总是在很大程度上被它们继承的公众语言和解释所在先结构,而且因为在作为其特征的出版和在根本上为出版设计的重要意义上,它们自身也是公众的。被罗蒂哄抬价格的新语汇和新阅读,完全始于不仅使它们公开而且使它们被公众接受并具有公众影响的动机。罗蒂颂扬的自律的私人读者,可以精确地等同于哈罗德·布鲁姆的“强势误读者”(*CP* 151－158),其新奇的变形解释,旨在通过使他们自身成为有影响的阅读而逃脱已经具有影响的阅读的统治。我们记得,强势误读者是“他的阅读
104 对他人像他自己一样至关重要”的读者。

因此,尽管它们根本不同于公众共享的解释(那种允许罗蒂将它们区分为“私人的”公众解释),但是,这些阅读和它们于其中被表述的语汇,却不能被仅仅视为私人的。因此,罗蒂不能证明,它们的私人身份使得它们不能瓦解“公众的”阅读方式,或者使得它

们不能威胁共享的公众谈论，正是这种谈论被用于被阅读文本的个体化。不可否认的事实是，那种创新的“私人阅读”（它那内在的大众形象被它的作者的出版和制度关系而标准地突现出来）对阅读大众施加它们自己的影响，它们挑战（既为更好的也为更坏的）相似的、共享的、也许珍爱的文学理解。由于我们文本对象的个体化依赖于我们的文学兴趣和价值，因此，我们对文本的理解和经验的根本改变，可以导致它们个体化的改变。我们也许可能不再发现它们值得根据同样的方式进行个体化，不再关心将它们的原作版本与完全精简的或删改的版本区别开来。总之，虽然我们能够和必须将作品的个体化，与在解释上附加给它的特别意义和内容区别开来，但是，后者有时也能反过来修正我们对前者的确定。如果给罗蒂的策略以这样的教训，我们就可以认识到：尽管大范围变化的私人阅读能够彼此自由摇摆而保持聚焦在一个“获得公众赞同地”共享的个体化文本之上，但如果这种解释的摇摆有足够长的时间和强度，最初组织起来的焦点就可能变得凌乱不堪。

罗蒂所谓的私人阅读，在更一般的情形上超出了和强暴了私人性。总起来说，它们创造了一个公众对文本反应的可接受的范围结构和限制领域，将某些作为通行的有知识的和最新的行为而抬高，将另一些当作质朴的和过时的行为而贬低。这种构造不仅在批评专业中起作用，而且实际上划分出（以至于消除）处在它的控制边界之外的大量和有价值的更真正的私人读者的反应范围，不仅分出等级，而且降低这种反应的等级为“非专业的”。促使轻蔑地排除非专业阅读和解释的，是当代理论共有的两方面的混淆。阅读与解释的合并，是与一种盲目的等同——所有合法的文学解释形式被等同于文学批评职业认为合法的解释形式——结合在一 105

起的。其结果是:所有名正言顺的阅读,都必须与专业解释的习俗和目标一致。由于这种解释被认为是对我们理解文本的新贡献,由于它总是被清楚明确地表达出来(因此与阅读相比,更像是一种写作),因此,任何解释的努力,如果没有得到一个崭新的文本解释的结果,将不具有解释资格。

将那种总体化的专业主义和先入之见与猎奇结合起来的可叹倾向,认为所有的合法阅读都必须也是书写,认为解释要具有任何价值就必须是专业上的原创。这种态度野蛮地限制了阅读和解释中的价值的可能性。首先,它主张这些行动只能由一个专业化的精英去适当地执行。其次,即使对精英成员本身,它也否定最核心的价值。因为这些专家总是既显得比专家更多又显得比专家更少。作为一个具体的个人,他们总显得更多;而因为他们几乎不能成为关于所有文学和作者的专家,他们总是不可避免地也仅仅是读者而已。当然,在他们的专业学问领域之外(但我对此也很怀疑),专业批评家也能在常见的共享阅读中发现价值,而且事实上他们也的确被如此地共享。反应的类似性,是艺术可以培育的不可还原的社会好事之一,尽管当它的欣赏变得离公共经验领域太远而被安置在专业鉴赏家组成的制度化的僧侣阶层手中的时候,艺术也能制造分裂。

根据罗蒂自己的实用主义标准,解释创新之类的事情必须根据可估价的成本核算来作出,而不是求之于先验的概念必然性。罗蒂对解释学上的新奇的论证,似乎是它提供了更大的愉快和自律性。这两点都可能受到挑战。虽然我不清楚阅读的快乐应该被怎样衡量,但我的(专业的和非专业的)经验告诉我,制作有新异解释的学术论文,不总是比简单阅读文学作品——像业余爱好者针对它的更一般理解那样——更愉快。当然，这应该是非专业的读者的事情，如果说不存在这种非专业的读者，那只不过是他们在这里似乎被忽略了。更重要的是，即使"强势的误读－写作"的愉快的确更为高级，我们也不必因为非凡阅读的更大兴奋去反对普通阅读的价值，从而使最好的阅读变成好的阅读的敌人。这里，像在别的地方那样，对罗蒂的解释理论造成损伤的东西，不是个人主义的创新阅读的主张，而是它那无视、贬低普通人的单面的、事实上惟我独尊的过高估价。实用主义者应该是多元主义者。 106

新异是自律的最好或惟一的表现的观点，同样显得可疑。可以这么想，真正的自律应该准许我们有这样的选择：我们是否希望寻找新异的解释，或者我们是否只是喜欢有一个好的阅读，只是经验作品而根本不用制造有意义的创新性解释甚或是一种明确表达的解释。虽然罗蒂将新异解释同自律等同起来，但对它的要求暴露了明显对学术出版和专业晋升压力的臣服，对只是盯着和颂扬根本新异性的后浪漫主义和现代主义美学的长期的、毫无疑问的束缚的臣服。[34]而且，对飞速无情的革新的专业上的和美学上的要求，它们自身也可以被视为对一个更大的大师的臣服，对资本主义为制造持续利润而越来越多地要求新的商品的依赖。

六

如果罗蒂对私人性创新解释的片面坚持，既不能由它对阅读经验的有特权的推断所证明，也不能由他的公众/私人的分离学说所支撑，那么，我们最终必须转向菲什的理论。因为在这里，作为由文学批评专业依程序创造和在制度上控制的解释新异性的观念，得到了更严格和更系统的辩护。菲什在某些方面代表了介于罗蒂的理论与纳普和迈克尔斯的理论之间的立场。罗蒂主张读者的解释自律，后者将文本意义和解释权威的焦点置于历史上的作者那里，而菲什将读者和作者二者都归于解释交往的总概念之下，它在文本意义的产生和解释权威的根源的构成两方面，都起决定性的作用。菲什全部的解释理论都建立在这个概念上。像纳普和迈克尔斯一样，菲什混淆了逻辑个体化和实体同一性的问题，因此错误地将文本同一性和解释同一性合并起来。由于将文本视为由解释组成的东西，因此，他认为“同一个文本”的认同取决于解释的
107 认同。给出一个有意义的不同解释，意味着“导致文本的结果不同”；意味着“同样的‘一段语言’……[可能]不再是同样的东西，因为每个[解释]都可以使它具有不同的特征”。从这种对文本个体化和实体同一性的合并出发，从他与罗蒂共有的解释应该总是全新的观点出发，菲什得出结论：“在解释一个文本和改变它之间的区分”可能并不存在。[35]

像纳普和迈克尔斯一样，菲什将文本的真正意义和解释等同于“它的作者的意向”。但是，菲什没有采取他们的实在论路线，假定存在一个有关作者意向的永恒不变的事实，一个解释仅仅去发现而不能改变的经验事实，而是更实用主义地将作者的事实处理为自身不断通过正在进行的解释去把握和改变的东西。“意向像其他任何事物一样，是一个解释的事实”，从来不被固定或给予，而总是“必须被解析”（*WC* 213）；而对于菲什，解释的解析最终意味着构造。因此，作者意向和文本意义的“事实”，不仅可以为解释改变，而且如果批评要成为一项健康的事业，它就应该改变。

这种解释的改变和新异的主张，与它对文本意义的可塑性

——源于读者变化的解释策略——的坚持一起,构成菲什与罗蒂在向前看的解释理论上的结盟,而反对纳普和迈克尔斯向后看的解释的僵化性格。对于菲什来说,差不多与罗蒂一样,解释不是对已经被给予的意义和性质的发现,而是对它们的制造;解释从来不只是阅读,而总是写作。所有"解释的策略不[是]为阅读文本而是为写作文本,为构成它们的性质"。"解释不是解析的艺术,而是建构的艺术。解释者不译解诗,他们制造它们"(*ITT* 14, 327)。对于菲什来说,甚至有甚于罗蒂,他们必须将它们做成新的。新异的解释(像罗蒂一样)不只是好的或"强势的"选择;它根本不是选择,而是制度上的必须。在一个确定的解释背景上工作的解释批评家,"被制度的习俗迫使……[用]某些不同的东西去驱逐它们"。(*ITT* 350)

在针对罗蒂的自律解释者——他们可以自由地从事和出版刚好是新奇的且能在根本上保持私人性的个人阅读——的狂想症的治疗中,菲什认识到"私人的"自我总已经是公众的了,已经是"离开能够使它运作的思想交往和习俗范畴就不存在……并……在解 108
释的共同体中有它们的根源"的"一个社会结构"(*ITT* 335)。[36]他更正确地将解释新异的原因不定位于个人自由之中,而定位在解释共同体的专业限制之中,这种限制在根本上是"一个变化的发动机",它的主要目的是以不断提出新的看法和话题去拓展它的范围和专业机会(*C* 433)。像菲什坦白地指出那样:"你能在这种专业中挣得权利去说些什么,因为它还没有被任何别人说过,或者因为它是对某种经常说的东西的颠覆……你不提供某些东西作为个人的批评敏感与作品或它的作者之间交流的报告;如果你这样做了……你的论文……将不被给予让人听见的机会"(*NB* 739)。

菲什因此认识到,在作者和读者的个别意向之外,还存在实际上预先构成前者的一般性制度意向;他爽快地坦白承认,是不断发展和增强的经济和政治的操作规程,促使对新异和变化的坚持不懈的专业追求。越提出新的解释,他们反过来就越受到要写作更多论文的挑战,从而在这种解释和再解释作品方面,就有越多的专业成分能够得到发展。通过作品和它们的发展,专业可以得到更大的增长。批评专业的业务是:"首先创造作品,其次确信它将永远不会完结",因此,总是存在为更多解释性的商品上市的空间,从而培育专业市场的发展与扩张。(*NB* 743)

专业共同体不仅起推进变化的作用,而且(很重要地)起规范它的作用,因为那种在根本上不分青红皂白和无拘无束的变化,将威胁共同体的一致性,进而威胁到它的(构成)对象或文本。因此,菲什坚持,变化必须是"由[共同体的]有据可查的程序和默许的理解有序地控制"。通过进一步论证(在很不可靠的认识论基础上[37])所有变化必须从共同体内部发生,论证它实际上是受那种共同体中的"权威"控制和"某些[权威]人士的干预"(*C* 429,440),他实际上否定了不在这种控制之下的变化的可能性。因此,尽管菲什以将自我消解在共同体的构造中而否定个体的"自由代理人"的观念,但是,他仍然想要为其代理可以通过有影响的阅读改变共
109 同体的权威个体找到空间;他显然希望将自己看作那些超过私人性个体中的一员,这种个体不过是以为解释共同体提供指导和代言的形式而服务于他的私人兴趣。那颗"纯洁的心"有可能被对这种似乎是更自私的而不是无私的共产主义共同体的强调所搅乱。但是,如果不采取这种纯洁性对菲什是较公正的话,我可以放弃这种新保守自由主义和它的共产主义批评家之间的伦理-政治纠

纷。不过，我将给他的解释共同体观念某些逻辑上的困难，它的本质、范围和个体化从来既没有清楚地也没有一致地被描述过。

首先，它的形象含糊地在理论上的抽象和实际具体的实体之间摇摆。一方面，它被描述成前者，不是一个历史上具体的由真人组成的共同体，而是一套解释的策略和习俗，“不大是一个共享一个观点的个体所组成的团体，而是[具有]区分、理解范畴和相关约定的观点”，这种观点“共享着个体”(*C* 423-424)。另一方面，解释共同体经常被等同为文学批评的学术专业，这是一个非常具体但极端有问题的等同，我将很快会对它提出批评。

第二个问题涉及个体化和认同。菲什首先似乎根据解释实践中的完全认同来界定解释共同体。“解释共同体是由那些共享解释策略的人们构成的”，因此，“同一个共同体的成员必然要认同”他们的解释，而且只有由这些认同组成同一个文本(*ITT* 14,15)。但是，像菲什后来认识到的那样，不认同也构成批评事业中的一部分，如果一定要新异和变化，它实际上是一个必须的部分；因此，解释共同体必须允许包含解释的不认同，不能搞单统一。于是，问题出现在有了那些不认同以及有了他的解释同一性与文本个体化的合并之后，菲什应该不能维持不同解释者的共同体依然构成并因而在争论同一个文本。

他惟一可以试图商讨这种困难的是，将共同体描述为“既在某些一般目的和见识方面是同质的，又在它能够容纳不同实践方面是异类的”(*C* 432)。但是，这种诉诸模糊的、未清楚说明的解释的“一般目的”，一种将所有不同解释者统一在同一个共同体中并让他们去建构同一个文本的目的，似乎是一个相当空洞的搪塞，它 110
对菲什希望解释共同体去完成的作品个体化来说，是不适当的。

因为即使我们能够将所有解释差异统一在像“寻找文本意义”一样的某个一般性的模糊目的下，这种统一公式的严格和具体程度，仍然不是清楚地足够使解释共同体能够以这种方式——将一批不同解释适当分拣为同一个文本的解释或不同文本的解释——个体化。但是，文本的构成性个体化，恰好是菲什的解释共同体观念应该达到的目标。同一个解释共同体的成员“构成……同一个文本，尽管这种同一不可以归之于文本的自我同一，但可以归之于解释活动的共有本性。当然，如果同样的行为由另外的共同体成员去执行，……作为结果的文本就会不同”(*C* 424)。

而个体化的另一个问题是，我们怎么能够哪怕认识跟我们不同的解释共同体，以便去将它们个体化。由于理解受到共同体的视野、范畴和信仰结构的限制，菲什将所有理解看作对解释共同体必然内在的东西。这并不意味着我们必须总是受同一套共同体的假定前提的限制，因为它们可以也应该变化。但是，共同体中的这种变化，只有由“它们自身内在的机制”去“自我改变”。由于真正外在于其信仰结构的解释范围的东西，“将根本不被注意”或被充分理解去发起一个变化，因此，共同体在逻辑上保持着对从外面来的变化的封闭(*C* 429－432)。但是，如果在我们解释之外的事物和实践确实是不可理解的，我们怎么能够对它们有足够的理解去将它们视为属于不同的解释共同体的东西，更不必说将它们区别为比方说三个不同的解释共同体？换句话说，菲什的解释共同体的自我封闭性质，不只是将跟其他不同的解释的沟通关在门外，而且甚至从根本上拒斥了对它们自身可理解的差异(因此可从个体上区分的)的认可。

菲什偶尔谈及同一个解释共同体的“亚共同体”(*ITT* 343)。

由于有了他的“内在主义的(internalist)”认识论限制，他能够解决不同解释团体之间的可理解的差异的惟一办法，就是将所有所谓不同的解释共同体作为同一个总的共同体中的亚共同体来处理，其差异只有在同样的背景中才是可以理解的。这个策略可以比拟 111
于伽达默尔以假定位于所有解释下面的一个传统的基本视域去确保理解不同解释视域的可能性的努力。[38]

然而，菲什没有诉诸这种巨大的总计性的传统概念，作为包容所有可理解的解释实践的总的解释共同体。但是，他作出了同样可疑的总体化的、甚至更危险的行动，即用专业去置换传统，作为一个无所不包的概念。他含蓄但普遍地将文学理解的总的解释共同体，等同于学院文学批评的制度化的专业，因而有效地将非专业排除在会员之外，否定他们不可剥夺的阅读和解释权利。这种方式与另一种方式相比，尤其微妙和富有诱惑力，在很大程度上是因为它较少地靠严格论证去起作用，而是靠修辞上的暗示(“共同体”、“制度”和“专业”等术语在那里是自由地联系和互换的)，也靠它的听众的自恋性自我欺骗去起作用。它依赖我们自己的学术批评的专业偏见，依赖我们对特权和极大的支配权利的利己主义的自以为是。

这种论点的纲要是：作为整体的文学解释共同体必须参与其中的和我们概略地称之为“文学批评”的文学解释和欣赏，是一种文化实践，因而依赖将它构成为实践的文化习俗和制度的存在。如果文学批评在本质上是制度上的，它应该被等同于它最制度化的形式，即专业的学术批评。如果文学批评意味着专业的学术批评，那么文学解释的总的共同体在本质上就只是学术的批评专业。总之，由于“制度之外的活动的观念是语无伦次的”，文学理解活动

“在专业主义和某些制度之外的形式之间没有……选择”，没有“独立于专业运作”的可能性（*PD* 357,362）。

毫不隐瞒地说，这种论点有明显的缺陷。它建立在制度之外（extra－institutional）和专业之外（extra－professional）的混淆上，或者更深入地说，建立在两个不同的“制度”意义的混淆上：第一个是“任何确定的习惯或习俗上的实践”，另一个是“投身于推进这种实践的组织”。而且，它错误地假定，我们只能将实践等同于它最发达的和最专门的形式。不过在对菲什具有诱惑力的修辞阅读中，这种混淆似乎是合理的，很大程度上因为他在他的论证中巧妙地将解释的和专业的共同体概念融在一起（通过他的解释共同体
112 的概念来界定专业主义，又根据前者来阐明后者）。但是，它之所以似乎可信的主要原因是，我们专业的学术成员被训练为仅仅在制度化的学术批评中去考虑文学批评。因此，当菲什宣称“文学共同体教给它的成员……文学批评是一个专业……不是任何人都能做的事情”的时候，这个陈述似乎可信，因为他和我们已经暗中将作为整体的文学共同体等同为它那狭窄的专业区域。

菲什将文学解释共同体与学术批评专业混同起来，也许是一个出于他自己的专业偏见的诚实错误，一个给非常模糊的和理论化的解释共同体概念以某些具体事实或例示的可敬的愿望。但是，不管动机如何清白无辜，这种混同像它是精英主义和压迫限制一样是错误的。首先，我们必须认识到有比学术批评更多的专业文学批评。有一个巨大而有力的新闻批评，它独立于菲什视为本质的学术出版制度协定之外而兴旺发达。更重要的是，我们根本没有很好的理由将文学批评限制为专业批评。使这种等同似乎可信的，仅仅是文学批评只不过涉及用于出版的论文写作的假定。

由于出版机构处在专业控制之下，批评家不得不通过表现对可出版作品的专业惯例的掌握，去“赢得说些什么的权利”。因此“一篇论文的真正写作，只有在制度的框架中才有意义”，这种框架“既提供问题也提供可接受的回答问题的方式”。如果你无视它们，仅仅报告你对作品的“经验”而不提供什么新的东西，“你的论文……就不会被给予发表”（*NB*，739－740，743）。

将合法的批评谈论限制为革新的论文写作，容易导致菲什将解释视为一种不是阅读而是写作和改变文本的事情。而且，由于主张“解释是圈里的惟一游戏”（*ITT*，355，356），且只有在作者－解释者的专业社团之中进行游戏，单纯阅读和理解一个文本的可能性必然被作为非法的甚至语无伦次的东西排除在外。但是，为什么假定文学批评必须采取出版的论文形式？对文本的口头报告或非正式讨论为什么不能构成文学批评的行为？这种讨论为什么不能至少笼统地证明具有文学解释共同体中的解释能力和资格？
菲什断言“批评活动”不能“不受专业标准和限制的约束”地执行 113
（*NB* 747），但除了指出专业主义的专业批评（像你现在正在阅读的这种）必然认同专业标准因而证明专业之外的批评不可能之外，他没有给出论证来支持这个观点。然而，如果我们朝专业出版和演讲之外看看，并不难发现对这种不可能的驳斥。实际上在咖啡小憩店和地铁上，每天都由非专业的解释和估价判断证明它是错误的，这些非专业的价值判断，并不因为它缺乏专业的合法性而致使它既没有意义也没有用处。

普通的非专业者，经常投身于这种非正式的文学批评之中，如果说他们不能——如果他们被排除在文学共同体之外因而不能阅读（或建构）同一个文本——那么，文学批评专业也不能像它那样繁荣兴旺。因为专业批评将失去来自更大的文学共同体的听众、资金和新成员的招募等方面的支持。通过他的解释共同体的概念,菲什正确地主张,没有人是一个自给自足的解释孤岛,但是,他必须同样认识到专业批评也不只一种。学术性文学专业,只不过是那个(近来相对地)更大的文学解释共同体中的一分子,后者才必然是被交织为更加总体化的解释共同体和传统上的更大阵地,它支持和激活我们专业的和非专业的文学活动和制度。

因此,尽管主张向变化开放,菲什的专业主义实用主义,暴露了对文学意义进行狭窄的制度控制的深层渴望,它包含了一个对文学经验的不必要的限制。惟一被法定的文学理解和经验,是被限制在专业谈论中表现的东西。这种排他的专业主义似乎与实用主义的多元开放毫不相干,且表现为杜威非常激烈地指责过的艺术区分式的批评的副本。同一种狭隘的专业主义和它的强制,构成了纳普和迈克尔斯那种寻求真相的意向主义的基础,甚至激发了罗蒂对解释的新异性的片面要求。学术批评的专业可以承诺这些相互冲突的理论,因为它充满矛盾地用解释的真理目标来使自己合法,又通过不断的不能允许这种真理的最终发现的新异性来自我维持和扩展。纳普和迈克尔斯要求前一个目标,而罗蒂则主
114 张后者。菲什试图通过将真理等同于暂时获得专业信任的新解释,将它们合并起来(*ITT* 16)。

与杜威的实用主义相对,所有这三种最主要的实用主义,都因未能认识到非专业反应的价值而使审美经验领域变得枯竭,这种非专业的反应,既不寻求解释真理,也不寻求可出版的新异,而是单纯地丰富经验,而这种经验也许可以在写作中交流,但不必去认为是合法的和有意义的。也许杜威具有更宽的视野,因为他写作

的时候，阅读文学艺术的学术模式还没有完全从一个更大的文学共同体的非专家阅读中切除出来，那时候文学学会还既没有如此地占有统治地位，也没有被认识上的合法性和出版中的革新性制造的那种强烈的专业压力如此地统治。

我们不能返回到文学批评刚刚开始的时候，也不应该这样要求。毫无疑问，专业主义已经增进了我们对文学的知识和欣赏，因此提高了许多男男女女的审美经验和生活。但是，我们无论怎样满足于专业实践，作为哲学家，我们必须看到处在它外面的东西(以及看到它们的价值)。当我们对文学被怎样阅读进行理论化的时候，我们需要记住，解释中的合法的和丰富的意向范围，包括比专业意向更多的东西。[39]我认为我们应该认识到，我们在阅读中的意向和活动，超出被有效地称之为解释的东西——或者至少是位于它们之下；换句话说，阅读(更一般地，和理解)不总是解释。但是，要辩护后面这个主张，反对普遍的解释学的论点，完全需要开始新的一章。

115

第五章　解释之下

一

那个古老的后现代主义者科勒特曾经说过，一切即空，太阳底下没有新的事物，并且强调存在一个宇宙万物的时间：诞生的时间和死亡的时间，毁灭的时间和建立的时间，包容的时间和避免包容的时间。尽管没有提到解释的时间，但当然是有的；就像现在是时间一样确信无疑。我们的时代，与它是后现代的相比，甚至更是解释学的，在这个阶段能提出的惟一有意义的问题是：究竟是否存在一个我们避免解释的时间。一大堆的解释学者对它的回答是断然否定的，他们主张：只要是根本上有智力地感知、阅读、理解或行为，总已经是，而且必须是，解释。他们坚持只要我们有意义地经验什么，这种有意义的经验必须总是一种解释的事情和产物。

这种解释学的普遍主义[①]，支配着最近的解释理论。基础主义和实在论的客观性信仰的丧失，使它成了近来流行的教条。由于废弃了达到一个赤裸的、底层的、没有中介的上帝之眼式的真实观，我们似乎被迫去采取相反的立场——我们通过解释的幕幛和角度去看每一个事物。实际上还可以进一步主张：由于“幕幛”和“角度”的术语，不适当地暗含了我们能够弄清楚一个赤裸的、无透视的现实这种观念的意义，因此，我们不只是透过解释看每一件事物，而是每一件事物事实上都是由解释构成的。换句话说，没有东西真的(和确实没有东西对我们来说真的)是不被解释的。当然,这种理论可以向后追溯到尼采的著名评论:“准确地说,事实是不 116
存在的,存在的只有解释”;[②]无怪乎今天的解释学普遍主义者,将尼采复活为后现代的主要哲学家和先驱。亚历山大·内哈玛斯论尼采的杰作,在很大部分上是对尼采的透视主义和普遍解释学的当代辩护。[③]内哈玛斯通过将尼采的透视主义定义为“每一个观察都是一个解释的主题”,实际上将这两个观点等同起来了,而且他继续强调不仅所有观察而且“所有实践都是解释的”,因为“我们所有的行为都是局部的和透视的”(*N* 66,70,72)。

像尼采主义者一样,实用主义者刚好也坚决反对这种观念:任何永恒固定的现实,在那种没有人类结构的媒介的情况下,可以被把握甚至被有感觉地思考。感知的这种结构或塑造,在今天已经被典型地认为是解释,因此,我们发现当代实用主义者像斯坦利·菲什一样,不断坚持解释包含我们所有有意义的和有智力的人类活动,以至于“解释是圈里的惟一游戏”。[④]所有感知和理解必须是解释的,因为“信息仅仅来自一种解释形式”。即使在我们对一个对象的最简单、最原初的观看中,“解释已经发挥了它的作用”。[⑤]而且,除了这种激进的尼采式的和实用主义的看法之外,我们还发现解释学普遍主义由像伽达默尔之类的传统主义者所坚定地认可,伽达默尔坦率地声称:“所有理解都是解释”。[⑥]

简而言之,不断成长的反基础主义阵线的不同阵营,似乎由对解释包含所有经验和现实的信仰联合起来了,没有什么东西在解释之下作为解释的对象,因为任何东西据说自身就是解释的产物。虽然我也参与他们对基础主义的反对,并且解释具有承认普遍深入的和不可替代的作用,但我想解释的作用可以由比解释学普遍主义更合适的主张来理解。通过让它给某些别的东西(在它之下或之前)留出空间,通过使它从追求攫取桂冠的过于膨胀的状态中冷静下来,通过将它从最终的自我毁灭的帝国主义扩张中解救出来,解释可以被更好地对待。

在这一章中,我将通过批判地检验那些看来是它最好的论证,来挑战解释学普遍主义。通过显示那些论证不必迫使对解释学普遍主义的信仰,我将继续提出为什么这种信仰比与它相反的观念——即我们与世界有智力的和有意义的交往包括非解释的经验、行为和理解——更为危险和无益,因而,我们不应该认为解释是圈里的惟一游戏。最后,我将试图确定,究竟是什么东西将解释与那
117 些解释学普遍主义者坚持全部包含在解释概念之下的非解释性理解和经验区分开来。在划分这种区分中,我并不宣布它是一种严格的本体论区分,认为解释和理解只是不同的自然种类,不能共享同样的对象。但是,我希望显示:在它们之间的某些功能上的区别,是在实用主义上有助益的和能说明问题的,而且其自身可以被有益地说明。

二

然而,在承担这些任务之前,我需要将我对解释的挑战区别于由苏珊·桑塔格在《反对解释》中提出来的一个更早的和有影响的批评。[7]桑塔格的攻击,不是直接针对解释本身,而是针对有关艺术的总体解释要求。实际上,她明确认可解释学普遍主义的“在最宽泛意义上,即尼采(正确地)说‘没有事实,只有解释’意义上的解释”观念(*AI* 5)。但是,对艺术的解释统治的主张究竟是什么?

丹托和其他人已经论证，一个艺术作品在本体论上是由解释构成的。因为物理上同一的东西，如果它们有不同的解释，就可以成为不同的作品，“解释是构成作品的东西，不存在没有解释的作品”；没有解释，作品将就只是它们的物质性实质的“纯粹物”。[8]艺术对象不是物理的或基础的事实，其自身必须由一个解释的视野构成的观点，在根本上是尼采关于对象的观点的应用，丹托在这里将对象限制在艺术领域，在别处则仍然保持为现实主义的对象。像丹托所指出的那种艺术的建构性解释，不应该成为桑塔格的攻击目标，可是，它那所谓的必要性——没有被解释，艺术就不能被有意义地体验——将成为我的靶子。

桑塔格所打击的解释，是一种蓄意的对对象（解释地）构成的内容或意义进行解释、揭示或解码的行为。这种内容的解释，被指控为“解释者在实际上没有抹杀或重写文本的情况下去改变它……翻译的”、将它变成“别的什么东西”的、使我们去错误地追问 118
它的意义而分散我们对“事物本身的明白经验”的堕落行为（*AI* 5,6,8,13）。解释“败坏我们的敏感性”，表现了以损害我们“感觉能力”为代价的“理智对艺术的报复”，而不是让我们向艺术表面形式的强有力的感觉经验开放，后者正是艺术对认识的、推论的首要地位的自由挑战的本质（*AI* 7）。桑塔格因此强调：“我们需要一个对艺术的好色学(erotics)去取代解释学”，她根据一种批评来构想这种好色学，即给予“艺术中的形式更多关注”，“将内容上的考虑消融在那些形式之中”，以及“可以提供一种对艺术作品外观的真正精确、敏锐、可爱的描述”“**去表现它怎样是其所是**”（*AI* 12－14）。

虽然，我支持桑塔格抗拒解释学对所有艺术理解的帝国主义的征服,并分享她对审美经验中更重要的感性直接认识的坚持,但是,我不能接受她对解释的批评。这不是因为她为纯粹形式和爱欲而批判内容,似乎表现了或合法化了美国文化中引起争议的最糟的东西——无意义的性、空洞的形式主义和轻视理智。我们可以将这种意识形态的控诉,留给阿多诺的学生,留给我们自己被异化的不满的部分。我希望展示的是:不管我们在这种意识形态的立场上作出怎样的判决,桑塔格的批评都被深入的混淆和无根据的假定严重地削弱了。

首先,在宣称所有解释“认可真的有某个东西作为艺术作品的内容”和随后要求批评转而将自己限制于相对真实的形式上,桑塔格依赖一个天真的内容/形式的严格区分,这种区分主张形式自身没有内容,而随后她自己又希望否定这种区分(*AI* 5,11－12)。其次,桑塔格暴露了一种关于艺术作品同一性和形式的幼稚现实主义,这种现实主义不仅不令人可信,而且与她宣称认可的尼采式的解释立场完全相左。她攻击解释必然将作品“改变”或“翻译”“为别的什么东西”而不是如“其所是”、如“事物本身”地描述作品,首先假定了存在作品的某些远离我们对它的建构和解释把握的“正如其所是”的基础同一性,其次假定了我们能够透明地把握这种同一性(*AI* 6,8,11,13)。桑塔格宣称,作为艺术和批评中的最高价值的“透明”,“意味着事物本身明白透亮的经验”(*AI* 13)。但是,尼采建构同一性的观念,不仅反对这种无透视的透明,而且
119 恰好将无解释的“事物本身”的观念,批判为一个教条的观念。[9]

桑塔格的第三个混淆是:她假定,一方面解释的内容通过将艺术的感性解放力量驯服为某种“易于管理的、顺从一致的”东西,而表现“理智对艺术的复仇”,另一方面形式既非理智的,也非抑制

的,而只是自由解放的爱欲。正像"顺从一致"一词的词态学所清楚显示的那样,这是显然错误的。实际上,自从柏拉图和亚里士多德从根本上制定我们的形式观念以来,我们就将形式看作某种典型的理智和抑制的东西。而且,像自康德以来所一直强调的那样,审美对象的形式主义欣赏,比建立在简单依靠我们与内容相关的和由内容引起的通常感觉之上的内容欣赏,要求更多的理智力量和压制性的严格。像康德和克莱夫·贝尔之类的形式主义者,把更自然地少理智化的内容欣赏,谴责为没有教养的野蛮粗痞。[10]桑塔格同样谴责内容欣赏为庸俗主义,而给予形式欣赏以特权。但是,她错误地将形式分析与无理智的"直接感觉"混淆起来(*AI* 9),其实,形式欣赏反而比内容解释要求不少(通常更多)的理智中介。

这导致桑塔格观点的第四个关键错误——她并没有认识到她不是在真正维持对解释的总体反驳;因为她提倡的现实主义分析,自身就是一种解释所赏识的形式。认为所有解释都被那种开启隐藏的意义层次或硬壳的深度隐喻所统治,这完全是一个错误。解释也是根据形式结构被实践化和理论化了,其目标更多不是去曝露隐藏的意义,而是联结非隐藏的特征与外表,以便将作品看作和呈现为一个充分关联好的整体。对这种旨在"把握作品整个结构"的形式主义解释模式的认可,使得一个更早的解释反对者,T. S. 艾略特,从他的"艺术作品不能被理解"观点,转而接受解释具有的不可排除的角色和价值。[11]

桑塔格同样应该认识到,她对所有解释的表面批评,只是对一种凌驾于所有其他解释形式之上的和反对所有其他解释形式的解释的享有特权的合法化。对于我们究竟应该或能够完全没有解释地行事,还是事实上我们已经作到没有解释——至少在它的尼采

120 式的建构意义上——地行事，她并没有提供任何论证。她甚至没有考虑到，解释学普遍主义主张解释必然呈现在任何有意义的艺术或别的什么东西的经验中的观点。简而言之，桑塔格的批评，只不过单纯地指我们不应该解释内容的意思。相反，我要反驳的是这种观点：只要我们有意义地经验或理解某物，我们就在逻辑上且必然地总是在解释，即那个在伽达默尔的格言"所有理解都是解释"中所表达的观点。因此，我必须为这个观点提出强有力的论证。

三

由于我们当前的解释学转向在很大程度上起源于对基础主义的反对，因此，解释学普遍主义的中心论点，是转向反对基础主义的透明事实、绝对和明确单一的真理、以及独立于精神的客观性的观念。因为这种观念承诺获得某种对事物如其真正所是的、独立于我们对它们的不同感知之外的、完美的上帝之眼式的把握的可能性，承诺一个除去了我们乐意视为所有解释的本质的可修正性、视野多元性以及带成见的观看和理解。

我认为解释学普遍主义者在反对这种基础的理解上是正确的，但是，他们错误地得出结论说所有理解都是解释。他们的错误，一个严重但简单的错误，是将非基础的等同于解释的。换句话说，普遍主义者所成功地证明的是：所有解释都是非基础的；它总是可修正的、透视的、以及以某种方式有成见的或前结构的；没有有意义的经验，是被动地中立和无利害偏见地不加选择的。但是，由于在传统基础主义的框架中，解释被突现和指定为非基础的理解形式,被视为一种所有可改变的、有透视的感知的低等收容所,因此,容易将没有理解是基础的与所有理解是解释的这两个观点混淆起来。但是,这种解释学普遍主义的混淆,暴露出了与基础主义框架的不恰当的残余性结合,即,不是基础的,就一定是解释的。因此,它妨碍整体主义者采取一种更解放的实用主义视界,这种实用主义视界(我将论证)能够有利地在理解和解释之间作出区分而又不认可基础主义。这种实用主义更激进地承认非解释的现实、121
经验和理解已经是透视的、有成见的和可以改变的——简而言之,为非基础地给予的。

对普遍主义论点的一般性总揽已经足够了。现在我想对它们作六点详细的说明和考量。虽然存在某些交叉,但我可以粗略地将它们分为三类,分别依赖于所有理解都具有的三种不可避免的特征:(a)可改变性,(b)视界多元性和成见,以及(c)心理的活动和过程。

(1) 我们理解的、作为真理或事实把握的东西,结果经常变成是错误的东西,从而要求由一个不同的理解去加以修改、修正和代替。而且,这个新的理解,是典型地由对前一个理解的重新解释获得的,它自身能够被通过解释获得的后继理解所取代,能够被证明不是事实而"只是解释"。由于任何公认的事实或真的理解都可以被解释所修正或取代,因此,它不能享有比解释更高的认识论地位;而解释则是典型地可以改变的和不可穷尽的。有时这就是没有事实或真理只有解释的主张所意味的东西。

于是有这样的推论:由于理解在认识论上并不优于解释,因此,它与解释完全没有什么不同(好像所有有意义的不同必须是毋庸置疑的不同)。这个结论被进一步的推论所加强:由于所有解释是可以改变的,所有理解也是可以改变的,因此,所有理解都是解释。一旦被公式化了,这些推论就显然是(实际上可悲地)荒谬的。但是,我们往往趋向于接受它们的结论,因为我们将所有可以改变的和局部的理解比作解释,好像真正的理解本身从来不能被修改或扩展,好像理解不得不被解释去修改。但是,为什么要作出这种严格苛求的假定?传统的理由是:理解(像它的同源词真理和事实一样)自身被定义为与"纯粹解释"相对的不可改变的东西。但是,如果我们通过否定任何理解都是不可改变的而放弃基础主义,那么,可改变的理解的观念,就变得可能和真正必要了;一旦我们认识到这个观念,就不必去推断:仅仅因为解释是可以改变的,因此,所有理解必须是解释。但是,解释学普遍主义者作出这种推断的时候,他们表现出了对基础主义将非解释的理解与不变的、基础的真理连接起来的不情愿、不相称的依赖。

122 (2) 对解释学普遍主义的第二个论证,源于解释的不可避免的视界特征和视界多元性。我们已经注意到,内哈玛斯如何将他那所有理解都是解释的观点建立在这个前提上:所有理解、实际上"所有我们的活动都是局部的和透视的"。我认为这个前提是完全可以接受的,而且可以由一个内哈玛斯没有提出的论证来确定。所有理解必须是有视界的或有方面的,因为所有思想和感知都显示出意向性(在现象学关于某物的存在的意义上),所有意向性都是有方面的,即在某个方面把握它的对象。但是,视界或方面的观念,正好意味着存在其他可能的视界或方面,它们处于(用伽达默尔的话来说)一个特别观察点的"视域"之外,从而处于它的"视力射程”之外(*TM* 269)。因此,不可能存在对任何事物单一的和排他的理解,而只有许多观看它的局部的或透视的方面,没有一种理解提供总体的和惟一的真理。

对这个前提有太多的证明;但是,它是怎样得出所有理解都是解释的呢?让我们再回到传统基础主义的框架中,在那里解释标志着人类理解的局部的、有视界的和多元方式的领域,它在本质上相对于那些将事物作为真正是单一的、可穷尽的和绝对的东西去把握的理想理解。正因为反对那种单一和完全理解的可能性与可理解性(像内哈玛斯和伽达默尔正确地从事的那样),普遍主义者推论出所有理解因此被还原为解释——基础主义关于这种理解的范畴:它虽然不必定就是错的或非法的(不是一个误解),但也不能表现真的理解,因为它是有视界地多元的,而不是必然地和完全地真实的。然而,我们应该再一次认识到:一旦我们从基础主义学说中解放出来,就没有必要接受它的范畴。因此,没有必要否定真的理解自身可以是有视界地局部的和多元的,因而没有理由得出结论:由于所有理解必须是有视界的,因此它们也必须是解释的。[12]

(3) 在对作为有视界的因而是局部的理解的谈论中,我们迄今为止已经表达了这样的意思:理解不能将不同的视界排除在外,而且原则上总可以被增删补充。但是,局部性也有偏见和成见的主要意思。对为什么理解总是解释的第三个论证是:它总是有偏见的和从来不是中立透明的。这是尼采、伽达默尔甚至实用主义者攻击基础主义理解的一个要点。任何理解都包含人的成分,这 123
种成分根据(并服务于)我们的兴趣、冲动和需要在先结构我们的理解,它们在不同的社群和个体之间不仅有意义地交叉重叠,而且常有分歧。更进一步，对尼采、伽达默尔和实用主义者来说，理解总是受我们的需要和价值的动机激发与带有偏见这种事实，本身是一件非常好的事情；它允许我们繁荣昌盛，以便我们可以从根本上理解任何事物。

从“所有理解不可避免地包含某些成见”（*TM* 239）、“所有观点都依赖于且显示出特殊的价值”和“先行的承诺”（*N* 67－68）出发，它离所有理解和感知都是解释的这个观点只有很小的一步。但是，这是更谨慎的实用主义者害怕跨出的一步，在这里她同主要的大陆解释学家如尼采和伽达默尔存在分歧。在反对基础主义的透明反映的观念和理想中，她认可理解就像解释一样，总是受动机激发和有偏见的。但是，她想知道为什么这会使得理解总是解释。除非我们假定**只有**解释可以是有成见的，而（前解释的）理解或经验则可以完全没有成见，否则就不能充分地得出这个结论。但是，对于她来说，这个推论就像这种性别主义论证那样奇怪和无礼：所有人实在都是女人，因为她们都受情绪的影响，而假定中的男人则不受情绪影响。

（4）对解释学普遍主义的第四个论证，建立在理解的有视界的局部性和它的行动过程之间的重叠交叉上。这个论证在根本上是：由于所有理解都是选择性的——集中于某些事物和特征而不是集中于其他事物和特征，因此，所有理解必须是解释的。理解是有视界地局部的这个事实（在不完全和目的偏见两方面的意义上），意味着理解总是选择性的。它总是把握某些事物而不是其他事物，它所把握的东西部分地取决于它的先行目的。

这似乎是毫无争议的。我所挑战的，是由于理解（或者甚至任何理智活动)总是有选择的因而它总是解释的这个推论。这个结论需要这种进一步的前提:所有有目的的选择,必须是解释的思考与决定的结果。但是,这个前提是错的,一个杜威称之为“知性主义”的哲学谬误的例子。[13]因为包含在我们感知和理解行为中的绝 124
大多数选择,是在理智习惯的偏见的基础上自动地和无意中(但仍然是理智地而不是机械地)作出的,根本没有任何反省或考虑。[14]解释在它的标准的常规用法中,当然意味着有意识的思想和有意的反省;但不是所有理智和有目的的选择都是有意识的和有意的。下楼梯需要选择怎样和往哪放置脚与身体,但这种选择只有在楼梯的下行出现问题时(如存在罕见的黑暗或狭窄的绕行楼梯、扭伤的踝关节、或一阵眩晕)的反常条件下才涉及解释。

正因为它在混淆所有有目的的理智选择与解释的决定上错了,因此,我们可以将即刻给予我们的感知和理解(虽然也可改变和依赖先前的经验),与仅仅由对直接给予东西的意义的解释考虑而达到的理解区分开来。当我在圣克鲁斯海滩上醒来、阳光刺射的时候,我即刻就感知或理解这是在白天;只有当我在灰暗的阴天中醒来的时候,我才需要解释它不是晚上而只是费城的另一个阴沉的早上。

简而言之,我们在论证尽管所有理解都是有选择的,但不是所有选择的理解都是解释的。如果理解的选择既不是有意识的,也不是有意的,而是前反省和即刻的,我们就没有理由将那种选择或作为结果而发生的理解视为解释,因为解释通常意味着某些有意的或至少是有意识的思考,而理解则不必有。[15]我们能够根本不用思考某物就能理解它;但要解释某物我们则需要思考它。这个区分可以让人想起维特根斯坦对看－作(seeing-as)的著名讨论,在那里他将看与解释区别开来:“去解释是去思想、去做某事;看是一种状态。”[16]

(5) 尽管维特根斯坦的评论是富有洞察力的,但它也有问题。因为它可疑地提议我们不用做任何事情地看或理解;这种怀疑引发了对解释学普遍主义的第五个论证。像尼采、实用主义甚至伽达默尔之类的哲学家们所坚持的那样,理解或感知是积极主动的。它不是一个被动的反照,而是对所遭遇东西的积极构造。去听或
125 去看任何东西,在我们试图解释它之前,已经包含我们身体的活动、我们感觉器官的肌肉和神经中的某种自动的响应和紧张。将看和理解的特征描述为与解释尖锐对立的一种已完成的“状态”而不是“做某事”,暗示理解是静态的而不是积极主动的;如果是被动静态的,那么理解就应该是中立的而不是选择的和构造的。对解释学普遍主义的第五个论证因此反对这种区分:作为被动中立的理解和作为积极构造的解释,从而去推论由于所有理解是主动的,因此理解必须是解释的。

我对这种论证的回应应该已经很清楚了。作为一个实用主义者,我完全接受所有感知和理解包含做某事这个前提,但是,我否定这必然导致感知和理解总是包含解释。这个推论依赖于一个暗含的前提:所有对思想具有认识论价值或意义的“做事”,它们自身已经是思想的事情了。因此,任何感知的主动选择和建构,必须已经是一个深思熟虑的、有意的选择,一个包含解释的决定。这种将所有主动的、选择的和构成的理解力与主动的、选择的和构成的解释理智同化合并,正是我要反对的前提。理解可以不用解释的参与而主动地构成和选择,就像行为可以没有思想或理智的参与而

有聪明智慧一样。当我在去海滩的路上被告知起浪的时候，我立即明白所说的意思，我对之作出反应的声音和意义是前反省地选择和构成的。我不必对所说的或所意味的东西进行解释。只有我不熟悉惯用的英语、或者听不见词语、或者处在一种似乎不适当的说话情景中，我才不得不解释它。只有在理解出了某些问题、某些疑惑或怀疑或不合适的时候，我才不得不将说话主题化为某种需要解释的东西，某种去思考和澄清或解析的东西。

(6) 但是，这种主张正好是为解释学普遍主义的第六种论证所挑战的东西，一种突显在大陆和英美哲学中的解释学转向和语言转向之间的亲密联系的论证。这种论证可以简要地和粗略地展开如下：所有理解都是语言上的，因为所有理解(实际上像所有经验一样)包括要求语言的概念。但是，语言上的理解，在根本上是符号的解码或理解的事情，它们是任意的而不是自然的，因此它们向有意义的命题的翻译需要解释。要理解一个句子的意义，根据 126
蒯因－戴维森的模型，我们需要给它提供一个我们熟悉的翻译或解释(无论那些术语是在解释的语言自身中还是在其他更熟悉的"家乡"语言中)。因此，戴维森大胆断言："所有对他人讲话的理解都包含根本的解释"，并坚定地将"思想的力量"与"讲一种语言"等同起来。[17]从大陆传统出发，伽达默尔通过将解释学无所不包的范围建立在"人类对世界的所有经验的根本语言化"的基础上，建立在语言作为"自身为我们每天都完全从事于其中的解释游戏"的基础上，同时表达了同样的思想。[18]因此，不仅所有理解而且所有经验都是解释的，因为二者都不可避免地是语言的——一个被罗蒂、德里达和一大批解释学普遍主义者所认可的结论。

尽管对这个立场的一致认同非常强大，但这个论证给我的印象是缺乏说服力的。至少在两点上有正当理由对它进行挑战。首先，我们可以追问这个观念：即，语言的理解，总是一种通过意义和句法规则对约定符号的解码、翻译或解释。我认为，这是一个语言解释的极度形式化和理智化的图像。仅仅为了理解它们，我们总是(或者曾经)解释、解码或翻译那些我们在母语中听见的未编码的和无问题的说话，这当然是不明显的。这正是日常语言将那种直接和简单的理解与解码、翻译以及解释区分开来的理由。

解释学普遍主义者会反对说：此时我们一定是在解释，即使我们没有认识到这一点，因为没有其他模式可以说明我们的理解。但是，在维特根斯坦那里，有另一个模式是可以利用的，其中语言的解释是一种能够在相关语言游戏中作出正确反应或行动的事情，而且这种能力或语言习得首先是由粗暴的训练或操练获得的。[19]对语言的驾御，(至少部分地)是一种对姿势的智力习性的驾御，一种对有效参与一种生活形式中的反应的驾御，而不是一种对一个解释记号的符号规则系统的驾御。

因此，我认为有一个情形，可以用来在理解和解释语言之间，在一个非反省的但有智力的经过训练获得的反应习惯与关于怎样理解或反应的深思熟虑的决定之间，作出区分。为了理解它们，我
127 不得不解释或翻译我听见的大部分德语说话，但是不用解释，我就能理解我听见的大部分英语句子；我只是解释那些似乎不清楚或未充分理解的句子。通过主张在单纯理解那些所谓非解释性的说话中，实际上我已经将声音解释为词语——或者，也许更进一步，我的神经系统忙于将振动解释为声音——去论证那种理解与解释的混同，不仅是在为毫无成效的目的扩展“解释”的意义，而且歪曲

了我们的实际经验。当然,我们能够在词语与声音之间、在声音与引起它们的振动之间作出区分。但是,这不意味着在经验中它们是真正区分的或可区分的,不意味着为了将它们理解为词语,我因此就必须去解释它的声音。相反,当我听见一种我理解的语言时,我典型地根本不听声音而只是理解词语或信息。如果需要有任何解释的努力的话,那就是费力将词语听作声音或振动,而不是相反。

其次,即使我们承认语言理解总是且必然是解释,它仍然不会得出所有理解是解释的结论。因为这需要有进一步的前提:所有理解经验和有意义的经验确实是语言经验。这个前提,尽管它是语言哲学和大陆哲学中语言转向的最深教条,但它既不是自明的,也不是免于挑战的。身体的意识或理解形式似乎是当然存在的,它们在本质上是非语言的,并在实际上藐视语言描绘,虽然它们可以以某种方式适宜于经过语言。比如舞蹈,我们通过脊骨和肌肉的感觉,并不需要将它翻译成概念化的语言术语,就能本能地理解一个动作或造型的意义与正确性。仅仅通过对它的谈论,我们既不能学习也不能适当地理解舞蹈动作。

而且,除了我们意识到的非语言理解与经验之外,还存在更基本的经验或理解——我们甚至没有对它们的意识,但它们的成功处理,为使我们的意识具有一个焦点并显现为一种前景的领域,提供了必需的选择和组织背景。我们典型地经验我们凝视的垂直和指向,而没有对它们的意识;但是,没有我们对它们的经验,我们就不能意识或者注视我们实际上知道的东西,而且我们的感知领域就会非常不同。就像杜威所坚持的那样,在不知道一个经验和不 128
具有一个经验之间存在不同。"意识……只是经验的一个非常小的和不稳定的部分”,它们依赖于“一个非认识的语境”、一个“非反省的经验领域”。[21]

对所有这些非语言经验或理解的谈论,解释学普遍主义者有一个准备好的、表面上似乎无法抗拒的回应。既然正好在那个宣称中,我们不得不谈论它,不得不用语言来指涉它,我怎么可能宣称一个经验为非语言的呢?任何试图将某物描绘为非语言的或将它描述为在语言上不可表达的东西,都自相矛盾地使它成了语言的和语言上表达的东西。因此,无论什么被声称为存在的,甚至无论什么被清楚地思想为存在的(因为清楚的思想可以被视为概念的和依赖语言的)东西,都是或必须是语言的。因此,例如伽达默尔就得出结论:“能够被理解的存在是语言”(*TM* 432),与德里达和罗蒂相似的人也同样否定任何“文本之外(*hors-texte*)”的东西。

我承认这种论证具有相当大的说服力,它很长时间影响着我。但是,它最近似乎变得更像一个有关没有语言的谈论的诡辩悖论,而不是一个关于世界和人的经验的深刻真理。当然,一旦我们不得不去谈论某物,哪怕仅仅去肯定或否定它的存在,我们必须把它带进语言的游戏之中,给它一个语言的签证或者某种概念的-文本的身份,即使这种签证是一个外国的或者低等的语言身份,像“不可表达的刺痛”或“非推论的意象”那样。但是,这仅仅意味着我们永远不能谈论(或清楚地思想)没有以某种方式被语言媒介地存在的事物;它不意味着我们永远不能非语言地经验它们,或者不在语言中它们就不能为我们有意义地存在。

我们哲学家未能看到这一点,因为我们是脱离肉体的谈论-头脑(talking-heads),我们认可和使之合法化的惟一经验形式就是语言:思考、谈论、写作。但是,如果没有前反省的、非语言的经验和理解的没有清楚说出的背景，无论是我们还是公认为塑造我们的语言都不能幸存。[21]因此，解释学普遍主义在这个论证上是失败的：因为语言是圈里惟一的游戏，所以解释是圈里惟一的游戏。因为既存在非解释的语言理解也存在非语言的有意义的经验。它们居住在城市那些难管理的、不识字的和黑暗的身体近邻之中。这些近邻，是我们哲学家和有读写能力的思想家在职业上习惯避免和否定的东西，但却是我们非专业的生计和满足所依赖的东西。[22]在宣读完会议论文之后，我们就去他们的酒吧体察民情。

四

129

到现在为止，我已经反对了这种普遍主义的论证：由于所有理解都是且必须是解释的因而理解和解释不可能被分开。这一章最后一节所剩下的问题，是去显示这种区分为什么值得做出，以及它应该被怎样做出和理解。我之所以认为在理解和解释之间保持某种区分很重要，有三点理由。

首先且最实在地，它为解释提供了一个“对照类”，去帮助划分解释的界限，因而形成解释的意义。如果没有与解释对照的行为，解释能真正意味着什么？选择的可能性是有意义的一个必要条件。这种选择原则，不仅被结构主义语义学认可，而且被分析的信息理论认可，它认可一个术语或命题的意义是那些与它相反或被它排除在外的术语和命题的作用。[23]无限扩展的观念，就像普遍真的同语反复一样，将消失在语义的空洞之中。如果我们所做的或经验的每件事情，总是或必须总是解释，解释概念就成了所有人类生活和行为的同义词，因此就失去它自身的任何真正意义或特殊角色。非解释的理解和经验,为解释提供一个相应的对照类,使解释能够自身具有某些确定的意义而被识别,因为它的意义在某方面是由在它之外的和与它相对的东西所决定和限制的。

其次,理解不仅给解释提供一个意义－给予的对照,而且提供一个意义－给予的基地。它提供某种我们的解释所依赖的并指导解释的东西,给出某种我们依此区分解释的不同层次或有序活动的东西。理解怎样作为解释的基础并指导解释?我们可以在海德格尔和维特根斯坦那里找到一种答案的形成,虽然他们是两位尊敬的解释学普遍主义鼻祖,但我认为他们却很精明地反对解释学普遍主义学说。理解和解释之间那种复杂交叉和分层的关系,是在解释学循环的第二个维度中暗示出来的,海德格尔在他的著名评论——"任何助益理解的解释,必须已经理解什么是要被解释的东西"——中,[24]引起了我们对它的注意。

如果针对文学作品来说明这个观点,我们可以说,在我们试图解释它的意义之前和之中,我们必须是受到某种我们正试图去解
130 释的意义的打动和指引。至少,我们需要对我们正在个体化为解释的文本对象——哪怕是简单地如此认同它——的东西有某些最初的理解。而且,正是我们对将文本作为某种有意义的和或许值得更充分理解的东西的最初理解或经验,激起我们解释它的欲望。我们并不解释每一个遭遇的文本。尽管这种先行的理解是初步的、模糊的和可改变的,但是,我们去解释被给予文本的企图,不仅受它的激发,而且受它的指导。因为我们正是根据已经理解为适当地属于文本的而不是错误地强加给它的东西的先入之见,形成我们关于文本(以及接受或拒斥可选择的解释)的解释假设。

但是,我们怎样确定起初的指导性理解是正当的而不是误解?

我们不能诉诸理解的绝然明了或不可改变，因为我们已经反对过所有有关理解的基础主义主张。我们也不能简单以文本意义为对照测定，来检验我们起初理解的正当性。因为，由于文本意义不是自明地给予的而刚好是处在疑问中的东西，我们首先不得不更清楚地确定这种意义之所是。然而，要做到这一点，我们必须解释，因此，我们只能用后来的解释来检验我们先行的理解。换句话说，尽管文本的解释必须建立在某种对它的先行理解之上，但这种理解因它自己的澄清和辩护——如果我们确实希望追求它的话——而自身要求文本的解释。但是，再次依赖理解的澄清和辩护的解释，必将得以加深和生效。因此，解释学循环，在理解和解释的循环中螺旋发展。

对这种循环的考虑，导致伽达默尔和其他解释学普遍主义者的激进主张："所有理解都是解释"（*TM* 350）。但我们已经讨论过，这种主张不仅没有强制性，而且实际上错误地引导去主张：没有对它的解释，我们就决不能理解任何东西。因为在许多情形中，我们只是满足于我们最初的理解，并不继续去解释；总有一些其他的——且经常是更好的——事情要做。

而且，如果没有解释我们就不能理解任何东西，我们究竟怎么理解解释自身？解释也将不得不被解释，而它的解释也将如此这般，以至无穷。像维特根斯坦所指出的那样，"任何解释连同它所解释的东西仍然悬在空中"。解释必须最终依赖某种先行的理解， 131
依赖某种"不是解释的……把握方式"。[25]这正是这些观念怎样联系起来的哲学语法的要点：理解给予解释以基地并指导它，而解释则扩展、确认或纠正理解。我们必须记住，区分是功能上的或关系上的，而不是本体论上的。[26]"不是解释"的那种先行的和基础的理解，可以已经是先行解释的产物，虽然现在它是被当下直接把握住的东西。而且，它不必是明确阐明的或有意识的理解，它提供的基地也不是一个不可改变的基地。[27]

尽管普遍主义者错误地否定可以在简单理解某物与对被理解东西的解释之间作出任何有效和有益的区分，但是，他们去否定它的企图却不是无益的。因为这种否定显示：没有严格的或绝对的二分，有的只是理解和解释之间相互依赖的根本连续性和不同程度性。当下立即理解的东西，可以曾经是一个努力解释的结果，又可以形成进一步解释的基础。我曾经努力去解释的一首法语歌曲的歌词，现在可以被当下直接地理解，这种理解又给我解释它们的深层诗意提供了基础。虽然，我们遭遇的东西，常常既不要求解释也不接受解释，但是，直到它们被我们或为我们所解释，总觉得许多东西没有被充分理解。我们寻求解释，因为我们不满意已经获得的理解——觉得它是局部的、晦涩的、浅薄的、破碎的或者简直是愚蠢无趣的，我们想要使它变得更完满、更适当。但是，高级解释的寻求，必须受先前不太适当的理解的指导。当我们觉得解释已经提供的新的、完满的理解可以令人满意，我们就不再觉得需要作进一步的解释。满意的标准显然随语境而变化，并将取决于理解所寻求的种类。维特根斯坦适当地表达了这种实用主义的观点："所发生的事情不是这个符号不能被继续解释，而是：我不解释。我不解释，因为我觉得眼前的情景完全熟悉了。"[28]

我之所以认为值得在理解和解释之间作出区分的第三个理由是，去替普通做辩护：不仅普通的用法自身划分并认可这种区分，而且根据普遍的解释学将所有经验同化为解释，普通理解经验的合法性和价值将有变得不可信的趋势。在平常的谈论中，不是所

有理解都是解释。存在无数的语境，其中一个人可以通过根本否 132
认他实际上已经理解了某种东西，来有理有据地回答那个他是怎样理解某物的质疑："我不想麻烦去解释他说的东西；我只是接受它的表面意义。""我不停下来解释她的要求(问题)；我马上照它去做(否定它)。"

即使这些直接当下的理解，总是建立在从先前解释所获得的习惯和能力之上，但是，在这种不努力、不思考的理解和要求有意的、集中的思想解释活动之间，仍然存在不同。在标明存在于解释和解释所依据的更直接的经验或理解之间的差别中，普通语言关注那种不能明确说出的、前反省的和非推论的背景，有了这种背景，有意识思想的前景才会出现，没有这种背景，它就永远不会发生。在解释学普遍主义者用强调所有经验都是解释对这种区分的反对中，他们否定了我们生活和我们真正思想中这种很普通但很关键的非思想维度。

在斯坦利·菲什关于阅读的说明中，我们看到了这种对普通和非反省的不信任性否定的一个变种。像解释学普遍主义者一样，他断言我们所有行为在根本上都是解释的。没有解释，我们就不能简单阅读甚或认出一个文本，因为文本只能由一个解释活动去建构。现在由于解释包含积极的思想和谈论，它一定以某种方式补充、塑造或重新结构文本。因此，我们所有明显的阅读实践，都真正是"不为阅读而为写作文本"。由于将阅读与解释混同起来，菲什进一步混同了解释与专业学术批评的制度化解释，在这种制度中，为了被合法化和"被给予出版"，一个解释不仅必须被推论地公式化，而且必须提供"某种不同的东西"或有意义的新异性。因此，对一个文本的任何适当阅读，都包含着以某种专业化的有意义方式去“改变它”。[23]其结果是：普通的、非反省的、非专业的阅读模式，被当作基础主义的而受到怀疑和排斥。然而，刚好是这些非反省的、非独创的阅读——它预先确定去解释的企图，事实上是为专业的变形解释提供基础的东西，它们提供某种共享的意义基础，使我们能够认同我们同意称之为“同一个文本”的东西，以便我们能够继续对它进行不同的解释。

133 在这里，像在别处一样，对前解释的普遍解释学的排除，反映了一种对普通经验中非反省的、非推论的维度的唯知识主义的盲目性，一个既是高傲的精英主义的又是狭隘的不加鉴别的偏见。要维护这种普通的、谦逊的和典型地沉默的维度，我们需要保存某种不同于解释活动的东西，尽管它是不能和不应该免于解释的，尽管它实际上建立在曾经是解释的东西之上。

五

我已经论证了我们可以不用主张所有经验和理解必须是解释而避开基础主义。通过坚持理解自身应该被非基础主义地理解——更精确地说，作为可改变的、有视界的、多元的、偏见的和从事于实践过程之中的，我们就能够做到这一点。我还进一步论证了，至少有一些好的理由去认可除解释之外的某些有意义的人类活动或经验，因而去承认甚或去划分解释和理解之间的某些区分。剩下的问题是：在很大程度上是通过回顾和重写这里已经提出的某些重要观点，去显示这种区分如何可以被最好地划分或理解。

首先，理解和解释之间的区分不是严格的本体论上的区分，在本体论区分中，两个概念不能分享同样的对象。其次，不能由认识论的可靠性来区分，在认识论可靠性中，理解意指惟一的真理而解释则容纳多元的错误。不过，理解和解释在它们的功能关系上具有认识论上的差异：理解最初给予解释以基地并指导解释，而后者则探究、证实或修改那种最初的意义基础。

在理解和解释之间划分的其他不同，可能会更有争议。理解——甚至高级的智力理解——经常是非反省、非思想、甚至无意义的（即使总是有目的的），而真正的解释包含有意识的、深思熟虑的思想：某些晦涩或含糊的东西的澄清、符号的译解、矛盾的解决、先前未言明的成分之间的形式和语言关系的清楚连接。理解经常是我们所遭遇的东西的一种流畅协同的、没有问题的应对，[30]而解释则典型地包含问题的解决。我们停下来去解释，只是为了解决问 134
题——某些晦涩、模糊、矛盾，或近来制造解释问题的专业学术问题。解释本质上的问题－解决特征，说明了它为什么包含有意识、有意图的探究。解决问题要求思考；看则明显不要求思考。

关于意识的这个问题，我们普通语言的用法（我先前曾诉诸它的）并不给予不变的支持。尽管说某人无意识地解释某个意见或事件，这听起来有些奇怪，但是，它不是一个无理的矛盾或语法错误。不过，这只是因为语言更多旨在宽松的灵活性而不在于精确性，因为解释学普遍主义已经使我们习惯于宽松地将解释当作包含所有说明、理解或有意义的经验的东西，一些显然是无意识的东西。即使我们的普通说话不总是在解释和理解之间作出明显的区分，但它也时常做这种区分且从来不意味着不值得做这种区分。

解释的有意识和解决问题的特性，还显示了另一个可以有助于将它同理解区分开来的特征。尽管二者都必然是有视界的，但解释活动似乎在本质上意识到：可选择的解释也许或的确可以被给予去解决问题,而理解却可以不加考虑地无视可选择理解的存在或可能性,因为它可以对任何能够给出可选择解答的理解问题都没有觉察。

我用最后一个区分解释和更原初或基础性理解与经验的主张来做总结,即一种重申我确立的解释学普遍主义与语言转向之间的联系的主张。解释典型地旨在语言的系统阐述,旨在将一个有意义的表达翻译为另一个有意义的表达。有关具有某些言说或事件的解释的一个标准,就是用某种精确的、清晰的形式去表达所解释东西的能力。解释一个文本,就是去制造(至少在心理上)一个文本。[31]相反,理解不要求语言的清晰表达;一个适当的反应,一个耸肩或一个抖动,就足可以表明已经理解了。我们经验或理解的某些东西,从来没有被语言捕获,不仅因为它们那独特感觉抵抗适当的语言表达,而且因为我们甚至一点都没有觉察到它们是可以描述的"东西"。[32]它们是我们开始清楚言说或解释时所预先必需的感觉背景。

135 "的确存在不能放进语言的东西。他们显示自己。它们是神秘的。"[33]20世纪最伟大的语言哲学家在他的第一部哲学杰作中这样说道。维特根斯坦这里没有强调的是,不能说的只是显现的东西,差不多像神秘的一样是普通的,它只不过是对除了解释之外不承认理解、不承认有语言网络之上或之下的意义和经验形式的没有肉体的哲学头脑来说,是神秘的。

第二部分

艺术的重新思考

第六章　审美意识形态、审美教育和艺术价值之批评

一

美，无论它是什么，都显然对人类具有如此强大的吸引力，以至于成为自身的理由而不需要任何辩护者。艺术就没有这样幸运。从柏拉图最初对艺术的攻击直到它成为一个自律的领域，艺术一直很难证明自身的正当性。虽然艺术的辩护，经常在“为诗辩解”（锡德尼）或“诗的辩护”（雪莱）的更为有限的标题下进行，但自从亚里士多德最初答复柏拉图以来，这种辩护总是美学的一个中心目标。其持久的重要性的一个原因是：艺术的辩护（像艺术定义一样）从来没有获得一个令人满意的决定性的解答，以至可以使进一步的质问缄默不语。似乎每个时代都需要重新努力争取去决定和确定艺术的本质与价值，而且要根据时代的不同需要（和占统治地位的形式与风格）去决定和确定它们，要回应针对艺术的不同指责去决定和确定它们。

这些指控中的某些（如艺术亵渎“偶像”、轻浮无用和传播幻像）在历史上始终顽固不变，而其他的（如艺术是压制性的社会－政治等级制度的同谋）显然是最近酿造出来的。如果艺术还有未来的话，这个未来也一定会出现新的指控。因为我们不能指望一个永恒和最终的辩护，可以扑灭所有对艺术现象或制度的根本批

判。我们也不应该指望这种辩护。因为艺术就是建立在对它的批判之上,是从批判中成长起来的;在对艺术无可置疑价值的自鸣得意的满足中那种旺盛的批评的终结,将更可能招致艺术的终结,招致对艺术的演进的抑制。

在第一章和第二章中,我的论辩直接针对长期统治我们美学 140
思想和审美经验的艺术概念,这种艺术概念使艺术制度变得僵化和狭隘,使艺术实践变得贫乏而枯竭。这种占统治地位的美学意识形态,将艺术等同于高级的优美艺术制度。杜威在戏称这种观点为"艺术的博物馆概念"中,适当地传达了它那区分性制度化和精英主义的双重维度:与生活和实践的分离,以及同普通人民和他们的经验保持距离。接下来的这些章节,我将继续批评这种狭隘的艺术概念,批评它独占地将通俗艺术作为美学上的非法而排除在外,这种排除有助于维持社会－文化压制的种种形式(这不是去否定通俗艺术也已经被开发为这种压制的一种工具)。

我这种扩大的批评,可能给人以错误的印象:高级艺术应该被彻底否定,它的制度应该被彻底拆除,它的作品应该被当作必然压抑生命和危害社会的东西而完全抛弃。但是,抵制我们占统治地位的艺术概念的狭隘性,是抵制它自己那排他性的拒斥,而不是抵制这种概念事实上所包含的艺术。而且,我们牢固的艺术制度已经长期是精英主义的和压抑性的这个事实,并不意味着它必须保持这样,并不意味着根据它的真正本性,艺术必然是我们因此"应该反抗"的"公众之敌"。[①]

美学中的实用主义方案,不是废除艺术制度,而是转变它。采用杜威的博物馆隐喻的说法,其目的不是关闭或摧毁艺术博物馆,而是开放和扩大它们。实用主义对艺术必然是社会压迫和阶级特权的保守势力的指控的辩护，涉及一个双重的开放。首先，它涉及艺术概念的开放，使之包括其支持者和满意者远远分散在社会－文化精英之外的通俗艺术。但是，我们也需要一种更大的开放，在这些方面，高级艺术可以通过对其作品的伦理和社会维度的更大关注，推进一种进步的伦理和社会－政治的行动计划。许多作品包含它们自己对高级艺术的伦理限制和社会－文化危险的有力批评。这第二点也许最好通过对特定作品的具体批评来提出，这里，我将以 T. S. 艾略特的诗歌"一位女士的画像"来承担这项工作。

但是，由于哲学读者——即使美学中的读者也一样——典型地更喜爱论证，而不是解释，因此，以考虑某些适合从社会－伦理
141 立场提出的反对高级艺术的有力论证，作为我的诗歌研究的序言，似乎是明智的。它就像我下述的强调一样明智：我对公然挑衅高级艺术的抗辩，根本不是旨在证明它完美清白，而是旨在恢复它在作为调和性补偿和有指望的潜力方面的社会－伦理价值。

二

(1) 高级艺术传统服务于确定的、压制性的社会秩序的一种方式，在于它推进了对过去的虔诚尊敬，一种通过过去的艺术作品的神秘之美而达到的奉承性怀旧。它们那迷人的天才，趋向于激发一种在能够制造它们的个人、时代和秩序面前的卑贱的羡慕态度，意味着（用艾略特的话来说）今天"我们能够希望获得的惟一智慧"，是在过去那种成就面前的"卑贱智慧"。[②]但是，这种谦卑，既是对新思想的一种有效威慑，也是对任何宣称比过去传承下来的意识形态更好的新观念的一种先发制人式的批评。艺术因此提供

一种压制性的保守设施，用一种最有力的武器，去维持存在的特权与统治，去坚定它过去造成的地位，不管它们所包含的所有不幸与不公。由于被古希腊辉煌的艺术所迷惑，我们忘记了它的奴隶制度和野蛮状态，也忘记了我们自己。由于这样的理由，高级艺术的持续存在，可以被视为对根本上新异的文化创造和社会自由的威胁；因此，在后革命俄国的“无产阶级”文化运动中，希望将它完全清除出去：“以我们未来的名义，我们正在焚烧拉斐尔、摧毁博物馆和践踏艺术之花”。③

但是，高级艺术必须总是培养一种对我们意识形态传统和传承的社会秩序——因而包括一种有关它们牢固但潜在地可改变的邪恶的着迷的盲目与无力——不加批评的、静止的谦卑吗？至少有三个理由怀疑这一点。最简单地说，高级艺术从来不作为社会批评、抗议和转型的工具而起作用，这在历史上就是错误的。存在对社会进行尖锐讽刺的小说、诗歌、戏剧甚至绘画；艺术的社会批判和抗议，为了更有说服力，也不必用布莱希特激进的政治方式。其次，除了关注直率的社会批评之外，过去艺术那迥异的社会世界和生活方式的诱人形象，也可以帮助我们认识到：我们自己在社会中根深蒂固的实践，既非必然也非理想，因此可以向改变敞开大 142
门。对高级艺术杰作不得不暗中认可或巩固其地位的指责，基于两个错误的假定。第一个假定是，在今天已经确立的社会秩序、精神和价值与过去时代和文化中的那些东西之间，存在根本的一致性。但是，情况完全不是这样，对这种不一致的发现，是欣赏过去艺术的重要好处之一。在它们的改变(经常恰好是它们过去的改变)中，它们表现出对现在的自鸣得意的狭隘观念，一种以它自身的变化要素和对浅薄新异的崇拜所迷惑的现在。过去的艺术，像历史一样,显示事物怎样可以是(因为已经是)另外的样子,显示在某些意义上这些不同可能更好。它因此证明:现在似乎是一种自然的社会必需的东西,是一个历史地产生因而可以改变的偶然。总之,它可以有效地提供那种觉悟——为更直接的社会批评和变革所必需——的唤醒。

而且,除了它们对现在的批判性反对之外,过去的作品和它们所描绘的生活景象,在它们自身之中也不是相互一致和强化巩固的。而这只不过是那种集中的(第二个)错误假定,这种集中使得它似乎可信地主张:在对过去艺术的赞美中,我们使自己成为既成机构的压迫性狭隘的意识形态的一个奴隶。我们的传统在本质上是多元的、竞争的和目标开放的;它差不多像通过舆论发展起来的一样,也是通过持续的争论发展起来的;而有助于构成这种传统艺术作品的东西,也分享这种争论,表现出相互跨越和相互批评的意识形态。由于误把充满竞争的艺术作品之间全体上联系的领域当作结构上联系的领域,高级艺术可以通过在其受众——他们面临着这样的任务:正是在占用艺术作品和决定其重要性的行为中,进行分类、比较和协调艺术的不同景象与价值——中激发出一种更精致的和批评的意识,而发展出它自己固有的批评。

这引导出第三个理由不去谴责高级艺术,通过其杰作的辉煌之美,引诱对过去的赞美肯定,而必然促进一种压抑性的保守主义。这种控告,不公正地将所有过失强加于艺术作品,而不是批评我们自己对它那虔诚的和审美上受限制的接受方式。纵使艺术有言说的力量,但如果没有一个对话的知识分子为它言说,艺术仍是缄默的。因此,艺术不能离开它的占有方式而根据其自身来判断。其结果是:艺术作品有害力量的罪责,与在决定它们自己的意义和用途上的软弱无力的罪责比起来要小得多。阿多诺说:“那就是为什么批评是艺术作品的一个根本的和必要的补充。”[④]艺术的社会重要性,取决于它被怎样地占有和运用,而我们有能力将高级艺术用于推进进步的社会-伦理目的。实际上,假如巧妙的解释学策 143
略普遍可用——像违背文本的阅读以便发现什么是文本试图隐蔽或掩饰的东西一样,即使一个作品表现倾向于保守主义,它也能被争论不休地用于发展相反的立场。

但是,这种论证的思路,引起了一种反-反击,它也挑战那种辩护的前两个观点。因为在我们艺术制度中,占用和批评艺术作品的标准模式是相当狭隘的“审美的”,精确地说,在那里审美主要是通过将其严格地区分于生活实践而被定义的。因此,不管我们在特定作品中发现怎样清楚的社会批评,不管我们通过它们不同景象的并置获得怎样深刻的对社会差异的批评意识,所有这些都被宣称因为属于艺术制度——其意识形态有效地将艺术接受限制在其自身独立的想象性审美沉思领域之中,从实际的现实物质世界中脱离出来——而中立化了。许多高级艺术的社会-政治抗议,实际上已经以这种方式被审美化和中立化了。

然而,没有强制的理由,去接受那种狭隘的美学限制,这种限制是由已经确立的艺术自律的意识形态(或者实际上是将审美当作绝对脱离生活实践和物质兴趣的传统定义)强加给我们的。挑战这种艺术自律的既定形式,并不意味着抵制相对自律的艺术制度这整个观念。因为这种自律,不必根据严格区分于生活实践来解释,而只不过是根据艺术具有一个对其作品和其自身特有的接受模式来说与众不同的生产和分配构架——尽管如此,它可以与非艺术的制度和谈论重叠交叉——来解释。

作为完全与社会－伦理实践分离的那种艺术根本自律的观点,在将艺术从服务于教堂和宫廷的传统角色中解放出来的意义上,在美学上是有价值的,在社会上也是解放性的。但是,它那严格隔绝于生活实践以便保护它的纯粹性,就不再那么有用甚或可信了。近来马克思主义和女权主义批评的伟大贡献之一,就是已经揭示艺术和审美怎样在深层次上也是政治性的,因此要求从社会－伦理观点上的批评。这种批评致力于揭露社会生活的不公和
144 对抗,正是凭借艺术作为一种起媒介作用的社会产品的本性,即使当艺术试图超越它们,去追求创造令人满意的和谐与统一的时候,这些不公和对抗也总是以某种方式反映在艺术之中。社会冲突的迹象,可以在艺术作品的形式和内容中发现。但是,高级艺术的社会－伦理批评,应该不仅应该通过个别作品而且超越个别作品,去批评构成艺术接受的艺术制度架构——它甚至还在促进那种一般意识形态的结构和非艺术制度,这种结构和制度有助于形成我们社会中的艺术制度和角色。

(2) 将高级艺术谴责为一种压迫性的社会邪恶的第二个论证是:它凭借社会－文化精英通过与高级艺术的杰出传统的享有特权的联系,可以既伪装又宣称其对固有优越性的自豪要求,而提供一种破坏性的策略。因为我们的高级艺术传统(不仅包括它推崇的作品,而且包括它推崇的欣赏方式),对那些在很大程度上由社会－经济和政治统治而成为和保持为文化贫困的人们来说,是不熟悉的和不足以达到的。但是,他们那相对的和受社会决定的无力欣赏高级艺术,反而被突出为一种更内在的低劣性的标记,一种缺乏趣味或敏感的标记,这些术语显示出自然的而不是社会－经

济上的无能。[⑤]完全相反，精英们对高级艺术传统的文化霸权明显的谦卑尊重，事实上表现了对他们自己——作为其惟一的正确卫士和解释者——的固有霸权的强力维护。因此，艺术不仅通过其物质性拥有而且通过其欣赏的模式或可能性，服务于社会差异和牢固的阶级等级的自然化与合法化。

我们应该怀疑对这种论证的那种典型的人文主义响应——梦想只要他们拥有对艺术多一点的闲暇和教育，只要在教室里多讲授莎士比亚，PBS 多广播一些歌剧，即使是下层阶级，也将获得必需的高级艺术的欣赏。因为高级艺术和其审美的占统治地位的逻辑，长期以来保持与通常接受的理解和经验模式以差别与距离。这种差异，不仅通过除了鉴赏家(cognoscenti)之外的所有人都觉得完全新奇的风格或作品来表现，而且通过被普通大众已经欣赏的东西的新的占有模式来表现(就像解构主义对文学经典的阅读那样)。

高级艺术那顽固坚持的精英主义和脱离日常生活，得到了它自己通过否定高级艺术的自律和神圣品质挑战资本主义既有文化体制的前卫努力的失败的强力巩固。[⑥]杜尚讽刺地将艺术身份授予批量生产的实用对象，如明显属于日常经验的小便池和酒瓶架， 145
查拉为制作一首达达主义诗歌的说明性作品，以及浦鲁东为写作自动文本的东西，所有这些，都试图公然反抗和改变艺术作为一个与普通生活和普通人们分离的、个人天才的和精致趣味的精英领域的观念。近来的表演艺术，有时也同样受到激进抗议和变革目的的激发。然而，当这些尝试被高级艺术制度毫无困难地“在美学上”消除和再次占用的时候，它们使那些在文化上被统治的人们感到完全震惊和迷惑，他们的不理解，只是服务于对其自卑感的巩固，对其被统治和被排除在高级文化之外的显然公正性的巩固。因此，即使在其最自由的时刻，高级艺术也似乎是社会－文化解放的一道沉重障碍。

前卫艺术通过否定高级艺术制度和任意打破其精英意识形态而解放我们的艺术概念的失败，可以暗示出一个重要结论：艺术在日常生活实践之中的解放和重新整合，不可能仅仅通过高级艺术自己根本改革的尝试行为而实现。高级艺术制度是如此强大，它容纳和再次占用它所主张的产品的能力更为灵活和有效，以至于它不可能单独克服其根深蒂固的意识形态和对艺术合法性的钳制。认为艺术批评和美学理论能够为打破高级艺术的排他性统治和改变我们的艺术概念提供必要的杠杆作用，这样可能更好。但是，它们自己如此长期地为高级艺术制度的意识形态所迷惑，以至于需要某种另外的文化基础，以便从中去论证和滋养对它们的批判。通俗艺术可以提供这种基础，因而对将我们的艺术概念和制度转变为更自由和更切近地整合于生活实践中来说，可以是一种有希望的力量。大众传媒文化的通俗艺术（电影、电视剧和喜剧、通俗音乐、录像），为我们社会中的所有阶级所喜爱；承认它们作为美学上合法的文化产品的地位，有助于减弱社会上将艺术和审美趣味压制性地等同于高级艺术的社会－文化精英。而且，甚至像它的批评家所断定的那样，[7]通俗艺术的审美方向，在很大程度上朝向艺术和生活的重新整合。

当然，像我们在下一章中将要看见的那样，通俗艺术的问题远非单纯：正因为高级艺术与通俗艺术之间的区分是有问题的，它们那社会－文化的定位和解放的作用或障碍，也是复杂的和充满歧义的。实际上，就像将通俗艺术视为专门诉诸社会文化上的贫乏是错误的一样，因此将高级艺术的创造者和一流学习者视为由当 146 代社会中最有权威的阶级构成的，也是不准确的。这种占支配地位的阶级或阶级－部分(class-fragment)，并不是由精英和他们的知识分子受众组成的，而是由大的商业、银行和工业所组成的。高级艺术也不是它主要的文化统治工具。相反，在狡猾的民主多元主义的伪装下，它将通俗文化的艺术和广告的篡改艺术，开发为进一步推进对新异性的温顺因袭和敬拜。这种新异性，使占统治地位的消费者保持在那种令人困惑的改变时尚的疯狂和随之而来的对其趣味的不安全感中。相反，至少在目前，高级艺术(连同教育一起)代表了对物质资本和挥霍消费——作为社会地位和合法性的一个来源——仅有的严肃对抗，即使我们对它的合法性潜力大部分来自它那传统的阶级标志感到遗憾。它的象征性“文化资本”，像布尔迪厄所称呼的那样，[8]构成了艺术家和知识分子反对整个金钱霸权的重要武器；是金钱而不是歌剧，支撑和激发了我们当中许多人所痛惜的那个不公平的社会。

(3)高级艺术也面临这样的指责：它通过提供一个替代的想象性现实——在那里，我们对一种更幸福的生活的受到挫败的欲望和对一个更好的社会的起码要求，都被转移、升华和满足了，但仅仅是在想象中——暗中支持一个肮脏和邪恶的社会现实。因此，进步的实践，通过那种幻觉上的极乐——马尔库塞称之为艺术的“真实幻想”的东西——而被麻痹。[9]用艺术的辉煌作品的迷惑，指责它们在其中生产和赞美的悲惨和有罪的物质条件为一种谎言。我们被艺术那令人满足的美丽和完善所引诱而麻痹地臆想：它的创造者——人类和社会——至少在被以为超出粗糙、平凡的物质存在的艺术精神世界中，也已经逼近完美和满足。这种逃避现实的幻像，使得我们忍受，因而使真实情形得以永久存在。当这种真实情形被一个令人迷惑的审美外观糟糕地忽视、取消的时候，它就显得更为糟糕了。这就是杜威为什么要公然抨击我们的高级艺术制度为“文明的美丽客厅”。[10]而马尔库塞在批判他所谓的“文化的正面特征”中作出了同样的立论。高级艺术，不仅通过它那秩序更好的“统一”与“自由”的令人满意的意象，而且通过它对被普遍地欣赏为超出物质现实之上的要求，而充当了“既定的存在形式的辩护”(*N* 96,98)。

147 它那决定性的特征，是对一个普遍强制的、永远更好的和更有价值的、必须被无条件地肯定的世界的独断：一个在根本上不同于日常性的为生存斗争的实际世界，但可以由每个个体在没有任何事实状态的改变的情况下为他自己“从内部”实现的世界。(*N* 95)

更进一步，这种对更高的艺术世界的个人修养和欣赏的专注，提供了一种向内部和个人主义孤立的危险逃离。这种孤立，不仅巩固了(像它所表现的那样)社会的荒凉碎裂，而且阻碍了实际的团结。实际上，即使当艺术描绘和反抗社会痛苦与孤独的时候，这种反抗，也在个人的想象经验——作为其对作品的享受的一部分——中，被审美地再次占用和令人满意地释放了，而并不产生真正的批评和改变世界的要求。因此，马尔库塞得出结论：即使“造反的观念，也变成了辩护中的一个附件”(*N* 121)。

我们可以承认这种论证思路具有很大的力量，但不能得出结论：高级艺术那诱人的作品，必须被完全避开，就像要命的海上女妖(Sirens)一样。我们只需强调:我们的艺术批评,应该在伦理上更加深刻,在社会-政治上更加投入,从对个别作品的审美欣赏,引向对我们社会-文化现实——包括我们的艺术制度在内——的批判。而且,我们需要认识到:许多作品通过指出高级艺术的社会和伦理局限以及它那纯粹主义的审美意识形态,迫使我们走向这种批判。因此,就像阿多诺提醒我们的那样,即使所有艺术作品在某种意义上都是"在社会上有罪的",但"它们中间有价值的作品还是努力去赎回它们的罪责"(*AT* 333)。即使在像 T. S. 艾略特一样坚定的政治和文化保守主义者的诗歌中,我们也可以通过社会-伦理的自我批判发现这种赎罪。现在我就转向艾略特。

三

尽管艾略特有时被谴责为形式主义的审美家,[11]但他还是强调艺术的社会本质和作用。不过,他也尽力坚持(与雪莱、阿诺德和瑞恰兹之类相反):艺术自身既不能拯救世界,也不能提供个人的救赎。在对诗人作为世界的立法者、预言家和救世主的公认地位的假面具的尖刻揭露中,艾略特说:他将很高兴为诗人担保"在社会中扮演一种像在音乐厅中的小丑一样有价值的角色"。[12]尽管他的诗句的难度使人联想到精英主义,但艾略特的诗歌理想是去 148
影响最大范围的潜在听众。这在他对但丁和莎士比亚的赞扬中,表现得非常明显,而且在他对诗剧的鼓吹中,在他自己通过求助剧院去努力获得更广泛的观众中,表现得更有甚于此。"我相信,诗人自然更喜欢为尽可能广泛和各种各样的听众写作……我自己应该像一个既不能读也不能写的听众……诗歌的理想媒介,按照我的想法，……[因此]是剧场。”[13]

尽管艾略特深深地忠于高级艺术的传统和标准，但他也批评它那社会区分与隔离的自负与后果。而且，虽然强调艺术具有教育和陶冶的力量，但他同样警告它的欺骗和腐化的力量。因此，无可否认，我们发现他盲目谴责哈代和劳伦斯为异端作家。[14]事实上，艾略特认为，当艺术仅仅被当作审美的精神食粮来欣赏的时候——例如，当文学被“纯粹为了愉快”来阅读的时候，它是最危险和最扭曲的。因此，他批评纯粹的文学欣赏为一种危险的“抽象”，强调文学批评要超出狭隘的文学批评而包括意识形态的批评——例如，“从一种明确的伦理和神学立场上的批评”。[15]像阿多诺一样，艾略特因而提倡一种两个层级的艺术欣赏理论。第一个层级包括对作品和它的世界观的一种移情的和暂时的接受，第二个层级包括对那个世界的一种有意识的观念形态批判。[16]因而，对于艺术的社会－伦理或认识价值的问题，不存在一个答案。基于这两个层级如何被成功地履行，艺术可以成为一种教育的解放者或蛊惑的欺骗者。在接下来的分析中，我将把这种观念运用于艾略特自己的诗句，以显示艺术是如何要求批评性利用去显示其社会－伦理的缺点与潜力。让我们转向他写于1910年至1911年之间的早期诗歌《一位女士的画像》。

一位女士的画像*

你犯下了

---

* 译文采用赵萝蕤先生的翻译，略有改动，见《世界诗苑英华：艾略特 卷》，赵萝蕤等译，济南：山东大学出版社，1997年，18－24页。

通奸罪，但那是在异邦，
而且那女子已死。

《马尔他犹太人》。*

一

在烟雾弥漫的一个十二月的下午
这个场景似乎已自动为你安排好——
于是"我已为你保留了今天下午"；
在落下了窗帘的房间里点着四枝蜡烛，　149
头顶的天花板上是四个光圈，
是为所有要说的或留着不说的话准备下的
一种朱丽叶坟墓式的气氛。
比如说吧，我们曾去聆听过最近那位波兰人
演奏前奏曲，通过他的头发与指尖。
"情感多真挚哪这位萧邦，我以为他的心灵
只能在二三知己中才得以复苏
他们不会触动在音乐室里
受到磨损和疑问的那朵鲜花。"
——谈话就是这样
在淡淡的意欲和细心领会的惋惜中
通过低沉的小提琴
和听似遥远的短号交缠在一起的音响

---

* 原中译者注：英国戏剧家克里斯多弗·马娄（Christopher Marlowe，1564 - 1593）的佳作。

悄悄开始的。
“你不知道他们对我说来是何等重要，我的那些
朋友们，
而且又是多么稀罕而新奇，觉得
生活的组成里有那么多零碎的东西，
[因为我实在不喜欢它……你早知道？你没有瞎！
你真敏锐！
竟能找到一个朋友是有这样的素质的，
不但有，而且还能给予别人
那些友谊赖以生存的素质。
我对你这样说意义有多么深——
没有这些友谊——生活，那才是恶梦！”

在那些小提琴的缠绵曲折
和嘶哑的短号
奏出的咏叹中
我头脑里开始一种咚咚沉闷的鼓声
可笑地槌敲着一首它自己的前奏曲，
不规则的单调声音
那至少是一个可以肯定的“走调”。
——让我们出去散步吧，借助吸烟可以安神
欣赏那些纪念碑，
讨论最近的重要新闻，
找公用的时钟对准我们的表。
然后小坐半小时喝我们的啤酒。

二

现在丁香正盛开
她在屋里放了一瓶丁香
说话时用手指捻弄着一枝。
“啊,我的朋友,你不知道,你不知道
生活是怎么回事,尽管你双手掌握着它;”
(缓慢地捻弄着丁香枝)
“你让它从你身边流过去,你让它从你身边流过去,
青春是残酷的,从不追悔
对待它看不清的情况只是微笑。”
我微笑,当然,
继续喝着茶。
“然而这些四月里的斜阳,多少唤醒了
我已经埋葬的生命,和春天的巴黎,
我感到说不尽的内心平安,觉得这个世界
到底还是奇妙而年青的。”

那声音听来像八月下午的一个
破损了的小提琴它那固执的不协调;
“我一直深知你能了解
我的感情,一直深信你能感受
深知你能够超越鸿沟伸过手来。

你是无往不胜的,你没有阿基里斯的脚踵。*

---

* 原中译者注:在希腊神话中,脚踵是英雄阿基里斯身上唯一可以致命的弱点。

你会朝前去，而且在你胜利时
你能够说：在这一点上许多人失败了
但是我有什么呢，但是我有什么，我的朋友
能给你的呢，你能从我这里得到些什么呢？
只有即将走完她的全程的那个人的
友谊和同情。

我会坐在这里给朋友们斟上茶水……”

我拿起帽子：我怎能对她说给我听的话
奉上一个懦夫的歉意呢？
你无论哪个早晨都会在公园里看见我
在读那些连环漫画和体育新闻。
我特别注意到
一位英国的伯爵夫人当演员。
一个希腊人在一次波兰人的舞会上被谋杀，
只有一个盗窃银行公款者供认不讳。
我不动声色，
我始终泰然自若
除了在一架街头钢琴出现的时候，它机械而疲倦地
反复唱着某个唱滥了的老调
151 伴随着那边花园里飘来风信子的花香
引起了别人曾经向往的东西。
这些想法是对还是错呢？

三

那个十月的夜晚降临了；除了稍有点

不安的感觉外我又像从前那样回去
走上楼梯转动门轴
感到似乎我是在跪倒用双手和膝盖登楼。
“这么说你是要出国了；什么时候回来？
但那是问了也白问的。
你说不好什么时候回来，
你会发现要学的东西很多。”
我的微笑沉重地落在那些小摆设中间。

“也许你可以给我写信。”
我的自我控制刹那间闪现了火花；
这是在我预料之中的。
“最近我时常在考虑
(但是我们的开端从来不知道我们的结局！)
为什么我们没有发展为朋友。”
我像一个微笑的人，在转过身去时突然
注意到他在镜子里的模样。
我那自我控制的最后火花熄灭了；我们确实在
黑暗中。

“因为人人都这样说，我们的所有朋友，
他们都很有把握认为我们的情感
会十分接近！我自己也不十分清楚。
我们现在只有托诸命运了。
你至少可以写信。
恐怕还不太迟。

我会坐在这里给朋友们斟上茶水。”

我必须借助不同的形体
藉以有所表现……跳啊,跳啊
像一只手舞足蹈的熊,
或者像一头鹦鹉那样鸣啼,像一只猢狲那样呼叫。
我们出去散步吧,借助吸烟可以安神——
哈!如果她某个下午死了又怎么办,
灰色而多烟雾的下午,黄色又玫瑰红的黄昏;
死了却留下我手里执着笔坐着,
望着房顶上方的烟雾往下降落;
152 犹豫不决,一时
不知该怎么感觉不知我是否清楚,
是明智还是愚蠢,太迟了还是过早……
说到底,她是否处于有利的一方?
这慢慢沉落下去的音乐是成功的
既然我们谈的是死亡——
而且我有无微笑的权利呢?

(1917 年)

这首诗描绘了一个感伤的老妇人——她对艺术的热爱和审美方式,接近于矫揉造作——和一个年轻男子——他既痛苦地意识到这种审美做作,又苦恼地害怕她那作为其基础的绝对真实的情感——之间的窘迫关系。这种关系,是在青年男子(诗的叙述者)在从 12 月到 10 月之间的这段期间对她家的三次访问中描述出来的。虽然比艾略特的普鲁弗洛克(Prufrock)要更加年轻,但叙述者也享有普鲁弗洛克式的讽刺以及他面对妇人时痛苦的自我意识

(这在两首诗中是由爬上楼梯商量的困难连接起来的),也享有他那对直接情感交流的担心后怕的无能。青年叙述者在最后一节中被披露为诗的作者,他“置笔于手中”,回忆和描述这种关系。[17]他似乎对日常工作不负责任,因为我们可以发现他“任何一天早上都在公园里”;而且,像那位妇人所认识到的那样,他既有前途又野心勃勃:“你是无往不胜的,你没有阿基里斯的脚踵。/你会朝前去,而且在你胜利时 /你能够说:在这一点上许多人失败了。”事实上,他们最后一次聚会是在他要出国——在那里他“会发现要学的东西很多”——的时候。

这首诗的丰富反讽至少是双层的。我们欣赏叙述者对妇人过分夸张的浪漫主义的拉弗格式的(Laforguian)打击,但我们也看到,他表现的作为他那对个人诚实和“沉着”的合理关注的东西,只不过是一种羽毛未丰的、自卫的自私自利和害怕直爽的伪装。的确,像休·肯纳和斯蒂芬·斯彭德所显示的那样,自卫的“自负”和“交流的失败”,对这首诗是非常重要的。“颓废的浪漫主义”和反讽的但“灰暗的现实主义”——A. D. 穆蒂推崇它为这首诗歌的主题——之间的那种令人不快的张力也同样重要。[18]我认为更为重要的和作为我的阅读动机的主题的,是两种艺术的社会-伦理价值观之间的张力:艺术作为道德教师——唤醒和加深我们人类同情心以及关心他人——的浪漫观念,和与此相对的那种由于教养的矫揉造作、误导的情感和精英主义因而艺术是道德上败坏的相反学说。通过诗的进程,艾略特挣扎和摇摆于这两种观念之间,最 153
终突显了似乎是一种对艺术的真正合格的辩护,这与他在用散文写成的理论中所表达的东西相称。这种观念是:只有通过对其道德限制和危险的批评,艺术在道德上才有价值。正是通过我们对作为由青年诗人－叙述者所写的诗歌本身中的那些局限性的批判性思索，这种观念才被巧妙地展示和表达出来。但是，在检验这首诗如何描绘和解决有关艺术的社会－伦理价值的争论之前，我们应该对这两种各持异议的观点，有更好的了解。

关于艺术作为道德教师的浪漫学说的基本的、范例性的文本，是席勒的《论人的审美教育》(1795)。[19]这本书写于法国革命的全面剧变期间，席勒主张：我们只要通过“人格的高贵”，就可以实现一个好的政治社会和高品质的理性思想。但是，要是不循环地依赖好的社会和好的思想，这个最终目标怎么能够实现呢？他的答案和“手段是美的艺术”，它提供美和完善的样板，可以鼓舞和提升我们的人格(*AEM* 55－57)。主要关注外观和由想象指导的艺术，不受其时代的政治和智力条件的限制。审美想象，可以感受过去那种在更为和谐的时代里创造的艺术的高贵之美和真理。“人类已经失去了尊严；但艺术已经拯救了它并将它保存在有意义的石头之中。真理居留于艺术幻像之中，从那种复制或后来的模仿意象中，原初的意象将被再一次恢复”(*AEM* 57)。艺术想象，也可以期望去构想为存在于其外观领域中的尚未实现的美丽形式(*AEM* 57－61)。席勒说，企图通过对粗痞的和仅仅是“感性的人”进行道德规则的谆谆教导来使人格和情操高尚，这是徒劳的。“我们必须首先将他的真正本性改变”为审美的，或通过审美来改变这种本性(*AEM* 57－61)。“从他们的愉快中清除任性、轻薄和粗劣，而你就将不知不觉地将这些从他们的行为中清除出去，最后也从他们的倾向中清除出去。用伟大和高尚的天才形式……环绕他们，用完善的象征包围他们，直到外观征服事实，艺术[通过使之高尚]而胜过自然”(*AEM* 61)。

席勒将他那审美教育之必要性的观点,建立在一种关于人性的基础理论上。人有两种基本冲动:“源于人的物质存在,或者源于他的感觉本性”的感性或物质冲动(*Stofftrieb*),以及“源于人的绝对存在,或者源于他的理性本性”的“形式冲动”(*Formtrieb*)(*AEM* 79－81)。感性冲动,驱使我们去经验变化的世界,以满足我们的物质需要。而且,由于被这种变化的物质世界所束缚,它显 154
得如此粗痞且不断“受到来自变化的压迫”,以至于可以经验“与世界最多样式的联系”(*AEM* 85－87)。相反,反映人的“理性”和“绝对存在”的形式冲动,旨在“永恒不变”。由于在变化的感觉世界中,绝对的永恒不变是不可能的,因此,我们形式的理性本性,在变化中“坚决要求统一和持续”,而且旨在通过部分地从变化的世界中的退出去获得更稳定的形式——为了达到这种统一和持续,它后来又试图对经验施加影响。对席勒来说,正是一个稳定的、持续的“在所有条件变化中的……人”的观念,通过形式的统一性,构成了道德所要求的那种人的理性和自由的范式与真正条件(*AEM* 73－75)。

席勒不能承认相冲突的感觉冲动与形式冲动是完全势不两立的,因为那将意味着我们人的本性是注定要分裂的。但是,他强调它们倾向于相互冲突和相互侵蚀;因此,“平等地公正对待两方面的冲动……是文化的任务”(*AEM* 87)。这里,随着席勒对第三个冲动——“在它之中其他两种冲动协同作用”——的导入,艺术开始起援救性的作用(*AEM* 97)。这种冲动,他称之为游戏冲动(*Spieltrieb*),它居于艺术和审美的核心。由于“感性冲动的对象……我们称之为生命,……而形式冲动的对象……我们称之为形式,[因此]游戏冲动的对象……可以因而被称之为有生命的形式:

一个用来标明现象的所有审美性质的,一句话,在术语的最宽泛的意义上,我们称之为美的东西的概念”(*AEM* 101)。游戏冲动调和生命原则与形式原则的努力,很少完全成功。因此,其结果是:美往往是要么“充满活力的”,要么“使人感伤的”,这取决于“有生命的形式”中是生命还是形式占统治地位(*AEM* 111-115)。

然而,由于只有在游戏中,人的两个基本冲动在某种意义上才是和谐的,“只有当他游戏的时候,人……才完全是人。”因此,游戏成了“艺术、美和更为艰难的生活艺术的大厦”的基础(*AEM* 107-109)。席勒得出结论:我们必须将艺术和美引入生活的所有维度和我们的教育核心,“因为道德只能从审美状态而不能从物质状态中发展起来”(*AEM* 165)。因为是美,最好地“作用于我们的
155 情感”,去激发“崇高的情操”并使我们“要求更加高尚”(*AEM* 127,163,169)。艺术在创造一个更加文明的社会中所起的作用,不仅在于它通过发展一种和谐的心灵和高尚的情感对个体的道德教育,而且在于它那伟大的交往力量。“自私自利的欲望,一定会[在那种艺术之美的光辉中]抛弃它的利己主义”。

> 尽管迫使人进入社会和在他身上植入社会行为原则的理性,可以是他的需要,但是美也可以单独授予他一种社会性格。趣味可以单独给社会带来和谐,因为它培养个体中的和谐。所有其他的感知形式,都将人分隔开来,因为它们被发现要么专门依赖他的存在的感觉部分,要么专门依赖精神部分;只有审美的感知方式,使他成为一个整体,因为如果他实现了它,他的两方面的本性就一定是在和谐之中。所有其他交往形式,都将社会分隔开来,因为它们要么专门涉及其个体成员专有的接受能力,要么涉及专有的熟练程度,从而涉及将人与

> 人区分开来；只有审美的交往方式，将社会统一起来，因为它涉及对所有人是共同的东西……在趣味统治的、审美外观的领域可以延伸其影响的地方，没有特权，没有任何形式的独裁可以被容忍。(*AEM* 215－217)

我们发现有两条主要的反对这种浪漫观念——艺术发展我们的感性因而提高我们道德感受和同情理解的能力——的论证路线。这种论证将使这一章较早时候预先提出的指控再次生效。第一个是：对艺术的偏好，将使我们的感觉不自然；对审美教育的热爱，将产生颓废的审美主义。我们人的自然同情心，往往被当作平庸的和粗俗的而不是作为人为净化的东西而不予考虑。而且，存在这样的危险：我们感觉和深度情感的巨大的人性潜力，将不是针对人类伙伴，而是针对艺术作品。于是，艺术的审美情感，将不作为真正道德感觉和行为的一种有效刺激，而是作为对它们的一种不费气力的和自我欺骗的替代。我们不能老是提起在审美上有教养的纳粹军官，他们可以对贝多芬哭泣以表现丰富的人性情感，但同时又演奏大规模屠杀无辜孩子的交响。这种矛盾，不断以不太极端的形式重复自己，就像这样的情形一样：当我们从剧院出来、在情绪上为对其中所扮演的社会受害者的关注所激怒的时候，接着又仓促地绕过在冰冷的大街上——那里就是他们的家——乞求关心的真正受害者。艺术的外观，既不像席勒所显示它一定所是的那样，是清白无罪的，也不像席勒所显示它一定所是的那样，是在道德上有效的。作为外观的美和作为想象游戏的艺术，助长了 156
那种将审美当作从现实中的逃避的区分：一种有助于将真实的、非审美的世界的丑恶残暴合法化的观念。

第二，对于艺术的普遍的和民主的魅力，以及它从“特权”和

“独裁”中解放的趣味的自由，再也不能给予太多的相信。席勒(也包括休谟和康德)用普遍性所意味的东西，不是包括平民百姓的普通趣味在内的所有阶级中所有人的自然趣味，而基本上是在文化上享有特权的社会所分享的趣味。美的艺术，通过其享有特权地区分于手艺、娱乐和通俗艺术，与其说是清楚明白地团结社会，不如说是将社会分隔开来并传播那种分隔。通过在享有特权的解释性欣赏模式与平常或粗俗的解释性欣赏模式之间的附加区分，艺术甚至可以更进一步将社会划分为：享有特权的精英——他们优雅地欣赏艺术——和其余那些可以喜欢艺术但被认为不能恰当理解艺术的人们。这两种反对艺术的道德和社会价值的观点，在艾略特的诗中可以看得最为清晰，现在就让我们转向艾略特的诗歌。

四

那位年老的感伤的女主人，代表审美教育的好和坏。她似乎深深地专心致志于艺术的乐趣和友谊的愉快，即 G. E. 摩尔的理想生活和布鲁姆伯里(Bloomsbury)伦理规范的两个支柱。[20]而且，她对青年男子的情感，是坚定的、不变的和在审美形式中表现的。事实上，她不变的稳定性和从世界中的退却(在她那伤心的重复诗句——“我会坐在这里给朋友斟上茶水”——可以把握得到)，使她成了席勒那种稳定的形式观念的典型代表。她倒茶的礼仪，恰当地吻合于席勒的“感伤美”的观念(*AEM* 113)，它在很大程度上由被耗尽生命活力的形式所统治，就像女主人公随后坦白承认她那已经“埋葬的生命”一样。此外，就像形式冲动是积极塑形的原则一样，女主人因此是戏剧构成上的指导性人物。对于她要求友谊的愿望,青年男子总是保持为一个很被动的(和推托的)反应者,这刚好吻合感性冲动,因为对席勒来说,感性冲动在根本上是接受的和反应的。

但是,女主人对艺术和审美的趣味,具有做作、腻味的伤感主 157
义和势利的色彩,这至少对青年叙述者的反讽眼光来说是这样。她将他们的相遇演出为一幕浪漫的"场景":"于是'我已为你保留了今天下午';/在落下了窗帘的房间里点着四枝蜡烛,/头顶的天花板上是四个光圈,/是为所有要说的或留着不说的话准备下的/一种朱丽叶坟墓式的气氛。"虽然,这幕场景既唤起了艺术形式又唤起了艺术气氛(在四枝蜡烛和四个光圈中),但是,我们认为她的浪漫演出,对他们的友谊来说,是那么虚假而可笑地不相称。她不是年轻的朱丽叶,让她的罗密欧心怀欢喜,她那讽刺性肖像,不只是一个年迈的妇人,而且还是"一位女士",这将她和肖像画艺术二者都联系到了享有特权的阶级特征。同样地,她的音乐评论(被叙述者取笑地描述为感伤的"小提琴和听似遥远的短号交缠在一起的音响",稍后是"小提琴"和"嘶哑的短号")显示,与其说是有理解的欣赏,不如说是审美上的作态和优越感。"情感多真挚哪这位萧邦,我以为他的心灵/只能在二三知己中才得以复苏/他们不会触动在音乐室里/受到磨损和疑问的那朵鲜花。"

这种势利通过共同的"朋友"主题,直接联系到她对友谊的追求上,从而暗示出:这种追求,不是对一般交往的宽泛的道德追求,而是照样涉及到精英主义的势利,即仅仅接受那种"具有这些[特殊]品质的朋友",把友谊当作像艺术一样的特殊的和优雅的东西。在她赋予艺术胜过生活的地位上("因为我实在不喜欢它"),更切近地表现了形式冲动,因为她发现,"生活的组成里有那么多零碎的东西”，远不像组成她的生活那样的审美构成。正是对她那像“朱丽叶的坟墓”的艺术表演场所的描述，强烈地将她的艺术原则与窒息生命的死亡联系起来了；而青年男子，一种生命活力的象征，他在那里感到焦虑和威胁，就不令人奇怪了。

在他那一刻也不宁静的反抗本性、他那粗鲁的欲望、对时间和事件的不耐烦感、对变化和生命的冲动中，青年男子代表了感性冲动。他是一个漂移不定的访问者、比其他人更“会朝前去”、“要出国了”、而且太不安宁以至于不能安稳坐在他访问的正式空间中，而是建议：

——让我们出去散步吧，借助吸烟可以安神
欣赏那些纪念碑，
讨论最近的重要新闻，
找公用的时钟对准我们的表。
158 然后小坐半小时喝我们的啤酒。

他所扮演的作为一种感性的、变化的生命象征的角色，在妇人随后的抱怨中变得更加明显：“啊，我的朋友，你不知道，你不知道／生活是怎么回事，尽管你双手掌握着它”；他对生活的感性冲动那种低于人类的本性，可以在变化的动物意象中把捉到。在这些意象中，他对她那富有同情心的感情的反抗被表现出来了：

我必须借助不同的形体
藉以有所表现……跳啊，跳啊
像一只手舞足蹈的熊，
或者像一头鹦鹉那样鸣啼，像一只猢狲那样呼叫。
我们出去散步吧，借助吸烟可以安神——

最后一行是他要去外面活动的叠句，它与妇人室内的沏茶仪式形成明显的对照。

作为读者，我们分享叙述者对妇人精英主义艺术的审美生活和审美化的友谊的厌恶，我们对他那烦人的、有节奏的原始抗议的“前奏曲”充满同情：

在那些小提琴的缠绵曲折
和嘶哑的短号
奏出的咏叹中
我头脑里开始一种咚咚沉闷的鼓声
可笑地槌敲着一首它自己的前奏曲，
不规则的单调声音
那至少是一个可以肯定的“走调”。

他的走调，是在引人注目的引号中。它——引起了叙述者的反讽——暗示：只有根据“真”音乐——被妇人对高级艺术那种浪漫地纯化的趣味所认可——的特别程式化的和做作的标准，它那粗鲁和任性的单调才算错误。然而，由于这种趣味和标准，不是自然的，而是一个非常做作的社会里精致的文化制约（如果不也是故作姿态的话）的产物，因此手鼓幼稚的“走调”，与传达她那审美上优雅的友谊的前奏曲的“小提琴的缠绵曲折”和“嘶哑的短号 / 奏出的咏叹”相比，似乎更为自然、真实和“精确”。这些对他的情感进行审美教育的企图，在下一节中更明白地被揭示为变调的；当她试图借助丁香的美丽和“说话时用手指捻弄着一枝”来感动他的心的时候，这种努力退化为“像八月下午的一个 / 破损了的小提琴它那固执的不协调”。在她那扭曲的双手中的审美，既是杰出的精选，又是毫无希望 159
的无效，而不是强有力的和普遍的感染。叙述者所有能够从她那里接受的东西，就是迫切要求“拿起[他的]帽子”逃走。

妇人那不加批判的浪漫审美教育，似乎是一种假冒的失败。但是，如果高级艺术和审美的传统形式，太矫揉造作而不能感染和教育人的情感，因而不能增进我们的生活，那么批判的叙述者有什么更好的东西可以提供吗？好像非常明显地没有。尽管对她伪装的、美丽的艺术和友谊的审美领域感到厌恶和恐惧，但在他逃向的和在某种意义上代表的那个“真实生活”中，他似乎并不更加快乐。因为除了对杂乱的感觉事件和低级娱乐——异化的现代生活典型提供的——孤独的浪荡消费之外，他的生活还会是什么？这些感性的支离破碎，为供奉其感性冲动而消耗，它们不是直接地和在完整的形式中被经验的，而只是通过瓦尔特·本雅明识别为进一步混乱的新闻媒介而被替代地经验的。

你无论哪个早晨都会在公园里看见我
在读那些连环漫画和体育新闻。
我特别注意到
一位英国的伯爵夫人当演员。
一个希腊人在一次波兰人的舞会上被谋杀，
只有一个盗窃银行公款者供认不讳。

这些事件，就是那种毫无意义的“支离破碎”和那种沉闷的不煽情的新闻事件，以至于在听到“最近那位波兰人 / 演奏前奏曲，通过他的头发与指尖”（而不是通过他的心灵）时，也破坏了叙述者那反浪漫的嘲笑。因为即使是萧邦那腻味的浪漫主义，似乎都胜过那种讨厌的、无生气的和在某种意义上是标准的大众传媒的精神食粮——新闻丑闻、喜剧和体育——的虚幻现实主义。但是，这些关于丑闻的诗行，暗示出远甚于社会蜕化和腐败的东西。在一个希腊人在一次波兰人的舞会上被谋杀中有一个暗示：更早的希腊审美——那里的艺术更为粗犷、民主，而且特别是在最大程度上整合在社会的真实生活之中——已经被一种背道而驰的和矫揉造作的浪漫主义所毁灭。在这种浪漫主义中，艺术被精神化为一种轻灵的纯粹的审美主义的领域。[21]

无论如何，叙述者杂乱的和毫无意义的真实生活，比女士做作的审美外表，似乎好不到哪去。他自己也明显不为它所动，尽管对他来说，这种满不在乎与美有可能发生的那种真实情感的威胁相比，似乎更为可取。美和情感构成一种威胁，因为它们危及他那自 160
私的自负。这暗示出，同那些受到精明的利己主义感性冲动限制的满足方案相比，也许还存在更值得的（尽管也是更有风险的）满足方案。对于那种日常世俗的例行公事，他评论说：

我不动声色，
我始终泰然自若
除了在一架街头钢琴出现的时候，它机械而疲倦地
反复唱着某个唱滥了的老调
伴随着那边花园里飘来风信子的花香
引起了别人曾经向往的东西。
这些想法是对还是错呢？

青年叙述者，用拉弗格式的反讽武装起来，去对付审美主义那种熟悉的法郎吉*——萧邦那浪漫地精致和净化的紫色前奏曲，

* phalanx，也常作 phalange，意为具有共同目标的集体，19 世纪法国空想社会主义者傅立叶所臆想的共产主义社会的基本组织单位。——译注

以及女主人那久经世故的多愁善感的大概也是紫色的丁香，无论如何，他都更容易为街道和花园中更自然的音乐和美所感动，它们不是为精英隔绝起来的，而是公开开放和共享的。那首歌是熟悉的和街头的，而那个花园显然是在野外。尽管这些审美的事物，比波兰人的演出和妇人的表演，更为机械或不够精妙，但是，它们与“小提琴的缠绵曲折”和妇人“用手指捻着的丁香”相比，至少是更为诚实、直接和公开。因此，它们在情感上对人更有影响。

审美经验是一种根深的和自然的人类要求，如果不能在高级艺术领域中得到满足，它将在别的地方寻求满足。就像杜威抱怨的那样，“要是因为它们的生僻冷淡，被有教养的人公认为美的艺术作品的对象对人民大众似乎是贫瘠的话，那么，审美饥渴将很可能寻求廉价的和粗俗的东西”(*AE* 12)。这种对精英主义和美的艺术的精神化划分的抱怨，在这里得到了艾略特的赞同。他既没有褒扬普通的街头歌曲，也没有谴责它们(叙述者还为它们所打动)为毫无价值的粗俗。通过对钢琴歌曲的想象——“机械而疲倦”、“唱滥了的”和“老调”(就它肯定的“分享性”或否定的“庸俗性”来说，最后这个特征是模棱两可的)——可以告诉我们，这种艺术不代表那种审美理想。同样的情形也适用于青年男子在反抗妇
161 人做作的旋律中形成的原始节奏。它是一种“咚咚沉闷的鼓声”、“可笑地槌敲”、一种“不规则的单调声音”。[22]它显然不代表(即使对年轻的叙述者来说)好的艺术应该所是的样子，即使它比妇人那颓废的浪漫主义似乎更为生动和引人注目。艾略特这里似乎在暗示：尽管艺术不必整个儿放弃它那更原始的根基、节奏和生命活力，但是，完全返回原始主义，对西方美学也不是一种可行的解决办法。尽管我们可以蔑视久经世故的颓废，但是，我们对天真的原

始主义也不能完全满意。这种原始主义,对我们的社会－文化经验最终也是虚伪的,因而对我们来说,它也包含了世故的姿态和自身逃避现实的空想。

这种反映在咚咚沉闷和唱滥了的歌曲的负面意象中的两难困境,在叙述者本人那里也可以把握得到。我们知道,他一定在很大程度上是一个很有教养的人。这如果不是通过他的语言和他那明显作为诗人的职业得到证明的话,那么至少可以通过那个久经世故的女士对他的关注和褒扬体现出来。他对后浪漫艺术和审美主义的敏锐感觉的反讽批判,暗示出一种远在妇人那喷发的多愁善感之上的精致审美,暗示出一种导致他在原始的和"唱滥了的老调"的通俗艺术形式中似乎不能完全满意的文化背景。

青年男子也不是愚蠢地对情感毫无感觉。他敏锐地识别出妇人的情感,却并不被它们同情地打动。作为一个鉴赏家,可以指出一种审美性质或情绪,而并不需要真的感受它。他的缺乏感觉,是人的同情心上的错误,而不是理解上的缺陷。他担心情感会破坏他的"自我控制",也许最终要将他投入妇人那过度的感伤和渴求友谊的软弱之中。由于如此的自我热衷和利己主义,他只能将妇人寻求友谊的动机也视为险恶的自私自利,从而充满恐惧地从中退却。当席勒这样写道的时候,他差不多就在描述这个青年男子:"妄自尊大的自负与世界中的人的心灵形成对照。一种在自然人中仍然经常富有同情心地跳动的心灵……只有通过完全放弃感性,我们才能……避免遭受它的失常的打击。"(*AEM* 27)这种人甚至在"最有教养的当中"也可以发现,他们接近于伦理的野蛮状态。"由于还没有认识到他自身的人的尊严,他完全不尊重他人的尊严;而且,由于意识到他自己野蛮的贪婪,他害怕每一个与他类似的人也有这种贪婪。他从来不在他自身中留意他人,只是在他人中留意自身;而且公共生活远非将他扩大为一个种族的代表,而只是甚至更为狭隘地将他限制在他自身的个体性之中”(*AEM* 173)。他的“自私自利的”感性生活,相当于一种“单调循环的目
162 的,一种不断游移的判断”(*AEM* 171),它们不仅非常清楚地使人想起年轻叙述者每天的日常事物,如早上的阅读以及提议围绕着公众的纪念碑、“公用的时钟”和公用的房子的“吸烟可以安神”,而且使人想起他关于“对还是错”的想法的犹豫不定。

不过,像席勒所论证的那样,审美的魅力,可以感动和最终软化那种甚至冷酷麻木的心灵;而艾略特的那个世界上的青年男子,也真诚地——尽管不是充分地——为街头歌曲和风信子所感动。尽管通过这种普通和简单的美不能完全激起人的期望与同情(通过他较早原始的咚咚鼓声也不能这样),但是,他至少被推离他的自我沉着有足够远的距离,去考虑“别人曾经向往”什么和这种向往的合法性与价值:“这些想法是对还是错呢?”然而,这种提问仍然非常缺乏伦理上的自我批评和改过自新。因为“对和错”甚至可以不是伦理意义上的“对或错”,而也可以仅仅意味着“正确或错误”,或者仅仅是“手段意义上的对或错”(就像以“正确的方式”去欺骗或折磨一样)。

而且,在第三节中我们可以看见达到高潮的会见:青年男子继续保持受束于自我控制和对那些充满同情的人类情感的否定。这种同情在妇人那里使他非常惊恐。然而,他的自我控制,似乎已经为最后一节的审美经验所稍微软化。因为在通向妇人的公寓途中,他坦白承认有“一点不安的感觉”,觉得他好像在用他的“双手和膝盖”爬上楼梯。在他出国之前跟妇人的道别中,青年男子必须

面对她的情感的全部压力,面对她对友谊的继续要求(现在是通过信件),以及面对她对友好感情没有得到回报而产生的失望:

> “也许你可以给我写信。”
> 我的自我控制刹那间闪现了火花;
> 这是在我预料之中的。
> “最近我时常在考虑
> (但是我们的开端从来不知道我们的结局!)
> 为什么我们没有发展为朋友。”
> 我像一个微笑的人,在转过身去时突然
> 注意到他在镜子里的模样。
> 我那自我控制的最后火花熄灭了;我们确实在黑暗中。

如果我们仔细阅读,就会看到:不是她的要求和哀怨的情感,完全搅乱了青年男子的自我控制;而是他对他那错误而残酷的微笑回应的感觉,类似于一个人通过从镜子中发觉他的窘迫微笑 163
——他在镜子里的模样——所获得的自我批评意识。但是,发现镜中意象的隐语,正好是艺术和它的模仿的最古老和最明显的隐语。因此,艾略特用隐语暗示:艺术可以颠覆一个铁石心肠的人的自我控制,可以通过批评地再现他的图像或行为来做到这一点。一个人可以说,艺术可以仅仅通过再现生活和社会的邪恶而帮助我们批判它们,这种批判是通向伦理和社会进步的必不可少的一步。只有当它包含批判的时候,审美教育才是可能的;只有当它的镜中图像不仅仅是生产或消费的,而是批判地把握和利用的时候,艺术才富有启迪。这个主题,在诗歌的最后一节被反复加强。

在这之前,在倒数第二节中,我们看到:艺术不仅像镜子一样反映，而且强化了它所把握的图像。这种艺术表现的强化，表现在妇人的最后恳求的那种强烈重复的韵律和节奏之中。

> 我们现在只有托诸命运了。
> 你至少可以写信。
> 恐怕还不太迟。
> 我会坐在这里给朋友们斟上茶水。

在这里，战胜叙述者自我控制和向他自己暴露他缺乏人性的东西，似乎又是情感的艺术化，而不是情感本身。他的回应既不能与人性相配，也不能与妇人恳求的审美力量相称；他那粗俗的和变化的寻找表达的努力，只不过是马戏团的动物的可笑的低人一等的滑稽动作。

> 我必须借助不同的形体
> 藉以有所表现……跳啊，跳啊
> 像一只手舞足蹈的熊，
> 或者像一头鹦鹉那样鸣啼，像一只猢狲那样呼叫。
> 我们出去散步吧，借助吸烟可以安神——

最后一节发现青年叙述者独自在国外，想象感伤的女士可能的死亡。因为在她向他提供“即将走完她的全程的那个人的／友谊和同情”的时候，她已经痛苦地谈到了她那“埋葬的生命”。当青年男子“手中执笔”坐着，明显去回忆和记录她不断提供而他不断
164 谢绝的同情，生动、详细艺术化地想起她的死亡的时候，他被暴露为那个已经写下诗歌的回顾叙述的诗人，被暴露为那个已经用他人的苦难作为他的艺术材料的男人。与其说艺术可以发展人的情感，不如说是对情感的吞噬。事实上，为了更好地吞噬情感，艺术

可以对它进行否认和扭曲。但是,另一方面,他对她的死亡的诗的再现,最终激起青年男子去追问他自己的情感的有效性,去追问他对他人富有同情心的柔情的冷酷姿态和微笑讽刺的伦理合法性。这里,作为高级艺术的诗歌,似乎在促使真正的道德情感方面取得了成功,因为原始的咚咚鼓声和唱滥了的街头歌曲是不适当的。但是,真是这样吗?诗歌的复杂的结局,要求最切近的细读。

哈!如果她某个下午死了又怎么办,
灰色而多烟雾的下午,黄色又玫瑰红的黄昏;
死了却留下我手里执着笔坐着,
望着房顶上方的烟雾往下降落;
犹豫不决,一时
不知该怎么感觉不知我是否清楚,
是明智还是愚蠢,太迟了还是过早……
说到底,她是否处于有利的一方?
这慢慢沉落下去的音乐是成功的
既然我们谈的是死亡——
而且我应该有微笑的权利吗?

这的确是真的:对她的死亡的那种生动的艺术表现,使得他批判性地谈及他自己的情感,或者实际上是缺乏这种情感。而且,这种审美的艺术性,的确在他心中浮现了妇人那洋溢的多愁善感——他曾蔑视为令人窘迫的软弱——的优点。通过将情感从自我控制的束缚中解放出来,使它遵循自己的路线,一个人就闲得"不知道感觉什么"了。一个人不需要知道,而只是感觉。此外,对她那想像中的死亡的艺术性描写(不仅以它那重彩的"灰色而多烟雾的……,黄色又玫瑰红的……”氛围,而且以它那符合音乐风格的“慢慢沉落下去”),在诗歌的最后一行,唤起了叙述者第一次真正的伦理疑问。实际上,“而且我应该有微笑的权利吗?”中的“应该”和“权利”,是诗歌第一次也是惟一清晰的伦理术语,因为“对或错”的想法,像我们已经看见的那样,也可以具有非伦理的意思。

165 另一方面,诗歌也可以这样来阅读:它暗示妇人最后的优点,不是在她的情感上,而是在她那意味着情感终结的死亡上。现在明显地暴露为诗人并因此受到艺术庇护的那个青年男子,于是可以被解释为肯定艺术性地死亡胜过有真实情感的生命。当然,艺术总是与生命相对,而死亡又是不可否认地正好相反。在写作这首关于妇人的诗歌中,他一再试图逃避对她的真实情感;而艺术提供了这种逃避。而且,由于后期浪漫主义和“为艺术而艺术”的缘故,人们经常发现将艺术从日常真实生活的关涉与情感中进行隔离和净化的坚决要求,一种对审美情感一定不能同真实生活的情感混淆起来的观点。例如,克莱夫·贝尔就鼓吹这种观点,[23]艾略特自己(一段很短的时间)也是这样,尽管只是在这首诗歌完成之后的几年时间。1920 年,在他的客观主义批评阶段的高峰时期,他曾断言:“一种文学批评,除了那些直接由艺术作品唤起的东西之外,应该没有情感——而这些……要是说站得住脚的话,也许根本不能被称之为情感”。[24]

因此,年轻的诗人-叙述者也许并不是真的被他的艺术激起真实的情感和同情,而只是激起审美的情感。艺术也许没有唤起或者滋养真实的伦理同情和实践,而只是通过想像的艺术性同情的代替性快乐,提供对它的轻易逃避,它可以用愉快的形式来塑造,且不要求真实的行为或当下直面赤裸的情感。于是,人们可以说，通过在审美上的精致，通过不让人的情感妨碍对女士死亡的纯粹审美欣赏，青年诗人－叙述者仍然保持着道德上的残忍。因为他用明显仅仅是审美的方式，来欣赏她的死亡，就像只不过是“慢慢沉落下去的音乐”，而不是按照真实的死亡方式——痛苦、丧失、悲哀或者伦理上的悔恨方式，来看待她的死亡。这就显示出：审美教育，与其说将我们开放到真实的道德情感和人性的同情之中，不如说使我们冷酷地形成一种在审美上精致的但道德上麻木的态度，用这种态度，我们倾向于将所有的东西，甚至是人，视为审美利用的对象。即使在这结尾的一节中，叙述者受到最强烈的激动，但他似乎仍然将女士视为一个审美对象（他的诗歌《一位女士的画像》的对象），而不把她当作自身具有人性尊严的终结。他究竟是在根本上被她的实际命运所打动，还是相反为他自己对它的艺术化表现而处于自恋的审美主义之中，这是非常值得怀疑的。实际上，他那诚恳的情感——连同整个生活的审美化，使得即使是死亡那种冷酷的残忍，在一瞬间也成为审美的享受，而不是痛苦的同情，这似乎也被诗人－叙述者本人所质疑。诗歌结尾的提问“而且 166
我应该有微笑的权利吗？”使得这个论点强有力地成立，而且它在意义上是如此复杂地丰富和多层，以至于在读完诗句之后，还在耳边长久回响。

这个提问，不仅是这样的问题：年轻叙述者是否应该有权利讽刺地笑对妇人过去情感上的软弱愚蠢，是否应该有权利安慰地笑对他通过她的死亡最终从她对真实情感和友谊的要求中逃离出来；而且是这样的问题：诗人－叙述者是否应该有权利愉快地笑对他用一种优美的方式将她那胁迫性的真实情感和痛苦美化为一件精心制作的和令人愉快地消费的艺术作品——它通过审美情感提供替代的生活和感受。但是,他似乎非常明白他对她死亡的那种有偏见的审美化;而且就算他有自我批判的能力(以他对一旦没有“自我控制”时所出现的有失风度的描写为证),他也可以讽刺地笑话承认这种对人的生死的审美姿态是一种不道德的态度。他也在提问:我应该有权利对我的残忍的、非人性的审美主义发出微笑吗?甚至对我对这种道德错误那种高傲的“有智力的”感知发出微笑吗?如果它们事实上不是笑料的话,我们还有权利批判地嘲笑我们自己和我们的伦理弱点吗?

这个最终的、振聋发聩的问题,在这里并没有为了求得一个答案而终止,而是将我们推向更远的地方,超出了诗人－叙述者之外,直至实际的诗人、最终直至读者和批评者。将年轻的诗人－叙述者与在23岁时完成这个作品的青年艾略特等同起来,于是,我们可以将艾略特看作在问他自己,是否有权利对年轻叙述者的审美主义以及那种生活可以像艺术一样对待的自我欺骗以一种批判性的高傲姿态去发出微笑。或者,他肯定在对这种自我欺骗发出微笑吗?因为艾略特自己所做的事情是写作这首诗歌,而不是采取真正的同样行为。在批判艺术对邪恶——它需要远远不止被审美地处理——的成问题的审美化中,他已经简单地通过制造另一个审美对象——一种可以满足我们的审美情感,甚至满足我们中某些人为了艺术中的“道德内容”而拥有的高傲的审美趣味的对象——而再现了这个难题。但是,那种内容的精致的艺术表现或审美化,将注意力从自身本来是在生活中的且需要在生活中而不是在艺术中解决的根本问题中转移开了。这里,艺术显示了其在根本上反熟读深思的(aporetic)特征的一部分,它不断地将我们从恰好是在将我们指向它的行为中的问题上转移出去。

最后，读者－批评者也免不了这种问题和自我欺骗的威胁。我应该有权利笑话艾略特在恰好批判那种伦理错误时，对其荒谬 167
的审美化吗？因为他并没有显示他自己意识到在这个最后的振聋发聩的问题中的困难，因此，它可以被当作是直接针对作为这首诗歌的最终作者的他自己——也就是说，作为某个致力于创造艺术而不是从事更直接的社会批评和道德实践的人。如果我们读者－批评者仅仅将诗歌的道德信息和难题当作审美食粮来欣赏，我们与艾略特或者那个具有写作技巧的青年叙述者相比，就没有更多的权利去微笑，没有权利将内容搁进我们高贵的情感和阅读的精妙之中。

如果存在给出这种艺术的道德悖论一个答案的线索的话，那么它似乎应该是这样：我们应该使我们对艺术作品和其道德内容的批评恢复一种对艺术自身的社会作用的批评意识，进一步恢复对我们的社会世界——高级艺术可以在其中与生活和人的同情毫不相关——的广泛批判。艺术可以刺激这种批判意识，但本身不能提供这种批判意识。就像我们在《一位女士的画像》中所看见的那样，艺术可以最好地引起一个迷惑和暧昧的问题，一个批评——宽泛一点理解，也包括哲学的、道德的和社会的批评——必须澄清和试图回答的问题。

那么，我们应该有权利在这里结束吗？我们更有义务继续对我们那不快乐的社会－文化分裂的批判，在那里友谊陷于恐惧、逃逸和孤立之中，在那里美和情感，不是以愉快的交往实现，而是在女士的孤独死亡和青年男子的独自懊悔的艺术幻像中实现。我们的社会－文化的分裂，在将高级艺术严格地区分于通俗的艺术表现形式——它们甚至被拒绝给予艺术的身份——中得到表现和支持。在我们的文化中，要获得完全的审美合法性，一个人就必须爬上精神化和精英主义的高雅那个陡峭的梯子，差不多像青年男子必须爬上楼梯到达女士的艺术圣地一样。而且，即使在那上面似乎是令人不快的窒息和阴森，人们也不敢推开窗户让街头的新鲜空气和通俗歌曲进来。相反，人们被弄得像粗人和动物一样，感到没有能力呼吸艺术的纯净空气，因而被迫逃向一个完全不同的文化领域。

如果青年男子代表艺术表现的更通俗的形式，而女士则代表高级艺术的话，他们之间的交流或一起相处的失败，就象征着一个严重的文化问题。通俗艺术被放逐在我们艺术传统中的美学尊重和赞同之外，它被剥夺了艺术上关照和管理，而这些可以使之在审美上更加令人满意和敏锐。由于放任于因为生活压力而来的变形——这种压力在很大程度上是那种经济利益的丧失人性的压力，
168 通俗艺术逐渐变得粗野，在技术上精益求精但在敏感性上却极度冷酷。与此相反，高级艺术，就像那个女士，因为同精力充沛的生命活力(席勒式的“活力之美”)——差不多像它们属于青年男子一样属于通俗的表现形式——分离，被遗弃在它那令人窒息的纯洁和无生命的灵性中孤独地死去。

这种存在于纯正的高级艺术和非法的通俗艺术之间的令人悲叹的文化分裂，似乎给我们留下一个无法接受的两难审美抉择：高级艺术沉闷垂死的矫揉造作和通俗艺术非人性的迟钝的原始主义之间的抉择。这种两难抉择和分裂，一定会遭到对我们艺术制度的意识形态的继续批判的挑战。因为这种艺术制度的意识形态，将通俗艺术一概拒绝为在美学上非法的和在社会－文化上堕落的东西。

第七章　形式和感人的爵士乐：通俗艺术的挑战

一

通俗艺术并不受美学家和文化理论家的欢迎，至少是不在他们的专业考虑之中。虽然不是完全被轻蔑地忽视，但它被典型地贬低为没有脑子、没有趣味的垃圾。[①]对通俗艺术或大众文化的诋毁（关于适当术语的争论是有意义的和有启发的[②]）似乎尤其引人注目，因为它被社会-政治观点和信仰事物上极端不同的知识分子所认可。实际上，它提供了一个右翼反动分子和马克思主义激进分子联手和联合的罕见例子。

对通俗艺术的辩护来说，很难反对这种强有力的思想家的联合。然而，这却刚好是我这一章的目标，而且出于多种不同的理由。我的杜威式的实用主义，使我不仅批判高级艺术那种疏远的深奥主义和总体性主张，而且尖锐地怀疑任何高级艺术产品和通俗文化产物之间本质的、不可逾越的区分。而且，历史自身明白地告诉我们，一种文化的通俗娱乐（如古希腊甚至伊丽莎白时代的戏剧）可以变成随后时代的高级经典。实际上，甚至就在同一个文化时期，一个被给予的作品是作为通俗的还是高级的艺术发挥作用，取决于它被公众怎样理解和利用。在19世纪的美国，莎士比亚既是高级戏剧，也是歌舞杂耍。[③]

因为高级艺术与通俗艺术之间的界线，似乎既不清晰也不无争议（例如，许多电影明显介于二者之间），简单地和一般地谈论它们，像我将要做的那样，涉及大量哲学上的抽象和简化。但是，由于对通俗艺术的总体性责难是以这种简化和二分的术语进行的，
170 因此，我觉得用它们来为通俗艺术辩护也是公正的，即使我希望这种辩护最终将通向高级/通俗艺术二分的解决，通向一种对各种艺术和它们的不同利用的更为条理清晰的和具体的分析。④

辩护通俗艺术的最强烈和最迫切的理由是，它给我们（即使是我们知识分子）提供了太多的审美满足，以至于不能接受它被大规模地公然抨击为降低品位的、灭绝人性的以及在美学上非法的。将它谴责为仅仅适合野蛮趣味和那些未开化的、受操纵的大众的愚钝智力，是将我们划分为不仅与我们社会的剩余成员对立而且与我们自己对立。我们被弄得去伤害那些给我们愉快的事物，被弄得去为它们所给予的愉快而感到羞愧。因此，虽然保守的和马克思主义的大众文化批评家们不停地哀叹我们当代社会和个人的碎裂（谴责它依附像现代化、工业化、世俗化和资本主义之类的势力），但是，他们在高级和通俗艺术之间所划下的那种严格的合法性分界线，重新引入和巩固了我们社会中那些同样令人痛苦的区分，它至今依然更深入地扎根在我们自身之中。同样地，虽然对通俗艺术的解合法性批判是在保卫我们的审美满足的大旗下进行的，但它实际上代表了一种禁欲式的克制形式，是自从柏拉图以来知识分子用来降低审美那难以驾御的力量和感性魅力的众多形式中的一种。

出于这些理由，即使对大众文化的辩护几乎不能实现消费这种艺术的那个被统治群体在社会－文化上的解放，但它至少能够

帮助解放我们自己那些被统治的部分,这些部分同样受到这种高级文化的孤傲独尊的主张的压抑。这种解放,与它对文化压抑的痛苦的认识一道,或许能够给范围更广的社会改革提供刺激和希望。⑤

有四个因素使得为辩护通俗艺术而反对它那强大的知识分子批评家显得尤其困难。首先,辩护必须或多或少在敌方的领地上进行,因为正好是那种对付知识分子批评的努力,自身既涉及到它那宣称要求一个答案的权力的接受,也涉及到接受它的指控术语,一种很难中立的术语。对通俗艺术的辩护不很常见,部分因为绝大多数通俗文化发烧友并不认为知识分子的批评恰当中肯或者有足够的威力值得去回应。在他们看来没有必要反对离群"拮据的"知识分子的主张去辩护自己的趣味,就像他们看来除了它给他们和许多其他人提供的满足之外没有必要由任何东西来证明它的正当一样。

一个次一级的和相关的困难是,通俗艺术的知识分子辩护者 171
倾向于过分辩解它在审美上的缺陷。他们不加批评地赞同高级艺术的审美意识形态和它对通俗文化的美学批判,与其说通过争讼它的美学正当性还不如说是通过诉诸社会需要和民主原则的"情有可原的情形"去辩护通俗艺术。因此,赫伯特·甘斯,一个坚定的通俗文化辩护者,承认通俗文化与高级文化相比在审美上的相对贫乏和劣等。高级艺术提供"更强也许更持久的审美满足",因为它那创造性的"革新"、"对形式的实验"、对深层"社会、政治和哲学问题"的探索、以及可以"在不同层次上进行理解"的负载;而大众文化在这些审美特征上明显不足(*PH* 76－79,125)。然而,甘斯争辩说,由于下层阶级"缺乏作为接受高级文化之必要条件的社会经济和教育的机会”,因此不能指责他们选择和享受他们惟一能够享受的文化产品,而且一个在给他们提供充分教育和闲暇去接受高级文化上失败的民主社会,“必须允许那种迎合……[他们的实际]需要和[趣味]标准的文化内容的创造”(*PH* 128,129)。

尽管这是一种令人钦佩的人道主义辩护,但这种通俗艺术的辩护对这本书的读者并不奏效。它只不过是在宽恕那些缺乏教育和闲暇欣赏高级文化的人们。甘斯使这变得非常清楚:我们“应该被期望去选择适合[我们]教育水平的[文化]内容”,而且如果我们“始终选择低于这些水平”就“应该遭到否定地指责”,如果我们选择高于它们就应该受到褒扬(*PH* 126-127)。因此,通俗文化只是对那些不能做得更好的人们来说是好的;它不是某种非常不同的社会阶级(和人的官能)能够在审美愉快和欣赏上获得统一的东西。它不是被颂扬,而仅仅是忍受,直到我们能够提供充分的教育资源,“允许每个人选择更高趣味的文化”(*PH* 128)。这种通俗艺术的社会学上的辩解,破坏了它的真正辩护,因为它们念念不忘那个像它们所反对的批评一样可怜的审美贫乏的神话,就像它们滋养同一种社会和个人的破碎一样。

一种适当的通俗艺术的辩护,要求它的美学论据,而为什么这种辩护似乎很不可靠的第三个原因是,我们倾向仅仅根据它的更著名的天才作品来思考高级艺术,而通俗艺术则典型地被等同于它的最普通的和符合标准的作品。不过,不幸的是,就像即使是最热心的高级艺术鼓吹者也将承认的那样,存在许多普普通通甚至
172 糟糕透顶的高级艺术作品。而且正像高级艺术不是完美无疵的杰作的集合一样,因此我将显示,通俗艺术也不是一个没有差别的缺乏趣味的地狱,那里没有美学标准可以展示或运用。在这两种艺

术形式当中,它们之间的区别与其说是严格的和本质的,不如说是灵活的和历史的,都存在对成功和失败的美学辨别的余地与需要。

最后,也许最大的问题是知识分子话语中的这种倾向:"审美"这个术语被明显运用为一种高级艺术和复杂风格的术语,好像通俗审美的观念几乎是在术语上就自相矛盾。这种倾向已经妨碍某些同情对文化的通俗需要和识破高级文化"无利害"、"非商业"的意识形态的人们,去认可一种并不是全盘否定的、被支配的和贫乏的通俗审美的存在。这种令人遗憾的偏见的最显著例子是皮埃尔·布尔迪厄,他严厉揭露了高级文化所谓无利害审美的隐藏的经济和掩饰的利益,但是,尽管如此,他仍然保持过分受到那个他已去掉其神秘性的神话的迷惑,以至于不承认任何合法的通俗审美的存在。他坚决主张,只是因为否认耸人听闻的引用才提及这个观念,且不断重复强调所谓通俗审美只是"一个陪衬或负面参考点",任何合法的审美必须使自己同它保持距离以确立合法性。[⑥]

我们必须承认,"审美"一词产生于知识分子话语且已经最经常地被运用于高级艺术和最精致的自然欣赏。但是,它的运用当然不再被如此狭隘地限定。一个人只需要考虑一下这种现象就够了:许多被称之为"审美协会"的时尚学校和美容沙龙,它们的职员被冠以"美学家"的名称。而且,传统审美所断定的"优美"、"雅致"、"统一"和"风格",经常被毫不含糊地运用于通俗艺术产品。没有人比布尔迪厄更懂得像"艺术"和"审美"之类的高贵估价的分类术语的强大的社会-政治支撑,因此,他如此欣然地让它们对高级文化的孤傲独占作出让步,当然就令人感到吃惊和不安。因此,通过辩护通俗艺术的合法性,为它们争取摆脱这种独占统治的自由,就显得越发必要了。

为了提供这种辩护，我将挑战反对通俗艺术的主要美学指责；由于我这里不能假装去处理所有的通俗艺术，因此，我将集中于摇
173 滚音乐，尤其是受非洲－美国文化激发的那种质朴感人的爵士乐。在接下来的那章专门讨论拉谱的美学和对一个拉谱作品的分析中，我的研究将变得更为狭窄，但也更为具体。这些章节合拢起来，旨在通过一般论证和具体细节分析相结合，去证明通俗艺术不仅能够满足我们美学传统上最重要的标准，而且具有丰富和翻新我们传统审美观念的力量，从而将它从阶级特权、社会－政治的惰性和对生命的禁欲的否定中更充分地解放出来。但是，在对通俗艺术进行美学辩护之前，必须先思考一个更一般的问题。

二

由于对通俗艺术的最尖刻和最损伤的指责不是针对它的美学状况，而是针对它那有害的社会－文化和政治影响，因此，一个人可以反对说，美学辩护实际上几乎不能使通俗艺术合法化。虽然我不希望低估通俗艺术那种严肃的社会－政治作用，但我可以通过显示通俗艺术那明显与审美无关的危险是直接联系于和在很大程度上依赖于所假设的审美缺点，来对付这种反对。只要我们承认作为文化产物的审美趣味自身受社会和政治的影响，这种回应就不应该使我们感到吃惊，不会被视为对社会－政治的一种形式主义的美学还原。我们通过分析由赫伯特·甘斯汇集的那个分成四组的相当全面的社会－文化和政治指责表，可以看出对通俗艺术的更一般指控，是怎样建立在美学基础之上的。

第一组涉及本质上的“通俗文化创造的否定性特征”——更具

体地说,通俗文化是由纯粹"为了利润"的大规模商业产业所生产,并"从上面强加"给它那无能为力的"被动消费者"(*PH* 19－20)。但是,在这些商业主义和操纵性影响的指责的背后和动机中,我们发现了根本性的美学控告。这种控告不仅是通俗艺术谋取利润(因为高级艺术也这样做),而是为了有利可图"它必须创造一个对广大听众有吸引力的类似性和标准化产品"(*PH* 20),从而牺牲个人艺术表现的严肃的美学目标,将它出卖给大众趣味。这是对通 174
俗艺术反对创造性、原创性和艺术自律性的美学控告。

同样地,也不只是产业化的技术运用使得通俗艺术令人讨厌,因为高级文化的音乐、文学和造型艺术也使用技术。工业化导致技术标准化和产品单一,既窒息创造性艺术家的自由表达又狭隘地限制了受众的选择,这在根本上也是美学指控。前者是将自我决定的创造者还原为装配线流程中的工薪劳动者,而后者是强迫受众享受并不是真正令人满意的东西,因为他们被系统地规划去认为它是令人愉快的,而且因为市场上也真是别无选择。最后,德怀特·麦克唐纳那种"大众文化是从上面强加影响"的指控,⑦很难说是一种简单的文化教导上的指控,因为高级文化也是这样强加自己的影响(无论是来自宫廷、教堂、学院,还是艺术界的强有力的圣殿)。真正的控告是:这种强加的影响是不值得去做的,因为强加的产品是毫无价值的——再一次,一种美学上的要求。

反对通俗文化的第二组社会－文化指控,涉及它"对高级文化的负面影响"(*PH* 19)。甘斯这里只发现两个基本指控:"通俗文化从高级文化那里借取内容而结果却是贬低它们;以及通俗文化通过提供经济上的刺激能够诱拐潜在的高级艺术创造者,从而削弱高级文化的质量"(*PH* 27)。尽管不是明显针对通俗艺术的审美价值,这种指控再一次暗含和依赖它的美学否定。由于甘斯承认通俗艺术在审美上低人一等,因此他必须通过这样的论证来回应这些指控:借取的例子实际上并不导致一般的"高级艺术本身或者它的生命力的降低",而高级艺术市场太小以致不能容纳所有潜在的被从经济上诱拐至通俗艺术的创造者(*PH* 28–29)。他这里和从头到尾的论证都是:应该忍受通俗艺术,因为它"对高级文化和它的创造者们并不造成真正的威胁"(*PH* 51)。这种相当可疑的主张,否定了通俗艺术的力量,将对高级文化的反击视为偏激的狂想。一个人可以通过质疑它们那潜在的美学假定对甘斯的指控
175 作出更激进的回应。一个人甚至可以承认,通俗艺术对主题和创作者的借用,在挑战和也许在缩减高级文化的权力,不过,要继续坚持主张,它可以由具有其自身真正的审美价值所补偿。

首先,我们应该认识到,在文化上没有什么因为借用内容而根本错误的东西。在高级文化的艺术中,内容总是被借用,而且经常借自通俗的来源。[⑧]这种借用提供了相互联系的厚重感——它可以丰富一种文化的传统——的一部分。显然,使高级艺术的借用合法化的东西,是它的作品具有审美价值,而通俗艺术则被假定不具备审美价值。同样地,通俗艺术消耗高级艺术生产的创造性才能的指控,其控诉力量也源于这个转移的创造才能没有被很好地使用的前提,因为与高级文化相比,通俗艺术在审美上是没有价值的,而且不具备其他的补偿价值。

这种通俗艺术没有审美价值的假定,也支持了甘斯的第三组社会–文化指控,它们涉及"对通俗文化受众的负面影响"(*PH* 19)。他列举了三种这类影响:"通俗文化在情绪上具有破坏性,因为它制造虚假的满足……它在智力上具有破坏性,因为提供华丽

庸俗而逃避现实的内容,抑制了人们应付现实的能力……它在文化上具有破坏性,削弱人们分享高级文化的能力”(*PH* 30)。这些甘斯当作由经验根据非决定性地支持的批评,它们全部都明显依赖那个假定性的通俗艺术的审美贫乏。虚假满足的指控,意味着不能制造真正的审美愉快。这不能意味着满足只是更直接或更原初愉快的一种升华性代替,因为这种指责对高级艺术那更精致的愉快将更为真实。同样地,通俗艺术只能通过蛊惑人心的逃避主义的内容来娱乐受众的主张,假定了它在美学上无力通过有意义的形式和现实主义的内容来感动我们。而通俗艺术毁坏智力和腐化我们从事真正文化的能力的指控,同样预先假定它缺乏能够刺激或奖赏智力和审美注意的精妙性。所有这些有关通俗艺术固有的负面性审美特征的假定,都是可以争论的。

最后,第四组“非美学”指控涉及通俗文化“对社会的负面影响”——尤其是它“不仅降低了社会的文化——或文明——品质的水平,而且通过创造对那种说服大众的技术特别容易响应的被动受众,从而鼓励极权主义”(*PH* 19)。甘斯主要通过指出它缺乏经验证据来反对第一个指控,主张至少在消费的统计学意义上,由于 176
大众传媒的通俗艺术的出现(或者是通过教育的改善)而出现了高雅文化兴趣的上升(*PH* 45)。但是,他进一步强调,人民的自由和愉快比“文化品质”本身更为重要,强调“一个社会全面的趣味水平不是像其成员的福利那样,是一个社会的善的有意义的标准”(*PH* 130)。至于第二个指控,甘斯否认通俗文化要么具有推进独裁专政的能力,要么具有“成为反对像极权主义之类的危险的一道防线”的义务。这两种否认都是值得质疑的,像甘斯那种相关的假定——传媒只是对公众舆论作出响应,至多只是提供“现存社会倾向的巩固”而不是塑造或改变它们——那样值得质疑(*PH* 46 - 47)。[⑨]

如果我们发现甘斯的辩护并不充分,我们可以再一次通过揭露和挑战支持这两种指控的美学假定发现另一种回应。社会的文化品质因为大众文化出现一定会降低(而不是通过文化和审美多样性而得到提升和丰富)的观念,只是假定通俗文化的产品永恒地和固有地具有负面的审美价值,因此,必然“降低……作为一个整体的社会的[文化品质]和趣味水平”(*PH* 43 - 44)。但是,尤其是当我们已经认识到作为其动机的传统知性主义偏见的时候,为什么还要接受这种必然论的假定呢?

其次,指控通俗艺术养育极权主义式的盲目服从,因为它要求一种没有脑子的、被动的反应,这是再一次假定通俗艺术既不能激发也不能奖赏任何超过白痴的、不加批评的被动性之上的审美关注。如果这种指控显示这种艺术不仅不能有智力上的刺激而且不能有对“现存的社会倾向”的尖锐批评,那么这种指控将会遭到有力的瓦解。我随后关于拉谱音乐的说明将努力表明这一点,而且还将显示在通俗艺术中呈现的、被谴责大众文化的批评家决然否定的其他审美特征。但是,为了准备这项工作,以及显示对通俗艺术那种显然的非美学控告在很大程度上依赖美学指控,我首先将更详细地探究这些美学指控。

为了反对那些批评家去辩护通俗艺术,我并不企图进行全面的美学粉饰。我承认通俗艺术产品常常是在审美上糟糕的和令人不快地缺乏吸引力的,就像我承认它们的社会影响可以是非常有害的一样,特别是当它们以一种被动的、全盘接受的方式被消费的
177 时候。我将争辩的东西是,通俗艺术总是和必然是一种因其内在

构造而在美学上失败的、次等的和不合格的哲学证明,即(用德怀特·麦克唐纳的话来说),“存在为什么大众文化不是和永远不可以是任何善的理论上的理由。”⑩

在有关通俗艺术的争论中,我的辩护需要被定位在责难的悲观主义(不仅是反动的高级文化精英而且是马克思主义法兰克福学派和它现在的门徒们的典型特征)和颂扬的乐观主义(以通俗文化联合会和《通俗文化杂志》为典型代表)两极之间。如果说前一极以近乎偏执狂的恐惧将通俗艺术谴责为缺乏补偿性的审美或社会优点的疯狂操纵,那么后一极以天真无邪的乐观主义将它拥抱为最好的美国生活和意识形态的自由表达,一种可以被很好地视为最愤世嫉俗的悲观主义式的乐观主义。我的中间立场是一种改良主义,既承认通俗艺术严重的缺点和弊端,也认可它的优点和潜能。它主张通俗艺术应该被改善,因为它还有许多尚待改进的地方,而且它也能够被改善,因为它能够且常常获得真正的审美优点和服务于有价值的社会目的。这种立场坚持主张通俗艺术应受到严肃的美学关注,因为将它开除为在美学思考之下的东西,无异于将它的评价和未来交付给最惟利是图的市场压力。改良主义的长远目标是引导一种远离一般责难或赞颂的探究,以便使关注可以被更好地集中于更具体的问题和细节的改善上。但是,目前对通俗艺术的内在审美无用性的一般哲学论点太有影响了,以至于不能将它们扔下不予答复。它们既在性质上不同又深深地交错在一起,因此,我接下来根据六种不同的基本指控对它们的处理,将冒着简单化和交叉重复的风险。

三

(1) 也许对通俗艺术最基本的美学抱怨是:它简直根本不能提供任何真正的审美满足。当然,即使最不友好的批评家也知道电影使数百万人享受娱乐,摇滚音乐使听众充满愉快地起舞和跳动。但是,这种明显和令其不适的事实,被那些否定这些满足是真正满足的人们巧妙地躲避过去了。通俗艺术提供的显然的满足、
178 感动和经验,被当作虚假的和欺骗的东西而排除出去,而高级艺术则被认为提供了某种真正的东西。

例如,利奥·洛温塔尔根据“虚假满足和真实经验之间”的不同来看待“通俗艺术和[真正]艺术之间的不同”,而克莱门特·格林伯格也同样地谴责通俗艺术(他总起来和轻蔑地给它们贴上“粗俗[kitsch]”的标签)只是提供“错位经验和虚假感动”。[11]阿多诺同样猛烈抨击通俗艺术那“褪色的”和“虚假的”满足,他解释说,这只是“因为大众被拒绝给予真正的享受,出于愤恨,他们享受[通过]低级艺术和娱乐……出现的替代品。”[12]而且,像伯纳德·罗森伯格和欧内斯特·凡登哈格之类的批评家,进一步强调“娱乐工业”的虚假愉快和“代替满足”阻碍我们获得“任何真正令人满意的经验”,因为它们提供的“消遣解闷”“将[我们]从生活和真正的满足中转移出去”。[13]

对这些引文的仔细审查将显示,对剥夺通俗艺术任何像愉快一样的积极东西的狂热渴望,导致批评家不仅否定它的经验和享受在审美上是真正的,而且更激进地否定它们在本质上是真实的或真正的。总而言之,对虚假性的宣称,一种专横的知识分子的假

定策略,意味着文化精英不仅具有决定与通俗看法相对的美学合法性界限的权力,而且具有立法规定与经验明证相反的什么可以被称作真正的经验和愉快的权力。然而,这样一种激进的主张怎么可能被证实呢?事实上它从来就没有被证实,而是由它的提议者的权威和反对者的事实上缺席所维持住的。它没有面对来自它所阿谀奉承的知识分子的强力挑战,也没有来自非知识分子——他们缺乏反驳它的力量或兴趣,只是典型地将它否定为对他们的世界毫无影响的"抽象胡说"——的强力挑战,这是相当能够理解的。

断言"由大众文化提供的满足是虚假的",这事实上究竟意味着什么?用来支持这种主张的东西究竟有什么论据?[14]它只不过是一种通过挑战这些满足的事实而否定它们的合法性和价值的修辞性表示吗?也许对这种虚假性的指控最直截了当的解释和辩护是,通俗艺术的所谓满足不是真实的,因为它们从来没有被深刻地感受到,它们是虚假的因为它们仅仅是"褪色的"、"虚假的感动"。但是,摇滚音乐的经验——它可以具有如此强烈的吸引力和强大的力量,以至于可以把它当作精神上的着迷——无疑使这种指控 179
成了谎言。即使是最严厉的摇滚批评家,也承认摇滚经验那真正热情洋溢的力量和如痴如醉的满足,就像他们哀叹这种力量那可怕的教育性后果和无情的商业化利用一样。由于对它那表达今天年轻人的渴望和经验的至高无上力量感到苦恼,艾伦·布鲁姆诋毁摇滚音乐为一种"贫民窟现象"。它属于贫民窟的,不是因为它不能使人满意,而是因为它给予年轻人的强烈愉快"使得它们在具有与那种作为自由教育实质的艺术和思想的热情联系上显得非常困难",一种布鲁姆在极端传统主义和知识分子的意义上构想的教育。[15]

通俗艺术的强烈度和吸引力中那种显然的和胁迫性的真实满足,有时会在另外一种意义上——即在短促性的意义上——被讥讽为虚假的。它们不是真实的,因为它们飞速消逝。“我们暂时高兴……但不满足。”“你现在消费的东西可以使你这一刻暂时满足;……在另一时刻它又会让你贪婪渴望。”[16]然而,这种论证是经不住分析的。首先,从逻辑的层次上说,它完全错误地从某种东西的暂时性中得出它不真实的结论。这种不合逻辑的推论(*non sequitur*)之所以似乎令人信服,不仅因为它具有一个可以上溯到巴门尼德的重要哲学谱系,而且因为它满足一个同样强烈的心理动机——我们对稳定性的深刻渴望,它被典型地误解为要求完全永恒的确定性。但是,尽管它得到这种强大和持久的偏见的支持,这个推论显然是错误的。某种仅仅暂时存在的东西仍然是真正的存在,一个暂时的满足始终是一种满足。

而且,短暂必然虚假,如果满足随后又使我们渴望更多,这种满足就不是真实的和欺骗的,这种论证不能专门用来质疑与高级艺术相对的通俗艺术。因为如果我们接受这种论点,它可以同样有效地反对高级艺术的满足。对一首十四行诗的阅读或者对一打绘画作品的观看能够给我们永恒甚或持久的满足吗?当然不能,因为真正审美愉快的确凿特征之一是:虽然它使人满足,但它也激起对这种愉快的更多要求。如果你对一个对象的审美愉快,让你不再想要,那么,你可能根本就没有被满足。[17]实际上,对整个持久
180 满足的主张,是需要质疑的。它似乎是过于神学的和来世的。在我们这个不断变化和充满期望的世界中,不存在永久的满足,对于消逝的愉快和期望更多的欲望来说,惟一的终点就是死亡。

一个对短暂性——通常被用来反对通俗艺术——的稍微不同的指控，不涉及满足自身的短暂性，而涉及它使人满足的能力的飞快消失。通俗艺术作品经受不了时间的检验。它们可以短暂地达到流行音乐排行榜的顶端，但很快就会丧失娱乐我们的力量，不久就会逐渐被人遗忘；因此，它们的魅力和快乐表现为根本性的幻像。与之相反，高级艺术能够保持它的令人满足的力量。我们经常被告知，荷马的作品和古希腊戏剧通过给数世纪之久的广大群众提供满足而且直至今天仍然在提供它们的满足，证明了它们所提供的满足的合法性。通俗艺术中没有任何东西可与这种持久的历史相比拟，即使在电影经典和通俗音乐的"黄金旧曲"中，也没有这种东西。

但是，即使满足所有这些，这种论证仍然存有严重的缺陷。首先，现在得出这个结论——我们的通俗艺术经典将不会作为审美享受的对象存活下去——尚为时过早。相信其中某些通俗艺术会存活下去，比相信许多人仍然在为了愉快而阅读荷马似乎更为容易。而且，我们倾向于忘记确保高级艺术经典的持久愉悦性的社会-文化和制度上的原因。教育和选择的可行性，在决定我们愉快的对象中起了巨大的但经常被遗忘的作用。在一个宽泛的范围内，我们只是享受我们被训练和受条件限制的可享受的东西，只是享受我们环境可供选择的条件允许我们享受的东西。因为经典长期被系统地传播，对它们的欣赏是通过强有力的教育体制严厉地反复灌输的，然而（至少直到大众传媒时代之前）没有这种有组织的或有影响的体制去传播和保存通俗艺术作品，前者作为令人关注的对象因而成为审美享受的对象而更好地存活下来，这就不应该有什么大惊小怪的了。

通俗艺术批评家喜欢争辩说，电视观众并不真正喜欢他们所观看的节目，但是，尽管如此他们还是得“享受”它们，因为在其他频道上没有更好的东西可供选择；通俗艺术的消费者就像“那个因为没有别的什么可供喜爱的而喜爱他的牢房的囚犯”一样。[18]但是，这个同样根据极少选择性的论证，可以反过来解释对荷马的那种“永恒的”享受，它在今天是如此微不足道，以至于差不多像它的天神和英雄一样似乎变成了一种神话。实际上，正是因为大众传媒现在提供了一个可选择的传播和教育体系，因此，对传统学院体
181 系所反复灌输的经典的那种别无选择的崇拜，在很大程度上已经遭到对通俗艺术的兴趣的破坏。不过，这不是证明经典和高级艺术不再值得引起审美兴趣和不再得到审美兴趣的回报，而只是反对它们那种传统上对审美关注的合法地位的垄断。

通俗艺术因为短暂而虚假的论证，在这一点上也是错误的：它忘记了许多伟大的高级艺术经典最初也是作为通俗艺术生产和消费的。希腊戏剧曾经是非常通俗和粗俗的东西，就像伊丽莎白时代的戏剧一样；许多现在受尊重的小说（如《呼啸山庄》），曾经被用一种与最近谴责电视和摇滚音乐非常相似的方式谴责为煽情的商业垃圾。仅仅由无视那些高级艺术作品事实上的通俗起源来否定通俗艺术作品的继续存在，只不过是一种无知的错误。这是统治的精英对被统治的大多数人的文化资源的掠夺性侵用。因为一旦这些作品被专门重新分类为高级艺术，它们的占有模式也就被重新定义了，以便贬低和轻视对它们的通俗欣赏，从而在根本上将它们保留为文化精英的更为与众不同的享受。

最后，即使我们勉强承认通俗艺术作品是短暂的，它们那令人愉快的力量也是短暂的，这也既不能使它们没有价值，也不能使对

它们的满足变得虚假。采取这样的主张,等于将所有的愉快和价值等同为永恒。但是,在短暂的事物中,甚至有时正在它们的短暂之中,也存在价值。短暂的相遇,有时候可以比持久的关系更甜更好。拒斥短暂的价值,已经是我们知识分子文化的一个相当长久的偏见,对于过去的生存条件——生存是如此地不安全以至于关注和价值不得不固定在最持久的东西上——来说,这也许是一个非常管用的偏见。但不管怎么说,它也是一种偏见,使得我们的愉快变得枯萎而迟钝。实际上,它甚至阻塞了一条建构一种更稳定地令人满意的生活的途径。因为一旦短暂的愉快被降低为相对没有价值和不值得注意,严肃的思想就不会致力于它们怎样才能最好地被实现、重复和安全地整合于生活之中。结果,这种愉快和它们有时对生活的剧烈影响,就被危险地留给了难以预测的变化、盲目的要求和广告的灌输压力。

通俗艺术的满足还在另一种意义上被责难为虚假的:仅仅作为那种不知怎么更为基本的或更为真实的愉快的代替品。对否定
我们"直接感觉经验领域中的真正满足"的社会情形提出正确抗议 182
的阿多诺,也抱怨通俗艺术作为一种麻醉的逃避形式,给这种享受提供了错误的代用品。"因为群众被拒绝给予真正的享受,出于怨恨,他们享受以他们的方式所得到的代替品"(*AT* 19,340)。然而,像阿多诺必须承认的那样,高级艺术的愉快更多地被实际生活所中介和开除;它们也可以服务于逃避主义的目的。

但是,就像通常的那样,代替的指控将真正满足定位于最终的满足而不是当下直接的满足,定位于一种延迟的满足因而是更完全的满足。凡登哈格明确将通俗艺术比作手淫,比作仅仅提供紧张的释放而不是真正的满足,他谴责通俗艺术以发泄精力的"使个

体失去追求真正的满足的代替满足”充斥我们，因而妨碍我们任何“根本的满足”。[19]艾伦·布鲁姆用一种非常相似的影射淫乱的形式，将摇滚满足与不延迟和不正常的性快乐联系起来，暗示这种满足的虚幻性：“摇滚音乐提供早熟的狂喜”给小孩和青少年，“好像他们已经准备好享受最终或完全的满足一样”。[20]

的确，延迟和阻抗常常增强满足，但哪里可以发现“完全”和“最终”的满足？在这个确信没有欲望终点的世界上，几乎没有这种最终的满足。真正的满足只是移交给了某些超验的领域——对于布鲁姆是柏拉图式的理念领域，对阿多诺是马克思主义的乌托邦，对凡登哈格是基督徒的来世生活。他们似乎愿意去合法化的惟一快乐，是那些我们不能达到的、至少在这个世界上不能达到的快乐。即使高级艺术的审美愉快也不能被豁免准许有这种满足。“在一个虚假的世界上”，阿多诺痛苦地承认，“所有享乐都是虚假的。审美愉快也被认为这样。”而凡登哈格忧郁地吟诵着同样可怜的痛苦句子：“至于今生的快乐，它们完全不值得追求。”[21]因此，像早先指出的那样，对通俗艺术仅仅提供虚假愉快的批评，与其说是对真正愉快的辩护，不如说是一种全盘否定所有世间愉快的掩饰，一种由禁欲的头脑们——害怕快乐成为他们超验目标的危险转移，或害怕快乐仅仅作为对他们根本的禁欲生活的一种令人不安的威胁——所采取的策略。

有时，对通俗艺术的满足的虚假性，会给出两个最终的理由。第一个主张：由于“真正经验……以需要努力参与为先决条件”，通俗艺术不能提供任何这种“真正令人满意的经验”。第二个强调：
183 它的经验不能是真正的，因为它不能“将整个个体包含在它与现实的联系之中”。[22]然而，这两个论点将虚假满足的指控引向了另外两个十分重要、需要分别给予关注的对通俗艺术的批评:不费力气的被动性和空洞的浅薄性。

(2) 通俗艺术经常被谴责为不提供任何审美上的挑战或能动的响应。与高级艺术——其欣赏要求审美上的努力因而激发审美能动性和伴随的满足——相对,通俗艺术既诱导也要求一种不活跃和无回报的被动性。它的"简单和重复的结构",布尔迪厄说,只是"引起一种被动的、心不在焉的参与"(*D* 386)。这种不费气力的被动性,被认为不仅可以用来解释它的广泛的吸引力,而且可以用来解释它无力提供这种真正的满足。它的"不费气力"很容易迷住我们中间那些太疲倦和劳累以至于不能尝试具有挑战性的东西的人们。但是,由于快乐(像亚里士多德所认识到的那样)是一种伴随行动和在根本上系于行动之上的副产品,因此,我们缺乏积极行动的努力,最终就会转变为毫无乐趣的无聊。我们怠惰地和无力地在一种被动的、没精打采的麻木情绪中接受作品,而不是对它作出积极而敏锐的反应(就像我们可以在高级艺术中所做到的那样)。它也不能容忍更活跃的细察和响应。因此,通俗艺术的受众必然从积极的参与者降低为必须是"尽可能被动"的"被动的消费者"。㉓

阿多诺和霍克海默对"所有娱乐遭受这种不可救药的疾病之苦"的情形进行解释说:

> 愉快僵化为无聊,因为如果它要保持为愉快的话,就一定不能要求任何努力,从而在陈旧的联想惯例中精确地运动。对受众来说,一定不能期望独立的思考:产品规定每一个反应:不是通过它那(在沉思下瓦解的)自然形式,而是通过信

号。任何要求智力努力的逻辑联系，都被煞费苦心地避免了。[24]

许多通俗艺术的确可能符合霍克海默和阿多诺的分析。但是，他们的批判，也暴露出了将所有合法的行为与严肃的思考简单地等同起来、将“任何努力”与知识分子的“智力努力”简单地等同起来的迹象。大众文化的批评者们极不情愿承认：除了智力努力之外，还存在从人类的观点来看有价值的和在审美上值得的行为。因此，即使所有艺术和审美快乐的确都要求某种积极的努力和对
184 某种阻抗的克服，这也不会必然得出它们要求费劲的“独立思考”的结论。还存在一些其他的、更多是身体方面的努力、阻抗和满足的形式。

摇滚歌曲，是典型地通过伴随音乐的运动、舞蹈和歌唱来欣赏的，常常需要付出汗流浃背和最终使我们自己筋疲力尽的那种充满生命活力的努力。这种努力，正如杜威所认识到的那样，包含了对像“窘迫、恐惧、笨拙、害羞、[和]缺乏活力”之类的阻抗的克服。[25]与欣赏趣味高雅的音乐相比，在对摇滚的欣赏中，明显存在更多身体层次上的努力行为。而那种趣味高雅的音乐会，迫使我们静止不动地坐着，其中的安静不仅经常引起麻木的被动，而且经常引起鼾睡。“感人的爵士乐”这个术语，被用来刻画和称赞许多摇滚歌曲，它起源于一个意思为“肯定出汗”的非洲词语，是一种精力充沛地积极的和激起公共热情的参与而不是进行判断的冷静疏远的非洲审美的表现。[26]由摇滚激起的那种更加精力充沛的和充满肌肉运动感的反应，揭穿了无利害、有距离的沉思那种传统审美态度的根本被动性——一种沉思的态度，它来源于对哲学和神学知识而不是愉快的追求，只为个人的启蒙而不为公共的相互影响

或社会的变革目的。因此,像摇滚之类的通俗艺术,以一种向身体维度的快乐回归的方式,显示了一种在根本上得到修正的审美。这种身体维度,被哲学为(通过知识分子)保护它自己在所有人类价值领域中的霸权而长期压制。这种艺术的审美合法化遭到猛烈的拒绝,它那已经体现的和正在体现的成果,被忽视或拒斥为从艺术的真正(即智力的)目的中的非理性的衰退,这就不值得大惊小怪了。这种艺术和它的欣赏在非西方文明中有其根源的事实,使得它们变得甚至更加无法接受地落后。

对阿多诺来说,流行音乐是"倒退的"和在审美上颓废的,因为它"是一种身体刺激"(*AT* 170);对艾伦·布鲁姆来说,摇滚的问题是它对"感性"和"性欲"的深深吸引力,这些导致它"反逻辑(*al-ogon*)"。"它不仅是不合理的,而且是跟理性敌对的"。马克·米勒犯了同样的错误,他仅仅从摇滚具有更直接的感性吸引力的事实,就推断它的在审美上的非法性和智力上的堕落。"摇滚音乐",他引用约翰·列农的话抱怨说,"只经过你而不必经过你的脑袋";这种感性的当下直接性,被否定地误解为一定是不费力气的空虚和被动的"静止",因此,"所有摇滚都追求酒吧背景音乐的环境"。总之,由于摇滚无须有智力的"解释"就能享受,因此它没有充分的"睿智"去获得审美上的合法性,而它那所谓的"艺术家和听众,都 185
是反智识的和常常是醉醺醺的"。摇滚惟一和短暂的价值,是由它那严重的犯罪性挑战所引发的批判意识;在一则透露通俗文化批评家们轻视身体的笛卡尔主义迹象的评论中,米勒哀叹摇滚的"身体,在失去它原本抗议的灵魂之后……就去跳舞"。[27]

阿多诺、布鲁姆和米勒的论点,连同他们那反抗身体的敌意一起,分有两个使之无效的逻辑错误。首先,摇滚的感性吸引力不必一定招致(不是在它的创作者就是在它的听众中的)反知性主义。只有如果感性的东西在根本上与智力的东西势不两立,才会得出这种结论;而我们作为感性的智力者,为什么应该认定这种势不两立呢?这只是知性论者惟我独尊的臆想,一种对柏拉图谱系的强烈的哲学偏见,它引导这些思想家将感性和智性视为互相排斥的东西。第二个谬误是进行这样的推断:由于摇滚音乐可以被无须艰苦思考或解释就能被享受,因此它的享受就不会经受得起或奖励反思的分析。即使它能够在浅薄的知性水平上被欣赏,这仍然不能得出:它一定就是这样欣赏的,而且不能提供任何别的东西。

(3) 此外,让我们来面对这种指控:通俗艺术事实上太肤浅而不能让智力参与其中。因为如果它仅仅让人的经验中那种身体层面和精神上贫乏的层面得以参与和满足,那么,它的价值就会受到严重的局限,尽管如此,但我相信它的价值远非可以忽略。知性浅薄的指控,可以典型地分解为两个更加专门的主张。

(a) 第一个主张是:由于通俗艺术不能处理生活中深层次的实在和真的问题,因此,它努力用一个充满假问题和容易的、陈腐的解答的逃避性的梦想世界,来转移我们。与"倾向于在更深刻层次上参与生活"和表现现实中"本质性的东西"的高级(或真正的)艺术相反,通俗艺术"从生活中转移",从生活的"真正的和最重要的问题"中转移;尤其是,通俗艺术的作品,"将大众从变得更清晰地意识到他们的真正需要中转移开了"。[28]通俗艺术,德怀特·麦克唐纳解释说,被迫去忽视或"虚无……深刻的实在(性、死亡、失败、悲剧)……因为这些实在会显得过于真实……以至于不能引起……[它所寻求的]让人麻醉的接受"。[29]但是,这是再一次没有论证地假定:通俗艺术的目的,总是一种毒品麻醉似的静止性昏迷,尽管事实上有充分的迹象表明刚好相反。伍德斯托克音乐节(Woodstock)以前很长一段时间,摇滚音乐曾经常常是一种尖利的、动员群众抗议的声音;在最近这些年来,通过诸如“援助生活”、 186
“援助农场”和“今天的人权”之类的摇滚音乐会方案,它已经被证明是为了有价值的政治和人道主义目标的合作性社会行为的一种有效来源。

凡登哈格对为什么大众传媒产品不能处理实在提供了最常见的论证。通俗艺术必须吸引比有教养的受众要广泛得多的受众,因此,它必须将它的产品制作得全面包容范围广大的公众。但是,对凡登哈格和其他文化骗子来说,这意味着将它们制作得过于小器,以至于不能包含任何真正的问题或有意义的经验。

> 因此,它们必须忽略所有可能被误解的人类经验——所有其意义不明显和不被认可的经验与表达。这就是说,大众传媒不能触及艺术、哲学和文学处理的经验:以实质性的和有重要意义的形式所表现的实质性的和有重要意义的经验。因为如果它是这样的话,它就会是新的、可疑的、困难的、也许还是令人讨厌的、至少是容易误解的……[因此]大众传媒……不能触及真正的问题或真正的解决。[30]

至少有两个根本性的谬误,可以让这种主张无效。首先,存在这样一种错误的假定:通俗艺术不能流行,除非它的形式和内容是完全透明的和被整个儿认可的。但是,这种观点是没有道理的,因为它包含了一个同样的错误假定:通俗艺术的消费者真是太愚蠢了,以至于不能理解任何超出显而易见的东西;他们在心理上真是太天真了，以至于不能欣赏他们可以根本不同意的观点的表达。最近对电视剧的研究表明，大众传媒的受众能够对“英雄”和其中表达的观点持一种批判的和复杂的态度；[31]这个观点得到摇滚发烧友的证词的巩固，他们喜爱暗示吸毒和暴力生活的歌曲，但事实上并不赞同这种行为。而且，即使假定它的受众在很大程度上都是头脑简单者，我们仍然不能得出这样的结论：为了使人满意，通俗艺术的内容必须是完全明白易懂和获得认可的。因为还存在这样的可能性：即使只是部分地理解甚或误解，它仍然可以令人满意。最初感受摇滚乐的中产阶级白人青年，的确没有真正理解让他们极度兴奋的歌词含义，许多摇滚歌词令人讨厌地隐含了美国黑人的意义，就像“摇滚音乐(rock'n'roll)”这个词语本身那样，它的意思就是“肏”。

其次，凡登哈格的论点，荒谬地将人的经验和表达中“实质性的和有重要意义的东西”与新的和有难度的东西混在一块。毫无
187 根据允许将这些明显区别的概念等同起来，而且任何诸如此类的等同，都将为我们生活中经常具有的更熟悉的经验和传统形式(例如，恋爱、吻我们的孩子表示晚安、节日的祈祷与聚餐)的持久意义所驳倒。凡登哈格和其他人因为他们盲目效忠于高级现代主义的原创和艰难的审美——它被当作经验的实质性和重要性被偷偷地塞了进来——而犯下了这种等同的错误。更为糟糕的是，由于它变成了“真实”的标准，因此通俗艺术所涉及的普通问题——失望的爱情、经济的艰难、家庭的冲突、疏远、吸毒、性和暴力——就可以被当作“不真实的”来否认，尽管所谓值得艺术表现的“真实问题”，只不过是那些新奇和深奥得足够摆脱一般公众的经验和理解的东西。这对那些握有特权和因循守旧的人，去忽视和压制那些

他们以否定其艺术表达的合法性来统治的人们的实在来说,的确是一种方便的策略;一种这样的策略,它生动地例示了布尔迪厄的观点:审美冲突,经常在根本上是“为了获得将占支配地位的定义强加给实在、尤其是对社会实在的权力的……政治冲突”。[32]但是,对文化唯美主义者来说,无论它们如何令人讨厌地陈腐,这种“不真实”的问题(和它们使其生活筋疲力尽的普通的“不真实”的人们),组成了我们世界的一个重要维度。贫穷和暴力,性和毒品,“备用的部分和破碎的心”(引用布鲁斯·斯普林斯廷语),“使这个世界团团打转”;而且,它们有一种用残忍的复仇重复加强其被压制的实在的情形,就像一个人离开手术室又在街头被殴一样。[33]

(b) 通俗艺术还在另一种意义——使得其不再诉求“深层实在”和“真实问题”——上,被谴责为肤浅的和空虚的。这里的指控仅仅是:通俗艺术作品,缺乏足够的复杂、微妙和不管以任何方式提供精神上的刺激以及能够“维持严肃兴趣”的意义层次。与“倾向于复杂”以便其“内容可以在好几个层次上被感知和理解”的高级艺术相反,通俗艺术必须通过仅仅经营那“广泛的、容易认知的意象”、浅层的老套和空洞的陈词滥调,来获得它的广泛普及。[34]因此,它不能锻炼我们的智力,只能(用阿多诺的话来说)“用更加空虚来充满空虚的时间”(*AT* 348)。

的确,有太多的大众传媒产品是烦人地肤浅和单面的,但是,文化批评家因此得出结论说,所有的传媒产品都一定如此。通过暗中诉诸“所有大众文化都是同样的”这个均匀化了的偏见,[35]他 188
们毅然否认事实上可以在通俗艺术作品中发现精妙的复杂性。然而,即使是阿多诺,他也承认:通俗作品,常常“由互相重叠的不同意义层次组成,所有这些层次都为效果服务”。[36]约翰·菲斯克对电视叙事的研究表明：它们的流行，的确常常依赖它们的多层次、暧昧和多义，以便它们能够同时被“具有不同的、兴趣常常冲突的不同群体”所阅读并因而吸引他们。因为，正如媒体和市场专家所认识到的那样，通俗电视观众，不是“一群同类的人”，而是许多不同的社会群体的流动性的聚集。他们“积极地看电视，为的是从中得出与他们的社会经验相关的意义”。[37]

知识分子批评家们，典型地未能认识到通俗艺术的多层、多义和差别细微的意义，因为他们从一开始就觉得“厌烦”，不愿意给予这些作品以理出这种复杂性所必需的同情性关注。但是，他们有时候恰好不理解所讨论的作品。摇滚音乐长期是隐蔽信息的传递者。就像它是从奴隶和文化压制那难以忍受的条件中浮现的那样，摇滚意义（身体的和推论的）的复杂层次，对于它掩饰虽然表达抗议和傲慢但无伤大雅和愚钝的沉默来说，是必不可少的。从黑人文化到青年文化，这个传统一直持续着，因此鲍勃·迪伦在1965年能够这样告诉一位会见者：“如果我告诉你我们的音乐真正关于的东西，我们很可能都得被捕。”[38]今天，我们仍然发现一些有学识的成年人，他们坚定地确信摇滚歌词完全是琐碎的和空洞的，但是，尽管如此，他们最终还得坦白：他们不能把握它们那在沙哑的声音和不规范的措辞之外的意义。如果我们大多数成年人，还年轻得足可以为埃尔维斯和小理查德激动起来，从而屁股扭动得足可以对经典摇滚那传统的噪音和废话不去太多抱怨，那么，对无意义的声音和粗痞的空洞歌词的指控，现在就开始针对像朋客（punk）和拉谱之类的类型，在它们那里，噪音和语言上的离轨两个方面，都被有意识地主题化为形成某些歌曲语义上和形式上的复杂性的一部分。[39]

(4) 我们的文化,将艺术视为精华汇粹的创造和原发,视为必然地从事于革新和实验。这就是为什么许多美学家都宣称:一件艺术作品总是独一无二的,为什么甚至像 T. S. 艾略特一样的传 189
统主义者也强调:一件作品,“如果它不是新的……因而就不是一件艺术作品”。[40]与此相反,因为它的生产动机和方式,通俗艺术被全面诋毁为不仅是非原创的和单调的,而且必然如此。它的产品不可避免地是“温吞吞的和标准化的”,因为它们是由适合于“投合消费者趣味而不是发展和培养独立自足的趣味”的惟利是图的工业,凭技术从公式和“现成的陈词滥调”中攒起来的。[41]因此,不同于创造的原发性和其他“真正的艺术特征……通俗文化显示出具有它自己的真正特征:标准化、定型化、保守主义、虚伪、受操纵的消费者利益”。[42]

通俗艺术必然是非创造性的主张,建立在三种论证思路上。第一,它的标准化和技术化的生产排除创造,因为它们对个性施加限制。[43]第二,通俗艺术的批量生产和劳动分工阻挠原创性表现,因为它们涉及远非单个艺术家的决定。[44]第三,娱乐一大群受众的要求,与个体的自我表现是相互矛盾的,进而与原创的审美表现相矛盾。所有这些论证,都建立在这个前提上:审美创造必然是个人主义的。这是一种由资产阶级个人主义的自由主义意识形态所滋养的成问题的浪漫主义神话,它掩饰了艺术在本质上的交流维度。无论如何,这些论证没有一种是具有说服力的;它们也不能用来将通俗艺术从高级艺术中隔离出来。

像在通俗艺术中一样,在高级艺术中也能发现标准化。它们二者都采用规约或规则,去促进交流,获取某种其价值已经被证明了的审美形式或效果，且提供一个从中发展创造性制作和革新的坚实基础。十四行诗的长度，正如电视连续剧一样是严格地标准化的，二者的限制都不排除创造。决定规则、规约和类型标准的审美有效性的东西，是它们是否被富有想象地采用。如果说通俗艺术过于经常地以一种常规的、机械的方式来使用它们的话，那么高级艺术也有它自己单调的标准化的僵死形式，就像学院派那样，用克莱门特·格林伯格的话来说，在那里“创造性行为衰退了”，而且“同样的主题在上百种不同作品中被机械地改头换面”。[45]至于技术革新的利用，它当然也出现在高级艺术之中，而且它对审美创造来说，不是一种障碍，而是一种推进（就像建筑的历史明显地证明的那样）。通俗艺术的技术，已经帮助创造了像电影、电视连续剧
190 和摇滚录像片等新的艺术形式；而且这种富有冒险和不可预测的创造力量，进而威胁到要削弱高级艺术及其监护人的权威，这在一定程度上是激发他们指责通俗艺术在创造上软弱无力的原因。[46]

第二个论证也有不少的问题。如果不因此挑战希腊神庙、哥特教堂和口头文学的传统作品的审美合法性，我们也可以承认集体制作和艺术创造之间并没有矛盾。无可否认，创造性的艺术目的，常常被合作的压力所阻挠和破坏（也许在好莱坞最为声名狼藉），但是，就像杜威可能会说的那样，这是某种在实践中竞争和调整的东西，不用将它具体化为原创表现和群体工作之间的一种必然矛盾的原理。尽管集体生产一定会给个人想象力的飞翔施加限制，但是，几个头脑的合作可能凭借增加的想象资源来补偿创造，这也是真的。无论如何，我们必须记住，即使是个人想象，它也总是以某种与一个更大的共同体的合作方式，根据继承的传统规约和受众的预期效应而进行的。因此，即使高级文化的艺术家，作为

一种社会构造和具有社会动机的自我,就算在取悦其自身的行为中,也会力图取悦一大群受众——哪怕它只是想象中的一大批子孙后代。

这种考虑,也涉及到第三种也是最普遍的对通俗艺术在本质上缺乏创造性的论点。这种论点断定:通俗要求艺术形式和内容容易被整个大众受众所把握和欣赏;这反过来意味着,否定个人的创造性表现,以便吸引最小公分母的受众。因此,只有在内容和形式两方面最基本的陈词滥调,才能得到表现。总之,由于"大众传媒必须提供均匀化的食粮去满足一种平均的趣味",因此,它不能说任何创造性的或煽动性的东西,只能被限制去表达"明白的和认可的东西"。[47]只要通过通俗艺术产品经常震惊和冒犯"平均"人的敏感性这个事实,我们就知道这种结论是错误的。但是,我们还需要进一步揭露那些使这个论点对如此多的文化批评家似乎合理的谬误。

第一个错误,是将"大群受众"与"大众受众"混淆起来。通俗要求的仅仅是前者,而只有后者才意味着一个均匀的无差别的整体。有教养的文化批评家们错误地臆想,通俗艺术的受众就是这种大众。他们没有认识到,这种受众实际上是怎样结构为不同趣
味团体的,它们反映了不同的社会和教育背景与意识形态,采用了 19
不同的策略去解释通俗艺术作品,以便使它们对趣味团体的特殊社会经验显得更加中肯和令人满意。媒体研究显示,一个表达一种特殊观点的作品,可以受到那些拒斥(或者仅仅是不领会)这种观点的受众的热烈欢迎,因为这种受众有系统地误读作品,创造性地"解码"或重构它的意义,使它对他们更有趣味和更为适用。这就是为什么女权主义者、马克思主义者和在以色列的摩洛哥传统

主义犹太人，全都可以成为《达拉斯》的发烧友，为什么“《王朝》已经变成了在美国的同性恋者之间的风靡演出”。[48]

但是，即使我们忽略这个从创造性误读而来的论点——这种论点更民主地将通俗艺术的创造落实在它那不同的消费者之中，而不仅仅落实在其正式的创造者那里，仍然存在在大量受众和大众受众之间进行区别的更深层次的理由。因为享有一种截然不同的社会或伦理背景（或者一个共同的意识形态或艺术传统）的特殊的趣味群体，可以从被认为是平均的美国人的那种均匀化的大众受众中，明显地区分出来，而且他们依然很多，足可以构成一种多方面的受众，他们的满意将使得一种艺术足够充分地流行而被算作是通俗艺术，并延伸到大众传媒的覆盖范围。存在这种与众不同的广大受众的事实，意味着通俗艺术不需要将自己局限在由所谓的（也许最终是虚构的）一般公众接受和理解的风格、俗套和观点之中。

许多风行的拉谱音乐的凑合录音、黑人英语、直白的性内容和反美愤怒，对绝大多数“美国中产阶级”是根本不“明白和赞同的”，但是，这并没有妨碍这种歌曲取得极为广泛的流行。事实上，它们的流行，刚好源自它们与众不同的伦理和意识形态的中心关注以及对已经被接受的公众标准的挑战，源自像被民众颂扬但被舆论谴责的拉谱小组，他们将自己机灵地命名为“公众之敌”。这种以与众不同为基础的流行，也不一定被限制在黑人社区的年轻的受众之中。因为拉谱所透露的那种痛苦的不公正和对压迫性权威的猛烈反抗的信息，可以被不同社会背景中遭到疏离的青年人所接受，或者甚至被对制度不满和愿意在拉谱的风格、修辞和本土化中接受教育的边缘化的知识分子所接受。总之，就像在拉谱之前的

摇滚所显示的那样,流行并不要求与全面的“平均趣味”相一致;它 192
也不排除仅仅被亚文化或反文化传统中的新成员适当理解的意义的创造。

通俗艺术家也是通俗艺术的消费者,并且构成其受众的一部分。他们经常分享那些其作品所针对的受众的趣味。这里,在想要创造性地表达自身和想要令大范围的受众满意之间,可以没有真正的冲突。错误地臆想这种冲突的必然性,是第三种论点的第二个错误。它起源于个人天才的浪漫神话,这种神话强调:与社会隔离和对其普通价值的蔑视,对艺术的完整性和想像性来说,是至关重要的。培养这种神话的那种历史的和社会-经济的压力,现在已经得到了广泛的承认。随着艺术家与其传统的社会供养人形式的切断,随着艺术家所扮演的角色和他们的受众在19世纪飞速变化的社会中显得难以捉摸,这种浪漫神话被发展起来了。而今天很少有人再信任它,即使像T. S. 艾略特这种表面看来像是精英艺术家的人,也通过主张艺术家与其社群的必然联系以及表达希望影响这种社群中尽可能大的部分,而明确地否认这种神话。[49]

最后,通俗艺术的流行要求奴性地遵从已被接受的老套的论点,建立在这样的前提上:它的消费者都是过于头脑简单,以至于不能欣赏他们可以感到不熟悉和不可接受的观点的表达。但是,就像我们已经指出的那样,媒体消费的经验证据已经表明这种论点是错误的。媒体观众,不是像重视理智的有修养的知识分子们对他们的理解那样,只是(用斯图亚特·霍尔的术语来说)“文化的笨蛋”。[50]通俗艺术的受众在心理上过于天真和单层次,以至于不能接受冲突的观念和含糊的价值,或者对它们不感兴趣,这整个的观念,似乎可以明显地被后现代生活中那令人困惑的经验所驳倒。

在后现代生活中，日常的事物处理，常常要求不仅喜欢而且同时栖身于矛盾的角色和冲突的语言游戏之中。生活所必须的东西，不再是那种精英的审美奢侈，而是态度的多样性和对信仰与不信二者摇摆不定的怀疑。因为如果没有自我欺骗或反讽，我们还能凭什么来承担全部信仰和整个投入呢？

(5) 顺从公众标准的问题，引起了第五个主要的对通俗艺术的美学指控：缺乏审美的自律性和反抗性。美学家们典型地将自律视为“艺术的一个不能取消的方面”(*AT* 1)，它对艺术价值至关
193 重要。即使承认这种自律是社会-历史因素的产物且服务于阶级区分的社会事务的阿多诺和布尔迪厄，仍然强调它对艺术合法性和真正的审美欣赏观念是根本性的。因为将艺术作为艺术而不是别的什么来创造和欣赏，如布尔迪厄所说，要求“一种艺术生产的自律领域……能够将它自己的标准加在生产和其产品的消费二者之上”，并且能够拒绝外在功能或“任何必要性，除了那些铭记在……[它的]传统中的东西”。这种自律标准的核心是承认：“艺术家是大师的首要地位，也就是形式、方法、风格的首要地位，而不是涉及服从表现、意谓、说出某种东西的功用的‘主体’、外在关涉对象——即使只是最基本的那种——的首要地位”(*D* 3)。同样地，对阿多诺来说，除了服务于艺术自身之外，艺术标准排除任何功用性。艺术“将不扮演一种服务的角色”，而且应该避免“哪怕是想要成为一种愉快的来源的幼稚想法”，因此“自律的艺术作品……仅仅在涉及其自身的意义上起作用”(*AT* 89,136,281)。与此相反，仅凭它要求娱乐和满足普通人的要求而不是纯粹的艺术目的，通俗艺术就失去了其审美的合法性。但是，为什么功用性必

然导致艺术和审美的非法呢?

这些推论在根本上依赖将艺术和审美定义为本质上与现实或生活相反的东西。对阿多诺来说,尽管艺术扎根于和来源于物质与社会生活,但是,它只有"通过不同于[我们世界的]有罪的现实",通过与急迫的实际功用的要求分离,来确定和证明自身的正当性。在对其自身那自由和想像领域的要求中,艺术表达了一种对世界上那种无情挖掘的功用性的批判,因此"如果一种功用能够在根本上归之于艺术,那么它就是一种没有功用的功用"(*AT* 322)。布尔迪厄同样主张,真正的审美态度的观念,"意味着同……世界的断绝",同对日常生活的关注的断绝(*D* 4)。由于通俗艺术肯定"艺术与生活之间的连续性,它包含对功用的形式上的服从"(*D* 32),因此,布尔迪厄得出结论:它不能算是合法的艺术。不能由任何所谓的通俗审美给予它在美学上的合法性,因为这种审美,布尔迪厄论辩说,是不应该得到这个名称的。首先,因为这种审美从来没有被有意识地和肯定地(为它自身)表达出来,而只不过充当"一种否定的参照点",为那种合法的、与生活相对的审美从反面来界定自己;其次,因为通过接受真正的生活关切和愉快进而挑战艺术的纯粹自律,通俗审美作为在根本上反对艺术,作为从事于一种"由艺术的东西到生活的东西的系统还原",而被剥夺了 194
审美的资格(*D* 5)。

所有这些反对通俗艺术的反功用主义的论证,都有赖于这个前提:艺术和真实生活可以而且应该是在根本上相反的和分离的。但是,既然这种观点是一种审美哲学的古老教条,为什么还应该接受它呢?它的起源和动机的确应该引起我们的怀疑。这种教条起源于柏拉图对艺术双倍远离实在的攻击,并且得到了一种哲学传统的支持。这种哲学传统总是渴望——即使在对艺术的定义中——赞同艺术与实际的距离,以便保证哲学在决定实在——包括艺术的真正本性——中的霸权地位。

但是,如果我们不从哲学的偏见和历史的狭隘观念来看事物,我们就会看到:艺术的确形成了生活的一部分,就像生活形成艺术的实质、甚至将其自身艺术地构成为"生活艺术"一样。[51]艺术作品既作为对象,又作为经验,它们栖息于我们生活的世界和功用之中。音乐是用来哄小孩入睡和激起爱国主义情绪的。诗歌是用来祈祷和求爱的,编写故事是用来去反复灌输它的道德教训的。在古代雅典文化中,艺术的确整合在日常生活和它的民族精神之中。绘画和雕塑不是为纯粹的视觉愉快而放在博物馆里,而是服务于(像建筑一样)一定的宗教、社会和政治目的。音乐和歌曲是人民的宗教仪式和市民的典礼中的一部分。希腊戏剧经典,旨在通过重述共同体的神话以及在节日中与体育竞赛一道表演,而巩固社会的统一和公民的自豪感。它们构成通俗文化,而针对它们的行为并不比我们在今天的摇滚音乐会上发现的东西更为正式和文雅。[52]总之,虽然希腊艺术缺乏现代的艺术自律观念,但这种缺乏并不剥夺它的审美力量。

当然,布尔迪厄对这一点非常熟悉,他自己的著作就强调19世纪的历史革命,在这场革命中,艺术被改造为自律的艺术,审美被改造为纯粹的审美。但是,他那纯粹主义的定义显示:历史的变迁是不可避免地持久的,而一旦艺术和审美转化为纯粹的自律,它们在不太纯粹和不太否定生活的形式中,就不再合法。然而,历史继续着它的转换;最近在后现代文化中的发展,显示了形式主义理想的瓦解和日益增长的审美向所有生活领域的突进。而且,尽管布尔迪厄有洞见地揭示了包含在审美纯粹性中的更深刻的物质条件和隐蔽的社会利益(它们使得它远非纯粹,尽管它被全盘误解为 195
纯粹),但是,他似乎不愿意接受这种观念:我们可以突破这种对纯粹自律的集体性误解,却依然能够维持一种有生命力的审美。他反对另一种审美的可能性,在这种审美中,生活被置于中心地位,而通俗艺术和经验也可以恢复起来。但是,这种审美不仅是可能的,而且它强力地表现在杜威的实用主义艺术理论中,这种理论使得“活泼泼的人”的活力、要求和愉快成为审美经验的中心。

艺术的自律,不仅表现在它与生活的不同中,而且表现在它对社会的自我尊重和自我肯定的反抗意义上。例如,阿多诺就强调:“艺术只有靠它在具有反抗社会的力量的情形下而生存”。如果它不能通过这种反抗坚持其自律的特性,那么,艺术就会退化为仅仅是一件“商品”(*AT* 321)。因此,即使高级艺术已经在很大程度上商品化了,但是,它至少可以自豪地要求自律的价值,然而,通俗文化甚至不“自称为艺术”,而宣布自己为一种“商业”或“工业”。更为糟糕的是,它的产品通过提供一种保守的、墨守成规的“调整‘信息’和不加反省的服从”,而巩固了这种反抗的缺乏。[53]这种评论反映出一种熟悉的批评思路:由于真正艺术必须反对和“不同于已经接受的东西”,通俗艺术对平均趣味的必然顺从和因此而来的保守态度,一定会使它不能作为艺术。[54]

但是,这两种论证的前提,都已经被显示为站不住脚的。反抗社会不是艺术的一个永恒本质,而是一种特殊的意识形态。它作为社会－经济发展的一种结果——它消除了艺术和艺术家较早时候满意的传统的社会关联和社会支持形式——出现在19世纪。不仅在这种“为艺术而艺术”的意识形态统治之前,而且就在它的统治期间,受尊敬的高级艺术作品,在形式和内容上经常远非反抗的和反保守的。[55]而且,通俗艺术作品为了达到它的流行,也不必是保守的和墨守成规的。

布尔迪厄提出了一种更为精致的论证:通俗艺术不能是在审美上合法的,因为它通过明显接受那种傲慢地诋毁它的高级艺术的审美统治,而在根本上否认了其自身的审美有效性或自律性。我们的文化是一种在高级艺术的审美中的文化,它那"纯粹的性情被如此普遍地认可……以至于听不见任何声音去指出:艺术的定义和经由艺术定义的生活艺术,是一种在各阶级中间进行斗争的对象。"因此,仅仅因为在这种文化中存在,通俗审美(他将它与工人阶级联系起来)就必须是"一种不断迫使自己根据那种占统治地位的美学来定义自己的被统治的审美"(*D* 41,48)。由于根据这些占统治地位的标准,通俗艺术未能证明自己具有艺术的资格,而
196 且由于它未能表明或创造它自己独立的合法性,因此,布尔迪厄得出结论:在某种意义上,"不存在通俗艺术",通俗文化是"一种乱糟糟地强加于占统治地位的文化定义的荒谬概念",因而使自己变得无效(*D* 395)。这种合法性的自我丧失,可以通过对高级文化的不可救药的复制,不是采取听天由命的"堕落[形式],就是[采取]自我毁灭性的改善"形式(*D* 48)。

对布尔迪厄研究的法国文化来说,无论这种论点可以如何引人注目,它都不能成为一种反对通俗文化的全面主张。因为,至少在美国,这种艺术维护了自己的美学地位并提供了其自身在美学上的合法性形式。不仅许多通俗艺术家将他们的角色视为不只是娱乐,而且他们的艺术的艺术身份也常常被当作他们作品中的主题。更进一步,像奥斯卡奖、艾美奖和格莱美奖(它们既不是全部

由票房销售决定,也不能简单还原为票房销售),在绝大多数美国人眼里,不仅授予审美合法性,而且授予一定程度的艺术声望。还存在大量的和正在发展的一大批对通俗艺术的美学批评,包括某些从美学导向上对它们的发展所进行的历史研究。这种不仅散布在杂志和书籍中而且散布在大众传媒中的批评,显然是一种合法化的话语形式;而且它也采用同一种适用于高级艺术的美学谓词(尽管它也使用新的谓词,如“感人的”)。这种谓词和批评话语的共享,并不必然导致它从属于高级艺术,除非我们从一开始就假定:高级艺术的审美具有对审美话语的合法性使用的排他性控制;而这已经是在乞求排他性的审美合法性问题,它刚好是通俗艺术所质疑的问题。

同样地,它错误地假定:通俗艺术明显缺乏一种明确表达的哲学美学,这在某种程度上排除了它在美学上的合法性。合法化也可以采取另一种比哲学理论更为有力的形式,通俗艺术可以通过它提供的经验,通过它那如此广泛地引起的倾听、观看和批评的实践,而获得美学上的合法性。而且,正如它错误地将合法化与哲学合法化混淆起来一样,因此,它也错误地将社会接受的审美合法性限制为处于社会边缘的知识分子社群所承认的那种东西。我们美国人的确既不将哲学也不将知识分子的文化霸权看得像法国人和其他欧洲人那样严肃认真。我相信,这种在美国通俗文化中具体
表现的漫不经心的反抗态度,刚好是它对欧洲人、尤其是年轻的和 197
文化上被统治的欧洲人具有迷人魅力和真正价值的一个很大的部分。因为这种态度为他们正在从一种由空洞的、理智主义的哲学和高级的有宫廷气派的艺术的压制性传统所长期保护和窒息的文化统治中成长的自由主义,提供了一个无法估价的工具。

然而，在通过诉诸美国文化的差异性而对布尔迪厄的全面主张进行批判的时候，我只不过巩固了他的更一般的观点：艺术和审美不是普遍的、永恒的本质，而是在根本上由社会和历史条件鼓动和改变的文化产品。因为特定的社会－历史要素可以很好地解释，为什么在美国通俗艺术最为兴盛，而且在美学上和文化合法性上对高级艺术的束缚形成了最成功的挑战。要彻底展示和描绘这些要素，将要求详细的社会－历史的调查研究，这已经超出了本章的范围。但是，下面的说明性要素似乎是最敢断定的东西。

首先，尽管美国远非一个无阶级的社会，但是，它的社会结构比那些传统的欧洲社会，似乎真的是更为灵活易变和没有中心；它的统治性的意识形态，是更为直率的平等主义和反贵族化的。其次，作为一个曾经为政治和经济独立而同欧洲作战的新大陆国家，美国更倾向于抵制欧洲文化的统治；而高级文化显然被认为是一种贵族化欧洲的输入，有时候会煽动起强烈的爱国主义抗议。[56]第三，作为一个来自不同文化的移民国家，不存在惟一的高级艺术的民族传统，这种传统可以被当作一种凝聚力从旧世界中毫无疑问地输入进来；也不存在一种巩固文化统一的中央集权的教育制度。对通俗艺术的那种文化多元主义式的自由影响，在由美国黑人从非洲文化源头中带来的布鲁斯、爵士和摇滚的发展中，可以得到最令人注目的体现。而这些美国黑人被如此残忍地排除在占统治地位的社会之外，以至于他们在很大程度上可以摆脱它那占统治地位的美学控制。[57]

但是，对美国那更大的文化自由来说，最重要的理由也许是：美国社会缺乏两个在很大程度上构成欧洲高级文化且维持它的统治地位的权力的传统体制：贵族化的法庭和国家教堂。像已经进行过的许多讨论那样,高级艺术的观念,在很大程度上是由贵族为了确保他们对日益繁荣的资产阶级的持续的社会特权而做出的一种发明,一种随后被有社会抱负的市民所模仿的声望策略。[58]另一方面,教会传统提供了一种强有力的和在制度上根深蒂固的高度 198
精神化的经验的理想,以及虔诚地对待艺术作品的习惯。它进一步提供了一个知识分子僧侣阶级去指导和管制这种超越性经验和其话语的正当性。当神学信仰失落而宗教情感与沉重的精神化习惯仍然非常有力的时候,它们就被投射到高级艺术的宗教之中。这是一个新的非尘世经验和虔诚认真的领域,有一个新的知识分子艺术家和批评家的僧侣阶级。美国的宗教传统是非常虚弱的,它那占统治地位的、严厉的清教主义,显然讨厌美学上的利用。作为一个没有传统贵族制度和包容许多宗教教派的世俗共和国,美国可以更好地抵制那种布尔迪厄描述为本质性的"文化贵族"的东西(*D*11-96),因此,它可以在美学上肯定既不要求贵族声望也不要求类宗教价值的通俗艺术。[59]

(6) 最后,通俗艺术被谴责为没有获得适当的形式。正如亚伯拉罕·卡普兰尖锐指出的那样:"对通俗艺术来说,其非审美的东西,是它的无定形性。它没有引起甚或允许对创造一种艺术形式所必须的持续努力。"[60]与高级艺术对形式的深入关注相反,通俗艺术被一般地认为是如此完全地为内容所独占,以至于形式只能扮演一种可以忽略和屈从的角色,从而使得形式本身可以不被充分地表达或主题化。

这些反对通俗艺术形式上的适当性的论点,它们自身是多种多样的。通俗艺术形式结构的同一性和复杂性已经被严格地否定了。对麦克唐纳和阿多诺来说，通俗词汇必然缺乏形式上的统一性，这不仅因为它们是批量生产而不是独立个体的创造，而且因为它们迎合一种退化的、不整合的非个人受众。这种受众已经失去把握真正艺术作品的“多层次统一”的综合能力。它们只有十分简单的公式而不是形式，仅仅为一种肤浅地煽动个人影响充当不重要的传输工具。[61]

更经常用来否定通俗艺术作品和将它们区分于真正艺术的东西，不是同一性而是复杂性。布尔迪厄将审美态度定义为一种将事物看作“形式而不是功能”的能力，他把这种分离的、同生活保持距离的态度，视为高级艺术获得“形式复杂性”的关键。仅仅通过
199 这种态度，我们就能够实现（“作为艺术自律的征服中的最后阶段”）“一个本质上和蓄意地多义的‘开放性作品’的生产”（*D* 3,34－35）。对布尔迪厄来说，通俗艺术与生活内容的密切联系，“意味着让形式服从功用”，从而不能达到形式的复杂性。在通俗艺术中，我们更直接地参与作品的内容或实质之中；而这一点，布尔迪厄论辩说，与真正的“假定形式和实质之间根本对立的”审美欣赏是完全矛盾的（*D* 4,197）。只有“通过将对‘内容’、人物、情节等等的兴趣转移为对形式、特定的艺术效果——它们只能通过与其他作品的比较被理性地欣赏，与沉浸在直接给予的作品的奇妙之中势不两立——的兴趣”，审美合法性才能实现（*D* 34）。

不可否认，这种与在已有的艺术传统中其他作品和风格的比较关联，是高级艺术中形式复杂性的一个丰富来源。但是，这种互文性在通俗艺术作品中也可以发现。许多通俗艺术作品，为制造审美效果的多样性而自觉地相互暗指和相互引用，其中包括一种复杂的涉及艺术历史关联的形式结构。这些相互暗示，也能够为

通俗艺术受众所欣赏。这些受众在他们的艺术传统中,比在高级艺术传统中的高级艺术受众,通常显得更有文化。[62]

布尔迪厄的观点中更为烦人的东西是那种显然的假定:形式和内容不知怎么是必然对抗的,因此,我们不能适当地在形式上经验(或创造)一件作品,除非我们使自己保持远离任何对内容的投入与狂热。这种假定不仅似乎乞求一种非常有争议的形式/内容的区分,而且还混淆了"形式的"两种意义:展示形式上的性质或状态和仅仅具有形式、结构或形状。只有前者,才必然具有一种距离的姿态,讲究形式的限制和对生活投入的否定。与其说形式是某种在根本上与生活相反的东西,不如说形式始终是生活节奏和形状的一个呈现部分,审美形式(正如布尔迪厄非常熟悉的那样),在有助于形成它们的有机体的身体的节奏和社会情形中,都有它那深刻的但被否认的根源。[63]它既可以在更为直接和狂热的身体投入中发现,也能够通过有理智的保持距离而发现;形式既可以是令人心惊肉跳的,也可以是严格地整齐匀称的。

与形式的复杂性和艺术－历史的互文性相联系的,是另外两个反对通俗艺术的形式主义指控。虽然高级艺术以它那对审美媒介的敏锐意识和主题化关涉而自豪,它的艺术家常常"从他们工作的媒介中[获得他们的]主要灵感",[64]但是,通俗艺术被认为是如 200
此地由内容所统治,以至于忽视了它那作为媒介和再现形式的身份,因此执行(用布尔迪厄的话来说)"一种从艺术的东西到生活的东西的系统还原"(*D* 5)。其次,虽然高级艺术是以"形式上的创新和实验"而著名的,但通俗艺术对形式媒介的不充分关注,连同它那通过主题进行娱乐的欲望一道,意味着这种艺术缺乏"进行形式实验的趣味"(*D* 4)。布尔迪厄以为,通俗艺术和它的受众"只能在它们可以被忘记和不陷入作品的实质情形中的程度上,[可以接受]形式实验和特别的审美效果"(*D* 33),这再一次涉及到形式和内容之间的根本对立。

但是,许多通俗艺术作品,通过明显将它们的风格和媒介置于最显著的地位而表现出对形式的关注。而且,许多作品自觉地展示它们作为再现的身份(像在电视剧《月光》和《莽提大蟒飞行马戏团》甚至在梅尔·布鲁克斯的某些"低级"的喜剧电影中那样)。它不仅通过对话和视觉叙事来自我指示地指出作品作为虚构的文本身份,而且像菲斯克所表明的那样,它还通过"诸如极端的时髦、自觉的摄影技巧、无动机的编辑和对180°规则的偶然破坏等(形式上的)策略",[65]来标明它的身份。至于实验,通俗的大众传媒艺术也的确是在媒体和形式中实验的产物;而且尽管大多数通俗艺术在形式上过于保守,但也存在新的类型或风格(如摇滚录像和拉谱)的创造方面那种持续不断的形式革新的努力,这种形式革新的努力有时也体现在已经确立的类型或风格之中。

这样一般性地来说和简要地举例来说,几乎不能对此构成令人信服的证明:通俗艺术具有那些被认为区别高级艺术为审美的艺术的形式性质,如统一和复杂、互文和结构开放的多义性、实验和对将媒介置于重要地位的关注等。也许证明这一点和答复所有早先指控的惟一好的方式,是通过具体地显示,通俗艺术作品事实上体现了它的批评者排他性地为高级艺术所预备的审美价值。而这一点只有通过对某种特殊类型的实际作品的细致研究才能做到。下面这一章将以对拉谱的研究和对其中一个作品的细读,来接受这种挑战。

第八章　作为美的艺术的拉谱

……全神贯注的诗歌，

和艺术，尽管无法想象，但却存在。

——雪莱：《解放的普罗米修斯》

一

拉谱是今天成长最快的通俗音乐，而且最受诽谤和迫害。它对艺术身份的要求，淹没在潮水般的辱骂批评、审查行为和商业遴选之中。[1]这应该是没什么大惊小怪的。因为拉谱的文化根基和主要追随者，属于美国社会的黑人下层阶级；它那黑人的好战性自傲和主题化的社区经验，给自鸣得意的社会状态拉响了危险的警报。有了这种破坏拉谱的政治动机，一个人很容易发现怀疑它为合法艺术形式的美学理由。拉谱歌根本不唱，只是说或聊。它们的特点是既不用在世的音乐人，也不用原创的音乐；而是用各种各样已经制作和常常熟悉的录音剪接（或者"样品"）合成录音带。最后，歌词似乎粗俗拙劣而头脑简单，措辞不合规范，声韵嘶哑、重复且常常秽亵粗俗。然而，像这章的标题所显示的那样，上述这些歌词坚决要求和赞美拉谱作为诗和美的艺术的身份。[2]

我希望更切近地检查拉谱或者如行家们经常称谓的"希普霍

普”的美学。[3]因为我喜欢这种音乐，在辩护它的审美合法性上，我冒着涉及我本人的风险。[4]但是，文化问题和美学风险都太宽泛。对于拉谱，我相信它是一种挑战某些我们最为根深蒂固的美学惯例的后现代通俗艺术，这些惯例不仅对作为艺术风格和意识形态的现代主义来说相当普遍，而且对现代性哲学教条以及它对文化
202 领域的清晰区分也相当普遍。然而，虽然挑战了这些惯例，但我相信拉谱仍然满足审美合法性所需要的最重要的惯例标准，而这种合法性一般都拒绝给予通俗艺术。因此，拉谱公然藐视任何建立在纯粹审美基础上的高级艺术和通俗艺术之间的严格区分，就像它使这个纯粹的基础性观念自身成为疑问一样。为了证实这些主张，我首先根据后现代美学来思考拉谱。不过，由于审美合法性最好由实际的批评认识所证明，因此我将用这一章的大部分内容去精读一首有代表性的拉谱，它将展示拉谱这种艺术类型是怎样答辩对通俗艺术的主要审美控告的。

后现代主义是一种恼人地复杂和充满争辩的现象，因而它的审美反对明显的和不可改变的定义。[5]尽管如此，某些主题和风格上的特征仍然被广泛地认作是典型的后现代，当然这也不是说不能在某些现代艺术中不同程度地具有这些特征。这些特征包括：重复使用而不是独特原创，折衷混合的风格，热情拥抱新技术和大众文化，挑战审美自律和艺术纯粹的现代主义观念，以及强调地方化和暂时性而不是假定的普遍与永恒。无论我们是否希望将这些特征称作后现代，拉谱都不仅显著地示范了它们，而且经常有意识地突现它们和以它们为主题。因此，即使我们拒斥整个后现代主义范畴，这些特征对理解拉谱来说仍然是必需的。

利用取样

艺术性的利用是希普霍普音乐的历史源头，且仍然保持为它的技术核心以及它的审美形式与主要内容的中心特征。这种音乐是由挑选与合并先前录制的歌曲部分，去制造一种“新”的录音带。这种由 DJ 根据各种各样唱片制作的录音带，构成拉谱歌词的音乐背景。这些也必然常常被用来既赞扬 DJ 在取样与合成所利用的音乐上的独特效果，也用来夸耀拉谱者（被称作 MC）的歌词和韵律的力量。虽然拉谱者的自夸吹嘘经常标举他的性欲要求、商业成功和财产占有，但所有这些身份标记都表现为从属于和衍生于他的口头力量。

一些白人发现这很难想象，口头效果竟然可以在黑人城市社 203
区被极大地赞赏。但社会学研究显示，口头表达在黑人社区中被非常高地估价，而人类学研究则显示，通过口头本领显示出众的社会地位，是一个根深蒂固的黑人传统，它可以被追溯到西非的歌舞艺人（griots），并且通过这种像“互咬（signifying）”或“对骂（the dozens）”之类的口头竞赛和游戏很长时间都保存在新世界之中。[6]由于没有认识到非洲－美国英语的传统转喻、风格习俗和强制带来的复杂性（诸如语义的倒置与间接、假装的简单以及隐蔽的歪曲——所有这些最初都被设计为向敌对的白人听者隐瞒真实意义）[7]，已经导致这种错误的信仰：所有拉谱歌词，如果不能说是完全低能的话，也是肤浅和单调的。但是，一种见识广博和充满同情的精读将显示，许多拉谱歌曲不仅有对敏锐见识的机智诙谐的方言表达，而且语言的微妙形式和意义的多重层次有时也能够与那些高级艺术所谓的精雕细琢媲美。

像它那具有攻击性的夸耀风格的语言一样，拉谱的另一个最突出的特征——它那突出的令人心惊肉跳的节拍——也可以追溯到它的非洲根源，追溯到那种先被摇滚和迪斯科利用然后被拉谱DJ们——城市丛林的音乐噬人者——再次利用的密集节奏。但是，就所有这些非洲遗产来说，希普霍普诞生在70年代中期迪斯科时期纽约可怕的黑人居住区：首先是布朗克斯(Bronx)，然后是哈莱姆(Harlem)和布鲁克林(Brooklyn)。在它利用迪斯科的声音和技术时，希普霍普也破坏和改变它们，很像爵士(一种早期的黑人利用性[appropriation]艺术)对流行歌曲旋律所作的处理那样。但是，与爵士相反，希普霍普不仅仅取走旋律或音乐乐句——简而言之，一种可以在不同演奏中作为例子的抽象的、因此具有"样式实体"的本体身份的音乐样式，而是提取具体的声音结果，提取事先录制好的音乐样式的演奏表现。因此，不像爵士，希普霍普的借用和转变不要求作曲或演奏乐器的创造性技巧，只要求熟练地操作录制设备。DJ们在一般的迪斯科俱乐部已经发展了截取录音和将一个录音混进下一个录音、跟上节拍去做成一种不明显中断舞蹈流程的流畅过度的技术。不满于迪斯科的沉闷声音和商业化的流行歌曲，在布朗克斯，那些自封的DJ们，重新运用这种剪切技术去浓缩和增加那些可以为更好的舞蹈做准备的录音部分。对他们来说：

> 204 录音的重要部分是暂停——一个曲调中由鼓点接管的那个部分。它可以是在吉米·卡斯特的录音中听见拉丁蒂姆巴尔鼓(Latin timbales)的那种爆炸性的提托·普恩特风格；可以是由传奇人物如詹姆斯·布朗或戴克(Dyke)和布莱泽斯(Blazers)录制的无数60分钟灵乐唱片的那种散漫的爵士打

> 击乐；甚至可以是由森·莉齐(thin lizzy)和滚石(the rolling stones)之类的重金属和剧烈摇滚所喜爱的那种坚定的贝司－鼓－小军鼓的爵士乐引子。那就是舞者飞翔和DJ们开始在两个唱盘上很少几个相同的条杆间开始切换、将暂停延伸到乐器演奏中的时候。[8]

总之，希普霍普开始明显地作为舞会音乐，是通过运动来欣赏的而不是仅仅倾听的。它最初只是设计为现场表演(在家庭、学校、社区活动中心和公园里举行的舞会)，一个人可以在那里赞美DJ的灵巧和拉谱者的个性及即兴创作的技巧。它不是打算让大规模听众来欣赏，有好几年它都保持局限在纽约市区和在大众传媒网络之外。虽然拉谱经常被非正式地制成盒带然后由不断壮大的发烧友和走私贩进行复制和传播，但直到1979年，拉谱才有了它的第一次电台广播和发行它的第一张唱片。这两首单曲“拉谱者的快乐(Rapper's Delight)”和“蒂姆王三世(King Tim III，有名的唱片音乐节目主持人)”是由拉谱社区核心之外但与唱片产业有接触的人制作的，它们激起了拉谱世界的竞争怨恨，给拉谱摆脱秘密状态走上唱片和电台提供了刺激和范例。然而，即使当拉谱组合由街头进入演播室的时候，在那里他们可以使用现场音乐，但DJ们的利用角色仍然没有被放弃，而且继续作为这种艺术的核心被当作拉谱歌词中的主题。[9]

希普霍普从样品录音中剪切的基本技术上发展了其他三种对其声音和美感有重要意义的形式装置：“擦进混合”、“混合乐句表达”和单纯擦合。第一个是简单将一个唱片上的某种声音叠合或混合进另一个已经在播放的唱片中的声音。[10]混合乐句表达是这种混合的精炼化，DJ将唱针在一张唱片的一个特殊片段的和声与鼓点上来回移动，以便增加在另一个唱盘上一直播放的另一张唱片的声音的强烈敲击效果。第三个装置是一种这样的音响：它更疯狂、快速、前后擦合唱片、快到不能辨认已录制的音乐、但产生一种具有自身高密度的音乐品质和疯狂的敲击的戏剧性的擦合声音。

这些剪切、混合和擦合的装置，给了拉谱多种多样的利用形式，它们似乎像那些高级艺术——比如说，像那些由杜尚加在《蒙
205 娜丽莎》上的胡子、劳申伯格在德·库宁画布上的涂擦和安迪·沃赫尔在事先做好的包装上的商业图像的多倍再-再现作为范例的艺术——一样多才多艺和充满想象。拉谱还展示了多种多样的利用内容。它不仅从范围广大的通俗歌曲中取样，而且还折衷地利用古典音乐、电视主题歌、广告词句和游乐中心(arcade games)的电声音乐 。它甚至还适当利用非音乐的内容，诸如媒体新闻报道以及马尔科姆 X 和马丁·路德·金的演讲片段。[11]

尽管某些 DJ 以利用不太可靠和神秘莫测的音乐资源而自豪，有时还试图隐瞒(因为害怕竞争)他们取样的确切唱片，但从来没有任何隐瞒他们运用事先录制好的声音而不是撰写他们自己的原创音乐这种事实的企图。相反，他们公开颂扬他们的取样方法。这种以利用而自豪的艺术的美学意义究竟是什么？

首先，它挑战长期束缚我们艺术概念的原创和独特的观念。浪漫主义和它的天才信徒，将艺术家比做神圣的创造者，将他的作品宣扬为完全崭新的和表达他非凡个性的东西。现代主义和它所承担的对艺术进步与前卫的责任，巩固了这种教条：根本的新异性是艺术的本质。尽管艺术家总是借助于彼此的艺术作品，但是，经过那种造成原创的意识形态——在原创和派生借用之间造成一种

尖锐的区分,这种事实被普遍忽视和明显否定了。后现代艺术像拉谱一样,通过创造性的配置以及将它的利用主题化,去显示利用和创造并不是根本水火不容,从而破坏这种二分。它进一步主张,显然的原创性艺术作品自身也总是一种不公开承认的利用的产物,独特和新异的文本,总是一系列较早文本的重复与片段。

原创因此失去了它绝对的原生形象,被重新构想为包括对旧作品改头换面式的重复利用和重复使用。在后现代图景中,没有绝对的、不可企及的原创,只有利用的利用和幻影的幻影;因此,创造的活力可以毫无顾忌地用在熟悉的创造上,不用担心它因此会由于没有制造一个彻底原创的作品而失去成为真正创造的机会。拉谱歌曲同时颂扬它们的原创和利用。[12]而且像创造/利用二分所遭到的挑战一样,创造的艺术家和利用的听众之间的深层区分也 206
遭到挑战。改头换面的欣赏也可以获取艺术的形式。

剪切和暂时

拉谱的取样风格也挑战艺术那统一和完整的传统理想。从亚里士多德以来,美学家经常将艺术作品视为一种有机整体,它是如此完美地统一以致对任何部分的篡改都将毁坏整体。而且,浪漫主义的意识形态和"为艺术而艺术"已经巩固了我们将艺术视为超越性的和实际上在自身之中具有神圣目的的习惯,我们应该尊重它们的整体性,而且永远不要亵渎它。与这种严格的有机统一的审美相反,拉谱的剪切和取样反映了后现代审美的"精神分裂式的破碎"和"拼贴效果"的特征。[13]与热衷尊崇固定的、不可企及的作品的审美相反,希普霍普提供了对艺术进行解构的愉快——支解(和挪揄)旧作品以创造新作品的惊心动魄之美,将事先已经包装的和无聊的熟悉拆除为某种令人刺激的不同。

DJ 的取样和 MC 的拉谱也突现了这种事实:原创艺术作品那显然的统一性也常常是一种虚假的东西。至少在当代通俗音乐中,其生产过程常常是支离破碎的:一段在孟菲斯录制的器乐录音中,混合了从纽约来的声音备份和来自洛杉矶的拉谱的主导声音,简单地通过解构和不同地组集事先包装好的音乐制品,然后为了制作新的作品再添加 MC 另外的一层歌词,就可以从事这种分层艺术的制作活动。但是,拉谱这样做,不用声称它自己的作品是神圣不可侵犯的,不用声称艺术过程已经结束,不用声称存在一种应该被如此崇拜的作品以致它可以永远不会受到利用的改头换面。相反,拉谱取样意味着:一个艺术作品作为对象的整体性,应该不要胜过通过那个对象的使用而不断进行创造的可能性。因此,拉谱的审美使人想起杜威的教导:艺术在根本上更像是过程而不是完成的产品。这是一个在我们文化中受欢迎的教导,它对所有艺术表达进行具体化和修正的倾向是如此强烈,以致拉谱虽然公然坚决主张这种倾向,但它自身也会成为这种倾向的牺牲品。

在公然挑战对艺术作品整体性的盲目崇拜中,拉谱也挑战它们那传统的不朽、普遍和永恒的观念。以艾略特样式构想为一种
207 永恒存在的、由传统经过时间检验而益发受到保护的“纪念碑”式的“理想类型”的作品,不再受到人们的钦佩。[14]与“诗是永恒的”标准观念相反,拉谱突显艺术作品的暂时性和极可能的无常性:不仅通过利用性解构,而且通过明显地将它自己的暂时性作为其歌词中的主题。例如,包括像“迷你者,最新 88”或“迷你者,最新 89”之类句子的 BDP 的几首歌曲。[15]这种日期的宣布,包含着紧接着对过时的招认;最新的 88,显然因 89 而陈旧不堪,从而被 89 制造的

新的最新所取代。但是,根据拉谱的后现代审美,艺术创造的短暂新鲜并不导致它们在美学上一钱不值;不能说冰激凌的短暂新鲜就导致它的甜味不真。[16]审美价值只有经过时间的检验才能为真的这个观点,只是一个根深蒂固但并不合理的假定,它在根本上源于普遍存在的将真实等同于永恒和不变的哲学偏见。

通过拒绝将艺术作品当作为永恒的、不插手式的热爱的不朽纪念碑,通过重新制作作品使之更好地起作用,拉谱也质疑它们那种假定的普遍性——即,一种这样的教条:好的艺术一定能够通过处理普遍的人的主题,而使所有人和所有时代满意。虽然希普霍普也处理像不公正和受压迫之类的普遍主题,但它自豪地将自身地方化为“黑人社区音乐”,将它的根基和承诺主题化为黑人城市社区及其文化。尽管它典型地避免将白人社会排除在外——存在白人拉谱者和白人听众[17],但是,拉谱关注的是白人和黑人中产阶级宁愿忽视的社区特征:拉客、卖淫、吸毒成瘾,以及蔓延的性病、街头杀人和受白人警察的压迫折磨。许多拉谱者用相当特别的方式来界定他们的地方忠诚性,他们经常用街区的名字,如康普顿(Compton)、哈莱姆、布鲁克林或布朗克斯,而不只是用城市的名称。即使在拉谱走向国际化的时候,它仍然自豪地保留它的地方性;例如,我们在法国的拉谱中发现了同样以街区为目标和对地方问题的关注。[18]

尽管地方化是后现代分解现代主义国际风格的显著方面,但拉谱那强烈的地方感更可能是其起源于街区冲突和竞争的产物。像图普所指出的那样,希普霍普有助于将地方团伙之间的暴力敌对转化为拉谱团队之间的竞赛。[19]到如今,很难指出不同地方之间 208
的音乐的明显区别,因为一旦音乐开始通过大众媒介系统传播和屈服于它的商业压力，它的地方差别就很难保持。因为这些原因，拉谱诗人常常抱怨它的商业扩张，就像他们赞美它一样。

技术和大众传媒文化

拉谱对大众传播和商业化的复杂态度，反映了后现代主义的另一个重要特征：它对当代技术着迷的和全面的吸收，尤其是大众传媒技术。虽然这种技术的商业生产似乎非常简单和便于使用，但是，技术产品的实际复杂性和它与维持社会-经济体系的错综关系，对于消费大众来说，是令人恐惧地深不可测和无法控制的。受技术提供给我们的力量的迷惑，我们后现代者也暧昧地受到它加给我们的更大力量的烦扰，就像我们生活中那无孔不入但日益不可理解的媒介一样。但是，沉醉于它那可怕的力量也能给我们提供进一步(也许是虚幻的)有效使用技术的刺激快感 。这种刺激具有詹姆逊称之为"后现代或技术崇高"的"幻觉兴奋"[20]的典型特征。

希普霍普强有力地展示了这种综合症，热情拥抱和熟练地利用大众传媒技术，但也仍然继续令人不快地为同样的技术体制和支撑它的社会所压迫与利用。拉谱产生于商业化的大众媒体技术：唱片和转盘、扩音机和混频器。它的技术特征准许它的艺术家可以不用制作地创造音乐，这既不是因为他们供不起所要求的乐器，也不是因为他们缺乏演奏乐器的音乐训练。[21]技术将它的 DJ 们构成为艺术家而不是消费者或仅仅是演奏技师。一首"公众之敌"的拉谱宣称："主持-DMC 首先说，一个音乐播放人可以是一个乐队 / 完全依靠他自己，使你离开自己的座位。"[22]但是，没有商业化的大众媒介技术，DJ 乐队就没有自己的立足之地。

对拉谱艺术家所利用的新技术的创造性鉴赏真是令人兴奋，它经常在拉谱歌词中得到喝彩。通过杂耍般地玩弄对多个转盘上的许多唱片的剪切和变换，熟练的DJ们展示了他们对商业音乐和其技术的实际的和艺术的掌握。从最初的迪斯科设备起家，拉 209
谱艺术家已经继续采用了更多的（和更先进的）技术：电声鼓、合成、计算器和按键电话发出的声音，然后复制和合成想要的音响。

大众传媒技术已经成为拉谱变得惊人地流行的关键。作为一种黑人文化的产物，一种在根本上是口头而不是书写的文化，为了适当地欣赏它，拉谱需要在它那精力充沛的动感声音中被当下直接地听见和感受。没有任何符号乐谱能够传达它那疯狂的音乐拼贴，即使是歌词也不能离开它们那表现性的节奏、语调、起伏的强调和流动，而以仅仅书写的形式适当传达出来。只有大众传媒技术可以用于这种口头表演活动的广泛传播与保存。通过电台和电视广播以及通过唱片、磁带和CD，拉谱已经能够达到超出它的原始社区的听众之外的范围，因此使得它的音乐和歌词有了真正的收听，甚至在美国白人中和欧洲都有听众。只有通过大众传媒，希普霍普才能变成我们通俗文化中一个真正可以听见的声音：一个美国中产阶级想要压制的声音，因为它经常刺耳地表达黑人社区生活那令人沮丧的压抑以及对社会抵抗与改变的狂妄而迫切的要求。如果没有这种传媒系统，拉谱就不能获得它“对这个国家的核心的渗透”（冰－T）或者它“对资产阶级进行教育”（公众之敌）的机会。[23]同样，只有通过大众传媒，希普霍普才能得到它的艺术声望和发财机会，它的商业成功可以补给艺术投资和成为黑人文化骄傲的一个不可否认的源泉。

拉谱不仅依赖大众传媒的方法和技术，它的许多内容和想象也源自大众文化。电视秀、体育名人、街道游戏和熟悉的名牌商业产品(如阿迪达斯运动鞋)经常在歌词中被提及,有时它们的音乐主题歌或广告词也被取样。这种大众文化的东西,有助于提供在一个社会中的艺术创造和交往所必需的公共文化背景。在这个社会的高级文化传统中,这些大众文化的东西如果说不是压制性地背道而驰和排除在外的话,在很大程度上也是毫无所知和没有吸引力的。

但是,尽管大众传媒是公认的礼物,但它仍然不是一个可以信赖和毫不含糊的同盟。它们同时是深刻怀疑和愤怒批判的焦点。拉谱歌手们猛烈抨击传媒那虚伪和肤浅的精神食粮,抨击它
210 那出于商业考虑的标准化和净化、但不真实和没脑子的内容。“虚伪的传媒,我们不要它,我们需要它吗?它是弄虚作假的”,“公众之敌”怂恿说。[24]他们还哀叹(在“她看零频道”中)标准化的电视秀,是怎样破坏黑人妇女的聪明、责任感和文化根基的。拉谱诗人还不断攻击电台拒绝播放他们在政治上强有力的或直露表达两性关系的拉谱,而充斥着平淡无味的“商业拉谱”(BDP)。“电台从来不播放我”,“公众之敌”抱怨说。这句拉谱诗被“冰-T”在一首同样闻名的谴责电台和联邦通讯委员会(FCC)为了确保持续的“只有商业垃圾”[25]的传媒经营、而否定表达自由和艰辛的生活现实的审查制度的拉谱中所取样和压缩。“冰-T”蔑视“售出”选择,提出(和回答)一个困扰所有进步拉谱的紧要的“传媒问题”:“电台能够维护真理吗?不能。”但是,他也表达了这样的信心:即使有电台的禁令,他也能够通过磁带传媒达到和制作数以百万的拷贝,表明这种传媒可以提供自己的方式,破坏常规控制的企图(“它们使电台等待,听众不得不溜走 / 但即使我被取缔,我仍可以卖出百万

磁带”)。[26]

最后,除了它们那虚假、肤浅的内容和压制的审查制度之外,传媒还与冷淡开发和压制希普霍普的最初听众的那种全球化商业系统和社会连在一起。由于认识到那些控制和辩护占统治地位的商业技术联合公司的人们对黑人下层阶级的持久悲哀漠不关心(“这里是一块对一个像我一样的兄弟从不关心的地带……但是吸血鬼们却有自己的权威),拉谱诗人对我们资本主义社会如何既为了保持其社会-政治的稳定(通过他们在军队和警察中的服役)、又为了通过刺激他们对不必要的消费品的要求去增长自己的利润而剥削那些被剥夺公民权利的黑人提出了抗议。[27]希普霍普的一个突出的主题是:显著的消费广告典型——豪华的小车、服装和高科技用具——怎样引诱黑人社区的青年走上犯罪的生活,一种承诺很快获得这些日常用品,但结果显然为死亡、监狱或穷困,从而巩固了黑人社区贫穷和绝望的恶性循环。

希普霍普的一个后现代的自相矛盾是:拉谱诗人在赞美他们所获得的奢侈消费的同时,又谴责对它不加批判的理想化和追求,这对他们热情地维护其团结和联盟的社区共同体的听众是误导和危险的。自称“地下的”拉谱诗人们既诋毁作为艺术和政治背叛的 211
商业主义,但又颂扬他们自己的商业成功,常常把它视为他们的艺术力量的标志。[28]这种自相矛盾,反映了社区生活的社会-文化领域和所谓非商业艺术之间的更根本冲突。[29]

当然,在非洲-美国文化中,在独立表达和经济成就之间存在一个非常深刻的关联,它甚至促使那些非商业化的拉谱诗人们吹嘘他们的商业成就和财富。像休斯顿·贝克很好地证明的那样,因为非洲-美国艺术家必须总是有意识或无意识地碰到奴隶和商业剥削的历史，它们构成了黑人的经验和表达基础。[30]正像奴隶以独立人换取财富一样，因此，他们重新获得独立的方式，应该是以获得属于他们自己的充足财富去赎回他们的解放(就像在弗雷德里克·道格拉斯的传统的解放叙述中那样)。非洲－美国人由于是别人的财富因此长期被拒绝发表意见，他们可以合理地得出结论："只有财富能够使人表达"。[31]因此，对地下拉谱诗人们来说，商业成功和奢华的服饰，在根本上可以作为经济独立的标志，这种经济独立能够使之获得自由的艺术和政治表达，以及这种表达反过来使这种经济独立成为可能。这种赞美经济独立的一个主要方面，是它不再依靠犯罪。[32]

自主和距离

如果拉谱那随心所欲的折衷的吞噬，亵渎了高级－现代主义的审美纯粹性和整体性的惯例，它对文化的深层政治层面的好战式的坚决要求，则挑战了现代性的最基础的艺术惯例之一：审美的自律性。根据韦伯和其他人的理解，现代性是与西方合理化、世俗化和区分的整个工程连在一起的，它不再对传统宗教世界观着迷，将其统一整体切割为三个分离的和自主的世俗文化圈：科学、艺术和道德，每个文化圈分别由它自己的理论的、审美的或道德－实践判断的内在逻辑所管制。[33]这种三分法当然受到康德根据纯粹理性、实践理性和审美判断对认识思想的批判分析的强力影响并得到巩固。

在这种文化圈的划分中，艺术作为不关涉知识的公式表达或传播的东西而区别于科学，因为艺术的审美判断在根本上是非概
212 念的和主观的。艺术也明显区别于伦理和政治的实践活动，这些

实践活动包含了真实的利害和欲望的意志(以及概念的思想)。相反,艺术被认为是无利害的、想象的领域,即席勒后来描述为游戏和外观(semblance)的领域。[34]像审美区别于知识和行为的那种更理性的领域,它也肯定不同于肉身化的人性的那种更具感性和欲望色彩的满足,更确切地说,审美愉快是居留在对形式特性的有距离的、无利害的沉思之中。

希普霍普的"知识拉谱"(或"信息拉谱")类型,致力于对这种区分的、琐细的和抽象的艺术与审美观念的公然违抗。这些拉谱诗人们不断强调他们作为艺术家和诗人的角色同他们作为对现实有洞察力的探究者以及真理的导师的角色不可分割,尤其是在那些被既有的历史书籍和现代传媒报道所忽视和歪曲的现实与真理的方面。BDP的"KRS-第一"声称:不仅要成为"最努力起用新概念的导师和艺术家",而且要成为哲学家(实际上,根据《社区音乐》唱片盒的封套上的说明,是"形而上学家")和科学家("我不丢下科学,我教授它。这就对了!")。[35]与传媒的政治粉饰、陈词滥调和空洞逃避的娱乐相反,他自豪地宣称:"我不要逃避,而要击中问题的要害 / 通过在歌唱里说出真理…… / 它的直率;BDP教授事实。/ 不旁敲侧击,而是直截了当;就像自由敲打的拍子。/ 因此现在你知道一个诗人的工作从未完成。/ 但我从不过度工作,因为我仍然是第一。"[36]

当然,希普霍普揭示的现实和真理,不是传统哲学那种超验的永恒真实,而是物质和社会-历史世界中易变的事实和样式。然而,这种对真实的有时间性变化和可塑的本质的强调(反映在拉谱经常的时间标签和流行的习惯语"知道什么时间了"[37]之中),构成了一个与美国实用主义联系起来的令人尊敬的站得住脚的形而上学立场。虽然很少有人知道它,但拉谱哲学家不仅在形而上学方面,而且在突现社会功能、过程和表达具体经验的非区分性的美学方面,真正“接着”杜威。

因为知识拉谱不仅强调统一审美和认识,而且同样强调实践功能可以形成艺术意义和价值的部分。许多拉谱歌曲明显致力于
213 高扬黑人的政治意识、自豪和革命冲动;某些人还提出更强力的观点:审美判断(和特别是什么作为艺术的问题),涉及合法性和社会斗争的政治问题,拉谱参与这种作为进步实践的社会斗争,它完全自作主张将这种斗争提升为艺术。其他的拉谱起着巧妙地编写街道道德寓言、为犯罪、吸毒和性卫生提供警戒叙述和实践建议之类的作用(如:冰-T的“戏剧”和“高滚筒”、库莫迪的“怪物克拉克”和“去看医生”、BDP的“停止暴力”和“铁撬”)。有些拉谱则挑战对白人历史和教育的单一要求,主张不同的黑人历史叙述——从圣经的历史到希普霍普自己的历史(如:BDP的“为什么是那样?”、“你必须学习”和“希普霍普规则”)。最后,我们应该注意到拉谱已经被有效地用于社区教室里的写作、阅读技巧和黑人历史的教育。[38]

詹姆逊主张:传统现代主义边界的分裂,可以提供“一个新的激进文化政治”的补偿性选择,一种“将政治艺术和文化的认识以及教育层面置于前景的”后现代审美。[39]他把这种新的文化形式当作尚是“假设性的”;但它也许在拉谱中得到了发展,拉谱艺术家明确针对教育和政治激进主义,就像他们通过同时主张拉谱的通俗和艺术的身份寻求瓦解社会上那种在合法的(即高级的)艺术与通俗娱乐之间的压迫性的二分一样。

然而,像绝大多数文化批评家那样,詹姆逊担心:由于它“对批

评距离的废除”,后现代艺术能否提供有效的社会批判和政治抵抗。由于已经破坏了艺术自律的堡垒和狂热利用日常的和商业化的生活的内容,后现代艺术似乎缺乏那种“最低限度的审美距离”,这种距离对艺术立于“沉重的大写的存在之外”因而相当于阿多诺称之为“不虔诚的现实”的另一种选择(从而批评)来说是必须的。尽管那些加入公众之敌、BDP 或冰 - T 的人们,对他们的反对劲头的可靠性和力量几乎不加怀疑,但是,这种指责——所有当代“文化反抗形式,都被它们自身可以被视为其中的一部分的体制所秘密地缓解和重新收编了”,可以更好地针对拉谱。因为虽然拉谱谴责传媒的陈词滥调、暴力和对奢侈生活的追求,但它也同样经常利用和炫耀它们来形成自己的观点。虽然拉谱公开抨击商业主义和资本主义制度,但即使是它的“地下”歌词,也同时颂扬它自己的商业成功和生意的历史,例如,某些歌曲还描述和肯定拉谱者因为 214
商业原因改变唱片公司。[40]

希普霍普当然不会整个处在詹姆逊(用一种有疑问的整体主义的假定)视为跨国经营的资本主义的“新世界体制的全球和总体化空间”的东西之外——好像我们世界的偶然事件和混乱进程可以全部总体化在一个空间或体制之中！但是,如果暂时准许这种无所不包的体制的存在,拉谱与这种体制的某些特征的有益联系,为什么就会使它的社会批判失去效力呢？后现代和后结构主义对限定的、具有本体论基础的边界的解中心式的批判,不是非常严肃地使“完全外在”存在的整个观念成为疑问了吗？

凭借这种对内在/外在的清晰二分的挑战,我们也可以追问:为什么在传统上适当的审美反应要求一个冷静的主体的有距离的沉思。这种对距离的必要性的假定,更是希普霍普所批判的艺术的纯粹性和自律性的现代主义意识形态的另一种表现。实际上，拉谱诗人强烈要求一种深入包含内容和形式的积极参与的审美，而不是距离化的、分离的、形式主义的判断的审美。他们要求在根本上通过精力旺盛和充满热情的跳舞来欣赏，而不是通过不动的沉思和冷静的研究来欣赏。[41]例如，拉提法女王（Queen Latifah）不停地指挥她的听众："我要你们为我跳舞。"像冰－T解释的那样，因为"跳舞的人不全身汗湿"、"失去控制"和为节奏疯狂地"摆布"，拉谱者就不会高兴，就像真正有魅力的拉谱者应该自己疯狂以便以他那上帝赐予的韵律礼物转动他的听众一样。[42]这种神圣的却又是在身体上疯狂的审美，让人想起柏拉图有关诗的这种说明：诗和它的欣赏，就好像一条充满神力的迷狂的铁链，它从神圣的缪斯那里伸展下来，经过艺术家和表演者最终到达听众。这是一种俘获，尽管它的神性被批评为令人遗憾地非理性的和低于真正的知识的东西。[43]更重要的是，那种源自神圣的身体疯狂的精神狂喜，可以使我们想起伏都教（Vodun）和非洲宗教的形而上学，而非洲－美国音乐的美学正可以上溯到这种形而上学。[44]

从现代性的合理化与世俗化的方案出发，还有什么能够向前推进？对现代性的合理、区分和形式化的审美来说，还有什么更不利的东西？已经确立的现代主义审美，对拉谱以及一般而言的摇
215 滚音乐是如此地充满敌意，这是不足令人奇怪的。如果在现代主义合理化的审美和一个完全非理性的审美——其狂暴的酒神式的精力过剩势必破坏它的认识、教诲和政治主张——之间，存在一个可以通融的空间的话，这就是留给后现代审美的空间。我认为拉谱这种美的艺术，占据了这个空间，而且我希望它将继续在那里兴旺发达。

二

到这里为止,我已经展示了拉谱作为挑战传统艺术惯例的冒犯者。那么,为什么还称之为艺术呢?拉谱的诗人自豪地宣称它为艺术,公开进行自我主张,是获得这种身份的关键方式。但是,仅仅是自我主张,对一种表现形式的艺术性质和审美特性来说是不够的;这种要求还必须要令人信服。当然,信服在根本上必须来自经验;我们必须感觉到一个作品的艺术性质,以及它自身给我们的感觉和智力以深刻印象的审美力量。某种形式的社会-文化的接受也是必需的。在艺术的社会-文化领域中,必须存在这种作品或类型的一个可能的空间。不过,理论证明有助于创造这种空间,通过将先前不被接受的形式吸收为令人尊敬的艺术范畴,就可以扩大艺术的界限。对这种吸收过程来说,一种已经被证明有效的策略是表明:不管多么明显地偏离业已确立的惯例,一个表达形式都要满足足够多的更关键的标准,以确保其艺术或审美的合法性得到承认。通俗艺术常常被拒绝给予这种合法性,是因为所谓的不能满足这种标准,尤其是那些复杂与深度、创造与形式、艺术的自我尊重与自我意识等等的标准。

虽然拉谱也许是最受诋毁的通俗艺术,但我认为,它的较好的作品,能够满足这些主要的艺术标准。证明这一点的最好方式,不是通过一般的争论和答辩,而是通过切近地考察这种类型的一个具体的范例。因此,我转向细读由布鲁克林的"斯特察索尼克"小组于 1988 年录制的那首"侃侃爵士"。它既不是我最喜欢的拉谱,也不是我认为最有艺术复杂性的那种拉谱。我之所以选择它,是因为它具有普遍性和代表性的特征(可以由它被许多拉谱诗选选载所证明[45]),还因为它突现拉谱提出的某些重要的美学问题。

尽管我阅读的目的是为了展示这首拉谱的审美丰富性,但这种阅读方式——也就是说,将这首拉谱作为记录在册的文本来呈
216 现和分析——一定会涉及对它的某些最重要的审美方面以及它所想要的审美欣赏的忽视。因为我将从它那至关重要的声音层面中抽象出来,这是由于印刷书页既不能捕捉到声音,也不能捕捉到歌词的口头表达和语调(一个在拉谱诗人中引以自豪和具有风格特征的要点)。它还不能传达在强劲的音乐节拍和拉谱讲说的语词强调之间的多重节奏与张力的那种复杂的审美效果,这种讲说与通俗歌曲努力维持其自身的言说节奏刚好相对。[46]对拉谱的审美维度的完整欣赏,应该要求不仅听它而且随它跳动,在运动中感受它的节奏,就好像这种艺术类型强烈地要求我们去做的那样。我们书写文化的印刷媒介就排除了这一点,因此更普遍地表现出了以学院式的方式欣赏这种口头文化和使之合法化的内在困难,这些学院方式非常深入地根植于和封闭于写作之中。

尽管如此,如果拉谱能够像书写的诗歌一样,以其贫乏的形式满足审美标准,那么,它就更加能够像音乐和有节奏的演讲那样,以它那丰富的和精力充沛的事实满足这些标准。于是,对于拉谱在审美上比它的文本远为丰富有了认识之后,就让我们来看一看,文本本身是如何能够根据我们已经提及的那些主要标准来支持其对审美身份的要求的。

侃 侃 爵 士

嗯,现在来开个头。

听你在收音机里
侃到拉谱，
侃到废话
拿我们做标本。
举个例子来。
以为我们会放过你。
我们录音的法子
你也批个不停。
你说这不是艺术，
所以我们要跟你扯个没完。
住口，你最好先仔细看看。
这是希普霍普乐队的音乐。
爵士，你可以这么叫，
但这种爵士持有新样式。
指出来，如果你对我们乱下判断
空想，一惊一咋一团糟，
像政客那样把错误犯，
把爵士胡侃。 217

[音乐停顿]

侃呀侃，我听说胡侃价格廉。
就像美，侃得只有皮肤那么浅。
当你撒谎当你滔滔侃，
人们说你走得太远。
看看你不了解，

样本只是事实，
就像我的某个法子，
只是手段。老实说，
只有我看重它它才算数，
我们代表的是大多数。
不过你是少数派，就思想而言，
心胸狭窄少教养
不晓希普霍普为哪般，无聊游戏为哪般
收买我的音乐，搞得没人用。
你踩我们我们也踩你。
别以为你可以抓到你的蛋糕往下咽。
你把爵士侃。

[音乐停顿]

撒谎，就是隐瞒真相。
你不顾事实使劲把爵士侃。
你撒谎瞎侃一窍不通的事，
它如此疲惫不堪，以至于无法表现。
当你胡说到我和乐队，我们七窍冒烟。
咬着钢笔，再次从头写起。
我们写的总是真的，
吸血鬼，你最好放明白点我们正在侃你。
据我看你有问题，
我们来看看解决它们要做什么。
想一想拉谱是时尚；你必定要发狂，

因为我们这么差,却得到了你得不到的崇尚。
说说真相,詹姆斯·布朗已老,
梯埃里克和拉克说着“我得了精髓”出场。
拉谱带回了老 R&B,
如果我们不,
人们就会忘。
我们要人明明白白:
我们有才份和强壮,不怕 218
那些好审判但不潇洒人士,
正把爵士侃。

[音乐停顿]

我们不想做你的老板。
若是你正在侃爵士
我们就要冲向你
你可别想赢。
你或许还要挂点彩,哥们。
斯特察索尼克,希普霍普乐队,
并且像斯赖和家庭滚石
为了我们生活、游戏的音乐
为了我们今天唱的歌
我们会挺着。
现在嘛,我们先把唱片摆好,
过一会儿我们将有一个论坛和
正儿八经吵。

不过你最好记住，
种瓜得瓜，栽草得草。
侃侃爵士。
侃侃爵士。
侃侃爵士。

复杂性

乍看这首歌词似乎足够简单，也许过于简单，以至于不能保证有足够理由对它进行美学思考。它缺乏博学的典故、晦涩的省略和句法－语义的朦胧之类的构成现代诗歌典型特征的复杂性的外部标志。它那直白的陈述、极少的隐喻和不断重复的陈词滥调，显示出它缺乏任何复杂性或意义深度。但是，丰富的语义复杂性和意义分歧，却深入地蕴涵在它那表面上的朴实和简单的语言之中。这首歌词的意义的多种层次，可以从它那特殊的标题中发现，而且它们的确被压缩在它的关键词“爵士”之中。当然，在这首诗歌的上下文中，爵士至少具有两个相关但根本不同的和不同地规定的意义。第一个意义，涉及到作为一种音乐艺术形式的爵士，它起源于美国黑人文化，且长期被文化权利机构所反对和不信任，但到如今却在全世界到处都获得了文化上的合法地位。第二种意义，涉
219 及到对爵士一词最普遍的俚语用法，用作“撒谎和夸张的谈话；也指无用和愚蠢的谈话”。[47]

在爵士一词的真正意义中的这种模棱两可和享有特权的对立——它那作为音乐艺术的正面规定的标准用法，与它那作为撒谎和夸夸其谈的俚语(因此不太“合法的”)用法——被发展为这个拉谱的主题，而且在一般意义上似乎成了这首拉谱的中心。“侃侃爵

士”同时使用和质疑这种享有特权的对立，将拉谱表现为一种涉及使非法的东西变得合法的力量，揭露包含在这种合法性之中的社会－政治要素，并挑战那种否认拉谱合法性的权力的合法性。面对这些问题，这首歌曲又提出了关于真理、艺术以及它们的权威的来源等更深刻的哲学问题。对艺术来说，我们应该记住，尽管它现在在文化上被神圣化了，但有时它自己也像夸夸其谈的谎言和游手好闲的愚蠢那样，颜面尽失。

如果要从一开始就废除这种阅读的话，一个人就可能被引诱去论辩："爵士"这个术语，被它的标题的上下文当然也被整个歌曲充分地消除了歧义。因为"侃侃爵士"这个短语似乎表明：我们根本不要关注作为肯定性的音乐的爵士，而只要关注否定性的谈论和撒谎，尤其是那种夸夸其谈的、愚蠢的谎言，它们构成了对希普霍普始终如一的批判，其人格化的发起者就是那个直接面对批判的靶子，或者诗歌中的"你"。"听你在收音机里／侃到拉谱，／侃到废话。"将"侃侃爵士"与撒谎和愚蠢的谈话等同起来，得到了将它与政治家的谈论联系起来的确认（像政客那样把错误犯，／把爵士胡侃）；而且，它似乎的确被这样的诗行所确定了："撒谎，就是隐瞒真相。／你不顾事实使劲把爵士侃。／你撒谎瞎侃一窍不通的事，／事态严重，非得和你摆真相。"

但是，正如它被等同为否定性的谎言一样，"侃侃爵士"也可以因此恰好由歌曲的标题肯定地等同为音乐艺术——作为一种艺术的拉谱。对此，我们必须发问：除了侃侃爵士之外，拉谱还是什么？它不只是与爵士相关的器乐，甚至也不是按照爵士节奏或调子歌唱的歌词，拉谱音乐最明显的特征是：与其说它是音乐不如说它是公然挑衅的谈话，"拉谱"一词是谈话的一种俚语同义词。"这是希普霍普乐队的音乐。/爵士,你可以这么叫,/但这种爵士持有新样式。”

220 这些诗行甚至包含了更多的稳定的语义复杂性。乐队接受将它等同于爵士,作为希普霍普在系谱上所隶属的最受尊敬的黑人文化的形式和传统。但是,这种接受稍微有些犹豫。因为拉谱并不想被视为已经确定的爵士的一种单纯的变种,甚至不是进步的爵士;它更要强调它的原创性。拉谱的爵士,不像标准的爵士那样,已经被权力机构所窃取,而是“有点新意思”,通过维持同变化的大众经验和本地表达(对街上的“大多数人”来说)的紧密关系,而保持新异和鲜活。有这样的暗示:希普霍普因而比原初的爵士精神更真实;也有这样的暗示:爵士通过它过去被文化权力机构的处理,通过它对那种处理的善于适应的顺从,它在某种程度上已经稍稍被污染了。[48]因为当权力机构最初将爵士作为胡乱夸张的和愚蠢的音乐加以拒斥,这当然有助于使这个术语具有它那愚蠢的夸耀与谎言的否定性的俚语意义。这种经久不渝的否定性意义,继续保持着某种意义上的最初的拒斥,这种拒斥甚至在它作为音乐的标准意义中,似乎也引进了一种惹麻烦的否定迹象,进而引发了这个一直拖延下来的问题:在古典音乐明显具有的标准的神圣化的意义上,这种音乐是否是真正的艺术 。

爵士的这些深刻的含糊性,被斯特察索尼克最聪明地用来对拉谱作为一种艺术进行辩护。爵士作为夸夸其谈的谎言的意义,既建立在它等同于艺术而不是真理的基础上,又建立在它被进一步拒斥为严肃艺术的基础上,爵士的这种含义必然被用来消除对拉谱形式中的新爵士的重申的拒斥,将这种拒斥本身也当作夸夸其谈的谎言。拉谱者将那些无知地将拉谱当作堕落、剽窃的“侃侃爵士”加以拒斥的人们的那种所谓的合法话语，也当作“侃侃爵士”来拒斥。乐队通过声明他们的侃侃爵士是真的(和真的艺术)，而假想中的反拉谱、反爵士的批评家的严肃话语是真正的否定意义上的“侃侃爵士”，既使用又废除爵士/严肃真理之间的区分；因为后者整个儿是误传误说、“心胸狭窄少教养的”。他们那种所谓的关于真正艺术的真正谈论，既不是真理也不是艺术，而是缺乏批判的理解或缺乏创造劲儿的无知的胡说。与它那执迷不悟的批评家的软弱的、“疲惫不堪的”谎言相反，拉谱诗行“总是真的”。而且，他们并不是没头没脑地和粗枝大叶地说话，像收音机里被谴责为“廉价”的“废话”的谈论那样，而是深思熟虑地用写作撰述的，[49]而且是由有“才份和强壮”和忠于以这种“新样式”的原创表达的艺术家所执行的。因此，与它那非难的批评相反，拉谱要求既展示真理又展示艺术性——一种这个拉谱以它那双面的和颠倒的维护自身 221
的精明方法巧妙地证明的要求。[50]

尽管意义的复杂性和机智的论证妙诀可以无可否认地在这里找到，但是，也可以否认它们实际上是为真正的拉谱受众谋划或存在的。也许它们只是我们学院式的阅读——实际上，甚至是曲解——文本去发现含糊意义的习惯的产物。人们可以争辩说，用这种复杂的方式阅读拉谱，对这种艺术类型和它的受众的自发与直率是不忠实的。而且，通过主张更直率的反应是低级的理解，这种阅读还服务于从艺术的通俗使用和从使用艺术的人们的角度来侵占艺术。这种以赋予理智的侵占方式将通俗艺术转型为精英艺术的方法，在文化史上相当普遍。[51]

这种反对我的阅读的思路，足够强硬地要求一个立即的回应。首先，没有一个有说服力的理由，将拉谱的意义限制为作者的直率意向;因为它的意义也是其语言和读者的一种作用,一种超出个别作者的决定性控制之外的社会的产物。“爵士”的语义双关性和它们所包含的文化冲突与历史,无论作者想不想要它们,都已经存在于作者必须言说的语言之中了。其次,由于艺术可以以许多方式、在许多层次上来欣赏,新的受众的新的欣赏模式,不能被当作必然剥夺了那些原初的受众的权利而宣布非法的。只有当新的智识化的形式坚持强行推行它们那特权的或排他性的地位为合法的时候,这种情况才会发生。仅仅通过跳舞就可以有效地欣赏拉谱,但这不是说它那典型的受众只有以这种狭隘的和非智识的方式来典型地欣赏拉谱。事实上,无论我们对故意的谬误和预期中占首要地位的受众有怎样的看法,我都认为双关与颠倒在这里太显明和太突出了,以至于不能说是无意的;而且一流的拉谱受众对理解它们已经有了很好的装备。因为正是这种双关和颠倒,对黑人语言社区来说,是最基本的东西。

美国黑人英语明显地具有语义双关性。例如,“黑鬼(nigger)”在白人英语中是一个意义单一的辱骂性术语,但在黑人讲话中,它只不过是“通常表达爱慕、钦佩和赞同的术语”。[52]这种极大的语义双关性的理由应该是显而易见的。“黑人奴隶被迫创造一种半秘密的方言”,去表达他们的意欲同时又能将它们在其监督的敌对监视中隐蔽起来,他们通过赋予普通英语词汇以特殊的黑人
222 意义,再连同它们的标准意义一起,来创造他们的方言。[53]增加意义的一个至关重要的方式,是将它们颠倒过来。由于语言既体现又维持社会的权力关系,这种颠倒的方式尤其有效,它既可以作为一种抗议之源,也可以作为一种极其精妙的语言技巧之源。正如G. S. 霍尔特所阐明的那样:

> 黑人清楚地认识到,掌握白人的语言,实际上是:通过白人对建立在语义/社会体系之中的等级制度的定义,而同意被白人的语言所征服。因此,颠倒变成了自卫的手法,它使得黑人能够同语言的因而是心理的陷阱作战……字词和短语被赋予颠倒的意义和改变的功能。拒绝使用在黑人的用法中发展起来的二重性、内涵和外延的语义扩展的白人,只能根据它那原初的单一意义来理解同样的材料……,这使得黑人可以欺骗和应付白人而不受处罚。这种被黑人理解和共享的保护性的方法,变成了一种比智慧的竞赛……[和一种]语言的游击战形式,它保护下属,放任对真实情感的掩饰和伪装,准许对自我的巧妙维护,以及促进社群的团结。[54]

当然,它也有助于使得黑人社会对双关的和颠倒的信息的编码和解码,显得特别擅长和熟练。因此,拉谱发烧友们通过他们的日常语言的训练,就已经典型地掌握了一种机智的间接交流的技巧。有一位研究者将这种技巧视为"一种口头的艺术形式",[55]它使得他们能够轻易地处理语义非常复杂的文本,只要文本的内容与他们的经验有关。因此,斯特察索尼克对"侃侃爵士"这个概念的双关的、颠倒的游戏,几乎没有超出拉谱受众的理解力所能达到的范围,即使它远不如文意最为透明的和如今已成为家常便饭的颠倒——用"差的"去意谓好的——那样明显(想一想拉谱是时尚;你必定要发狂,/因为我们这么差,却得到了你得不到的崇尚)。

"收买我的音乐,搞得没人用"这句短语,是一个更加有难度的双关语。虽然"收买(embrace)"一词典型地带有接受或采用的赞许意义,但是,在这里我们似乎可以赋予它那"包围、围绕和封闭"的次要意义以特权,从而在某种意义上孤立和否定音乐的用途。

不过，通过将它读作一种对将音乐仅仅当作缺乏任何真正的艺术或政治用途的时髦娱乐来接受的无聊游戏的反对，我们仍然可以
223 用前一种意义来很好地理解这个短语。最后，“收买”还具有狭义的法律意义：“通过腐败的手段试图影响（法官或陪审团）”。[56]无论这种相当新奇的意义是否是明白地意谓的（或者是由拉谱受众一般地理解的，对此我表示怀疑），它都与这句诗完美地吻合，表达出拉谱者对腐败的谎言的抗议，他们的电台批评家们正是通过这种谎言寻求对作出评价的大众进行影响。这种法律的意义和语境尤其合适，因为这首拉谱在很大程度上是有关“取样”的，即一种曾经使拉谱小组卷入有关版权的无尽的法律争吵的利用方法。

最著名的和无情的拉谱检举人，是詹姆斯·布朗。在这里他是被稍微有些批评地描写的：“说说真相，詹姆斯·布朗已老，/ 梯埃里克和拉克说着‘得了精髓’出场。/ 拉谱带回了老 R&B，/ 如果我们不，/ 人们就会忘。”这里益发提供了另一个颠倒。因为虽然詹姆斯·布朗被典型地颂扬为拉谱的最好节拍以及它那感人爵士乐及黑人自豪感（一个这首拉谱所肯定的历史角色）的审美的源头，但是，他在这里同时被批评为已经老了和不够充分进步。因此，他对“我得了精髓”的激动说法，表明它不仅被梯·埃里克和拉克（拉谱二重唱埃里克 B［Eric B］和拉基姆［Rakim］所取样，而且为了使它保持新鲜和不被遗忘它不得不被取样。旧的必须受到尊敬，但不是以阻碍新的为代价，因为对这种生气勃勃的传统的阻碍，将只有终结在它的过去的丧失之中。这里，我们已经将 T. S. 艾略特的“传统和个人才能”的复杂要旨，更新和改编为黑人音乐传统，并且以精致而自觉的互文性对它作出了清晰的阐明。

哲学内容

现在,我想提出这样的主张:拉谱可以是在知性上有益的,不仅因为它那多义的复杂性的刺激,而且因为它的哲学洞见。因为正如通俗艺术曾经由于它的简单语义结构而被谴责为必然肤浅一样,它同样也由于缺乏任何深刻的内容而遭到公然抨击。

由于通俗艺术对陈词滥调的使用常常被认为是其平淡浅薄的一个主要原因,因此,应该说出某些为“侃侃爵士”中明显的陈词滥调进行辩护的东西。因为这首歌曲充满了陈腐的、最平常的话头:“侃侃爵士”;“美……只有皮肤那么浅”;“别以为你可以抓到你的蛋糕往下咽”;“种瓜得瓜,栽草得草”。然而,在这首拉谱的特殊 224
语境中,这些话头获得了新的意义,它们不仅远离而且挑战其标准地蕴涵的文化思想的陈词滥调。事实上,恰好是通过将它们运用在反对“拉谱不是艺术”这种文化的陈词滥调的论点中,这些话头失去了某些淡而无味的平常特征。而且,作为一个构成这首拉谱的重要主题的利用取样方法的固定的口语副本,它们的用法在审美上是无可非议的。因为正如拉谱 DJ 们拆用熟悉的已经包装上市的乐句,将它们置入新的音乐语境之中去创造一种新的音乐一样,MC 也能利用旧的话头,并且通过他在其拉谱中对它们的重新语境化的运用,而赋予它们以新的意义。

让我们来看一看一起构成联句的头两句关于真理和美的陈词滥调:“侃呀侃,我听说胡侃价格廉。/就像美,侃得只有皮肤那么浅。”如此地连接在这首拉谱的特殊语境中,这些陈词滥调在意义上就决非简单和平常。相反,这些联句用双关语破坏了它们通常表达的普通的朴素真理,同时也提出了关于语言、美和审美判断的哲学论点，这些论点在根本上与关于这些问题的平常教条不同，并且对它们提出挑战。

当然，“胡侃价格廉”在这里可以在它的一般意义上来理解：简而言之，用无知的批评损害拉谱，不花费任何东西，不要求努力、知识或才能。这种愚昧无知的“侃侃爵士”，是毫无价值的、“价格廉”的胡侃。这个话头的通常意义，也显示出在单纯的胡侃(它很容易但不给人留下任何印象)和不仅花费努力而且确实做了些什么的真正的行为或执行之间的一般性对立。斯特察索尼克将这种对立运用在他所划出的这种对照之中：一方面是“心胸狭窄”的批评家，他们缺乏创造艺术的潇洒劲儿，只是胡侃和“评判”艺术；另一方面是拉谱艺术家，他们“有才份和强壮”以及毫不畏惧，足可以去行动和创造，而不只是用“价格廉”的胡侃去“空想”。

然而，这首拉谱的语境内容超出和反对这些通常的意义，它更引人注目地坚决主张：所谓廉价的胡侃根本不是真的如此廉价。它反而是非常值钱的。首先，它对拉谱无知的恶意诽谤，欺骗了公众，侮辱和迫害了拉谱艺术家和他们的听众，因而创造了一个关于希普霍普的混淆视听的“一团糟”。通过显示单凭胡侃就能构成一种具有代价昂贵的结果的行为，从而使得在胡侃和行为之间的陈腐区分遭到了挑战。这个论点得到了这样的实际真相令人痛苦的证实：拉谱常常被这样的人们所谴责和破坏，他们完全不熟悉这种
225 音乐，因而依靠别人的道听途说，这些别人自身也像对它姑且听听一样对倾听拉谱音乐毫无兴趣。[57]而且，像“侃侃爵士”一样也表明：批评家们表面看来廉价的胡侃谴责，同样将以花费他们的昂贵代价而告终；因为“当你撒谎当你滔滔侃，/人们说你走得太远。”由于受到他们“侃到拉谱，/侃到废话”的伤害，斯特察索尼克对那

些进行廉价胡侃却又具有高昂代价的拉谱诽谤者们发出强烈警告:“你说这不是艺术,/所以我们要跟你扯个没完。”

如果愚昧无知的“价格廉”的胡侃可以具有强有力的效果,那么,这种话语的权力和权威究竟是什么?如果“侃侃爵士”既可以是错误的批评,也可以是真正的艺术,如果一般意义上的话语既可以当作谎言,也可以当作真理,那么,究竟什么决定推论性真理和审美的合法性?这些令人头疼的哲学问题,被机灵地与一对同样陈腐的联句联系起来了,在这里胡侃(或者话语)被看成是像“皮肤那么浅”的美一样的东西。这里,我们再一次看到了这个特殊的拉谱语境是如何给一个平淡无味的陈词滥调提供崭新的意义的。由于拉谱的黑人社区根基和它作为黑人音乐所遭受的审美排斥与破坏,美像皮肤那么浅的抱怨,是从对美的表面现象(它只关注表面的外观)的陈腐批评中转化而来的,进而表达这种具有强烈煽动性的指控:美是与种族歧视联系在一起的,与跟皮肤颜色有关的反应联系在一起的。在更一般的意义上,审美判断并不像它被标准地认为的那样,是对形式的纯粹的、超越的和无利害的沉思;相反,它是深深地被社会-政治(包括种族)的偏见和利益所制约和支配的。

因此,与将真理和美视为完全独立于权力关系之外的陈腐看法相反,这首拉谱着重强调包含在真理和审美的合法性的决定中不同的权力关系。这种看不见的权威有两个来源。第一个是社会-政治的权力,例如,像由对媒体和政治机构的控制所显示和行使的权力那样。尽管反对拉谱的批评家们显得愚昧无知和怀有敌意的偏见,但他们还是能够通过深入人心的、合法的电台媒体释放他们的判决。因此,他们对拉谱缺乏审美优点和不值得授予艺术身份的谴责,能够被视为真理,因为它被占统治地位的媒体毫不质疑地播放,从而获得了一种专家意见或权威的光环,这种权威典型地与通过享有特权的大众传播频道所宣传的观点相互联合。相反,拉谱歌手们,尤其是那些具有秘密的政治寓意的歌手,被类似的广播电台拒绝接受,更不用说给予同样的时间去展示和辩护他们的艺术了。因此,真理和艺术身份,在很大程度上是社会－政治控制的问题。

226 当这首歌曲将拉谱被媒体公然抨击的艺术性,与贬低和剥夺黑人社会权利的政治家的错误联系起来的时候,它巩固了这种政治寓意。这首歌曲用一种含蓄的实用主义认识论——不重视无人相信的社会真理或者无人承认的艺术地位——显示:拉谱的艺术地位不是某种独立在那里等待被发现的东西,而是某种必须被建构的东西;只有通过挑战和克服拉谱的艺术非法性这个已经确定的当权机构的真理,拉谱的艺术地位才有可能被构成。这首拉谱歌曲不仅怂恿而且自身表现了这种挑战。由于在为艺术合法性的斗争中包含严肃的社会－政治利益和利害关系,拉谱歌手们认识到,这种斗争在本质上是一种暴力斗争;为了保护希普霍普免受其传媒批评家的攻击,他们准备了使用暴力:"你说这不是艺术,/所以我们要跟你扯个没完。"暴力的威胁是非严肃地计划好的,因为它稍后又在这首歌曲中重复出现,警告任何声称反对拉谱的人说:"你或许还要挂点彩,哥们。"[58]

由于意识到艺术地位和社会－政治权力之间的联系,拉谱歌手也认识到,可以通过攻击其社会－政治基础的矛盾和弱点,来反对当权派对希普霍普的拒斥。虽然美国社会声称是一个具有言论自由和多数决定原则的自由民主国家,但是,这与它对拉谱的审查制度相矛盾,更一般地说,与这种现象相矛盾:即使大多数美国人在通俗文化的艺术中找到更大的审美愉快,它的文化领导者却倾向于将真正的艺术等同于高级艺术。在保护他们的音乐免遭其传媒批评家的攻击中,斯特察索尼克论辩说:那些精英文化的独裁者们,正在践踏授予他们审判权力的民主的权力基础。在趣味方面,他们"是少数派";正如"就思想而言",他们是"心胸狭窄少教养/不晓得希普霍普的目的"是为了更民主和更解放的通俗艺术。[59]相反,拉谱歌手通过将他们的艺术与多数人结成联盟来对它们进行辩护。他们对"我们代表的是大多数"的强调,通过显示他们反映了通俗的趣味和大多数人的兴趣,不仅旨在证明他们的取样方法,而且旨在证明他们合成性的音乐创作。

这种主张怎样才是正当的呢?乔恩·帕雷勒斯,一位《纽约时报》的摇滚批评家,将拉谱描述为"在通俗音乐中增长最快的类型和数以百万计的发烧友们所喜爱的录音带"。而且,它每天在MTV上的演出"始终吸引有线频道的最多观众"的事实,显示拉谱已经完全从它的黑人城区发源地迁移出去了。[60]在美国的大型城市中,有许多是黑人占人口的多数,在这些城市中,拉谱的听众当然是不成问题的。拉谱在街区不断增长的统治地位,是充满挑 227
衅的喧闹,通过汽车广播和"社区喇叭"发出隆隆的声音。拉谱在音乐会和唱片销售(尽管有审查制度的骚扰)方面的普及,已经是巨大的而且还在稳步增长,远远超出了它如今已经获准的文化认可的程度。即使希普霍普的听众还没有代表大城市的广播听众的大多数的话,那么,它也形成了一个极为巨大的支持者,这些支持者曾经被广播对拉谱的处理态度恶劣地对待过。

"侃侃爵士"不仅求助于拉谱在其最初的城市环境中的多数主

义的权力基础，而且通过它自己的论战，寻求动员和扩大拉谱的群众支持。它的论战的策略之一，涉及到人称代词的政治学。整个歌曲建构在“你”和“我们”之间的对立上。在最狭隘的字面层次上，“我们”只不过是斯特察索尼克，唱这首歌曲的希普霍普乐队。通常地，这也可以暗示，听众是这首歌曲所称呼的“你”中的一部分。然而，由于歌曲是一种愤怒的抗议，它小心地不称呼它的听众为“你”，而是从刚一开始就将他们从发出敌对信息的对抗的“你”——广播电台的反对拉谱的批评家——中区分出来。因为歌曲听众的大多数，不是广播电台的发言人，而只是收听者。

听众凭借他们对主张对抗的“你”——被挑衅地攻击为一种无知和无能但强烈地压制和苛求的少数派——的反对，被进一步怂恿去将他们自己比作歌曲中大名鼎鼎的“我们”。因此，“我们”变得不仅意味着斯特察索尼克，而且意味着他们正在拥护其事业的整个希普霍普大家庭。它通过吸引那些尚未成为希普霍普的发烧友但可以认同它的人们——因为他们对这种歌曲和更一般意义上的希普霍普与之公然斗争的媒体和政治权威的共同反对——而延伸得更远。任何对媒体名流和政治家的软弱的“疲惫不堪的”喋喋不休感到愤慨的人，任何对我们社会的权威发言人和他们极不公正的权力行使感到愤怒的人，任何被缺乏才能、力量或潇洒劲儿去从事他们傲慢的批评活动的批评家的否定判决所激怒的艺术家（或体育运动员或劳动者），对所有这些人们——他们数量数不胜数——来说，这首歌曲通过它那慷慨激昂的抗议精神应该是具有吸引力的，因而应该可以获得对拉谱越来越多的在它的原发的、核心的黑人社区的听众之外的支持。

这种通过扩大其支持的社会－文化基础而增进对拉谱的接受

的策略，至少是通过其他三种修辞方法来精明地执行的。首先，在第三节中，拉谱被联系到节奏与布鲁斯（“R & B”），所有摇滚音乐 228 的可论证的源头以及一种不仅在美国而且在遍及全世界的白人听众中获得极大普及的艺术类型。如果“拉谱带回到老 R&B ”（不仅通过对它那强劲的节奏的取样，而且通过拉谱对布鲁斯关注贫困和压迫的更深刻的表达），那么，像这首歌曲含蓄地表明的那样，拉谱当然是值得拥有的。如果拉谱对 R&B 的循环、改造的回归，有助于使它继续活跃和被创造性地铭记（“如果我们不，/ 人们就会忘”），那么，拉谱的艺术价值就应该得到承认并保护它免遭审查和骚扰。换句话说，即使我们不喜欢拉谱本身，我们仅为它的这种工具价值也应该接受它：拉谱使富有创新精神的黑人音乐传统继续存活，这个传统发展出了节奏和布鲁斯、爵士以及摇滚——这些形式受到一般白人听众的喜爱是无可否认的。

这种对更广泛的同时也包括白人在内的听众的含蓄呼吁，在最后一节对“斯赖和家庭滚石”的祈祷中被精巧地显示出来了，作为希普霍普乐队的斯特察索尼克，明显地将自己与他们等同起来。作为旧金山的 DJ 出身的斯赖滚石，被认为同詹姆斯·布朗一样，是希普霍普的主要先驱和感召者之一。但是，与他借用的詹姆斯·布朗不同——布朗的音乐和角色具有更专门的黑人特征与魅力，斯赖实现了这样的一种风格：尽管扎根于黑人音乐之中，且认同黑人的自豪感，但它完全赢得了白人摇滚听众以及对它提供的社会－文化的接受。斯赖对种族（和性别）障碍的跨越与突破，以它那“家庭”乐队的组成令人注目地表现出来，它包括黑人和白人、男人和女人。正如马尔库斯所评述的那样，正是斯赖，打破了伍德斯托克音乐节的肤色界线，“作为音乐节演出的最大成功脱颖而出”。[61]而且,正是斯赖,通过将他自己描述为一个“诗人”,[62]具有为他的歌曲要求艺术地位的文化自信和勇气,他为斯特察索尼克和其他拉谱歌手展示了坚持将拉谱认可为艺术和诗歌的方式,也展示了这种美学宣言和社会-文化抗议可以通过歌曲成功地作出。他的成功、“挺着”,强烈地激励受压迫和被剥夺资格的人们为他们的信仰、权利和文化而斗争,“为你知道是正确的东西而挺着”。它预先警告后来的拉谱歌手:当压迫性的权威得知“你所侃的东西在根本上符合情理”的时候,他们“会设法让你去巴结”;但是,尽管如此,它还是鼓励他们去继续斗争,因为“一个站得高的矮子”可以有
229 助于打得“在他旁边的巨人踉跄跌倒”。在对互文性的语义上丰富的和艺术上敏感的使用中,斯特察索尼克引用了斯赖的风靡一时的作品,将“挺着”一词不仅完全整合到他们的文本之中,而且用节奏和压韵的巧妙安排将它清晰地显示和强调为与众不同的东西:“斯特察索尼克,希普霍普乐队,/ 并且像斯赖和家庭滚石 / 为了我们生活、游戏的音乐 / 为了我们今天唱的歌 / 我们会挺着。”这些诗行,以同样丰富的精妙,通过他们对斯赖的援引,同时表达了向白人听众的开放和吁请的姿态,和黑人的自豪与抗议的不妥协精神。

在援引斯赖和“R&B ”的夹缝间,我们发现了第三种使拉谱对一般听众更可接受的策略,即一种这样的保证:拉谱对艺术合法性的要求,不是一种对霸权的要求。在对“我们不想做你的老板”的保证中,“斯特察索尼克”打消了那些尚未变成希普霍普听众的人们的顾虑:他们的目的只是让大家听见,而不是让其他人沉默,即使他们准备让那些其“侃侃爵士”似乎在责难和挑剔拉谱的人们“挂点彩”。在对和平的多元共处目标的提议中(作为对暴力文化冲突中“无法取胜”的情形的反对),拉谱歌手聪明地诉诸美国社会

最广泛地拥有和最深入地珍视的原则之一:多元宽容的自由。如果我们冒着风险将这种理想当作资产阶级的自由意识形态加以摈弃,但它作为一种论点,对那些分享这种意识形态的人们仍然保持效力;而且它的范围实际上要广泛得多。因为它也在像阿多诺一样的马克思主义者的乌托邦图景中再次浮现。阿多诺的社会-政治(和美学)理想,就是没有统治的差异性。当然,对这种理想的提倡,给这首歌曲的丰富的哲学内容又增加另一个方面。

让我们通过简要地指出这首歌曲所认识到的推论权威和美学权威的第二个根源,来对这种内容的讨论做一个小结。这是具有超凡魅力的艺术权力和修辞权力的权威。如果真理和艺术的地位,取决于社会-文化的权力结构,那么,这种结构不是永恒地固定,而是一种变化的斗争战场。人们的信仰和趣味可能得到改变的一种方式,是通过给予他们的话语或艺术的表达权力,尽管他们对这种权力的鉴别当然总是建立在他们某些先行的信仰和趣味之上。[63]因此,这首歌曲暗示,我们收听者可以拒斥批评家的"侃侃爵士"为一派胡言,但是,通过意识到他们那可以匹敌的表达权力,我们又可以认同拉谱的"侃侃爵士"为艺术、真理和明证。在批评家的话语明显软弱("它如此疲惫不堪,以至于无法表现")和缺乏"潇 230
洒劲儿"的时候,拉谱的话语通过它的冲击和力量、通过有"才份和强壮",而证明了它的真理和艺术地位。

这种通过感受性的说服式证明,不是一种混乱的精神失常,而是一种在美学和其他地方进行论证的重要形式;[64]而且这首歌曲,一个拉谱中的拉谱宣言,显然可以看作是通过它自己特殊的艺术力量对拉谱的艺术地位的感受性的说服式证明。斯特察索尼克没有假装提供一种详尽的调查研究或范围广泛的"正儿八经吵";关于拉谱和它那仅仅在录音空间中的录音-取样式的变形——以“[他们]今天唱的歌”那种令人信服的和示范性的魅力，他们只要求“把唱片摆好”：一种对拉谱是艺术这个真理的自觉的自我专断和可辩护的自我确认的声明。

艺术的自觉、创造和形式

这种对艺术地位的自觉的自作主张，比它那可能的重要性更为重要，因为艺术的自觉被许多美学家视为艺术的一个本质特征。[65]因此，为什么通俗艺术不被给予艺术地位的一个原因，是它们没有要求艺术的自觉。霍克海默和阿多诺争辩说，它们甚至没有“佯装为艺术”，而是接受它们作为娱乐工业的地位。布尔迪厄论辩说，它们没有坚决要求其自身的审美合法性，反而懦弱地接受在根本上否定它们的占统治地位的高级艺术的审美。[66]由于缺乏必不可少的艺术自觉与自尊去要求它们的艺术地位，通俗艺术并不值得或获得它的艺术地位。然而，这对其他通俗艺术来说也许是真的，但对拉谱不能这样说。斯特察索尼克，像无数其他拉谱歌手一样，“为了[他们]生活、游戏的音乐 / 挺着”，他们盛气凌人地宣称和骄傲地颂扬拉谱作为一种艺术。

“侃侃爵士”除了对艺术地位的坚定要求之外，至少在五个方面表明了对艺术自觉的自豪感。第一，由于艺术是某种以其出众的技巧和品质从一般生产和单调经验中突显出来的东西，因此，这首歌曲强调了拉谱与一般廉价谈论相对的出众才能、力量和“潇洒劲儿”。第二，如果艺术在本质上的历史特征，意味着要成为一种艺术就要属于一种艺术传统的话，那么这首歌曲强调了拉谱与这种传统的联系。它非常明显地做到了这一点。通过首先将它自己

描述为一种新型爵士，从而使它自己与最广泛地承认为合法艺术 231
的黑人音乐形式结成联盟，随后又进一步将它自己同“老R&B”——其已经确定的名望甚至被声称通过拉谱对其节奏的“带回”而得到了增进和确保——联系起来。还有与斯赖滚石、詹姆斯·布朗以及拉谱小组埃里克 B. 和拉基姆更专门和复杂精致的互文联系，它给了拉谱在一个持续的艺术传统中的更完美意义上的定位和定型，一种涉及任何健康的、富有成效的传统必须展示的既认可又争论的互文性。[67]

近来艺术传统的一个重要方面（且经常被视为对艺术的真正本性是本质性的东西），是艺术的反抗立场。许多人主张：艺术——通过展示它那具有特定的原创性以及与普通事物的区分而使之具有这种资格——必须以某种方式对被一般接受却无法接受的现实或现状（艺术的或社会的）采取一种反抗立场，即使这种反对仅仅是以艺术虚构或艺术所造成的对一般理解的困难的方式含蓄地表达的。无论这种反对的特征对艺术是不是真正根本性的东西，它的确不仅明显地而且经常自觉地在拉谱中得到表现。正如我们已经看到的那样，对现状的强烈反对——当权的文化和媒体、政治家和警察、以及它们寻求施加影响的代表和现实——是拉谱歌词的一个重要的和经常主题化的特征。但是，“侃侃爵士”通过攻击和挑衅否定拉谱的审美合法性与艺术地位的文化独裁，最清楚地例示了拉谱对艺术反抗的自我意识。而且，除了这种明显的内容之外，它那特别的对质谈话的戏剧性的独白形式，也是由这种反抗的立场结构的。

现代艺术自觉的两个其他特征，常常被认为对任何名副其实的艺术都是根本性的，它们刚好也是经常被用来否定通俗文化的生产的东西:对创造的关注和对形式的留意。[18]这二者都强有力地表现在“侃侃爵士”之中,而且,我将以对它们的证明,来总结我们对这首拉谱以及一般意义上的拉谱的美学主张。

尽管它的利用取样对纯粹原创的浪漫观念构成了挑战,但是,拉谱仍然声称是创造性的。而且它还强调:原创性可以在对旧作品的修正利用中得到表现,不管它是“侃侃爵士”所取样的但创造性地赋予新意义的老唱片还是老话头。事实上,“侃侃爵士”到处都充满拉谱对作为一种艺术形式的新异性的敏锐意识,一种被拉谱曾经所遭受的迫害而痛苦地变得敏锐的意识。在十分简洁的
232 两行诗句中,斯特察索尼克通过将拉谱与爵士联系起来,聪明地建立起了拉谱与艺术传统的联系,同时再次强调这种艺术类型的创造性分歧和作为一种新艺术形式的重要性。“爵士,你可以这么叫,/但这种爵士持有新样式。”而且,拉谱“持有新样式”(而不是,比如说,创造一种新样式)这个短语,巧妙地捕捉到了艾略特努力表达的艺术传统和创新之间的复杂矛盾:艺术可以而且必须是传统中的新异(和新异中的传统)的观念,一个人不能仅仅由对艺术传统的遵循而遵循我们的艺术传统,因为这个传统是一种新异性和对一致性的背离。

拉谱因此驳斥了这个教条:在通俗艺术中不能发现对形式和形式实验的关注。而且,它显示了对经常被视为当代高级艺术的标志的艺术媒介和方法的主题化关注。取样不仅是拉谱最根本的形式创新(因为某些较早的流行歌曲也以讲话而不是歌唱的方式对它进行过实验),而且是对拉谱艺术媒体——录制音乐——的一种最大关注。它在法庭和文化法庭上引起激烈的争论,这是不足为怪的。对取样的美学辩护,构成了“侃侃爵士”的主题动机,它从

一开始就将拉谱的艺术合法性问题与它的取样方法的合法性问题联系起来。

嗯，现在来开个头。
听你在收音机里
侃到拉谱，
侃到废话
拿我们做标本。
举个例子来。
以为我们会放过你。
我们录音的法子
你也批个不停。
你说这不是艺术，
所以我们要跟你扯个没完。

要对拉谱作为创造性艺术的要求进行辩护，首先必须对取样进行辩护，以便它免遭明显和似乎有理的指控——它只不过是剽窃或者拷贝已经存在的音乐——的攻击。这种辩护是：拉谱的取样，不是以其本身为目的，不是企图去复制或模仿业已流行的唱片，而是一种形式上的技术或“方法”，它通过创造性地处理录制工业的技术媒介，可以将过去的音乐片段转变为具有“一种新样式”的新歌。与对待任何艺术方法或“工具”一样，取样的美学意义或 233
价值，取决于它被怎样使用(“只有我看重它它才算数”)，进而需要根据个别的具体语境来下判断；因此，斯特察索尼克认为，取样只是拉谱方法的“一个法子(一部分)”，而且并不总是享有最高的优先权。这个要旨以及他们对“举个例子来”的质询，得到了这种事实在形式上的巩固:在“侃侃爵士”中取样和抓取混合方法的实际运用是相对有限的。[69]

由于意识到拉谱的取样的革新技术有可能被摈弃为一种暂时的花招,斯特察索尼克通过指出它的艺术家“不同凡响的”才能以及它在其不断增长的听众中间所赢得的持久“尊敬”,来明确地答复那些认为“拉谱是一种一时的狂热”、缺乏创造潜力和持久力量的“愚蠢的”批评家。斯特察索尼克不只是在“侃侃爵士”。因为虽然当拉谱在1979年首次录制的时候,通俗文化的专家们认为它只能短暂地存在,但它最终还是获得了某些批评的认可。“如今当90年代开始的时候”,《纽约时报》的批评家乔恩·帕雷勒斯写道,拉谱“是通俗音乐中既具有最领先的原创性又具有最快的增长速度的类型”。[70]

但是,帕雷勒斯虽然赞同它的创造性的新异性,他却仍然质疑拉谱具有连贯一致的形式成就。它的取样和混成技术,以及它那破碎的、大众传媒的心理状态,妨碍了有序形式和逻辑结构的创造,其结果是被“错位和中断”弄得支离破碎的歌曲,其中“节奏最为重要但没有持续不变的逻辑推演关系”。这种歌曲“不是从一个开始发展到一个结束”,从而给人一种“一首歌曲可以在任何一个片段上被截取”的感觉。这对某些拉谱来说,对那些通过其对已经接受的形式的背离而最直接地引起注意和敌意的拉谱来说,的确是真的。但是,这最多只不过是对这种艺术类型整体的一种非常局部的和夸张的说明。因为拉谱是所有不是根据清楚的叙事发展就是根据连贯的逻辑论证严格地构成的歌曲。其叙事形式包括常见的对拉谱歌手业绩进行赞美的歌谣,以及许多关于吸毒、性病和犯罪生活的引人注目的说教故事。其逻辑格式,在许多抗议性的和具有黑人自豪感的拉谱歌曲中有具体的表现,其中包括拉谱常见的自我表扬式的宣言。“侃侃爵士”属于最后这个范畴,它的形式和逻辑连贯性是不容否定的。

“侃侃爵士”由四个有清晰结构的诗节组成,尽管其长度稍微不等,但它们被既区分又连接它们的同样的器乐间隙同样地构成。由于这些诗节都以相同的一行迭句——也是歌曲的标题——结 234
尾,它们在形式上被进一步统一起来。最后,我们还应该注意到,这行结束诗句在前三节的每一节中都出现一次,而在第四节也是最后一节中却出现三次,好像在对前面的三节和它们的论点进行回忆、巩固和总结。

这首歌曲对拉谱进行辩护的论点,也是连贯地结构起来的。第一节以对拉谱和取样的谴责开始,接着是对拉谱的创造性的艺术地位的威胁、抗议的反诉。第二节通过解释取样的作用、强调拉谱的普遍吸引力,以及指出对其谴责的批评家的精英主义的狭隘和无知,驳斥对拉谱的谴责,同时继续进行暴力报复的威胁(“你踩我们我们也踩你”)。第三节继续开展对拉谱批评家的恶毒谎言进行“愤怒”报复的主题,同时既根据它展现的真理、才能和强壮又根据美国黑人音乐的艺术传统的翻新保存的理由,进一步证明拉谱合法的正当性。最后一节,在巩固这种传统联系和维持歌曲的抵抗与暴力威胁的自豪“立场”的同时,也向尚未转变为拉谱听众的人们,发出了一种和平共处的邀请,表明他们不必担心一定要认同拉谱的艺术合法性。这种结束的、对多元宽容的提倡(“不想做你的老板”),并非是来自拉谱面对批评审查的软弱害怕。拉谱已经准备好了“正儿八经吵”,但只有在它可以拥有一种适当的“论坛”(即“公众空间”)来表达自己的时候,这是一种媒体和文化当权派迄今为止仍然否定的论坛。

这里,我们再一次有了审美与政治之间那种富有洞察力和独创性的重叠联系。为审美合法性的斗争(一种更一般的社会斗争的征兆),在人们可以享有被听取的保障的时候,只能获得一种优雅的和仔细论证的形式。而拉谱歌手仍然在为那种听见、为了得到它而作斗争,因此,斯特察索尼克"现在"必须说得更迫切和更猛烈,而不用拘泥于形式。如果对拉谱声音的诋毁和镇压激起暴力的抗议而不是温柔的美学论证,那么,拉谱的敌人自己应该对此负责("种瓜得瓜,栽草得草")。

这种获得一种倾听先于进行正儿八经吵、获取表达的合法性先于对形式复杂性的专注的次序区分,可以当作关于这首歌曲自己的形式状况的批评的却是防卫性的自我注释;而且它提出了一
235 个拉谱必须面对的至关重要的形式主义的问题。因为尽管"侃侃爵士"达到了形式的统一和逻辑的连贯性,但是,它在形式上仍然比其他拉谱更加简单和传统。在那些拉谱中,很少再谈论取样,而是更为广泛、复杂和显著地运用取样(例如,"在钢轮上的动画大师的历险")。但是,虽然这些歌曲制造了一个远为激进的"新形式",它们却似乎更容易引发帕雷勒斯对形式统一性的指控。这也许暗示出了在拉谱对形式革新的要求和艺术必须具备形式统一的愉快之间的张力。因为拉谱的艺术革新,尤其是它的取样技术,是与形式的碎裂、错位和破坏的基础紧密地联系在一起的。[71]

这种形式的创新和已经引起重视的形式统一性之间的张力,构成了拉谱现在实际上陷入其中的正儿八经的争吵。它仍然处在为了找到合适的平衡而对其革新技术和其观众的形式敏感性的限度进行检验的过程之中——一种既新颖又在某种程度上可以被我

们变化的美学传统和形式敏感性吸收的形式。拉谱还不到20岁，它离最终的答案和艺术的成熟仍然很远。如果它不是在没有文化当权派的镇压和鄙视的虐待、在没有强制出卖给最直接和最沉重的商业压力的情况下，首先被给予艺术合法性——这对追求其自身的发展和它的听众的发展都是必要的，它将二者(形式创新和形式统一)都不能达到。“侃侃爵士”，一首提倡拉谱的新形式但却仍然保持与传统形式的充分切近关系的歌曲，是对这种合法性的吁请，而且由于它满足了传统的审美标准，这还是一种极其恳切的吁请。因此，它给我们知识分子提供了一个更加令人心动的邀请，邀请加入关于拉谱的正儿八经的争吵，一种将由未来作出决定和只有未来可以决定的争吵。

第九章　后现代伦理与生活艺术

一

维特根斯坦在他的《逻辑哲学论》命题6.421中用简要的和加括号的插入语断言:“伦理学和美学是一回事”。[①]这条信息像它的大胆那样,也显得神秘莫测,它用那种意味深长的最低限度表达的极度简约的风格,一种非常典型的现代主义风格,以加括号的形式说出来,没有进一步的澄清或论证。通过考察《逻辑哲学论》的上下文和早期笔记[②]——在那里这句格言与某些简要的说明一起出现,可以很好地猜度青年维特根斯坦想说的东西。显然,他希望至少在三个有意义的方面,传达伦理学和美学在根本上一致的观念。第一,二者都包含从永恒的观点上(*sub specie aeternitatis*)看事物——也就是说,超越地、“从外面”、用“一种它们具有整个世界作为背景的方式”看事物。在美学中,“艺术作品是那个从永恒的观点上来看的对象……[而在伦理学中]善的生活是那个从永恒的观点上来看的世界。这是艺术和伦理学之间的连接点”(*N* 83)。第二,伦理学和美学二者都关注“神秘的”领域,不仅因为它们的陈述(既非经验的又非逻辑的命题)属于不可说,而且因为二者都采用了超越性的总体视野,他将这种视野同神秘的和“绝对价值”联系起来。[③]第三,二者在根本上都关注幸福。像“艺术观看事物的方式一样……[伦理学]用一种愉快的眼光观看世界”，由于“艺术是令人愉快的”，因此，伦理学总体上是“愉快或不愉快”的问题；“这就是全部。可以说：不存在善或恶”(*N* 74,86)。

这三个联系，我们于其中发现无论在意义还是中肯度上，都很难确立伦理学和美学的完全统一。而且，尽管这个原则在维特根 237
斯坦后期哲学中并没有被抛弃(像许多《逻辑哲学论》中的原则那样)，但它也没有被清楚地肯定和发展。实际上，一个人可以有理由认为：他后期解中心的、非超越的和多元论的语言游戏哲学——利奥塔称之为后现代思想的一个主要来源[4]——对任何将伦理学和美学领域匀质化的统一都是敌对的。因为这些领域的确表现为涉及相当不同的语言游戏。[5]另一方面，维特根斯坦后期关于审美欣赏的说明中，强力地涉及到伦理学和美学之间实质性的根底上的联系。因为这种欣赏被视为不可还原为孤立的、公式化的批评规则和核准的表达形式，而是作为深深地必然陷于复杂的文化背景中，被不得不包含伦理维度的生活方式所缠绕和塑造的东西。[6]如果我们不得不给予维特根斯坦关于伦理学和美学“合一”的一个最终立场的话，或许这将是一个平稳但缺乏创造的观点：它们既不完全统一和同一，也不完全不同。

现在让我们把维特根斯坦放在一边，去为我们利用他的语言而不得不付出的充分解释的代价，并转向为什么他那加括号的插入句在今天是如此地有意义的问题。我相信答案是：“伦理学和美学是一回事”的格言，给出了我们后现代时代美学和伦理学理论二者的重要见解和问题的敏锐表达。它否定了现代主义的艺术纯粹主义美学意识形态，这种美学意识形态常见于现代主义诗歌及造型艺术的形式主义和抽象运动。它转而暗示：这种孤立主义的意识形态现在不再可行，知识和文化的传统划分预示着将出现分裂为多种多样的各学科间的行为形式的危险。在这种时代条件下，对具有道德、社会和政治动机的艺术批评来说，不仅是机会，而且是要求，就像艺术自身也需要被赋予这样的动机那样。

我将不再谈及艺术和艺术批评中的伦理－政治，而是致力于它那更有意义的另一面，即伦理学的审美化。如果用一句话来勾勒这个观念最主要的方面的话，那就是：在决定我们对怎样引导或塑造我们的生活和怎样评估什么是善的生活的选择上，审美的考虑是或应该是至关紧要的、也许最终是最重要的。它通过将审美确立为美好生活的正确伦理理想、首选模式和估价标准，使维特根斯坦伦理学和美学是一回事这个含糊的格言充实起来。可以这样认为，这种审美化主要指向所谓私人伦理领域，即个体应该怎样塑
238 造他的生活去自我实现作为人的目标的问题。[7]但是，它可以很自然地扩展到公众领域，扩展为善的社会应该像什么样子的问题。至少，一个人可以有理由地认为：如果善的社会不是丰富地培育个人的审美化生活，它必须是能够为其组成的个体成员确保在审美上可能拥有令人满意的生活的社会。而且，在由审美标准来表现美好社会自身的特征、将美好社会构想为具有异中有同的最佳平衡的有机整体——古典的且依然有效的美的定义——上，它一直是相当普遍且仍然具有吸引力。

像我相信的那样，如果伦理生活的审美化是我们后现代时代的主要（尽管很难说没有先例）[8]趋势，那么，也许它在我们日常生活和我们文化的通俗想象中比在学院哲学中更为明显。它由我们的文化对魅力和满足、对个人外表和富足的偏好所显现。我们时代最著名的形象不是英勇的男子或贞操的女人，而是那些被意味

深长地称道的“美人儿”。我们模仿基督的愿望比模仿麦当娜的艳妆和时尚要小得多；今天没有人为教诲和榜样而阅读圣徒的生活，但电影明星的自传和公司百万富翁的成功故事却终年畅销不衰。

然而，后现代主义的趣味伦理并不是没有哲学上的辩护者。在福柯（和他的“存在美学”的理想）与其他尼采传统中的大陆思想家那里，可以发现明显的支持。然而，我将集中于趣味伦理在近来英美哲学中的表现。我的主要目标将是理查德·罗蒂，他也许是最坦率和最无礼的美国大众形象哲学的典型，明确倡导“审美生活”作为善的生活的典型。对罗蒂来说，“这种审美生活”是“私人完善”和“自我创造”，是一种受“扩展自身的欲望”、“拥抱越来越多的可能性的欲望”和摆脱自身“继承形象”的限制的欲望——一种以“对新异经验和新异语言的审美求索”表达的欲望——作为动机的生活（*R* 11，12，15；*CIS* xiv，29）。换句话说，审美满足、自我丰富和自我创造，不仅通过生活中的实际试验来追求，而且通过采用“新的道德反省语汇”的更胆怯的选择来追求，以便用一种更新鲜的吸引力和更丰富的方式塑造我们行为和自我形象的特征。（*R* 11）

罗蒂的审美化的私人完善伦理，是与作为公众道德最好形式 239
的自由主义的主张（同它的容忍个性、厌恶残暴和“旨在人类平等”的程序性公正一道［*CIS* 88］）和社会团结的结合。但是，他不认为这些私人和公众的理想可以合并在一种理论或探索之中；非常明显，审美化的私人伦理享有给予生活真实内容的特权，而自由主义只是为我们在和平舒适中追求个人审美目标提供社会组织上必要的稳定结构。因为罗蒂明确要求我们将“一个公正和自由社会的目的［和首要价值］，看作让它的公民像他们在非工作的时间里行事所满意的那样——不引起对他人的伤害和不利用那些不处于有利条件的人们所需要的资源——是个人化的、‘非理性主义的’和审美主义的”(*CIS* xiv)。即使罗蒂的伦理审美化在某些重要方面尚需批评和修正,但它展现了一个有前景的方向。无论如何,对它的评价,要求将它放进其他审美化生活的辩论与洞见的语境之中。

二

为什么后现代哲学应该将伦理审美化?趣味伦理的兴起可以在很大程度上解释为更传统的伦理模式衰落的结果。正像我们一经出生就不得不生活在某种时尚中那样,因此,只要我们对怎样生活开始伦理反省,就一定是在某种时尚中的反省。传统伦理理论的腐化留下了一个可怕的伦理空洞,趣味伦理自然赶紧将它填上。罗蒂在论证伽利略、达尔文和弗洛伊德之后“无论是宗教的还是世俗的和自由的道德都似乎不可能了,而且没有出现第三种选择”——除了他提倡的审美化的道德之外——的时候,[9]他似乎接近于说出了这种观点。迫使当代哲学家抵制传统伦理的最强有力的理由,好像源自两种一般的哲学态度。第一种是关于人的本性的历史相对论和多元论的反实在说,而第二种表现为领悟到严格的道德限制显然使得全面令人满意的伦理不充分。我们可以将第二种观点描述为伦理学中道德说明的证据不足。这些态度中的每一种,都包含许多值得关注的方面或层次。

240 (1) 传统上,伦理理论从伯纳德·威廉斯所谓的“阿基米德点:某种即使反道德者或怀疑论者忠于的东西,但要是被适当地想透了，仍然会向我们显示他是非理性的、不合理的或至少是错误的”[10]出发，不仅寻求为它们自身辩护，而且寻求为整个伦理事业辩护。这种基础主义理论，典型地将自己建立在关于人的本性的一般理论的基础之上，试图从什么是对人类是根本的或者什么是人类的根本东西中，得出对于人来说什么生活在本质上是善的，而且认可任何伦理的“应该”都依赖某种非伦理的“能够”。对愉快或幸福的欲求、进行理性思想和行为的能力以及对它们的经验，都是这种本质特征最熟悉的和强制性的候选者。在对这两者的综合中，以及在给予构成一个人(但不针对女人和奴隶)善的生活的东西以更为具体和实在的图像中，亚里士多德的伦理学理论享有超过康德理论的优越性。因为虽然康德的认识论完全认识到人的感性和理性本性，但是，他那与众不同的伦理只是建立在非常精制和提纯的抽象的、作为理性代理的人的概念上。这种代理，在实现他的理性本质的范围内，要求某种在行为中进行选择的自由，而且他通过基于理性基础和普遍化原则的选择而无需顾及对审慎的权宜和情绪的偶然考量，就可以适当地在伦理上做到这样。

亚里士多德和康德式的构想的特殊困难，其中许多已经由威廉斯简洁地概述了，我们这里没有必要再涉及它们。普遍存在于这些和类似的企图——即，将伦理学建立在一种对人的内在或本质本性的说明上——中的更基本的困难，是我们后现代主义的深深怀疑：根本不存在那种东西。我们甚至可以有更深入的怀疑：在人类中不存在既是普遍发现的、又是本体论上固定的、而且还是足够确定的和真实的非历史本质，可以只由逻辑推导或经营产生或证明一种明确的伦理理论。我们已经看到：即使最好的本质形象的候选者，如合理性和幸福，都似乎只有当我们不过于深入探求文化上和历史上对事实上真正构成这些东西的各种分歧的说明时，才有希望。

然而，非历史的、本体论上给予的人类本质的缺乏，并不排除由根本的人类本性得出伦理理论的所有可能性。因为这种方案也许可以由某些非本体论的但仍然超历史的、跨文化的人的本质所完成；某种语言、文化和生物学上的普遍性的混合，被发现呈现在无论何时无论何地繁荣的人类生活中，被发现为对这种生活是必
241 须的东西，而且一个人从这种混合中可以描绘出构成善的生活的东西的确定和一致的图像。但是，面对明显的历史和文化分歧，怀疑论具有强大的说服力。即使在我们设想为同一个文化传统的东西——比方说，艾略特曾经人格化为"欧洲心灵"[11]的那种传统——中，我们仍然发现：对适当的人类生活来说，对什么是根本的或值得的这种问题，有非常不同的回答。而且，有了利奥塔诊断为我们对合法的大叙事的后现代怀疑，[12]我们就不能由通过寻求自由和/或完善的人类精神的不同但不断演进的表现，来试图将这种分歧解释过去。

不过，尽管我们可以抵制将非历史和超历史的人类本质作为某种普遍伦理的基础，但仍然存在为我们自己的特殊时代和文化创造一种本质伦理理论的更谨慎的选择。这种"限制的"目标当然是我们最想要的东西，因为我们想知道的是怎样过我们自己的生活而不是我们祖先或后代的生活，后者明显不是我们要过的生活。但是，即使将焦点完全局限在当代美国社会，我们仍然发现，存在太多的重大不同，以至于不能确信地谈论任何形式化的本质，它能够告诉我们在寻求善的生活中究竟寻求什么。我们也许被统一在自由的承诺和追求幸福的机会之中。但是，这种观念，像批评自由

主义的共产主义者经常抱怨的那样，只是无用的暧昧和抽象；它们明显提供的统一很快消解在自由、幸福和机会的真正意谓的对立看法之中。

对于为什么甚至这种限定性的人的本质也不能发现，至少存在两个好的理由。第一，不仅在美国而且在任何发达的文明社会，都存在非常严重的劳动等级区分、职业角色区分。当男人和女人具有如此多不同的且如此难以调和的功能的职业时，像亚里士多德和其他伦理理论家所设想和确立的人的一般功能性本质的观念，似乎就不再可行。我们怎样调和农夫和股票经纪人、创造性的艺术家和工厂雇员、牧师和化妆师、科学家和赌场经营者的功能性本质？更为恼人的是，我们不仅共同经验着分化的功能性本质的冲突，而且就在我们个体自我中也强烈地感觉到它。由她的职业界定的和由她扮演母亲角色所界定的女人的功能性本质的冲突， 242
也许是这种当代身份认同问题中最常见和最严重的。但是，由于在这方面存在无数其他的例子，即我们的职业角色或自我界定是如何尖锐地冲突，或者仅仅是我们作为朋友、家人或政治代理的自我界定是怎样不相吻合，因此，使得在他或她的社会角色的某种一致的混合中发现个体的功能性本质，似乎变得不再可能。

说后现代不能从他或她的特殊的功能角色产生普遍的甚或个人的伦理，因为我们都集合地和个别地栖身在一个未充分整合的角色多元体中，用维特根斯坦或利奥塔的话来说，我们栖身在语言游戏的混杂的多样性中，且由如此众多的谈话形式所塑造，以至于我们不再能够肯定地说我们究竟是谁。我们不能断定什么是我们的善的生活，因为我们的本性随着角色的和自我表现的变化而非常可疑和反复无常。罗蒂可以论辩说，它是可疑的，因为它不在那里被确定地发现的，而是向制作和塑造开放的，因此它应该是被审美地塑造的。

而且，根据罗蒂，不仅试图深入我们的社会角色去发现本不在那里的共同的人的本质，是无意义的，而且即使个别人格（一个人自己的真的自我）的根本一致的个体本质观念，也是被弗洛伊德有力地破除了的神话。相反，一个人自己的自我或人格，被显现为由一大批通过历史上的偶然性形成的、以及由“矛盾的信仰和欲望系统”组成的相冲突的（有意识的和无意识的）“准人（quasi persons）”的不稳定集合，这是对不相信一个人具有一个“真实自我”的整个观念的概览（*R* 5，9，19），而不是某种从一个自主的、稳定的和理性的核心中浮现的统一和坚固的东西，自我是“无中心的”，是一个“准自我”的集合，是“偶然和特异要求的随意组集”的产物，它由“许多”由歪曲记忆和多重词汇所改变的“特异、意外的插曲”所塑造和修改（*R* 4，12，14）。“像弗洛伊德给我们显示的那样，从词语的声音、书页的颜色到一片外皮的感觉的任何东西，都能用来戏剧性地改变和确定一个人自我认同的意义。……任何这种东西的似乎随意组合，都能给生活定下基调”（*CIS* 37）。对罗蒂来说，这种弗洛伊德的解中心、增殖和随机化的自我，“为审美生活作为伦理生活打开了新的可能性”。因为如果没有真的自我去发现与符合，
243 那么，“道德反省和完善”的最有希望的模式，就变成了“自我创造”和“自我扩展”，而不是“自我认识”和“净化”（*R* 11－12）。

因此，有关人的本性的反本质主义，通向了趣味伦理。然而，将它视为逻辑的推导就错了。如果人的本性的本质缺乏，意味着它不具备确定的伦理，那么，它因此也不能具备审美的伦理。不过，它仍然能够通向趣味伦理，因为在缺乏证明一种伦理正确的本

质基础的情况下，我们仍然可以合理地被鼓励去选择对我们最有吸引力的伦理；而且似乎可以认为，这种吸引力最终是一种审美的东西，即究竟什么是打动我们的最有魅力和最完美的东西的问题。

(2) 现在是从反本质主义转向致力于破坏传统伦理理论因此推进审美化的趣味伦理的第二种一般态度的时候了。我将这种态度称之为“伦理学的非道德决定”，它具有两个方面，分别涉及伦理思想中道德考虑的范围和决定性。第一个方面，在当代哲学对传统构想的道德没有真正覆盖伦理关注的全部范围的日益增进的认识中，可以找到它最一般的表述。因为伦理涉及有关一个人应该怎样生活的价值和善的范围的非常宽广的考量。这些考虑中，许多明显是个人的和自我的、或者至少不是普遍化的（例如，对某人自己的利益或某人家庭的利益的特殊关注），许多是非义务的（例如，慷慨和自愿的仁慈和英雄主义行为）。但是，传统道德方案，像威廉斯和沃尔海姆所主张的那样，确立了一个更为狭窄的特别伦理“子系统”，它由义务和普遍化所决定。沃尔海姆通过把“狭义的道德……[当作]是以义务为其核心的东西”，将狭义的道德与价值和善——就它们以人的满意为目的的不同心理谱系和必然潜能来说——的领域尖锐对立起来。“一个（道德）产生于[威胁形象的]内向投射，另一个（价值）则产生于[古老的福佑、满足的爱的]外向投射。一个在其自身的起源上主要是防卫和强制，另一个则不是。一个试图警防畏惧，另一个则永保热爱。”[13]如果说沃尔海姆关于道德的说明强调它的威胁起源和危害的方面的话，那么，威廉斯在以一种生硬的方式断言“没有它我们就会更好”上，表现得还要更为明确（也许更为偏激）（*ELP* 174）。

244 威廉斯对“道德、奇特习俗”或者“特别系统”(*ELP* 174)的批评,更多地集中于它在说明我们的伦理思考上的逻辑怪异和不足,而较少集中于它使人痛苦的心理根源和效果。导致这种不足显得如此失败的东西是:虽然道德在说明伦理上显得明显地证据不足,但是,它还要将自身构成为和看作是一个在其决定性上全面穷尽的系统。它将自身表现为责任(和由此所致的权利)的一贯系统,这种责任和权利可以告诉我们在任何场合中什么是应该做的。我们应该或应当做某种事情,涉及到我们能够做这种事情,因而这些责任将被分层次地安排以便防止在任何最终的意义上或不能解决的意义上的冲突,因为它们不能允许导致矛盾的行为,作为对立的行为,这种矛盾的行为不能予以执行。“道德责任是不可避免的”,无论你想同意这种系统或不同意这种系统,它都将你包括在它那无条件的普遍化的逻辑之中,如果你不按照它的全面的责任系统去行为,就会将你归罪于道德责难(*ELP* 177－178)。

威廉斯主要着手挑战两个总体上无条件的道德假定:它对彻底穷尽的应用范围的要求和对无论应用于什么情况下的至高无上、超越一切的潜能的要求。他显示了道德如何不能维护第一个要求,因为明显存在非义务的、甚至与某些先前定义的义务显然冲突的仁慈和慷慨的情形。而且,他还揭示了这样的哲学努力的失败:通过对不同秩序排列的义务(特殊的义务、一般的义务、否定的义务、表面的义务、对自身的义务、对他人的义务,等等)的一种精致假设系统的不足以令人相信的安排去救助那种主张,以便任何我们视为喜爱或厌恶的行为都可以被看作源自或背离某种相关(或复杂的秩序系统的)义务。

与这样一种道德假定——道德穷尽所有伦理行为与选择,任何值得的行为最终可以仅仅根据某种义务被证明是正当的——紧密相关的，是这种假定：在任何伦理问题中，道德考量应该总是凌驾于所有其他东西之上，决定一个人应该怎样行为或生活。因此，如果一个高尚的非强制的善意行为的执行，妨碍我满足一条微不足道的义务，比如说准时赴宴，那么，必须假定一条与善意有关的不明确的一般性义务，来证明我的行为是显然值得的。在伦理考虑中，某些东西可以无关乎义务是好的、甚至可以比义务更为重要的观念，对道德系统来说是有害的和无法容忍的。威廉斯将这种道德格言称之为“只有义务可以胜过义务”（*ELP* 187），它那显而易见的虚伪性，构成伦理学的道德证明不足的后现代情形的第二 245
部分。作为区别于道德的伦理学，认可善的生活高于履行义务，甚至“可以将事物而不是它自身……［对生活］的重要性视为使它值得生活的要素”（*ELP* 184）。这不意味着伦理学需要完全反对道德考量，只不过是说，伦理学必须反对道德考量对总体和凌驾一切的要求。否定的东西（这回用沃尔海姆的话来说），是“道德是最终的和最具权威的观点”（*TL* 225）。

将更为强制的义务降低为只不过是怎样过善的生活的伦理考量中一个有意义的要素，使得这种考量更像审美判断和证明，而不是演绎的或墨守条规的论述。对什么是正当的发现，变成了最合适和最有吸引力的完形发现，变成了在给予的情形或生活中不同和不同地重视的特征的最有魅力和最和谐荟萃的感知。它不再是从一个更一般的义务或义务群到另一个义务的推论；也不是基于清晰的义务等级秩序的逻辑演算的结果。伦理证明像审美解释一样，在它的努力说明中，不是诉诸演绎或算法，而是诉诸能在感知上说服的论辩（通过更精炼的叙述、有倾向的修辞和富有想像力的例示)。这种依赖和旨在维持与扩展对适当行为范围的某些基本共识(一种模糊的共识)的证明,也认可和服务于推进对在这些(可修正的)范围内的不同感知和趣味的容忍。就像对审美解释和评价那样,我们要求我们的朋友和同事理解我们的伦理视界和选择,将它们看作是合理的;但是,它不再是如此至关紧要以至他们要将这种伦理视界和选择作为对所有人都普遍公正和有效来接受。伦理判断不再可以通过无懈可击的原则,被确然地证明为绝对的真,而只是某种审美的东西。因为伦理决定,像艺术决定一样,不应该是严格运用规则的结果,而是创造和批评的想像的产物。伦理学和美学在这种有意义的和可感觉的意义上,变成了同一个东西;伦理生活的方案变成了审美生活中的练习。也许这就是沃尔海姆当时非常模糊和试探地主张伦理学可以被视为"像艺术一样"时头脑中所想的东西(*TL* 198)。[14]

246

三

尽管这种伦理的审美化似乎是迈向正确方向的坚实一步,但是,罗蒂对审美生活的率直倡导远为激进和根本。罗蒂依据我们没有共同本质,只不过是任意和特异偶然性的产物,拒斥传统的道德理论,他强烈要求我们必须创造我们自己,并且必须由自我丰富的审美再描述来进行这种创造。一个人可以认为:自我可以由某人选择哪怕是最传统或最禁欲的道德所创造,因此,自我创造的必要性决不必然具有或规定对特别的审美生活的追求。但是,像我们将要看到的那样,罗蒂坚决主张将自我创造的生活等同为审美生活;即使他所要求的这种特殊生活,并没有公平对待以往时代的、甚至只是这个世纪的哲学家们所倡导的不同种类的审美生活。

那么，罗蒂的审美生活的景象是什么？它怎样与其他审美生活相比较？它拒斥任何“对纯粹的追求”和基于稳定的自我认识基础上的清晰的简单性，转而强调对“自我扩展”、“自我丰富”和“自我创造”的探索（*R* 11,15;*CIS* 41）。这种对自我丰富和自我创造的追问，包含双重的“对新异经验和新异语言的审美追求”，以便重新描述因此丰富那些经验和经验者（*R* 15）。同样地，“一个人的愿望和希望的更丰富、更完满的明确表述方式的发展”，使得“那些愿望和希望自身——因此是某人自身——更加丰富和完满”（*R* 11）。审美目的不再是“稳定地看事物和完整地看它们”，而是通过不断新异的“[设计]为变化的手段的选择性叙述和选择性词汇”来看待它们和我们自己（*R* 9）。那些以令人喘不过气来的速度与混乱去制造和占有这些倾向于不断变化的多重词汇的“异常的个体”，能够“将他们的生活变成艺术作品”，而这种自我创造的作品必须是完全原创的，既不是“某种已经被认同的东西的模仿或复制”，甚至也不是对先前创造的“一流的变更”（*R* 11;*CIS* 28）。

罗蒂将那种审美生活的大师，等同于表面上非常不同的两种形象：古怪的知识分子“讽刺家”（也许最好被人格化为多疑的、涉及面广的文学批评家）和“十足诗人”。虽然他想将这两种形象同 247
化为伦理－审美追求中本质上同一的形象，因为二者都冒险地旨在通过使用新异语言重新描述自我，来实现自我丰富和自我创造。但是，自我创造的目标和通过无止境地好奇的自我重新描述的丰富目标，是根本不同的。我们不仅可以实现一个目标而不实现另一个目标，而且两个目标可以处于深刻的张力之中。对变化的无止境寻求，可能威胁以一种强势的和令人满意的方式创造自我所必需的集中性。事实上,好奇古怪的讽刺家和自我创造的十足诗人可以代表两种相当不同的审美生活形式,而罗蒂不幸地将它们融在一起作为他所倡导的审美生活。除了有问题地合并在一起之外,每种类型在它那罗蒂式的形式化表达中都出现了困难。

“好奇古怪的知识分子”或“讽刺家”的审美生活,是“无止境地好奇的生活,寻求扩展自身的界限而不是发现它的中心的生活”。它那通过包含越来越多的重新描述自我的词汇而“包含越来越多的可能性的愿望”,与无论什么词汇——一个人通常选择或视为决定他的自我描述和伦理同一性——一定要“日益反讽、戏谑、自由和创新”的命令一起出现(*R* 11,12)。罗蒂将这种决定性词汇称之为一个人的“最终词汇”;他将讽刺家定义为“对她常用的最终词汇持激进的和不断的怀疑”、因而常常通过广泛阅读寻找新的和更好的词汇的人。“讽刺家害怕他们受到他们在其中得到养育的词汇的欺骗”,或者实际上是害怕受到任何单一词汇的欺骗。通过放弃任何关于他们应该聚集的本质自我、最终词汇或大叙事的观念,他们专心于自我描述的“多样化和新异性”,通过修正他们自身的最终词汇不断扩展他们“自身的道德身份”。不断好奇和自我丰富的讽刺家,“她自身提醒她的无根性”,因为她总是试图不停地玩出最多的把戏,像她可以学会玩众多的语言游戏那样(*CIS* 73,75,77,80)。

相反,十足诗人为了将她自身创造为与众不同的个体,必须知道和尊重限制。她不能给自己以“完全彻底的好奇”去包容尽可能多的叙述和词汇,以便在观念上实验“过去和未来的所有可能性”。因为如果这样做,她将冒着失去中心的危险,这种中心对于
248 固定和铭记使她的生活和语言显得特别和与众不同的感觉来说是

必需的;而这正是罗蒂自我创造的诗意生活的核心。十足诗人害怕的是:即使她的词语幸存下来,“没有人可以在它们中间发现任何与众不同的东西”。“一个人将不会将他的印记打在语言上,而是宁可竭尽他的生命去推撞已经铸成的篇章。因此,一个人将根本不会真正拥有一个自我”(*CIS* 24)。然而,这种害怕暗含着对讽刺家自我丰富的审美生活的强力批判。

根本说来,那种生活在类型上是浪漫歹徒,一种不知疲倦的、不知餍足的、通过好奇和新异对丰富性的浮士德式的痛快追求,一种像没有组织——通过它非常赞美的缺乏中心达到的——那样范围广泛的追求。然而,任何结构中心的缺乏(既不必是普遍人性的、静态永恒的中心,也不必是胜于制作的被给予的中心),将阻碍它成为它似乎想要成为的那种教育小说(*Bildungsroman*)。因为选择的最大化生产以及有关自我的经常不一致的词汇和叙述——旨在将任何稳定的自我,解构为自我和自我描述的变化的、增长的多样性——使得一个整合持久自我的完整视界,似乎全然变空和令人怀疑。但是,如果没有这种能够历经变化和变化描述而保持同一的自我,罗蒂的自我丰富的审美生活,将因致使它毫无意义而等于零。同样,放弃坚固的与众不同的自我观念,即不被无止境地从他人那里获取的新词汇的重新描述所不停地取代的自我,至少会使得与众不同的自我创造成为问题。这种自我中心、自我区分的限制性需要——正好与全部可能性的追求相反,在罗蒂用来介绍自我创造的审美理想的拉金的诗句中,有强力的表达:

> 一旦你踱过了你心灵的长度,
>
> 你所掌握的东西就像货物清单那样清楚,
>
> 对你来说,任何别的东西都一定不会被以为存在

这究竟有何益处？只有那种及时地
我们半信半疑地确定的盲目印象
我们所有的行为举止所承受印象，
都可以回溯它这个家乡

主张自我限制的自我界定的观点，不是要求存在于我们每个人根基的核心中的本质自我，而是对统一和一致的要求。因为已
249 经正确地抛弃了实在说，我们可以像罗蒂自己所要求的那样，根据对自我的叙述来建构自我。这必然得出：自我的统一和一致，将取决于它的叙述的统一和一致。因此，虽然罗蒂反对麦金泰尔对亚里士多德的叙述的怀旧，但是，他不能挑剔麦金太尔对“居留于叙述统一中的自我统一观念”的坚决要求。[15]因为如果没有任何叙述的统一和一致，就不存在为审美讽刺家去丰富、扩展或完善的可理解的自我。如果我们为了罗蒂由多样性的、不断变化和经常不可比较的叙述与词汇构成的、且没有复杂的叙述“能够将它们全部附着在一起”的不一致的“准自我”（*R* 5,8），而抛弃统一的、一致的自我叙述的目标，那么，自我丰富的方案，将因为单一自我集合这些丰富性于一起的荒诞和语无伦次，而变得荒诞和语无伦次。

然而，有意义地谈及自我丰富或完善所需要的自我统一，是某种实用主义地和经常痛苦地铸造或构造的东西，而不是在根本上被给予的东西。它包括发展的变化和多样性，像所有叙述统一体必须包括的那样；也能够在它的统一体中展示冲突，就像有趣的叙述所做的那样。一个统一的（unified）自我，不是一个同一的（uniform）自我；但是，也不能是栖息在同一个肉体机器中的不可比较的“准自我”的混杂集合。

当罗蒂强调只有后弗洛伊德的人类尊严样式是“一个一致的

自我图像”,以及试图窃取麦金太尔的“诚实或忠实”的统一美德作为他“追求完善”的审美生活的部分时(*R* 17,19),他似乎认识到了自我统一的必要性。但是,在宣扬由“以不可比较的信仰和要求系统地[构成的]……复数人”组成的自我中,他明显否认一致性;实际上,罗蒂为讽刺审美家规定的惟一不变的东西是:不变的改变、不变的新异多样的自我描述和叙述、不变的反复无常,它们在根本上使自我的一致性等于零。

在弗洛伊德那里学取了很多的罗蒂,应该探究为什么弗洛伊德似乎不急于省去统一的、整合的自我。例如,他为什么宁愿安置一个占支配地位的无意识,而不简单是多种意识或人格居留在同一个身体之中?为什么他从来不以罗蒂的样式将我们的心理构成描绘为完美的“平等主义”,描绘为从事自由交谈的、不会受到当然包含某些组织的等级压迫和审查制度扰乱的“理性的”准人(*R* 7-9)?其中的原因也许是:弗洛伊德认识到,尽管是脆弱的自我统一的成果,它有多么珍贵地重要,这种统一的自我或自我叙述的 250
建构有多么困难和痛苦,但是,对在人类社会中引导善的或满意的生活的任何合理样式来说,它又是多么必需。在罗蒂的讽刺家的审美生活理想中,它当然要被预先假定,不管他的后现代多重自我如何强烈要求反对它。事实上,使他对这种生活进行描绘的东西,似乎不仅仅是一致性,也许对我们更有吸引力的是,它事实上聚集在一种自我词汇和叙述的中心周围,即聚集在古怪好奇的知识分子和她的寻求周围。

罗蒂的审美生活的另一部分,即作为由十足诗人人格化的自我创造,不受理论上自我损害地否定自我一致性的限制。我们已经看到,这种生活怎样要求集中的限制。它也暗示某种中心叙述或统一模式——偶然的、特异的、发展的和积极塑造的，像它可以成为的那样——将疯狂的经验聚集组织为"好像一个整体的……个人人生戏剧"，以至于它不是在不可比较的词汇中无止境扩张的矛盾叙述的大杂烩(*CIS* 29)。因此，在拉金的诗句中，"我们所有的行为举止"，可以通过变得"像货物清单一样清晰"的式样来理解和结构，即使它建立在我们仅能"部分鉴别"的、我们生活中某种偶然要素的"盲目印象"的基础上。而且，虽然盲目印象是不可改变地被给予的，但是，式样不是这样；罗蒂正确坚持自我创造作为式样的巧妙编织——叙述的一种有美感的建构，将使我们的生活和自我更加令人满意。

然而，罗蒂给了我们审美构成的满意生活和自我创造一个过于狭隘的图像。因为即使讽刺家无止境变化的理想，由十足诗人创造固定的和与众不同的原创身份的理想所补足，审美生活的可能性仍然显得太受局限。对这些限制的批评，可以由指出在文化表达和哲学主张中发现的其他两种形式的审美生活所推进。

四

也许一种最熟悉的审美生活是专注于美的享受的生活：自然和艺术的美的对象，以及我们不情愿将它们视为任何一方对象的
251 自然和艺术的混杂品——美人。这种审美生活在我们这个世纪的早期，通过坦承吸收了 G. E. 摩尔所主张的人生理想的、时髦的布卢姆斯伯里的社交人士，而具有非常大的影响。对摩尔(他像罗蒂一样，批判任何建立在根本的"真自我"观念基础上的伦理)来说，人生理想由"可以粗略地描述为人的交往的愉快和享受美的对象

的意识状态”所构成。这是因为在生活中,“切身之爱和审美享受,包括所有我们能够想象的最伟大的、迄今为止最伟大的善”。[16]审美生活的这两种成分,都由十分复杂和有价值的、不能还原为规则的算法指令的有机整体(由无数的和变化的变量组成)所建构。然而,摩尔断定:个人倾向的最高愉快,要求“对象不仅必须是真正美的,而且在一个更高的层次上必须是真正善的”,对人之美的恰当欣赏,必须包括对它的“纯粹肉体的”形式和它的精神性质的“肉体表现”的欣赏(*PE* 203-204)。

如果这种摩尔-布卢姆斯伯里的审美生活,作为与众不同地甚或潇洒倜傥地卷入对美物和美人的快乐主义嗜好的当代人的生活而打动我们,我们应该记住:它代表(像罗蒂的讽刺家的寻求一样)一种常见的浪漫主义类型,尤其是后期浪漫的审美主义的理想。审美家们不愿接受机械化的世界图像的普遍统治,不能接受传统宗教和道德对于精神性的要求,且没有准备被俗气的政治和为社会改革的污秽操劳所玷污,他们只是通过令人满意的珍宝般的艺术和感觉光辉而不是通过上帝或国家,去寻求个人的拯救。他们的审美生活理想,不同于罗蒂的审美生活理想,不仅表现在较少地着迷于对新奇知识的不断努力和对原发性自我创造的艰苦奋斗,而且表现在更为赏识美、愉快的感觉和悠然奢侈的满足。这在根本上是佩特和王尔德的伦理,一种颓废的唯美主义的高雅而精致的鲜花,它保持着不可否认的和迷人的甜美,也许是惟一仍然能够在我们后现代社会的希望荒原上生长的鲜花。

然而,由于这种审美生活的各种样式多少有些趋于重叠与混合,因此,我们在王尔德的尼采式格言“生活自身就是艺术”中,发现对另一种形式的审美生活的清楚主张,它可以相反地被称之为古典的。[17]这里的观念不大像是审美消费生活，而是一种这样的生活：其自身因它那作为有机整体的结构和设计而成为一种值得审美欣赏的产品。像许多古老观念那样，它在后现代思想中被重新使用和重复利用。例如，福柯通过对古希腊文化——它的“伦理学……是一种存在的美学”、是“过美的生活和留给他人以美的存在的记忆的意志”的表现——的分析，就回到了这种观念。[18]

252

像威廉斯和沃尔海姆二人在讨论伦理反省中所提及的那样，希腊人强烈倾向于将善的生活全盘构想和估价为一个有机整体。个体的生活需要根据有机（而不只是集合的）整体来看待、组织和评价的观念，给了梭伦“在临终之前没有人称得上幸福”这个著名的指令以特别的力量。因为一个悲惨的不适当的终结，可以导致迄今为止令人满意的生活整体被无法弥补地扭曲。希腊伦理学的基本方案之一，是试图发现令人满意的、结构完好的生活，最大限度地摆脱分裂整体的灾祸的威胁；实现整体统一的一般策略，是通过有最高中心点的目标或者一套相互关联的目标、对较窄范围的善（自然是那些较少引发灾祸的）的有限集中，为生活确立一个中心和轮廓。

这种狭窄、集中、有限关涉的统一生活，被罗蒂标签为“苦行生活”（*R* 11），令人不快地对立于他所提倡的“审美生活”。但是，这种特征描绘是容易引起误解和不公允的。假定对强调强势统一因而采取限制生活的要求不能是审美生活，假定它不能当作审美满足来享受和颂扬，甚或都不能荐举它的审美吸引力，这是完全错误的。一个人仅仅根据它的秩序、一致与和谐的审美乐趣，就可以很好地选择一种扎根土地、受家庭束缚的生活，而不是一种忙忙碌碌、只有夫妻交易（spouse－swapping）的学术生活。

这种审美乐趣从一个有中心结构和限制的发展方案中滋生出来，而这种发展方案的统一性，既由基于其中心主题和叙述的循环与发展的变化所推崇，在很大程度上也由它们所构成。像福柯在对希腊伦理学的研究中所认识到的那样，一个人为了通过对一个狭窄方案与众不同地统一的集中，使自己符合一种特殊的个体风格，可以去追求更为简单和纯粹的生活。即使真正的禁欲主义也能当作具有审美效果而受人欢迎，不仅因为通过它那种超出大众趣味而变少成多的最低要求者的特殊风格，而且因为自我限制的自我控制所带来的积极愉快。[19]

虽然对审美生活的古典看法可以容纳禁欲主义，但是，它并不局限在禁欲者的狭隘之中，而是体现了作为多样统一这个美的古典定义，因而并不反对丰富性和多样性。这种看法所主张的是：变 253
化一定不要最大化到超出它能够被联系地保持在某种令人愉快的统一性中的限度。禁欲主义的目标，旨在以一个非常狭窄的统一焦点贯穿人生变迁中不可避免的多样性。但是，审美生活的古典理想，可以认可丰富多彩的经验，只要我们的审美趣味、心理要求和物质与社会条件许可更为复杂和宽松的统一性的铸造。这种统一性可以既非根本给予的，也非静止不变的。它甚至可以是一种变化中的宗谱的、自我构成的和自我规划的统一性，尼采（当然是一个耽于幻想的经典浪漫主义者）似乎可以给我们提供这种生活或性格的理想。[20]这种统一性甚至可以容纳多样叙述的自我，只要这些叙述可以由正确的叙述视野以某种方式变成更高的统一性而附着一起，这种更高的统一性可以使自我成为更引人瞩目地丰富和强大的审美性格。

就像一个人不必作为无根的讽刺家去过审美生活一样，一个人也不必采取十足诗人的方式去进行审美上的自我创造。这里，罗蒂将审美生活与激进的新异性混淆起来了，就像他混淆艺术创造与独特原创、混淆独立自主与与众不同一样。对罗蒂式的十足诗人来说，审美的自我创造必须是惊人地新异和与众不同。她的目标是“做一种以前从未梦见的事情”、突出她的特质和“以新的语言”、“以从前从未用过的词语”来描述她自身，以便创造“一个她的前辈从不知道其可能性的自我”。如果我们的创造和自我仅仅是“熟悉类型的或好或坏的例子”、甚至哪怕是“对先前写成的诗歌的一流变更”，我们在审美寻求上就失败了（*CIS* 13，24，28 - 29）。但是，即使自我创造的叙述的伦理目标，按照审美的艺术作品的模式来制作，仍然不会必然得出：这种创造必须是根本新异和全然独特的。因为艺术作品为了审美满足，既不要求这种根本的原创也不需要这种特异的原创，就像我们在古典和中世纪的艺术中所清楚地看见的那样。认为真正的艺术创造排除已确立的类型以及在熟悉程式上的变异，是将艺术与浪漫的个人主义艺术意识形态和现代主义的前卫混淆起来了，罗蒂成了这种有历史局限的混淆的牺牲品。一个人可以通过采用和适应熟悉的规则与生活风格，通过调整这些一般形式使之适应他个人的偶然情形，从而在审美上设计自己的风格，将自己的生活创造成一件艺术作品。

254 就像福柯所认识到的那样，这就是生活的审美构造的希腊方式，一种伦理主体的风格化构造，它不是根据范畴化的道德命令的构造，而是通过建立在某种一般程式和已经在社会上牢固树立为适当理想的基础上的生命艺术意识的构造。没有必要去发明一个全新的程式；对于在熟悉程式上的一流变更，也根本没有什么是非艺术性的。当然，我们今天有了一个更宽范围的受欢迎的生活风格以及对最适当风格的更少共识。但是,这仅仅是给我们为艺术化的自我风格的塑造提供更多的材料和原型;尽管我们还遭受将艺术狭隘地等同于根本原创和个人主义的独特性的现代习惯之苦,但后现代主义已经越来越质疑这种审美了。

像罗蒂的十足诗人观念混淆艺术创造和创新的独特性一样,它同样混淆了自主和原创的自我界定,混淆了自由与独特。罗蒂认为:我们可以将自己定义为自由个体的惟一方式,是通过重新描述因此以"过去从不知道"的新方式和新语言重新建构自我,去摆脱继承的自我描述。但是,我们的自主,为什么不能在自由地通过已经存在的生活形式或语言去界定我们自己中得到表达?自由没有理由是某人自己应该与像他人一样的存在势不两立,除非我们将自主与彻底的个人主义混淆起来。实际上,罗蒂对以新异样式的自我创造的强制,本身可以被视为一种不自主的形式,一种新的和个人主义的束缚。它所激起的对成为复制品的恐惧,事实上暗示了一个非常纤弱的自我,一个拼命地需要通过独特的个性和专注于个人的与众不同来维护自身的自我。它的自我图景和作为在一个人的私人维度中"突起"的自我完善,而不是作为通过社会团结的包围空间来表现和丰富的自我完善,似乎是一个非常片面的和男权中心的自我概念。[21]

而且,它还是一种局限于范围狭小的精英的自主和审美生活形式。"它是某些特殊人类希望通过自我创造获得的东西,而且是少数人实际从事的东西"(*CIS* 65)。由于它的精英主义特性,这种根本革新的自我创造,很难被推荐为审美生活的一般模式,很难推荐为所有人在他们对私人完善和幸福的追求中应该采取的方向。但是,罗蒂不是采取认可多种审美生活形式的有希望的多元主义选择，其中某些并不要求原创的特性，[22]而是试图通过使每个人在他们的无意识中都变成创新的和野心勃勃的个人主义式的十足诗人，从而使得对十足诗人的追求普遍化和民主化。罗蒂依据
255 弗洛伊德论辩说，既然即使最平庸的人都有一个想像中的梦想生活要寻求表达，我们就应该“将证明[她]不是一个拷贝或复制的十足诗人的有意识要求，仅仅视为每个人具有的无意识要求的特殊形式”(*CIS* 35－36,43)。但是，每个人特异的无意识寻求表达这个事实，并不意味着它所寻求的是它的特异的表达，并不意味着作为某种与众不同的原创和革新的东西的自我陈述。

五

罗蒂对个人特异性的强调，反映了他将审美生活当作与众不同的私人伦理，在本质上独立于社会生活的公众伦理的观点；他实际上主张：没有哲学或理论可以综合自我完善的“私人”目标和社会团结的公众目标(*CIS* xiii－xiv)。这种主张，可以被当作我们根深蒂固的自由意识形态和浪漫美学的误导产物来进行挑战。只有当前者将自我定义为在根本上是私人的，后者必然将审美创造视为在根本上是个人主义的，自我构造与社会才显得似乎天性就不一致。我们必须小心，不要将一个被给予的区分的社会文化结构，解释为一种哲学的本质区分。尽管如此，只要我们社会赞同这些自由和浪漫的约定，罗蒂关于不可能有满意的综合就是正确的。建构一种统一个人和公众的审美生活，不仅要求重新思考我们的伦理和政治，而且要求重新思考艺术创造的本质以及它对根本原创性的要求。这种综合形态显得很难展望，但是，将我们的艺术概

念从它那前卫个人主义的束缚中解放出来，似乎是一种探索这种综合的有利准备。

无论如何，即使认可在我们自由社会里自我完善和社会团结的目标不能充分地结合在单一的伦理景象中，我们仍然应该因为它那过分私人化的特征而批评罗蒂的审美生活景象。这种景象建立"在自我和公众之间的坚定区分上"（*CIS* 83)，关闭了后者对前者的构成性影响。因为，就算有自我和他人之间的熟悉的辩证关系，罗蒂想要创造和完善的私人自我，在很大程度上总是公众领域的产物；一旦它拥有适合它自己私人思想的语言，它就总已经是社会的，而且必须如此。实际上，不仅罗蒂的个别的私人道德，而且他的道德的私人化，都明显是形成他思想的特殊公众和广阔社会 256
——后期资本主义自由主义的知识分子领域和消费主义世界——的反映。

让我们先考虑一下十足诗人所声称的审美追求的基本公众维度。首先，像罗蒂承认的那样，她的新语言必须借助过去公共的语言去发展和突现它的新异性，就像它要保持可以理解就要依赖未来的公共语言一样。而且，她号称的私人追求在根本上依赖公众认识；罗蒂指出，因为这正是在原创性"天才"和仅仅是失常的"古怪"之间作出区分的东西（*CIS*，29，37）。最重要的是，正是她那私人自我完善的理想、对个人特性和原创性的要求，本身就是特定的公众领域的压力的产物。这是艺术家和知识分子竞争的领域，其日益增强个性去保护合法性、独特性与畅销性的社会逻辑，已经由皮埃尔·布尔迪厄作出了精密的分析。[23]除非一个人成功地生产出自己独特的知识或艺术品牌，否则，他就不是真正的思想家或艺术家；因此，存在着通过在共享的努力领域中标识、确定和突现某人的与众不同，去区分他的位置的压力。这些社会压力已经由个体代理内在化了的事实，并没有导致它们在特征上的根本私人化，它们构成的所谓私人伦理方案也不能说已清楚地摆脱了公众的影响和后果。

讽刺审美家的私人追求，并没有少从公众压力和社会风气那里获得信息。一个人不需要有非常洞察的或颠覆的眼光，去发现它的荣光和对新异的追求，去发现它那“对新异经验和新异语言的审美追求”，准确地说，即那种对助长我们后期资本主义消费社会里飞快和无情的商品消费速度的新异性的陈旧崇拜。就像商品美学批评家已经显示的那样，受到创新和发展的高贵名字怂恿的、持续不断的审美创新的要求，也是一种狡猾的增加交换价值的系统项目，它通过掩饰或歪曲使用价值，通过制作已经购买的和似乎过时的、需要改变但仍然非常有用的东西，从而去刺激新的购买。[24]这种规划性的、受利润驱使的革新，渗透到我们整个消费社会，因此，它不可避免地渗透到它的伦理思考。讽刺家攫取越来越新的
257 词汇的追求，是消费者追求最大限度消费的哲学副本。二者似乎都是由资本主义的更多销售和更多利润的主要梦想(一个可怕的真实状况)所诱发的让人麻醉的幸福梦幻。

而且，将道德完全私人化为仅仅是个人的丰富，清楚地反映了给予自主的私人个体(财产所有者或消费者)以特权的公众道德，这种特权对资本主义和自由主义集体上升非常重要。然而，因为显然的矛盾，或许也因为它自身的固有批判，这种自我的自主，正好是后期资本主义的碎裂社会所破坏和打击的东西。竞争的个人主义和伴随的社会变形，已经消解了曾经为自我提供某些完整和可靠结构的稳定的和相互关涉的社会作用。在这种社会伦理空洞

和缺乏关于怎样最好从审美上结构生活的严肃思考的情况下，自我与它的生涯的塑造，就仅仅留给了反复无常的市场力量。只要缺乏要去实现的任何稳定意义的自我，我们就自甘放弃改变好的广告和受利润动机激发的自我满足与满意观念的统治。每个人都应该通过自由生活风格的个人选择将自己设计为独一无二的个体的广告观念，不能掩藏这样的事实：不仅现实可行的生活风格的选择范围，而且就是个人的意识与选择，都常常受到远远超出他去承受的、更不用说控制的能量（作为个体）之上的社会力量的严格控制和无情编排。

这种后期资本主义的矛盾——其结果为丧失真正自主和自我完整的自我满足的私人化追求，在罗蒂的深刻矛盾——力劝讽刺家的自我丰富的同时，却又有力地否定她想要丰富的自我的存在——中，得到了完美的反映。罗蒂式的决意实现多重变换词汇的自相矛盾的"准自我"的无自我，实际上似乎是为统治消费社会的权力的理想自我：一个碎裂的、混乱的自我，渴望攫取尽可能多的新商品，但缺乏受约束的完整性去挑战它的消费习惯或挑战操纵和从中渔利的制度。

鉴于它极端的道德私人化，不承认社会风气如何深刻和不可避免地构造我们对私人完善的不同追求的观念，罗蒂的审美生活图景需要扩展，以便包容更多的社会因素。像我们已经看见的那样，它还需要一个同样的扩展，以便包容更多种类的审美生活和自我创造的类型。我希望通过指出另一个维度来结束我的批评：即罗蒂的人类本性和自我满足的图景——他的还原性的语言实在说 258
——似乎过于狭窄了。

尽管罗蒂在批判实在说上显得猛烈而坦率，尽管他特别否定我们通过共有一个叫做语言的共同东西而共有人的本质，但是，他的自我作为只是词汇和叙述的复杂网络的观点，似乎令人不舒服地接近实在说惟有语言作为人类本质的观点。所有这些似乎都意味着自我和在世界中存在的人是语言："人类简直就是词汇的肉身化"；只不过是"词语……使我们成为我们所是的东西"（*CIS* 88，117）。因此，尼采被褒扬为"用自己的术语描述自己……创造自己，[因为]他……创造了与建构他自己的心灵最为有关的部分。创造他的心灵就是创造他自己的语言"（*CIS* 27）。因为人"只不过是句子姿态——只不过是对以某些历史上限定的词汇所表达的句子使用的在场或缺席"（*CIS* 88）。

这些评论明显主张人在本质上是心灵的，而心灵在本质上是语言的。但是，比显然的实在说更麻烦的是这样的事实：这些评论认可有关人的本质的根本心灵主义的观点，而反对尼采自己对甚至在心灵塑造中的身体影响作用和价值的强调。这种语言心灵主义和对身体的轻蔑否定，对意在增进审美生活的哲学家来说尤其适得其反。因为要不是有迷惑了许多传统美学理论和似乎依然诱惑着罗蒂的那种理性主义偏见，美学与身体感觉和愉快的联系，与非语言的感知的联系，应该是显而易见的。

但是，尽管罗蒂努力将比句子更深刻的东西从有意义的人性和审美中排挤出去，当他转向解释他的作为"期望避免残暴和痛苦"的自由观念时，却非推论地得到一种以痛苦为形式的报复，它"是非语言的"，而且几乎威胁着要驱逐作为人的最共同要素的语言。"联合……[个体]和族类的其他剩余成员的东西，不是共同的语言而只是对痛苦的敏感，以及特别是那种残暴者不与人类共享的特殊种类的痛苦"，一种罗蒂在语言上识别但作为语言的丧失的痛苦(*CIS* 65,92,94,177-178)。实际上,痛苦与残暴力量一起,对罗蒂来说,似乎构成了世界基本的不可改变的现实,它不能被我 259
们变化的叙述所征服。

> 因为我们与世界的联系,与残暴力量和与赤裸的痛苦的联系,不是我们具有的那种与人的联系。面对非人类的、非语言的东西,我们不再具有通过语言的占有和变形去克服偶然和痛苦的能力,只有认识偶然和痛苦的能力。诗歌在它与哲学的古老争吵中的胜利——自我创造的隐喻超过发现的隐喻的最终胜利——将存在于我们对这种思想的顺从之中:这是惟一超越我们可以希望拥有的世界之上的力量。因为那将是这种观念——真理,不正是力量和痛苦,将被发现"在那里之外"——的最后放弃。(*CIS* 40)

底线、不可变形的现实"正是力量和痛苦",这似乎是一种笼统的形而上学声明,它有些超出罗蒂反形而上学的特征之外。但是,无论我们将它读作向坏的形而上学的倒退(通过一个有关坏的形而上学),还是将它读作刚好是关于我们非语言经验的经验主义概括,它都暴露出罗蒂审美生活图景中一个深刻和特别成问题的缺陷。因为这是一种非常悲伤和令人不快的审美主义,肯定非语言痛苦的普遍存在,但无视身体的感觉愉快。这种愉快也"在那里之外";它们不仅形成使生活值得一过的东西中的很大一部分,而且能够被培养去使得生活在审美上变得更加丰富和有益。罗蒂对这种愉快的否定,使他的美学令人生厌地抽象和沉闷。它保持了太多的清教徒和资本主义美国的产物;因为它不是旨在丰富感觉满足甚或更一般地旨在愉快(一个他几乎从不提及的观念),而是旨在令人透不过气来的新词汇和新叙事的生产和堆积。它更像一种诗学、一种勤勉制作的理论，而不像全身享受的美学。

审美生活也应该培养身体的愉快和规范。虽然这种身体经验也许不能还原为语言表述，但它对心灵和自我形成的贡献是不容否定的，并且真正显示了将心灵和身体认作分离的实体、将自我狭隘地等同于前者的那根本固执的错误。虽然罗蒂正确坚持自我是
260 由它继承的词汇构造的，但福柯同样正确强调它也是铭刻在身体上的训练实践的产物。如果我们能够通过新的语言解放和改变自我，我们或许也能够通过新的身体实践来解放和美化自我。

我不想主张通过身体的工作可以给私人完善和自我创造提供一条完全自律的路径。像十足诗人的语言一样，身体不是完全私人的东西。它已经由历史上占统治地位的实践和意识形态有效地塑造且留下了抑制的伤痕，这也意味着它并没有摆脱语言的标记。但是，身体已经由惩罚身体的意识形态和话语所构造这个事实，并不意味着它不能通过可选择的身体实践和更强的身体意识的运用，成为挑战这些意识形态和话语的源泉。我们可能不得不更留心去阅读和倾听身体；我们甚至很可能不得不克服受语言束缚的阅读和倾听的隐喻，以便学习怎样更好地感受身体。当然，通过一个人的身体去影响一个人的自我，在本质上不是对塑造自我和描述自我的语言的社会政治结构的相当严肃的挑战，但是，它也许可以慢慢灌输赞成和支持社会改革的态度与行为方式。

完美的审美生活追求，将包括通过身体的、语言的、认识的、心理的和社会的改变——如果不是合作也是互相支持——的自我和社会的丰富。然而，某些人害怕社会改革只会为对身体的关注所阻挠，因为对身体的专注一定会是狭隘的个人主义的。像弗雷德

里克·詹姆逊表明的那样,对身体的专注仅仅涉及“我个人与我自己的身体的关系……而不是我自己或我的身体与他人之间的非常不同的关系”,因此,它只能推进不幸的资产阶级社会所依据的危险的利己主义或个人主义。[25]但是,将身体视为本质上私人的观点,似乎本身就是资产阶级意识形态的一个有问题的样本。身体不仅由社会塑造,而且还贡献于社会。我们可以像分享我们的心灵一样,分享我们的身体和身体愉快,身体可以像我们的思想一样是公共的。

谈论通过身体实践的自我改造,很可能唤起某些危险的过分简单化和标准化的意象:90 磅的瘦弱者通过在健美项目中的肌肉增长而获得青春自信,或者从前大腹便便的脆弱自尊心通过有氧健身而获得减肥和增强。身体自我改造必须符合阿诺德·施瓦辛格和简·芳达之类模特的观念,是一个非常有害的假定,它反映了 261
有关身体的美学思考的贫乏。[26]因为既然假定身体不是严肃批评和充满想象的美学思想的合适中心,对身体健康保养的追求,就留给了制造肤浅感人的身体轮廓的标准化理想的市场力量来统治。

倡导一种更加具体化的实用主义美学,并不意味着将审美满足限制为消瘦、晒黑与运动的青春。这不仅是因为它认识到了审美成就的其他维度,而且因为身体美学不限于它的表面形式和装饰性的美容;它还关注身体自身的运动与经验。如果我们理性主义美学传统给予固定的外部形式和距离欣赏以特权的话,那么,需要一种更加杜威式的方法去认识和鼓励审美中的动态与经验。这种方法将考虑诸如更好地平衡的呼吸与身体姿势,更大的肌肉运动知觉的和谐,以及在更一般的意义上说,更强的身体意识,它们怎样在增进感觉经验的质量和意识方面丰富我们的生活。它也可以探索身体实践的方式,这些身体实践达到的这些效果,通过灌输更大的心理平衡,知觉感受力,以及开放、耐心的宽容,可以有助于情绪上、认识上和伦理上的自我改造。

如果所有这些听起来过分地“新时代”的话,必须要注意到,这里的许多观念本身可以追溯到像瑜迦和太极拳那样古老的亚洲传统。如果身体哲学的不同目标、方法和传统值得探究,那也只有等待另一部著作了。这里,我们旨在具有更大包容性的生命之美的美学观念,体现了由威廉·詹姆斯所倡导的理论的实用主义功能[27]:它提供“一个适合于更多工作的项目”,而不是最终解决。如果仅仅想看看要求多少针对身体的工作,以及要求何种针对身体的工作,第二版的读者可以参考下一章对身体美学的论述。

第十章　身体美学：一个学科提议 262

一

“美是一个伟大的荐举”，蒙田写道：“没有人如此粗野和坚强，以至于不稍微为它的魔力所打动。在我们的存在中，身体占很大的部分，占据很高的等级；因此它的结构和组成值得很好地考虑。”①蒙田这里对身体的兴趣，显然不是身体的生理学成分，而是它的审美功能，它的美的潜能。

我在别处已经表明，这种审美的潜能至少有两个方面。作为被我们外在感觉把握的对象，身体(别人的甚或自己的)可以提供美的感官感受或(用康德著名的术语来说)“表象(representation)”。但是，也存在来自内部的自身肉体的美感经验——心血管系统高标准运动导致脑肽增强式的容光焕发，迟钝的味觉意识的增进，深深的呼吸，感觉到进入某人脊椎的新部分的刺痛似的颤抖。②如果说我诉诸个人身体经验的生理本体感受的美，似乎给人一种生疏的特出或怪异的“新时代(New Age)”的感觉的话，*那么，就请看看曾经声名远扬的《当代美学中的问题》(*Les problèmes de l'esthétique contemporaine*)的作者居约在1884发表的评论：“深

---

* “新时代(New Age)”，指的是20世纪80年代西方兴起的一种精神的复杂性和自我意识的增强运动。它涉及了一系列主题。这些主题上至唯灵论和灵魂轮回说中的信仰，下至对健康和生态的整体探讨的倡导。——译注

深地呼吸，感觉血液怎样通过与空气的接触得到净化和整个循环系统怎样呈现新的活力，这差不多是一种真正令人陶醉的快乐，其审美价值是绝不能否定的。”[3]

与对它的否定不同，我的目的是不仅肯定蒙田和居约对身体的审美关注，而且要使它更加系统化。在对身体在审美经验中的关键和复杂作用的探讨中，我预先提议一个以身体为中心的学科概念，我称之为“身体美学(somaesthetics)”。[4]作为一个羞怯的试验，我的提议还非常模糊。由于只是提议作身体美学为一个可能
263 值得探索的学科，因此，我不敢指望由提出一个关于主题、概念、目标以及它可能涉及的实践的系统化说明，来对它进行界定。差不多在哲学的三千年之后，还去提议一个新的哲学学科，似乎是一种不计后果的傲慢自大的行为；而且，去提议一个以身体为中心的学科，只能给傲慢再增添些荒谬。尽管如此，这一章将冒着被奚落的风险，略述身体美学的基本目标和要素，并试图解释，它是如何可能引起某些最为紧要的哲学关切的。我的目的是展示它的潜在效用，而不是它的极端新异。如果说身体美学是根本性的，那也只有在复兴美学和哲学的某些最深刻的根源的意义上才是如此。然而，正如威廉·詹姆斯在将实用主义定义为“某些旧思想方式的新名字”——一个恰好符合我心目中的身体美学的定义——中所精明地认识到的那样，[5]像“身体美学”这样的新名称，对于重新组织因而重新激活旧的见识，可以有一种特别的效果。

为了显示身体美学怎样建立在美学传统之上，我将由考查确立现代美学的哲学文本即亚历山大·鲍姆嘉通的《美学》(*Aesthetica*,1750/1758)开始。我将显示鲍姆嘉通最初的美学方案比我们今天认做美学的东西，具有远为广大的范围和远为重要的实践意

义，它涉及在生活艺术中的哲学自我完善的总体方案。随后，我将略述身体美学学科，解释它是怎样享有鲍姆嘉通所要求的同样的广大范围、多重维度和实践成分，而且刚好也推进了那些传统上确定为对哲学自身方案至关重要的目标：诸如知识、美德和美好生活的目标。除了追求鲍姆嘉通美学的宽广的实践图景之外，身体美学通过包含鲍姆嘉通在他的方案中不幸遗漏的中心特征——身体的培养——甚至走得更远。现代哲学常常表现出同样的对身体的不幸忽视。然而，鉴于两个当代哲学家约翰·杜威和米歇尔·福柯不同地示范了我的身体美学的观念，尽管对这个领域作为一个学科尚没有作出适当的主题论证和清楚说明，我还是作出了提议建立身体美学学科的结论。这一章将由提出一个身体美学必须面对的重要理论问题——根据更一般的身体价值或标准评定个体的身体趣味和实践的可能性——而结束。

二

当亚历山大·鲍姆嘉通铸造美学一词来搁置一个正式的哲学学科的时候，他为那个学科设计的目标远远超出今天确立为哲学美学的中心问题：关于美的艺术和自然美的理论。[6]鲍姆嘉通从希 264
腊语 *aisthesis*（感性认识）得出它的名字，打算用他的新哲学科学去构成感性认识的一般理论。这种感性认识被当作逻辑的补充，二者一起被构想为提供全面的知识理论，他称之为 *Gnoseology*（知识论）。

虽然鲍姆嘉通追随他的莱布尼茨主义者的老师沃尔夫将这种感性认识称之为“低级能力”，但他的目的不是去谴责它的低级。

相反,《美学》对感性认识的认识论价值进行了争辩,颂扬它不仅对更好的思想而且对更好的生活的丰富潜能。在这本书的“绪论”中,鲍姆嘉通断言美学研究将以几种不同的方式促进更广泛的知识:通过提供更好的感性认识作为“科学处理的好材料”,通过展示它自己特殊的感性认识作为科学的“合适”的对象,进而通过“提升科学超出仅仅处理清晰的[即逻辑的]认识的局限”,以及通过提供“好的基础给所有沉思活动和自由艺术”。最后,通过美学研究而获得的感性认识的改善,将不仅在思想上而且“在共同生活的实践行为中”,“给予一个个体在其他条件都相同的情况下(*ceteris paribus*)一种超越他人之上的优势”(A §3)。

鲍姆嘉通为美学要求的这种广泛的效用,隐含在对美学最初的定义中:“美学(作为自由艺术、低级认识的科学、美的思考的艺术和类推思想的艺术)是感性认识的科学”(A §1)。这种包含所有感性认识的更为广阔的领域,使得鲍姆嘉通将美学同已经确立的诗学和修辞学学科区分开来。像这些学科一样(以及像它那严峻的姊妹逻辑学一样),美学不仅是一个理论事业,而且是一种规范化的实践——一种旨在实现有用的目标的实际练习和训练的学科。“美学的目的”,鲍姆嘉通写道,“同样是感性认识的完善,这就意味着美”,而相反的“不完善”(与“残缺”一样)是应该避免的(A §14)。

美学作为一个完善感性认识(“*artificialis aesthetices*”)的系统学科,既区分又依赖于鲍姆嘉通称之为“自然美学”(“*aesthetica naturalis*”)的东西。他将这种“自然美学”定义为我们感性认识官能和它们在非系统化的学习与练习中自然发展的天生行为。这种系统地完善我们感性认识的美学目的,当然要求我们“较低级的”

（即与感觉相关的）认识官能的至关重要的自然礼物。鲍姆嘉通尤其坚决要求“感觉的敏锐”、“想象的能力”、“有穿透力的洞察”、“优 265
良的记忆”、“诗的性情”、“好的趣味”、“远见”和“表现的才能”。但是，所有这些，他论辩说，必须被“理解和推理的更高级的认识能力”（“*facultates cognoscitivae superiores . . . intellectus et ratio*”）所统治（A §30－38）。

然而，美学的至善主义方案，必须超越所有这些（高的和低的）自然发展的能力。它进一步要求一个系统的教导计划。这个计划包括两个分支。第一个分支（苦行［*askesis*］或训练美学［*exercitatio aesthetica*］），是一个实践练习或训练项目。在这个项目中，一个人通过不断反复操练某些种类的动作，学会逐渐养成心灵对于一个给予的主题或思想的协调感（A §47）。鲍姆嘉通将这种审美操练与机械的军事操练对照起来，将它定义为既包括即席创作甚至游戏的系统练习也包括更有学问的艺术训练。（A §52，55，58）

美学教导的第二个分支，是一种与众不同的理论教导。这种理论研究（鲍姆嘉通将它刻画为 *mathesis* 和 *disciplina aesthetica*）属于所有美的知识形式（*pulchra eruditio*），它的“最重要的部分是上帝的、宇宙的和人的科学”，特别是那些涉及“他的道德形象、历史”的人的科学，“不排除神话、古代文化和对他有重要意味的天赋的展示”（A §62－64）。但是，理论性的美学学科，必须包括一般的“美的认识的形式理论”（“*theoria de forma pulchrae cognitionis*”），去补充在讲演、诗歌和音乐等门类的美学学科中业已确立的规则和理论。（A §68，69）

鲍姆嘉通的美学奠基方案的主要目的、概念和结构成分，与这种简要描述相比，值得远为详细的关注。（如果对今天熟悉鲍姆嘉通作品的美学家如此之少感到震惊的话,那么似乎更令人感到耻辱的是他的《美学》还没有被翻译为英语。)[7]虽然如此,我对鲍姆嘉通美学的纲要性概述,应该足可以既显示它的实用主义潜能,又突显一个令人震惊地缺席、而从他的方案来说在逻辑上又必需的主题:**身体的培养**。

鲍姆嘉通将美学定义为感性认识的科学且旨在感性认识的完善。而感觉当然属于身体并深深地受身体条件的影响。因此,我们的感性认识依赖于身体怎样感觉和运行,依赖于身体的所欲、所
266 为和所受。然而,鲍姆嘉通拒绝将身体的研究和完善包括在他的美学项目中。在它囊括的众多知识领域中,从神学到古代神话,就是没有提及任何像生理学和人相学之类的东西。在鲍姆嘉通展望的审美经验的广阔范围中,没有荐举明显的身体练习。相反,他似乎更热心于劝阻强健的身体训练,明确地抨击它为所谓的"凶猛运动"("*ferociae athleticae*"),将它等同于其他臆想的肉体邪恶,如"性欲"、"淫荡"和"纵欲"(A §50)。

当我们认识到鲍姆嘉通在本质上将身体等同于感觉的低级官能,而刚好是这些官能的认识构成美学的真正对象的时候,这种否定美学的身体训练和理论就显得更为令人震惊了。"低级官能、肉体"("*facultates inferiores, caro*"),他写道(A §12),不应该被"煽动"至它们的堕落状态,而应该通过美学训练得以控制、改善和适当地引导。用被指控为罪孽深重的词语"肉体"(*flesh*)来指称身体,表明鲍姆嘉通从神学上对身体的厌恶,而且拉丁语 *caro* 的内涵(作为与更标准的 *carnis* 的对立),尤其指否定的意义。[8]

这些线索显示了鲍姆嘉通将身体排斥在他的感性科学的美学方案之外的宗教动机。[9]我们也能推想出更特别的哲学原因。在

鲍姆嘉通从笛卡尔通过莱布尼茨至沃尔夫继承下来的理性主义传统中,身体仅仅被视为一种机器。因此,它从来不能真正成为感觉能力或感性认识的场所,更不用说知识了。从另一方面来说,这些明确将身体从感知心灵中分割出去的哲学,它们自身在很大程度上受到将身体贬低为保存和展示非实质性灵魂的宗教学说的激发。

无论鲍姆嘉通在美学中否定身体的精确原因究竟是哪种,它们都不保证其继续忽略的正当性。非常有趣的谱系追究,可以被引导去描绘这种持久不变的否定身体美学的传统,从而解释为什么后-鲍姆嘉通美学的范围被从感性认识的广大领域减缩为美和美的艺术的狭窄范围。我们可以进一步追问,为什么美学最初的实用主义和改良主义方面(即,它那鲍姆嘉通式的作为完善感性认识因而完善行为的定义)也消失了。换句话说,美学如何像哲学自身一样,从一个高尚的生活艺术收缩为狭小的、专门的大学学科?[10]

正如这些追问所具有的迷人魅力一样,我这里的主要目的,与其说是历史的,不如说是重构的:(1) 复兴鲍姆嘉通将美学当作超越美和美的艺术问题之上、既包含理论也包含实践练习的改善生命的认知学科的观念;(2) 终结鲍姆嘉通灾难性地带进美学中的 267
对身体的否定(一个被19世纪美学中的主要唯心主义传统所强化的否定);以及(3) 提议一个扩大的、身体中心的领域,即身体美学,它能对许多至关重要的哲学关怀作出重要的贡献,因而使哲学能够更成功地恢复它最初作为一种生活艺术的角色。

三

身体美学可以先暂时定义为:对一个人的身体——作为感觉审美欣赏(*aisthesis*)及创造性的自我塑造场所——经验和作用的批判的、改善的研究。因此,它也致力于构成身体关怀或对身体的改善的知识、谈论、实践以及身体上的训练。如果我们把反对身体的传统哲学偏见放在一边,仅仅回想一下哲学的认识、自我认识、正当行为和追问善的生活之类的中心目的,那么身体美学的哲学价值就可以在好几种方式上变得条理清晰。

(1) 由于知识在很大程度上建立在感性认识——其可靠性经常被证明是可疑的——之上,因此,哲学总是通过将感觉递交给推论的理性,而涉及对感觉的批判,以及揭露它们的局限和避免它们误导。哲学在这里的工作(至少在西方现代性中),已经被限制为对构成传统认识论的感觉陈述的某种二阶(second-order)的批判分析。相反,身体美学提供的补充路径是:通过给某人身体的改善指导,去改正我们感觉功能的实际执行,因为感觉是属于身体并且以身体为条件的。

这种身体美学的策略具有古老的哲学根基。苏格拉底自己就肯定身体照料有至关重要的作用,并通过常规的舞蹈训练和朴素的生活,"注意训练他的身体和将它保持在一个良好的状态中"。"身体",他断言,"对所有的人的活动都有价值,在它的所有利用中,至关重要的是,它应该尽可能地健康舒适。即使在被认定为要

268 求最小身体协助的思想活动中,每个人都知道严重的错误,常常是

经由身体的不健康而发生的。”[11]

这里，苏格拉底绝非异端邪说。许多古希腊哲学家同样主张为追求智慧和美德的身体训练。昔勒尼学派的奠基人亚里斯提普斯，强调“身体训练有助于美德的获得”，因为健康的身体，为一个人在思想、态度和行为中的自我适应，提供了更敏锐的感知、更多的修炼和多方面的能力。斯多葛学派的创立者芝诺，同样要求常规的身体训练，宣称“对健康的身体和一个人的感觉器官的适当照料”是“无条件的责任”。犬儒学派的奠基人，甚至更坦率地鼓吹：身体训练，对于智慧和善的生活所要求的感觉知识和修炼来说，是本质性的。为了实践他所鼓吹的身体修炼，第欧根尼用不同的身体练习，去做自我测试和自我坚韧的试验：从吃生食和在雪地里光脚走路，到在公共场所手淫和接受喝醉了的狂欢者的殴打。[12]

承认身体训练是通向哲学启迪的基本方式，导致了亚洲的瑜珈、禅定和太极拳的练习。像日本哲学家汤浅泰雄所强调的那样，“个人修行”或者修行（*shugyo*），在东方思想中被认为是“哲学的基础”。这种修行训练，具有必需的身体成分，因为“真的知识，不能仅仅依靠理论化的思考获得”，而只有“通过‘身体的体悟或领会’（*tainin* 或 *taitoku*）”而获得。[13]像这些古老的亚洲练习一样，当代西方的身体训练，如亚历山大技法（Alexander Technique）、费尔登克拉斯方法（the Feldenkrais Method）和生物疗法，都通过培养对身体运行的高度关注和掌握，寻求改善我们感觉的敏锐、健康和克制，同时也将我们从损害感觉性能的习惯和缺点中解放出来。[14]从这种身体美学的视野出发，不是由否定我们的身体感觉，而是由对它们的完善，而增进对世界的认识。

(2) 如果自我认识(而不只是对世界事实的认识)是哲学的首要认识目的,那么就一定不能忽视对一个人的身体维度的认识。身体美学不仅关注身体的外在形式或表现,而且关注它那活的经验,从而致力于改善我们对身体状态和感受的意识,进而提供对我们短暂的情绪和持久的态度以更加重要的洞见。因此,身体美学能够展示和改进那些身体故障,这些故障即使影响到我们的安康与行为,也通常不被发觉。

269 让我们来看两个例子。我们很少注意到我们的呼吸,但它的节奏和深度,给我们情绪状态提供了迅速的、可靠的迹象。因此,对呼吸的意识,可以使我们觉察到我们愤怒、紧张或忧虑,而要是我们对这些感受毫无觉察,就会因此受到它们的误导的诱惑。同样地,一种慢性的肌肉萎缩,它不仅限制我们的运动,而且尽管导致拉紧和疼痛也不会引人注意,因为它已经变成了习惯。由于不引人注意,就不能发现这种慢性萎缩,也不能发现它所造成的残疾或不适。但是,一旦对这种身体运行有清晰的关注,就会有机会改进它和避免它的有损健康的后果,这种后果不仅包括疼痛而且包括感觉迟钝,以及审美敏感和愉快的降低。

(3) 哲学的第三个重要目的是美德和正当行为,为此我们不仅需要认识和自我认识,而且需要有力的意志。由于行为只有通过身体来实行,我们的意志力量——像我们想要去行动的那样去行动的能力——依赖于身体的功效。通过身体美学对我们身体经验的探察和修炼,我们能够获得对有力意志的实际运作合乎实际的、“躬行(hands - on)”把握——一种对意志在行为中的具体运行的更好掌握。如果我们不能使我们的身体执行意志,对正当行为的认识和欲望就将落空;我们对执行最简单的身体任务的令人惊讶的无能,正好与我们对这种无能的令人惊骇的无知相称,这些疏忽源于缺乏充分的身体美学意识。

只要想一想尽力将头低下将眼睛盯在球上的一位努力的高尔夫球手,他完全确信他正在这样做,尽管他事实上是极度失败了。他有意识的意志没有成功,因为他被根深蒂固的身体习惯控制着;他甚至根本没有注意到这种失败,因为他习惯的感官感知是如此不足和扭曲,以至于感官觉得好像意向中的行为真正像希望的那样执行了。在我们的行为中,这种现象太多了。我们像"昂头"的高尔夫球手,不管他的意志多么强烈,仍然是不起作用的,因为它缺乏身体的敏感——肉体的感性认识——使它生效。这种身体的错误理解和意志的软弱,妨碍了我们在美德上的成就;因此,美德自身要求身体的自我完善。今天,这种推理的支持者是身体临床医学家,他们处在通行的合法哲学的范围之外,但他们的论证具有古代哲学的凭证。不只是犬儒学者第欧根尼运用它去提倡:严厉的身体修炼就像"凭借持续的练习,感知被构成为像为美德行为的可靠的自由运作一样。"[15] 270

(4) 对美德和自我把握的追求,在传统上被整合在伦理学对更好的生活的追求之中。如果哲学关注对幸福的追求,那么涉及作为我们愉快的场所和媒介的身体的身体美学,显然应该得到更多的哲学关注。即使所谓纯粹思想的快乐和刺激,(对我们有肉体的人类来说)也受到身体条件的影响,也需要肌肉收缩。因此,通过增进身体意识和修炼,思想能够得到强化和更好地享受。近来哲学的一个非常悲哀的奇特性是:致力于痛苦的本体论和认识论的探究是如此之多,而致力于痛苦的心身的管理,致力于痛苦的驾驭和向宁静或愉悦的转变的探究是如此之少。[16]

(5) 这四个被忽视的要点,并没有穷尽身体学作为哲学的中心的方法。米歇尔·福柯的那种作为铭记社会权力的温顺、柔韧场所的生殖身体景象,显示出身体学能够为政治哲学扮演至关重要的角色。它为复杂的权力谱系怎么能够在没有任何要求它们变成清晰的法律或正式强迫它们的情况下被普遍地操练和再生产,提供了一种理解方式。因此,整个统治的意识形态,能够由根据身体标准对它们的编译而隐蔽地物化和维护,这种身体标准,像身体习惯一样,典型地变得信以为真,从而逃脱批评意识。例如,"体统的"妇女说话轻柔、亭亭玉立、吃食挑剔、坐着两腿并拢的假定,以及在(异性)性交中的被动角色或下面的位置的假定,所有这些都作为维持妇女没有授权但又获准全部正式自由的肉身化的标准而起作用。然而,如果压制性的权力关系,能够对在我们自己的身体中得到编码和支持的负有法律责任的身份施加影响,那么,这些压制性的关系自身,就有可能被另外的身体实践所挑战。这种福柯式的要旨,被近来的女性主义者和同性恋理论家富有成效地接受,已经长期成为像威廉·赖希和摩西·费尔登克拉斯等身体临床医学家的项目中的组成部分。

(6) 超出已经提到的认识论、伦理学和社会-政治哲学的根本问题之上,身体还在本体论中扮演至关重要的角色。尼采和梅
271 洛-庞蒂展示了身体的本体论中心,即身体作为我们世界和我们自身从中交互建构地投射出来的焦点,而分析哲学则将身体作为

个人身份认同和(通过它的中枢神经系统)解释心理状态的本体论基础来考察研究。[17]

(7) 最后,在学院哲学的合法化范围之外,像赖希、F.M.亚历山大和费尔登克拉斯之类的身体临床医学家,也肯定一个人的身体和他的心理发展之间的深层次的交互影响。身体的功能失调,既被解释为人格问题的产物,也被解释为强化这些人格问题的原因。这些人格问题自身可以要求身体为它们的适当治疗而工作。不仅瑜珈修炼者和禅师,而且健美运动员和武术从业者,也作出了同样的主张。在这些不同的科目中,身体训练形成了对自我的伦理关怀的中心,成为精神健康和心理自制的先决条件。

这七点可以提醒我们,在当代理论中,已经存在关于身体的丰富谈论。但是,这种身体谈论,往往缺少两个重要的特征。第一,它需要一个结构上的总揽或体系构造,将它那非常不同的、似乎全不相称的谈论整合为一个更有成效的系统化的领域。拥有一个全面包容的架构,能够将生物政治学的谈论与生物能量学的治疗联接起来,甚至可以将分析哲学身心相关的副现象的本体论学说与健美运动的超集原理联系起来,这应该是非常有益的。[18]在最通行的关于身体的哲学谈论中,第二个缺乏的东西是:一个清晰的实用主义方向——个体可以直接转化为改善身体实践的训练的东西。这两者的不足,可以由提议中的身体美学——一个理论和实践的学科——的领域来补救。

四

身体美学具有三个基本维度。

(1) 分析美学将身体感知和实践的基本性质,描述为我们对现实的知识和构造。这种理论化的维度,包含有关传统本体论和认识论的身体问题,也包括福柯和皮埃尔·布尔迪厄已经使之成为
272 中心的社会政治学的探究:身体怎样既被权力塑造又被雇佣为维持权力的工具;健康、灵巧和美丽的身体标准,甚至性和性别的最基本范畴,是怎样被构造去反映和维持社会势力的。[19]

福柯对这些身体问题的处理方法,具有谱系的特色,即对历史上出现的不同身体学说、标准和实践进行描述。布尔迪厄的工作超出了这种描述方法,对身体标准的社会构造和使用进行社会学上的细节化的共时分析,这种分析还能够进一步由对照两个或更多的共时文化的身体观点和实践的比较分析所补充。这种历史－社会分析的价值,并不排除给具有更普遍主义倾向的身体美学的分析留有余地,像在梅洛－庞蒂和更传统的关于心－物关系的本体论理论中所发现的那样,这种传统本体论形成了诸如二元论、副现象主义、消解唯物主义(eliminative materialism)、机能主义、突变主义(emergentism)以及它们各自的亚变种之类的学说。

(2) 与逻辑(无论是谱系的还是本体论的)是描述性的分析身体美学相对,**实用主义身体美学**通过提议身体改善的特殊方法和从事于它们的比较批评,而具有特出的标准的、规范的特征。由于

任何提议的方法的生存能力，都依赖于关于身体的某种（无论是本体论的、心理学的还是社会的）事实，这种实用主义的维度总是预先包含分析的维度。但是，它不仅通过对分析描述的事实进行评价，而且通过提议以不同的方法重塑身体和社会去改善某种事实，从而超出了纯粹的分析。

在人类历史的漫长历程中，有大量不同的实用主义科目被推荐去改善我们的经验和身体的作用：不同的食谱、身体的刺扎和刺割、各色的性艺术（包括交感的性虐待）和诸如亚历山大技法、费尔登克拉斯方法、生物能量学、罗尔芬按摩疗法等现代心理身体临床治疗。这些不同的实践方法，可以被粗略地区分为外观形式和经验形式。外观身体美学，强调身体表面的外观；而经验科目，喜欢集中在它的“内在”经验的审美性质上。这种经验方式，旨在使我们在这两个含糊的惯用语（它刚好反映了美学这个术语的模糊性） 273
的意义上——不仅使我们经验的品质更令人满意地丰富，而且使我们对身体经验意识更加敏锐和细致——“感觉更好”。美容实践（从化妆、发型制作到整形手术），表明了身体美学的外观方面；而像瑜珈、禅定或费尔登克拉斯“通过运动的认识”，在提高品质和感知敏锐性这两者的意义上，都是经验模式的典范。[20]

尽管某些流行的身体锻炼（像有氧运动），排他性地不属于任何一种范畴，但外观/经验的区分仍然有用，尤其是对驳斥责难身体美学为在本质上肤浅的和缺乏精神的观点仍然有用。霍克海默和阿多诺对身体的著名批评，为这种观点提供了很好的例子。他们宣称，任何企图“致使身体的复兴”都必将失败，因为它暗中加强了我们文化的“身体和精神之间的……区别”。作为一个关心的对象，身体将被典型地外在化为与内在生命精神相对的纯粹自然之物（“死物、‘尸体[*corpus*]’”）。[21]因此，对身体的关注，总是对一个人的精神自我之外的外在表现的异化的关注。而且，作为外在表现，它不可避免地被社会上腐化的形象控制者——广告和宣传——所支配和使用。

> 从“金发甜妞（blond beast）”到南洋岛民（South Sea islanders）那种充满活力的现象的偶像化，不可避免地通向为维他命药丸和护肤面霜的“莎笼电影（sarong film）”与广告招贴，它们只是简单地代表向公众推广的固有目的：新的、强大的、美的和高贵的男人样式——元首和他的纳粹党员。[22]

身体美和身体训练的狂热者不仅浅薄，而且他们更险恶地与法西斯灭绝者联系在一起，那些法西斯灭绝者将人的身体视为一个纯粹的“自然物质”[23]，一个柔韧的机械工具，其部分必须被塑造和打磨以便更有效地适合不管什么权力对它的控制。根据这种纳粹逻辑，如果身体再也不能维修良好，它们就应该被融化为肥皂或转变为其他某种有用的东西，如一个灯罩。

> 那些赞美身体超越所有别的东西之上的人，如体操运动员和侦察兵，总是与杀害有着最密切的关系……他们将身体视为一个活动的机器，用作为其部分的大块组织和肉给骨骼
> 274 加上软垫。他们使用身体和它的部分，就好像它们已经从它那里分离开来一样……他们不需要有对它的认识，而是用棺材制作者的眼光来丈量他人[并如此称呼它们为]长、短、肥或重……语言与它们齐步并进。它已经将步行转变成了运动，将膳食转变成了卡路里。[24]

50多年前，霍克海默和阿多诺清晰地表达的这种批评，仍然

是今天反对身体美学的主要指控的强有力概括。依据对身体的美丽和卓越性的诱人图像的促进，身体美学处于被指控为资本主义广告和政治压迫的工具的位置上。它对身体进行异化、具体化和分割，将它视为一种外在的工具和机械装置，这种工具和机械装置被解剖成为了卖弄的、可计量的结果的密集劳动的个别领域，以及无数为了实现它们而在市场上买卖的商品的兜售。因此，我们发现我们全神贯注于身体测量和针对“abs”、大腿、臀部等等的专门化的“合适”等级；因此，亿万美元的化妆品工业为身体的不同部分提供专门的产品。这种驳斥还会继续说，根据强迫与标准化的身体计量和作为最佳器具或魅力的模型一致，身体美学因此一定会破坏个性和自由。而且，这种模型反映和巩固了压制性的社会等级制度（例如，北美的高、瘦、金发、蓝眼的身体理想明显服务于它那占统治地位的伦理团体的特权）。

这些指控之所以有力，因为它们都是依赖于将身体美学限制为这样的理论：将身体还原为外在的客体——分裂为原子的部分、可测量的表面和标准化的美的规范的机械装置。它们无视身体作为美的、个人经验的活生生场所的主体角色。但是，身体美学在它的经验维度中明显拒绝将身体外在化为与人的经验的主动精神不同的异化物。身体美学也没有必要强加一套固定的外部测量的标准化规范（例如，最佳脉搏），去评估好的身体审美经验。[25]

对身体经验的文化批判的盲目性，是可以理解的且依然普遍存在。因为外观身体学在我们的文化中仍然远非占据统治地位，这是一种主要建立在将身体从精神中分离出来的基础上的文化，一种在经济上受到身体形象市场助长的挥霍的资本主义所驱使的文化。但是，正因为这种理由，身体美学领域，连同它那根本的经验维度，需要来自哲学家的更仔细的、重构性的关注。

275 因此，外观/经验的区分在辩护身体美学免遭无视其内在的、经验的深度的指责上，是非常有用的。但是，这个区分不必是严格不可通融的。因为还有一个对外观和经验、外在和内在的不可避免的补充。就像商业广告正确提示我们的那样，我们怎样观看，影响我们怎样感受，反之亦然。诸如节食和健美之类的实践，它们最初出于追求有吸引力的表象，其结果经常产生一种出于自身原因的特别感受。节食者变成了渴望饥饿的内在感受的厌食者；健美运动者变成了经验上高涨的“涨大(the pump)”的瘾君子。

相反地，旨在内在经验的身体方法，常常采用暗示能够招致为引起渴望的经验所必需的身体姿态的表象方式：无论是通过在镜子中品评某人的形象，将某人的视线集中于诸如鼻尖或肚脐之类的身体部位上，还是简单地在某人的想象中观察身体的形式。但是，出于同样的原因，一种诸如健美之类的外观表现实践，也能运用敏锐的经验暗示意识(如，最适宜的疲劳、身体的调整和丰满的肌肉舒张的经验暗示)去服务于它的雕琢外在形式的目的。

如果外观/经验区分不是逻辑上的惟一区分，那么它似乎也不是彻底穷尽的区分。为了专注于身体的力量或健康的训练，身体美学可以引入第三个范畴，即执行的范畴；例如，就像武术、田径、体操和举重一样的训练(需要区别于健美)。然而，在这种要么旨在某人力量和健康的外在展示，要么换过来旨在某人对那些力量的内在感受的执行导向的练习意义上，我们要么将它们纳入外观模式，要么纳入经验模式。

对身体美学实践进行分类的另一个有用的方式，也许可以根据他们主要针对个别实践者自身还是主要针对他人。例如，按摩

师或外科医生就是典型地针对他人的身体来工作的,但是,在打太
极拳或越野训练中,一个人就更多地针对自己的身体。显然,在针
对自我和针对他人之间的身体美学的区分,也不能严格不变,因为
有许多实践同时属于这两个方面。就像“化妆”的美容实践可以是
针对自己或针对他人一样,一个人在性生活中,典型地通过运动自
己和同伴的身体,既寻求自己经验上的愉快也寻求伴侣经验上的
愉快。而且,即使是针对自我的身体审美活动,也常常受到希望取
悦他人的目的的激发,而针对他人的活动(如按摩),也能有自身的
针对自我的愉快。但是,尽管有含糊不清的地方(部分地由自我与 276
他人的概念的相互依赖引起的),针对自我和针对他人的身体美学
的区分,至少在抗击这种普遍的偏见——对身体的关注意味着退
出社会的自私自利——上,是很有用的。

(3) 不管我们怎样划分实用主义身体美学的不同方法论,它们都必须与它们的实际实践相区分。我将这第三个维度称之为**实践的身体美学**。它不是制造理论或文本的事情,甚至不是提供身体关怀的实用主义方法的文本,而完全是通过针对身体自我完善的有智力地规范的身体操作,对这种关怀的实际实践(无论是采用表象、经验还是执行模式)。这种实践维度不是与说有关,而是与**做**有关,它最被学术人的哲学家所忽视,这些哲学家对推论逻辑的承诺,在这种语境化的身体中典型地终结了。对实践身体美学来说,说得越少越好,如果这意味着从事更多的实际练习的话;但是,不幸的是,它常常意味着实际身体练习只不过完全被哲学实践遗弃在外。不幸的是,在哲学中没有说就典型地意味着没有做,因此,身体练习的具体活动,必须被强调地命名为身体美学至关重要

的实践维度，它被构想为一个关系到自我认识和自我关怀的综合性的哲学学科。

五

通过略述身体美学的三个主要维度以及它的表象与经验模式，已经对身体美学究竟意谓什么作出了解释，现在，我要转向由这章的标题的另一半所引发的问题。如果身体美学被当作“一个学科的提议”来倡导，它可以是一种怎样的学科？它将怎样或者应该怎样与传统的美学和哲学学科发生关联？

第一个问题很容易回答。在提议身体美学作为一个学科中，我审慎地利用了学科的双重含义：作为学习或教育的一个分支和作为训练或练习的一种具体形式。显然，身体美学的分析维度可以包含系统化的知识结构，例如身体标准、理想和实践的历史与人类学研究，或者心－身关系的心理学与本体论理论，等等。这些能
277 够阐明身体作为美的场所的作用的不同知识形式，典型地处于非常不同且常常互不交叉的学科分支之中。提议身体美学作为一个学科的部分理由，正是为了构成一个学科的框架，以便在结构上联结和广泛地整合许多有关身体的研究，这些研究目前是在没有关联的探究和似乎不可沟通的学科形式中进行的。

至于我所谓的实用主义身体美学，可以作出同样的论证。从节食读物到瑜珈指南，从“整容”和体操录像到健美手册和与身心相关的治疗指南，我们发现一大批令人眼花缭乱的关于改善我们身体的作用、健康和经验的理论。在身体美学的学科标题下将它们联结起来，通过鼓励基本的共同原则和用于这些不同实践的分

类和联系的区分标准的研究,可以帮助我们给这些混乱而丰富的理论一种更有生产力的秩序。相反,我确立为实践身体美学的那种活动,符合学科化的第二种意义——不仅作为理论而且作为实际的身体训练或练习的要求。

在更宽泛的学科知识领域中,哪里可以找到这种三个方面、双重联结的身体美学学科的位置?它能在已经确立的知识分支中找到令人满意的栖息地吗?或者它必须努力去构成它自己的独特肢翼去攀登学科的位置吗?身体美学的名字,意味着它可以最好落实为已经很好地确立的美学学科中的一个分支学科,反过来,美学也由于包含了身体美学而被扩展和稍微改变。

为了使这种选择更为可信,我从显示身体美学——尽管它被鲍姆嘉通的现代美学奠基方案遗漏了——对美学学科的完全成功来说是怎样必不可少的开始。无论如何,在鲍姆嘉通的美学之前的很长时间,不仅在希腊和罗马而且在亚洲的哲学传统中,对身体之美的和感觉敏锐的欣赏,都可以是我们今天称做审美的关注的中心。[26]让我们考虑一下大卫·休谟(一个鲍姆嘉通的同代人)和弗里德里希·尼采。休谟以他那“每个感觉的完善”的标准观念对实践作为一种使感觉欣赏——好的批评家所要求的——变得敏锐的方法的坚决主张,明确指出了身体美学的方向。尼采以鼓吹“一个不断增强的感觉的精神化和增殖”去为生命-增进的价值而实现 278
身体的审美潜能,对身体的庆颂,同样指明了身体美学的方向。[27]这种例子也表明,如果存在身体的审美用途和愉快的多样性,就没有理由将我们细微的眼肌或无形的味蕾排除在身体美学的练习之外,因为身体美学的练习不必被限制为塑造一大堆鼓胀的二头肌的粗野意象。

因此,身体美学似乎最容易被当作美学的一个分支学科,一个像“音乐美学”、“视觉美学”或“环境美学”之类的业已确立的分支学科一样的东西,虽然它是一个更着重于身体的分支学科。但是,这种主张可能会引起两方面的反对。第一,其他分支学科似乎是由特殊的艺术类型或特殊的审美对象(如自然和建筑的环境)所界定的,而身体美学似乎是横跨所有审美类型的领域。这是因为它不仅将身体视为审美价值和审美创造的对象,而且将身体视为增进我们对其他所有审美对象的处理以及增进我们对非标准的审美事物的处理的至关重要的感觉媒介。例如,我们可以很容易发现,身体美学对感觉敏锐性、肌肉运动和根据经验的意识的改善,怎样富有成效地有助于诸如音乐、绘画和舞蹈(最卓越的身体审美的艺术)之类的传统艺术的理解和实践,怎样增进我们对我们穿行和栖息的自然与建筑环境的欣赏。而且,通过处理非典型地当作审美的事物——不仅包括武术、运动、冥想练习和身心关系的治疗,而且包括哲学的自我认识和自我驾御的工作核心,身体美学预示着狭义的美学学科界限的破裂。

对这第一个反对有一个不客气的答复:美学的狭义定义多么糟糕!作为一个开放的、本质上可以争论的概念,美学可以吸收新的主题和实践。而且其中某些“引入的”主题对美学领域并不是真正全新的。隐约有一个将美学作为伦理学和生活艺术的关键来探究的光辉传统,一个在席勒的《审美教育书简》和克尔凯廓尔、尼采以及后期福柯的著述中被强有力地例示了的传统,它比当今对体育美学的兴趣要古老和重要得多。[28]

对身体美学作为美学的分支的第二个反对可以作如下表述:如果美学是哲学的分支学科,身体美学又试图成为美学的分支学科,那么根据递进的包含关系,身体美学应该也是哲学的分支学科(或分支分支学科)。然而,虽然身体美学明显涉及哲学,但就哲学 279
分支学科所能容纳的东西来说,它似乎包含了太多其他的东西。身体美学声称不仅要从事有关身体的人类学、社会学和历史的研究,而且要进行生理学和心理学的研究。此外,通过身体美学的实践维度,它甚至还从事对传统哲学如果不是敌意的也是有害的身体训练:武术、时尚、美容化妆、健美、节食等等。如果哲学被界定为理论,那么身体美学至关紧要的实践维度不是把它关在哲学分支学科的门外了吗?

对这些反对,我看有两个可能的回应。一个是论证更宽泛的哲学观念。这种哲学观念不仅认可历史的、人类学的、社会学的和其他的经验科学对哲学研究颇有价值,而且通过回想古代作为一种身体实践、一种生活方式的哲学观念,进一步强调哲学不只是理论。由所有相关科学形成的、指向改善生活品行的哲学理想,似乎与我们的学术训练和作为概念分析专家的职业的自我形象背道而驰。这种哲学理想的完全实现,也许超出我们的能量之上,而且它当然不可能通过普通的课堂教育而实现。想象一下对一个要求身体美学讨论班的学生躺在课堂上练习赖希的性欲高潮反应以研究威廉·赖希的身体疗法的哲学教授会发生什么!要求学生减肥或作出瑜珈姿势和呼吸练习会更容易些吗?哪怕要求他们跳舞、唱歌或保持特殊的节食,对今天纯理论样式的哲学都会是极大的惊吓。但是,古代哲学学园,像稍后的宗教科目(和军事学园)一样,在这方面常常显得非常不同,它们在一种更为整全的意义上运用教导弟子的制度化的训练。尽管给习惯的学术界提出了难题,但这种理想仍然是一种令人尊敬和向往的哲学模式,一种身体美学作为分支学科可以令人满意地与之吻合的哲学模式。[29]

当然,还有另一条路径认可这种领域特别宽泛的身体美学探究,而且也可以包含身体实践的具体履行在内,却又依然能够使这一学科保持为美学的分支学科。我们可以简单地将美学视为不止是哲学分支学科。这种以更切近地从事人和自然科学而超越标准哲学的广义美学观念,事实上已经由20世纪某些有影响的理论家如马克斯·德索和托马斯·门罗所提倡。为了反对传统的艺术和美
280 的哲学的限制,他们寻求创立作为知识领域中的间际学科的美学,这种美学将独立于哲学,是一个有自己特别的期刊和"独特院系"的学科。[30]通过进一步扩展这个观念,我们可以将美学当作除了理论追求之外还包括摄制、表演、艺术批评和其他美学实践在内的学科。尽管这个扩展的美学学科观念对绝大多数哲学系来说非常陌生,但它对在其他学院——如音乐、艺术、舞蹈和烹饪等学院中的工作来说,是非常熟悉的。

在落实身体美学为一种学科的这两种选项中,哪种选择更为可取?作为一个渴望拓宽其学科概念并使之更实践化的哲学家,我更喜欢将扩展的身体美学纳入哲学的怀抱,从而推进哲学学科的发展。我也担心作为独立于哲学的自律学科的美学,是否在制度上能够坚强地承受培育身体美学的挑战。但是,我至少有三种理由乐意将这些附属性的精细问题暂时不予解决。作为一个新的、尚且是大纲式的提议,身体美学还不应该把它的学科约束扎得太紧。它应该允许足够的自由,使它在证明对它的进步最富有成效的方向上成长壮大。其次,为了发展,身体美学必须是思想者和实践者共同体协力完成的工作,而不是某种个人意见的声明。其明确的学科中心和界限,将最好被定义为这种共同体而不是个人。

为什么我乐意留下那种附属性的和划界的细节问题不予解答的第三个理由是,在身体美学领域中从事实际工作,比划分它的精确界限具有更大的紧迫性和更大的兴趣。

六

其中某些重要问题可以通过对照两位20世纪的哲学家约翰·杜威和米歇尔·福柯引导出来,他们对在有关身体美学的三个维度上展开的工作都是很好的例证。受达尔文和詹姆斯的鼓动,杜威发展了对他所谓的“身－心”的自然主义的“突变(emergent)”解释。但是,这种本体论理论同样也受到他对F. M. 亚历山大的实用主义“身－心”方法论研究的指导,对于这种方法论,杜威撰写了好几篇祝贺性文章。杜威对身－心统一的赞同,也许最受他在亚 281
历山大技法中的具体实践练习的激发,在那里他训练了20多年,(在差不多90岁的时候)他将自己的健康身体和长寿归因于这种训练。[31]

福柯对包含所有三个主要分支的身体美学的渴求,尽管与杜威截然不同,但比杜威的追求更加引人注目。这个显示“温顺的身体”如何被表面上清白的身体－戒律为提升某种社会政治性事物而系统地塑造的分析系谱专家,同样也显现为提议可选择的身体实践去克服深埋在温顺的身体中的压制性意识形态的实用主义方法论者。在这些可选择的身体实践中,首要的有交感、同性恋的性虐待,他论辩说,他们的经验不仅挑战头脑的等级制度,而且挑战生殖性性行为的特权,这种生殖性性行为进而授予异性关系以特权。福柯还反复鼓吹烈性“毒品可以制造非常强烈的快感”,主张它们“必须成为我们文化中的一部分”。[32]福柯为了勇敢地实践他所鼓吹的身体美学，他用自己血肉之躯和他人活的肉体进行试验以检验他所推崇的方法论。

在《实践哲学》中，我探究了福柯的选择的局限性，但肯定福柯所忽视的而我更喜欢付诸实践的那种身体美学的选择余地，[33]不过，一个人很难否定毒品和交互虐待的性变态对福柯本人最关注的那个精确的身体美学方案的价值，即激进的革新、同性恋自由以及他自己那种有疑问地追求愉快的方案。实际上，“不同的人有不同的特征”，肯定了远不止施虐狂/受虐狂(S/M)的弟子们所具有的灵巧的地方性智慧。在某种程度上，不仅对身体美学而且对哲学作为一种生活方式的整个观念——最伟大的艺术作品是我们重建性的自我的有规范的创造性实践——来说，难道这种多元主义不是必须要成为它们的座右铭吗？如果爱默生和尼采关于每个自我在本质上是独一无二的(无数偶然性的不可重复的产物)是正确的，每个自我难道不应该要求自己特别的哲学和身体实践吗？[34]梭罗说：“每个人，对他所崇敬的上帝而言，都是被称作其身体的祭坛的建造者，完全依照他自身的纯粹式样，他也不能摆脱为打造好的大理石所取代。我们都是雕刻家和画家，我们的材料是自己的肉、血和骨。高贵开始使人的形象变得高雅，卑鄙和淫荡使他们沦为禽兽。”[35]但是，另一方面，我们肉身化的自我不是共享有意义的生物构成和社会条件——将允许某些关于不同的身体方法的价值和风险的令人关注的普遍化——的共同性吗？没有这种普遍化，哲学或科学(甚至实际生活)又如何可能呢？

282 身体美学必须将身体差异和趣味自由的要求与介于更有争议的自然/文化区分之间的客观身体标准和身体需要的相反要求调

和起来。如果身体美学能够诉诸不是固定的身体美或愉快的定义，那么，尽管如此，它必须尽力把握这种公正的判断：某种身体形式、功能和经验比另一种可能更好或更坏。虽然这是些棘手的问题，但它们对我们美学家来说，不应该觉得特别奇怪而吃惊不已，因为它们在根本上包含了与审美主观性和规范标准之间、个人趣味和共同感(sensus communis)之间的相似的理论张力，这些理论张力构成了自休谟和康德以来的现代美学的核心。这里，身体美学仍然再一次坚定地扎根于传统美学理论的难题之中。

但是，也存在身体美学的更实际(和存在论上更紧迫)的问题，它们更值得关注。在我们文化的后现代多元主义的无序中，我们沉浸在生活风尚的意识形态中，饱受从令人困惑的变化中作出选择之苦。那么，我们应该怎样塑造和关怀我们肉身化的自我呢？用迷幻的毒品还是素食，用光头还是长发，用细托环和皮革面罩还是用类固醇和硅树脂灌注，通过穿刺、有氧运动还是普拉纳雅玛(*pranayama*)的瑜珈练习？在兜售的大不相同的身体美学项目中，存在进行选择的标准吗？存在将它们结合起来的好方法吗？为什么那些处于亚洲哲学中心的在哲学上丰富和在批评上深思熟虑的身体美学训练，对我们西方哲学工作仍然如此陌生？

这些问题，只显示了身体美学作为一个学科的提议所聚集和引起的问题中的一小部分。如果这些问题仍然缺乏系统处理而只是暗含在鲍姆嘉通最初的美学的“任务陈述”中；如果它们同样也由作为具体化的生活方式的古典哲学观念所蕴涵，那么身体美学就应该值得命名为哲学研究的分支，并作为哲学分支来进行研究。它最终在哲学的更宽泛领域中找到的精确位置，并不是某种我们能够保证为最初提议的东西，因为这些问题不仅依赖未来身体美学研究将采取的主要方向，而且依赖本质上有争议的哲学领域自身的变化，以及它那同样变化和充满争议的分支学科。

283 然而，身体美学最初似乎最好被安置在一个扩展的美学学科里。这种扩大的美学对今天身体在审美知觉和经验中所扮演的至关重要的角色将给予更加系统的关注，包括对保持在学院美学理论的边缘的身体疗法、运动、武术、美容化妆等等的审美维度的关注。但是，要结合身体美学的实践维度，美学的领域也必须向旨在身体审美改善的特殊身体实践的实际的、躬行的训练，扩展它的学科关注的观念。将这些身体功课包含在内，将使美学在标准的大学课堂中更难教授或实践，但是，当它开始使我们更多肉身化自我参与其中时，它一定会使这个领域变得更令人激动和更有吸引力。

注　　释

第二版导言

① 翻译包括法语、德语、芬兰语、波兰语、葡萄牙语和日语，韩语、斯洛 284
伐克语和匈牙利语版也正在准备。在哲学之外，许多批评来自社会学、人类学、文学和文化研究以及艺术和音乐的报刊杂志。

② 例如，见 Richard Shusterman，"Note sur *L' art à l' état vif*"，*Etudes Littéraries* 25 (1992)，215－218；"Sur *L' art à l' état vif*"，*Gradhiva* 12 (1992)，66－74；"Too Legit to Quit?：Popular Art and Legitimation"，*Jerusalem Philosophical Quarterly* 42 (1993)，215－224；"Art in a Box"，in M. Rollins (ed.)，*Danto and His Critics* (Oxford：Blackwell，1993)，161－174；"Die Sorge um den Korper in der Heutigen Kulture"，in A. Kuhlmann (ed.)，*Philosophische Ansichten der Kultur der Moderne* (Frankfurt：Fischer，1994)，241－277；"L' exp1rience comme forme de l' art"，*Revue d'esthétique* 25 (1994)，179－186；"Breaking out of the White Cube"，in Suzi Gablik (ed.)，*Conversations Before the End of Time* (London：Thamse and Hudson，1995)，247－265；"Soma und Medien"，*Kunstforum International* 132 (1996)，210－215；"Style et styles de vie"，*Littérature* 105 (1997)，102－109；"A House Divided"，*Documenta X － the Book* (Kassel：Cantz，1997)，650－652；"The Self As a Work of Art"，*The Nation*，30 June 1997，25－28；"Interpretation，Pleasure and Value in Aesthetic Experience"，*Journal of Aesthetics and Criticism* 56 (1998)；51－53；"Transforming Art and Philosophy"，in M. Hannula (ed.)，*Stopping the Process? Contemporary Views on Art and Exhibitions* (Hesinki：Nordic Institute for Contemporary Art，1998)，35－44；"Provakation und Erinnerung"，*Deutsche Zeitschrift für Philosophie* 47 (1999)，127－137. 不过，也可以参见我下面注释中更专门引用的出版物。

③ 不过,我已经改正了第一版中的一些印刷错误,并对第9章的最后一段做了一些修改,以便更好地向接下来的新的一章过渡。

285 ④ 见 Richard Shusterman, *Practicing Philosophy: Pragmatism and the Philosophical Life* (New York: Routledge, 1997), chs. 1-4.

⑤ 见 Richard Shusterman, "The End of Aesthetic Experience", *Journal of Aesthetics and Art Criticism* 55 (1997), 29-41; "Popular Art and Education", *Studies in Philosophy and Education* 13 (1995), 203-212; "Légitimer la Légitimation de l'art populaire", *Politix* 24 (1993), 153-167; 和 *Practicing Philosophy*, ch. 6.

⑥ 例如,见 Richard Shusterman, "Rap Remix: Pragmatism, Postmodernism, and Other Issues in the House", *Critical Inquiry* 22 (1995), 150-158; *Practicing Philosophy*, ch. 5, 和"Pragmatism, Art and Violence: The Case of Rap", in T. Yamamoto (ed.), *Philosophical Designs for a Socio-Cultural Transformation* (New York: Rowman and Littlefield, 1998), 667-774.

⑦ 见 Richard Shusterman, "Moving Truth: Affect and Authenticity in Country Musicals", *Journal of Aesthetics and Art Criticism* 57 (1999), 221-233.

⑧ 关于杜威美学与爱默生和洛克的亲缘关系(或者也许是所欠的情谊),我提供了一个细节的案例,分别见"Emerson's Pragmatist Aesthetics", *Revue International de Philosophie* 207 (1999), 87-99; 和"Pragmatist Aesthetics: Roots and Radicalism", in Leonard Harris (ed.), *The Critical Pragmatism of Alain Locke* (New York: Rowman and Littlefield, 1999), 97-110。

⑨ 在下面的讨论中,我回应了反对《实用主义美学》中表达的观点的最普遍和最有趣的论点。这些论点主要是从下面有益的批评报告中精选出来的(而且包括与皮埃尔·布尔迪厄的一篇很长的批评对话,以法语刊载于他的系列丛书中,见 *L'art à l'état vif*, Paris: Minuit, 1992)。见 Daniel Aoutif, "L'or du rap", *Libération*, 23 April 1992, 29; Rainer Rochlitz, "Esthétiques Hédonistes", Critique 540 (May 1992), 353-373; Jean-Pierre Cometti, "Note de lecture sur *L'art à l'état vif*", *Les Cahiers du Musée National d'Art Moderne* 40 (1992), 119-121; Louis Pinto, "Note de lecture sur *L'art à l'état vif*", *Politix* 20 (1992), 169-174; Tom Holert, "Der Philosoph als Fan", *Texte zur Kunst* (June 1992), 149-151; Jerrold Levinson, "Review of

Pragmatist Aesthetics", *Mind* 102 (1993), 682 – 686; Paul Mattick, "Review of *Pragmatist Aesthetics*", *Transactions of the Charles S. Peirce Society* 29 (1993), 480 – 488; Tim Brennam, "Off the Gangsta Tip: A Rap Appreciation, or Forgetting About Los Angeles", *Critical Inquiry* 20 (1994), 663 – 693; William Earle, "Review of *Pragmatist Aesthetics*", *Poetics Today* 16 (1995), 375 – 382; Simon Frith, *Performing Rites: On the Value of Popular Music* (Cambridge: Harvard University Press, 1996), ch. 1; Alexander Nehamas, "Richard Shusterman on Pleasure and Aesthetic Experience", *Journal of Aesthetics and Criticism* 56 (1998), 49 – 51; Wolfgang Welsch, "Rettung durch Halbierung? Zu Richard Shusterman Rehabilitierung ästhetischer Erfahrung", *Deutsche Zeitschrift für Philosophie* 47 (1999), 111 – 126; Theodore Gracyk, "Valuing and Evaluating Popular Music", *Journal of Aesthetics and Art Criticism* 57 (1999), 205 – 220; Charles Altieri, "Practical Sense – Impractical Ob- 286
jects: Why Neo – Pragmatism Cannot Sustain an Aesthetics", *REAL: Yearbook of Research I English and American Literature* 15 (1999), 113 – 136; Herbert Grabes, "The Renovation of Pragmatist Aesthetics", ibid., 15 (1999), 137 – 150。这册年鉴中还收入了我对 Altieri 和 Grabes 的论文的回应,我更详细地探讨了实用主义多元主义立场的优势(和实践上的限制),见"The Uses of Pragmatism and its Logic ofPluralism", ibid., 151 – 160。

⑩ 关于这一点的更详细论证,见"Popular Art and Education"。

⑪ T. S. Eliot, "The Frontiers of Poetry", in *Of Poetry and Poets* (London: Faber, 1957), 115. 有关艾略特对愉快和审美理解这种事物的观点的详细说明,见我的研究 *T. S. Eliot and the Philosophy of Literary Criticism* (New York: Columbia University Press, 1988), ch. 6.

第一章

① 我在《分析分析美学》一文中讨论了摩尔的美学和它与随后的艺术分析哲学的关系,载 Richard Shusterman(ed.), *Analytic Aesthetics* (Oxford: Blackwell, 1989), 1 – 19。在我的"Wittgenstein and Critical Reasoning"一文中可以找到对维特根斯坦的著作和其在美学中的影响的一个简明的概览,载 *Philosophy and Phenomenological Research* 47(1986)。另见 Richard Eldridge:

"Problems and Prospects of Wittgensteinian Aesthetics," *Journal of Aesthetics and Art Criticism* 45(1987),251－361。

② 我采用的《艺术即经验》是作为 *Late Works of John Dewey* (Carbondale: Southern Illinois University Press,1987)第 10 卷出版的那个新的学术版本。提及的页码将与缩写 *AE* 一起出现。

③ 它的影响超出了哲学范围直至诸如 Robert Motherwell、Thomas Hart Benton 和 Jackson Pollock 之类的艺术家。见 Stewart Beuttner, "Dewey and the Visual Arts," *Journal of Aesthetics and Art Criticism* 33(1975),383－391。

④ 见 Richard Rorty, *Philosophy and the Mirror of Nature* (Princeton: Princeton University Press, 1979), 130－169, 和 "Dewey's Metaphysics," 载 *Consequences of Pragmatism* (Minneapolis: University of Minnesota Press, 1982), 72－89。Nicholas Wolterstorff 对艺术的分析哲学作为新康德主义一个种类给出了一个很好的案例,但没有考虑到实用主义美学。见 N. Wolterstorff, "Philosophy of Art after Analysis and Romanticism," 载 Shusterman (ed.), *Analytic Aesthetics*, 32－58。

⑤ 例如 Stephen Pepper 在 "Some Questions on Dewey's Aesthetics" 中对它的黑格尔机体主义的批评,载 P. A. Schilpp, *The Philosophy of John Dewey* (La Salle, Ill: Open Court, 1989), 369－389。一种当代针对这种批评
287 而对杜威进行的辩护,见 Thomas Alexander, *John Dewey's Theory of Art, Experience, and Nature: The Horizons of Feeling* (Albany: SUNY Press, 1987), 1－13。

⑥ 例如,见 W. B. Gallie, "The Function of Philosophical Aesthetics," 载 William Elton (ed.), *Aesthetics and Language* (Oxford: Blackwell, 1954), 13－35.在埃尔顿(Elton)编的这部书中,包含许多对克罗齐的其他批评,至于一种对分析美学通过反对克罗齐主义的早期发展的一般性说明,见我的 "Analytic Aesthetics, Literary Theory, and Deconstruction," *Monist* 69 (1986), 22－38。

⑦ 见 Arnold Isenberg, "Analytical Philosophy and the Study of Art," *Journal of Aesthetics and Art Criticism*, 46 (1987), 128。

⑧ G. E. Moore, *Principia Ethica* (Cambridge: Cambridge University Press, 1903; repr. 1950), 201。

⑨ 见 Margaret Macdonald, "Some Distinctive Features of Arguments

Used in Criticism of the Arts," 载 William Elton (ed.), *Aesthetics and Language*, 114。西布利的论文首先发表于 *Philosophical Review* 68 (1959), 421－450,已经被广泛地编入各种选集。

⑩ Immanuel Kant, *The Critique of Judgement*, trans. J. C. Meredith (Oxford: Oxford University Press, 1952), 116。这一节中的其他引文的页码是64,65,67,212－213。

⑪ 对康德来说,审美判断在根本上是以对形式的无利害的关注为特征的,其中无利害性以从"要求(want)"中解放出来为前提(*Critique of Judgement*,49)。不过,谁担负得起是无利害的呢? 谁可以不怕费时和不怕费事去特别就事物的形式去细读它们,且忽视它们在满足一个人的要求和需要上的工具性? 显然,只是那些拥有安逸、闲暇和财富去这样做的人,那些其根本要求和需要得到最充分满足的人——一句话,在社会－经济上和文化上享有特权的人。不仅对艺术的趣味要求正确的教育,甚至是对自然的审美欣赏,对康德来说,结果也依赖正确的社会－文化条件和训练。如果不同自然那"可怕的"的毁灭保持一种安全的距离,如果没有文化的"道德理想的发展",崇高就不可能被欣赏。因此,"对有关崇高的判断(与对美的判断相比),文化更是必不可少的"(115－116)。但是,即使是对自然中的美的欣赏,对没有教养的人来说,"事实上[也]不是普遍的"或自然的。"它对那些其思想习惯已经训练为善的人、或者别的特别容易受这种训练影响的人"(160)和那些对形式的趣味可以漠视自然的情感和感觉的魅力——它们会导致趣味判断的不纯——的人(65)来说,是特别的。

注意到这一点是有启示作用的:在通过将无利害关系的观念区分于不同的"有利害关系的"反应来提出这个观念的时候,康德雇用了那些显然强调社会－文化特权和声望与趣味之间的联系的人们。那些不能对一个宫殿采取无利害的审美态度的人们,是"那位在巴黎没有比小食店让他更加满意的 288
易洛魁族人的酋长",那个通过抗议"将人民的血汗花费在那些无用的东西上的大人物的虚荣浮华"来展示对生活贫困的人们的关心的"卢梭",和某位"在无人居住的岛屿上"、完全失去了社会因而失去了通过他的趣味判断显示他那超过他人的社会地位的机会的人(43)。在"Of the Scandal of Taste: Social Privilege as Nature in the Aesthetic Theories of Hume and Kant"一文中,我对康德的自然主义的反对有更详细的展开,载 *Philosophical Forum* 20 (1989), 211－229。

⑫　见 Peter Strawson, "Aesthetic Appraisal and Works of Art," 载 *Freedom and Resentment*（London: Methuen, 1974），187，和 Stuart Hampshire, "Logic and Appreciation," 载 Elton（ed.），*Aesthetics and Language*，162，164。

⑬　对他来说，"一种艺术哲学是贫瘠的，除非它使我们意识到艺术联系于其他经验模式的作用"（*AE* 17）。

⑭　尼采的引文引自他的 *Birth of Tragedy* 和 *The Genealogy of Morals*（New York:Doubleday,1956），143,240,247。福柯在他的 *The History of Sexuality*，vol. 2（New York: Vintage, 1986, 89－93）中谈到了"存在的美学"，而他关于审美生活的观点将在第9章中讨论。杜威的自然主义不能被非难为忽视了历史的社会结构如何至关紧要地塑造了身体和它的愉快模式。对杜威来说，这种结构属于有助于塑造与周围自然相互作用的个体有机体的自然环境。杜威对社会和历史因素怎样塑造我们的审美感知的认识、对"人类的制度上的生活"如何影响"我们不同的感觉"的认识（*AE* 26－76），形成了他对博物馆的艺术概念的社会－历史批评的一部分，对杜威的这种批评我将在下面讨论。同任何狭隘的唯物论自然主义远为不同，杜威强调："无论是野蛮人还是文明人，他们之所是都不是由其与生俱来的构造所决定，而是由他们参与其中的文化所决定的"（*AE* 347）。

⑮　见 Maurice Merleau－Ponty, Signs（Evanston: Northwestern University Press, 1964），70。比较杜威：由于"个体身体的运动参与了所有物质的改造……某种充满生机的自然表达之节奏的东西……一定会进入雕刻、绘画、塑像、设计房屋和写作故事之中"（*AE* 30）。

⑯　John Dewey, Experience and Nature（La Salle, Ill: Open Court, 1929），290；在此之后将缩写为 *EN*。

⑰　在对康德将审美区分于实践和认识的明确反对中，杜威断言："审美的敌人既不是实践也不是知性。审美的敌人是单调、没有目的的松弛、在实践和求知程序中屈服于惯例"（*AE* 47）。

⑱　那些对关注杜威对这些二元论的批判感兴趣的人们，可以参见：*AE* 26－28,267，有关身体/心灵；34,38,109，有关物质/观念；40,125,161,251－
289 252,263，有关思想/情感；112－114,123,133，有关形式/质料；152－155,163,190,336,341，有关人/自然；109,252,254,274－275,286，有关自我/世界；251,281,292，有关主体/客体；201－202，有关手段/目的。

⑲ 这里的引文引自 John Passmore,“The Dreariness of Aesthetics,” 载 Elton (ed.), *Aesthetics and Language*, 50, 55。这一点在我的“Analytic Aesthetics, Literary Theory, and Deconstruction”一文中有更详细的阐述。

⑳ J. O. Urmson, “What Makes a Situation Aesthetics?”, 载 F. J. Coleman (ed.), *Contemporary Studies in Aesthetics* (New York: McGraw－Hill, 1968), 359, 368。

㉑ 我在下列论文中讨论了文本的审美视感:“Aesthetic Blindness to Textual Visuality,” *Journal of Aesthetics and Art Criticism* 41 (1982), 87－96;“The Anomalous Nature of Literature,” *British Journal of Aesthetics* 18 (1978), 317－329;“Ingarden, Inscription, and Literary Ontology,” *Journal of the British Society for Phenomenology* 18 (1987), 103－119。

㉒ Morris Weitz, “The Role of Theory in Aesthetics,” *Journal of Aesthetics and Art Criticism* 16 (1955), 27－35; 重印于 Coleman (ed.), *Contemporary Studies*, 90。

㉓ 有时候这种非估价性导向是相当清楚的,如纳尔逊·古德曼曾抱怨:对估价的全神贯注已经引起“美学探究的压缩和扭曲”(*Languages of Art*, Oxford: Oxford University Press, 1969, 261－262)。

㉔ T. W. Adorno, *Aesthetic Theory* (London: Routledge & Kegan Paul, 1984), 19, 460。阿多诺对缠绕在一起的“文化和野蛮的辩证法”的坚决主张,是对本雅明著名的评论“没有文明的档案,在同时不是野蛮的档案”的回响。见 T. W. Adorno, *Prisms* (Cambridge, Mass.: MIT Press, 1981), 34, 和 Walter Benjamin, *Illuminations*: *Essays and Reflections* (New York: Harcourt, Brace & World, 1968), 256。

㉕ 杜威不是在推荐一种狭义上的政治或道德的艺术,对此杜威像阿多诺一样深感厌恶(*AE* 186,194,348－351)。但是,对杜威来说,将艺术和它的美学原则引进日常生活的领域实际上意味的东西究竟是什么?这也许不是十分地清楚。部分内情可能是:对种种不同生活艺术(包括社会的、政治的和技术的艺术)的一种更有活力和更周到的培养,连同更加强调和谐、创造和想像力的品质,和对手段和目的的一种更好的整合,以便更多的生活行为以当下满足的方式来追求,而不是仅仅在遥远地延迟的和与外观相关的享受的希望下来追求(*AE* 87)。另一部分可能是通过他的统一的美学观念,来重新建构我们的伦理、社会和政治生活,在那里“不存在牺牲部分的认同”去组成

一种统一的整体(*AE* 43),这又是阿多诺所倡导的一种理想。如果说这种对艺术与日常生活的整合的说明仍然过于模糊的话,那么我对通俗艺术和审美生活的处理(7－9章)可以被看作一种对这种观念提供更具体的阐明的努力。

290 ㉖ “在有用的和美的[艺术概念]之间的隔绝和最终的尖锐对立的内情,是一种这样的产业发展的历史,通过产业发展,太多的产品变成了一种延迟生活的形式,太多的消费变成了一种对他人的劳动成果的双重的享受”(*AE* 34)。对于这种存在于工业生产和审美享受之间的痛苦的分裂、艺术和生活实践之间的一种概念上的裂隙的表达来说,“除了一种根本的社会变革之外,不可能有任何永恒的解决。这种变革影响到工人在产品和他生产的产物的社会配置上所拥有的分享的程度和性质”(*AE* 345)。

㉗ 见 Moore, *Principia Ethica*, 187－188; M. C. Beardsley, *Aesthetics: Problems in the Philosophy of Criticism* (New York: Harcourt, Brace, 1958), 457－461; 和 Clive Bell, *Art* (New York: Capricorn, 1958), 73。比尔兹利与新批评家威廉 K. 威姆萨特(William K. Wimsatt)合著的孤立化的“谬误”理论,形成了在五六十年代占统治地位的新批评的明显的反历史主义的意识形态,新批评的批评实践反过来又作为分析美学的典范和辩护基础。

㉘ 见 Arthur Danto, “The Artworld,” Journal of Philosophy 61 (1964), 581。

㉙ 见 Arthur Danto, *The Philosophical Disenfranchisement of Art* (New York: Columbia University Press, 1986), 97－111, 204, 和 Roger Scruton, *The Aesthetic Understanding* (London: Methuen, 1983), 166－178。

㉚ 见 Pierre Bourdieu, *Distinction: A Social Critique of the Judgement of Taste* (Cambridge, Mass.: Harvard University Press, 1984)。

㉛ G. W. F. Hegel, *Philosophy of Right*, trans. T. W. Knox (Oxford: Oxford University Press, 1952), 11。

㉜ 对杜威来说,艺术是一种经验的性质样式,而不是经验的一种实体性类型或分类性范畴。“艺术是一种弥漫于经验的性质;除了一种演说形象之外,它不是经验自身”(*AE* 329)。杜威还经常将艺术说成是“一种行为性质”或“一种活动的性质”(*AE* 218,227,233)。但是,由于行为和活动是经验的形式,因此这并不意味着他的理论中存在矛盾。

㉝ Adorno, *Aesthetic Theory*, 263。

㉞ Ibid. 252, 253。阿多诺的观点:“艺术作品是一种行为模式”(257)

明显地与杜威将艺术定义为"一种行为性质"或一种经验性质相类似。但是，尽管如此，阿多诺比杜威对艺术在客体中的具体化更加喜欢。这是因为高级艺术的神圣化客体有助于维持艺术的分类概念，因为阿多诺与杜威明显相反，热衷于保存这种的艺术观念，即，使艺术保持同生活分离，从而更加有效地自由批判生活的污秽。

㉟ Ibid. 255－256。

㊱ 杜威认为，原子经验主义将其对在经验中给予的东西的分析结果，与在经验中实际上被给予的作为经验的东西错误地混淆起来了，这种混淆正是"知性论的谬误"的一个例子（*EN* 18－23）。像他的实用主义者同道詹姆 291
斯那样，杜威认为我们经验完整的东西和它们的关系，不只是个体的、独立的感觉，这种感觉然后通过某种另外的心理官能联系和综合为对象。

㊲ 这种在无关紧要的经验和"一个经验"之间的杜威式的区分，明显地类似于在经验（*Erfahrung*）和体验（*Erlebnis*）之间的狄尔泰式的区分，这在大陆解释学理论中非常普遍，尽管杜威在《艺术即经验》中没有提到狄尔泰。

㊳ 见 George Dickie, "Beardsley's Phantom Aesthetic Experience," Journal of Philosophy 62 (1965), 129－136, 这篇文章也批评杜威将审美经验视为某种唯心主义的"形而上学的"东西(134－135)。

㊴ Arthur Danto, *The Philosophical Disenfranchisement of Art*, xiv－xv, 13。

㊵ 见 John Dewey, *Reconstruction in Philosophy* (New York: Mentor, 1952), 32－33; 和 *EN*, 67－9, 在那里"对直接享受的偏爱"通过"盛宴和节庆、装饰、舞蹈"等等，被令人满意地当作人类"最显著的特征"来讨论。而且，像他在 *AE* 中补充说到的那样，"在一个充满痛苦的世界里，愉快不应该受到鄙视"(23)。

㊶ 古德曼，一位具有充足的实用主义学养的分析美学家，对审美经验中普遍深入的认识维度和价值给出了一个极好的例子。但是，他的例子受到了将审美价值还原为认识价值的损害，这是一种体现了哲学家对知识的职业上的偏见的还原。见他的 *Languages of Art*, 259, 那里，他谈到"在认知的卓越下对审美的包容"。最近，在 *Of Mind and Other Matters* (Cambridge, Mass.: Harvard University Press, 1984, 138,148)中，他还确认了这种观点。

㊷ 见 W. K. Wimsatt, *The Verbal Icon* (Lexington: University of Kentucky Press, 1954)。

㊸　M. C. Beardsley, *The Philosophy of Criticism* (Detroit: Wayne State University Press, 1970), 16。关于比尔兹利较早对审美经验作为批评的估价的原批评基础的强调,见他的 *Aesthetics*, 524－543。

㊹　见 Goodman, *Languages of Art*, 120, 186, 209－210。至于一种从实用主义的视野对古德曼的定义方法的更详细的批评,见 Richard Shusterman, *The Object of Literary Criticism* (Amsterdam: Rodopi, 1984) 130－139。

㊺　John Dewey, *Reconstruction in Philosophy*, 101。后结构主义从固定的"对象－作品"向变化的文本行为的转移的有影响力的陈述可以在下列文本中找到:Roland Barthes, "From Work to Text," 载 *Image*, *Music*, *Text* (New York: Hill and Wang, 1977), 155－164, 和 Jacques Derrida, *Of Grammatology* (Baltimore: Johns Hopkins University Press, 1976)。

㊻　杜威是一个更具洞察力的哲学家,而不是一个具有仔细的逻辑细节的哲学家。他这里关于作品总是被不同地经验和被等同为它的经验的未加
292 仔细甄别的评论,不仅引起了对主观主义的担心,而且引起了关于作品的自我同一性的一个真正的问题。这个问题根本没有由他的这个主张所解决,即经验的同一性是某种我们应该在审美上乐于避免的无变化的东西。因为问题是这样一个逻辑上的问题:倘若存在不同的经验,而根本没有作品与某种功能上的自我同一相一致,贯穿于这些不能被还原为艺术产品的不同的经验之中,我们怎么能够谈论同一个作品?尽管杜威对这个问题没有提供清楚的答案,但他已经有了素材去这样做;而我将在第 4 章中试图给出一个答案的梗概。

㊼　见 Victor Turner, *From Ritual to Theatre* (New York: Performing Arts Journal Press, 1982), 17－18。

第二章

①　关于这一点,见 John Dewey, *Experience and Nature* (La Salle, Ill.: Open Court, 1927), 74－77, 从这以后缩写为 *EN*; *Art as Experience* (Carbondale, Ill.: Southern Illinois University Press, 1987), 298, 331, 从这以后缩写为 *AE*; 另见 Arthur Danto, *The Philosophical Disenfranchisement of Art* (New York: Columbia University Press, 1986), 1－2。

②　Morris Weitz, "The Role of Theory in Aesthetics," *Journal of*

Aesthetics and Art Criticism 16（1955），27－35。这篇有影响力的论文已经被广泛地编进选集。我这里的参考页码是它在 F. J. Coleman（ed.），*Contemporary Studies in Aesthetics*（New York: McGraw-Hill, 1968)中重印的页码。

③ 韦兹轻率地臆想哲学一定要避免评价问题，因为他不仅假定事实/价值的二分，而且假定哲学仅仅关注对真理和事实的反映的观点。这两种假定都是非常值得怀疑的。某些价值是事实(在社会和经验领域中是确定无疑的)；评价性陈述可以是描述性的真的和提供信息的，而某种描述实质上包含了评价(尤其是有关否定的判断)。第二个假定将遭到如下的挑战。它那显明再现现状的寂静主义哲学理想，即使是在像维特根斯坦那样不受约束的思想家那里也可以发现。维特根斯坦说："哲学决不可以干涉语言的实际用法；它最终只能描述语言的用法。因为它也不能给予语言一个基础。它让所有的东西如其所是。"Ludwig Wittgenstein，*Philosophical Investigations*（Oxford: Blackwell，1968），para. 124。

④ George Dickie，*Aesthetics*（Indianapolis: Bobbs-Merrill，1971），101。迪基后来在 *The Art Circle*（New York: Haven，1984)中再次用公式表述了他的制度理论。但基本方法没有改变，而且对我的谱系目的来说，这个早期的有影响力的版本是更合适的。

⑤ 我在"Positivism: Legal and Aesthetic"更详细地显示了这些相似性和相似的批评，见 *Journal of Value Inquiry* 16（1982），319－325。

⑥ 见 Arthor Danto，The Transfiguration of the Commonplace（Cambridge, Mass: Harvard University Press，1981），5－6，94；引文引自 125页。 293

⑦ Ibid. 135；这一段中的其他引文引自 208 页。

⑧ Ibid. vii。尽管丹托根据有艺术感的解释对艺术的定义，被进一步根据再现、表现、隐喻、修辞和风格的详细说明所补充，但是所有这些观念的应用，总是回头求助于通过艺术史定义的艺术界这种中心范畴。

⑨ Danto，*Philosophical Disenfranchisement of Art*，204，209。

⑩ Richard Wollheim，*Art and its Objects*（Harmondsworth: Penguin，1975），120－121，142，167. 杰罗尔德·莱文森(Jerrold Levinson）是另一位从历史上来定义艺术的分析哲学家。见他的"Defining Art Historically，" *British Journal of Aesthetics* 19（1979），232－250。

⑪ T. W. Adorno，Aesthetic Theory，（London: Routledge & Kegan Paul，1984），3－4，371，418－419。

⑫ 见 Noël Carroll, "Art, Practice, and Narrative," *Monist* 71 (1988), 140 - 156, 和 Nicholas Wolterstorff, "Philosophy of Art After Analysis and Romanticism," Richard Shusterman (ed.), *Analytic Aesthetics* (Oxford: Blackwell, 1989) 32 - 58。卡罗尔将艺术定义为一种"文化的"实践,而沃尔特斯托夫将艺术视为一种"社会的"实践。"文化的"和"社会的"这两个修饰词或许都是多余的。因为,既然所有有关意义的实践都是有关规范的,因此它们就一定(根据与维特根斯坦的私人语言论证的一种类比)是社会的,而社会的实践在某种意义上总是一种文化的实践,甚至是所谓的反社会的和反文化的实践。卡罗尔和沃尔特斯托夫二人都将他们的理论建立在阿利斯代尔·麦金泰尔(Alisdair MacIntyre)于 *After Virtue* (London: Duckworth, 1981)中给出的对实践的颇具影响的说明上。

⑬ Carroll, "Art, Practice, and Narrative," 152。

⑭ John Dewey, "Philosophy and Civilization," 载 *Philosophy and Civilization* (New York: Capricorn, 1963), 3 - 12。对杜威来说,这种困惑的一个主要根源是"对被一般承认的权威来说是新异的和冲突的科学趋向和政治雄心"(3 - 4)。

⑮ 也许可以这么认为:这个实践的过去的历史,可以充当它现在的存在的一种"外在"批评。但是,正是由于历史在很大程度上被现在的实践和它的叙事倾向所决定这种情形和关系,这种"外在"批评的力量就成了疑问。

⑯ 这种审美经验的力量是如此强大,以至于破坏相匹敌的价值。例如,哈贝马斯就谴责尼采和后现代依据将审美经验那蛊惑人心的吸引力作为一种可选择的规范基础,对理性的批评(见 Jürgen Habermas, *The Philosophical Discourses of Modernity*, Cambridge, MIT Press, 1987, 92 - 105)。

⑰ 的确,甚至它们的艺术身份也源于它们在这种经验中的作用。纳尔
294 逊·古德曼通过主张在对艺术进行定义中,"真正的问题不是'什么对象(永久不变地)是艺术作品?'而是'一个对象什么时候是艺术作品?'",而且通过根据对象在审美经验中的作用——在那里,这种'审美作用……为一个艺术作品的观念提供了基础'——对后一个问题的回答,差不多表达了同样的观点。见 Nelson Goodman, *Ways of Worldmaking* (Indianapolis: Hackett, 1978), 66 - 67; 和 *Mind and Other Matters* (Cambridge, Mass.: Harvard University Press, 1984), 145。

⑱ 当哈贝马斯坚持"审美经验的现代起源"的时候,他依据的是这个论

点（*The Philosophical Discourses of Modernity*，307）。而且，他进一步依此论证：通过诉诸作为一个可选择的"他者"的审美经验，对现代主义理性的根本批评，包含了一个深刻的矛盾，因为审美经验自身将它的存在建立在对文化领域进行区分性发展的现代主义理性的一种产物的艺术之上（339－340）。理查德·沃尔海姆（Richard Wollheim）（*Art and its Objects*，112－115）用一种相同的但更为清晰的方式论证说：我们对自然的审美感受和态度，只是源于对艺术的感受和态度，因而我们不可以适当地将这种感受视为"外在于、或者先在于艺术的体制"（115）。但是，他非常小心地避开这些艺术体制在前现代社会是否存在的问题。

⑲　例如，康德坚持审美经验更纯粹地存在于关于自然的欣赏中，对自然的欣赏可以完全摆脱概念，而艺术对象的经验必然地使我们求助于艺术概念。见 Immanuel Kant，*The Critique of Judgement*，trans. J. C. Meredith（Oxford: Oxford University Press，1952），34，158－160，172－173，183－184。

⑳　我们在康德将艺术适当地作为"自由的"或"美的"艺术与仅仅是"手工艺"或工业艺术的区分中，可以看到这一点。后者是"劳作，即一种自身是不愉快的（苦差事）、只是被其结果（如报酬）所吸引的经营，一种可以持续作为一种被强制的压迫接受的经营"（ibid. 164）。

㉑　关于杜威对手段和目的的传统区分的批评，和对将手段与仅仅是外在的原因条件混淆起来的批评，见 *AE* 201－204。也见 *EN* 296－300，杜威在那里通过返回到古代雅典的生产和阶级体制的情形，勾勒了手段/目的二分的错误，和将手段当作强制性的外部物质条件的错误理解。

㉒　Danto，*Philosophical Disenfranchisement of Art*，204，209。然而，丹托认为，艺术通过使自身变成艺术哲学，已经以黑格尔的方式最终完成了它的历史使命。但是，对丹托来说，由于艺术和艺术界在根本上是由历史定义 295
的，它的历史的终结意味着艺术的终结。丹托"依据于历史因而标明什么是新奇的……艺术界的体制，将逐渐消亡"的预测，被"可以生活在[艺术界]的历史之中的巨大特权"的思想所调节。这是一种坦白，它以无声的雄辩谈到许多被剥夺基本权力的人们，他们被排斥在艺术领域之外，因而被排除在合法的艺术经验之外。在对艺术历史的终结"将把艺术归还给人的目的"和"容忍人的需要"的期待中（xv，115），丹托成功地与实用主义美学汇合了。

㉓　Adorno，*Aesthetic Theory*，51。这本著作从头到尾，阿多诺都在坚决

主张现代艺术中作为“一种历史必然性的”“新异的权威”；而且他还将它（像杜威所做的那样）与资本家对刺激消费的新异的要求联系起来（30－31）。这一节的其他引文引自334页和Ortega y Gasset, *The Dehumanization of Art* (Princeton: Princeton University Press, 1968), 5, 6。

㉔ Kant, *The Critique of Judgement*, 43。

㉕ *AE* 329－330。也见杜威的断言：“分散在其他经验中的专门强调和局部实现的我们存在的所有成分，在审美经验中得到了融合”（278）。

㉖ 例如，见A. E. Housman, *The Name and Nature of Poetry* (Cambridge: Cambridge University Press, 1933), 45－50, 和T. S. Eliot, *Of Poetry and Poets* (London: Faber, 1957), 97－99。

㉗ 关于杜威将艺术作为“一种活动的品质”的有关描述可以作出同样的辩论，因为作为“具体的和存在意义上的”品质，不能被一般的推论性的公式语言所把握（*AE* 218－219,227）。

㉘ Monroe Beardsely, *Aesthetics: Problems in the Philosophy of Criticism* (New York: Harcourt, Brace, 1958), 530－531. 也许由于感觉到经验自身不能承担所有必要的批评工作，比尔兹利同时也主张统一、复杂和强度三种估价标准，它们尽管属于经验，但是也能在艺术产品中得到证明（456－470,534）。

㉙ 不过，即使审美经验不是一个在认识论上有用的概念，但也不能必然得出这样的结论：这种审美经验毫无认识价值。因为无论它那非推论的当下直接性是否可以知道，拥有这种经验，对扩大知识的种类和为正确的认识论批评的努力提供结构上的背景来说，仍然是至关重要的。

㉚ 这不仅适用于艺术和它的下属概念，而且适用于美，一个出现在我的著作的题目中但我没有尽力去定义它的术语。美似乎像审美经验那样在性质上是直接的和无法定义的，事实上杜威将它视为处于离一个可以或者应该被哲学从形式上进行定义的概念“最远的距离”（*AE* 195）。无论如何，我认为当代美学有更紧迫的问题要处理。

296 ㉛ 见Stanley Fish, “Consequences”, in W. J. T. Mitchell (cd.), *Against Theory* (Chicago: University of Chicago Press, 1985), 110, 115。最近，菲什使他的反理论立场变得稍微温和一点。虽然他仍然主张“真正的”理论（他指的是基础主义理论）没有结果，因为它不能存在，但他承认“理论－谈论”（理论谈论的实践——事实上，我们以理论实践典型地意谓的东西）可以是有"结果的"。对于菲什,"理论和理论-谈论之间的区分,是一种远离所有实践(没有这种谈论存在)的谈论和一种自身就是一种实践的谈论之间的区分"("Introduction: Going Down the Anti-Formalish Road",载*Doing What Comes Naturally*, Durham, N. C.: Duke University Press, 1989, 14)。但是,按照菲什自己的文本主义者的标准,这种区分——显然是用来确保:理论是如此被狭隘地和基础地定义,以便使它变得不可能——是一种绝不可能的区分。因为甚至根本不可能存在没有理论-谈论的理论,再者,区别甚至不能被设想为单独存在的东西究竟意谓什么?远胜于提出这种在理论和理论-谈论之间的有疑问的区分,更为有用的(因而按照实用主义者的见解来说更合理的)是通过在非基础主义的意义上对理论的重新解释——将它作为一种推论的、在批评上善于说服的实践——来保持和改善理论/实践的区分。当菲什后来寻求将理论降低为"一种实践",以便"理论变成它无论如何曾经总是的东西,许多修辞形式中的一种,其效果和影响是(制度历史、认识到的需要、突发的危机,等等)偶然事件的一种作用,既不能预言也不能控制"(ibid. 25,26)。

㉜ 除了它那极度的乐观主义之外,在对这一点的强调上,即理论不仅通过批判和修辞上的劝说,而且通过提议应该在经验中检验的具体选择,来帮助改变实践,实用主义似乎不同于解构主义和法兰克福学派的批判理论。由于它承诺具体的批评和改革的建议,非基础的实用主义理论不应该被混同于菲什称之为只是"反基础主义的理论希望"的东西,菲什的这个观念,只是用否定的姿态一般地表明:信仰的基础是完全偶然的,反基础主义的理论可以使我们从我们的信仰中解放出来,并改变这些信仰(*Doing What Comes Naturally*, 322, 346, 593 注释)。

㉝ 这一点在 Joseph Margolis, *Pragmatism without Foundations* (Oxford: Blackwell, 1986, 42)中有很好的论证。

㉞ Stanley Fish, "Dennis Martinez and the Uses of Theory",载*Doing What Comes Naturally*, 386-389。

㉟ Fish, "Consequences",121。菲什最近已经对批评的自我意识的真正可能性表示怀疑,论辩说:"要求……一种心灵为了[从一种中立的、无利害的视野]批判自己的思想而站在妨碍自己思想的一边",这是不可能的(Stanley Fish, "Critical Self-Consciousness, or Can We Know What We're Doing?",载*Doing What Comes Naturally*, 437)。但是,像他经常做的那样,菲什通过 297

一种全称化的策略,将我们领入歧途。因为所有批评的自我意识要求的东西,都是能够避开我们心灵的某种思想方式,以便从他人的视野来批评它们。对实用主义者来说,另一种情形当然既不是中立的,也不是无利害的;但是,在有关一种特别的实践方面,对于具有帮助我们改变我们思想潜能来说,它们也不必是其中任何一种。将批评的反省和自我意识仅仅等同于菲什所谓的"反基础的理论希望"是错误的,因为这些反省和自我意识不仅包括对废除我们观念的一般意识,而且包括对它们来说实际上错误的东西的具体的批评反省。

㊱ Fish,"Consequences",125。菲什提倡"如果与没有任何可以被唤起的……更高的东西相比,不断变化是普遍的,将理论降低为一种实践,同任何其他的实践[和]……将实践提升为一种新的实践之间就没有区别"时,重复了这个观点(*Doing What Comes Naturally*, 26)。但是,在理论和实践之间不存在有关认识特权上的深刻的认识论上的鸿沟这个事实,并不致使它们完全等同或者不能互相影响,这只不过是认识论上的相似使不同实践的等同起来。在菲什那里,这种混淆源于两种全称化的倾向:一种源自将所有重要的能够提供批评指导的区别与一种狭隘地统治的和严格的"优越或统辖关系"等同起来(ibid. 377),一种源自将理论和实践的概念全称化,而不是寻找它们之间在一种特别的实践和它的理论沉思语境中的差异。实践和理论之间的区分,在终极意义上是一种功能的和语境的区分:作为一种历史理论的东西,变成了一种为一种历史的理论的第一级实践。

㊲ Stanley Fish,"Change", 载 *Doing What Comes Naturally*, 154。关于心灵不"能考虑某种没有已经被它的假定所预先假定的东西"的进一步论证,在 145－147 页中有最集中的论述。

第三章

① 这种将统一性作为审美价值的一种基础和标准的强调,也许在摩尔、奥斯本、瑞洽兹、比尔兹利和新批评中最为明显;而且我们在杜威对审美经验的说明中已经看到了这种强调。杜威也谈到作为一种"有机体"的艺术作品是如此"统一",以至于它那"不同的成分和特殊的性质……以一种物质性的东西无法仿效的方式混合和交融在一起"(*Art as Experience*, Carbondale: Southern Illinois University Press,1987, 196)。至于其他的例子:见 G.

E. Moore, *Principia Ethica* (Cambridge: Cambridge University Press, 1959 年重印本),27－30,189－208,自此以后提及该书将缩写为 *PE*。奥斯本将有机统一当作美和艺术作品的规定性特征:“一个艺术作品是一个相互联结的有机整体的有机整体”(Harold Osborne, *The Theory of Beauty*, London: Routledge & Kegan Paul, 1952, 203)。瑞洽兹通过他从艺术作品与众不同的统一 298
和完整方面确认艺术的特征来定义审美经验(见 I. A. Richards, *Principles of Literary Criticism*, London: Routledge & Kegan Paul, 1976, 142－143, 184－187)。比尔兹利的有机主义在他将审美经验定义为一种完全的和连贯统一的经验中、在主张统一作为美学批评的三个客观标准之一中,表现得十分明显(M. C. Beardsley, *Aesthetics*: *Problems in the Philosophy of Criticism*, New York: Harcourt, Brace, 1958, 462－463, 527－530)。除了瑞洽兹和比尔兹利与新批评的联系外,克林斯·布鲁克斯的论文“The Heresy of Paraphrase”可以提供一个新批评认同那种部分间的十分复杂的统一的例子,所有这些有助于将诗歌构成为一种完全精炼的整体。对布鲁克斯来说,这种表明好的诗歌的根本性的统一,是一种“想像的”统一,而不是严格的“平衡和协调内涵、态度和信息的……”“逻辑一致性”,这种逻辑一致性以一种复调的“实现的和谐”“将相同的与不同的东西统一起来”(见 C. Brooks, *The Well Wrought Urn*, New York: Harcourt, Brace, 1947, 195, 202)。

② 例如,见 Michel Foucault, *The Archaeology of Knowledge* (New York: Harper and Row, 1976), 4－38,和 Pierre Macherey, *A Theory Literary Production* (London: Routledge & Kegan Paul, 1970), 78－79。

③ 见 Jacques Derrida, “Structure, Sign, and Play in the discourse of the Human Science,” 载 R. Macksey and E. Donato (eds), *The Structuralist Controversy* (Baltimore: Johns Hopkins University Press, 1972), 247－272。引文引自 260 页。

④ 见 Aristotle's *Poetics*, VII－VIII. 我用的是 S. H. Butcher 的译文,载于他的 *Aristotle's Theory of Peotry and Fine Art* (London: Macmillan, 1911); 引文引自 31,35 页。柏拉图在他的 *Phaedrus* 中,在某种意义上隐约显示了这种有机统一观念,在那里,他说“每篇文章应该是一个有生命的东西,有它自己的一个身体和一个头及脚;应该有一个中间、开头和结尾,部分之间、部分和整体之间相互调和”(*The Dialogues of Plato*, ed. B. Jowett, vol. 3, Oxford: Charendon Press, 1953, 172－173)。

⑤ 见 Paul de Man, "Form and Intent in the American New Criticism," 载 *Blindness and Insight*, 2nd edn (Minneapolis: University of Minnesota Press, 1983), 20－35。克里斯托弗·诺里斯在 *Deconstruction: Theory and Practice* (London: Methuen, 1982, 103－105)中,追随德·曼对新批评的"形式主义的"有机体的批评。乔纳森·卡勒对有机统一美学观念的攻击,像在他的 *On Deconstruction: Theory and Criticism after Structuralism* (Ithaca: Cornell University Press, 1982)中详细说明的那样,随后将在这一章有更详细的关注,以后对他这本书的引用将指明为 *OD*。

⑥ 当赫拉克利特说:"相反的东西结合在一起。从引起分离的东西中
299 形成最美的和谐。所有的东西都通过斗争而产生的"(见残篇 46,载 Milton Nahm, Selections from Early Greek Philosophy, New York: Crofts, 1934, 91)。而且,将"有机统一"术语引进英语批评之中的科勒律治,谈及它在诗歌天才想像中的表现,像一种"统一……在相反或者不和谐性质的平衡或和谐中展示自身;差异中的同一"(S. T. Coleridge, *Biographia Literaria*, London: Dent, 1965, 174)。海德格尔——一个被公开承认对德·曼产生影响的人——最引人注目地将艺术的统一描述为在"世界"与"大地"之间的一种冲突的斗争,在那里,"作品的统一产生于战争的搏斗之中"(Martin Heidegger, "The Origin of the Work of Art," 载 *Peotry, Language, Thought*, New York: Harper and Row, 1971, 49－50)。

⑦ 我在别的地方已经探讨了在解构主义和分析美学之间的深刻敌对和令人惊讶的回合的其他要点。见 Richard Shusterman, "Analytic Aesthetics, Literary Theory, and Deconstruction," *Monist* 69 (1986), 22－38. 和 "Deconstruction and Analysis: Confrontation and Convergence," *British Journal of Aesthetics* 26 (1986), 311－327。

⑧ 这两本书最初刚好于同一个月中出版,即 1903 年 10 月;因此,有机统一的冲突因素和矛盾用法在摩尔的思想中一定是非常清楚的。此后,提及 "The Refutation of Idealism"的页码将缩写为 *RI*,用的是在 Moore, *Philosophical Studies* (London: Routledge & Kegan Paul, 1922, 1－30)中重印的版本。

⑨ 然而,这种论证对摩尔的老师迈克塔格特来说,足可以用来主张:所有整体都是有机整体,而且可以由此得出结论:宇宙最终一定是一个必然单一的整体,所有它那所谓不同的、独立的部分,实际上是在本质上内在地联系

在一起。见 J. McTaggart, The Nature of Existence (Cambridge: Cambridge University Press, 1921), 第 20 章。

⑩ 见 James Benziger, "Organic Unity: Leibniz to Coleridge," *PMLA* 66 (1951), 24–28。

⑪ 有关黑格尔对这一点的看法,例如,可见 *The Phenomenology of Mind* (New York: Harper and Row, 1967), 171–178。

⑫ F. de Saussure, *Course in General Linguistics* (London: Peter Owen, 1960), 120。解构主义者可以正当地强调:德里达的目的之一,刚好是要瓦解整个索绪尔式的方案,即把语言解释为一种封闭的和可以总起来的差异系统。德里达也可以阻止我谈论"延异的概念",因为他不断强调:它"既不是一个词语也不是一个概念"。见 Jacques Derrida, "Différance", 载 *Speech and Phenomena and Other Essays on Husserl's Theory of Signs* (Evanston: Northwestern University Press, 1973), 129–160, 和他的 *Positions* (London: Athlone, 1981), 39–40, 此后缩写为 *Pos*。至于第二点,我将用罗蒂来回答:作者的法令不能使一个表达免于概念化,所有我们用来认为一个表达应该成为一个概念的东西,是"在一种语言游戏中的一个位置",而延异在解构 300
主义语言游戏中显然拥有这种位置(见 Richard Rorty, "Deconstruction and Circumvention," *Critical Inquiry* 11 (1984), 18)。对于第一点(像我紧接着的讨论将要论证的那样),不诉诸某种有关作为不同联系的对象的全称化转移,延异的策略在反对分析哲学和审美统一性上就可以起完全决定性的作用,这也是不明显的。

⑬ 见 Derrida, "Différance", 142, 和 *Pos* 58。

⑭ G. W. F. Hegel, *Hegel's Logic*, trans. W. Wallace (Oxford University Press, 1975), 191。

⑮ 见 Friedrich Nietzche, *The Will to Power* (New York: Vintage Press, 1968), 559、584、635 节。关于尼采以将事物有机地消解在一个整体的不同联系中,作为他的权力意志和永久轮回学说的基础的情形,见 Alexander Nehamas, *Nietzche: Life as Literature* (Cambridge, Mass.: Harvard University Press, 1985)。关于一种依据尼采和我自己较早关于有机统一的著作——比我的工作采取了更为解构主义的思路——对摩尔的最近的批评,见 Thomas Leddy, "Moore and Shusterman on Organic Wholes," *Journal of Aesthetics and Art Criticism* 49 (1991), 63–73。有关我对这个问题的立场的进

一步说明,见 Richard Shusterman, "Pragmatism and Perspectivism on Organic Wholes," *Journal of Aesthetics and Art Criticism*, 49, 1991。

⑯ J. Derrida, "The Parergon," *October* 9 (1979), 26。

⑰ 见 Andrew Harrison, "Works of Art and Other Cultural Objects," *Proceedings of the Aristotelian Society* 68 (1967 - 1968), 125; 和 Nelson Goodman, *Languages of Art* (Oxford: Oxford University Press, 1969), 115 - 121。他们建立的理论反映出传统批评的话语和实践,这种批评典型地去寻求不仅确定什么在作品中,而且确定什么是作品中心的和最具构成性的维度——用海伦·加德纳的话来说,即"一个作品的中心,它在所有它的部分中的生命之源"。见 H. Gardner, *The Business of Criticism* (Oxford: Oxford University Press, 1970), 230。

⑱ 我在其他的地方曾经表明:在许多文学作品中,尤其是在诗歌中,书写或印刷文本的视觉特征在审美上是有意义的,有时甚至是本质性的。诗歌只是声音和意义但决不是视觉景象的教条,在很大程度上,是一种古代哲学对声音中心和把精神当作非物质的偏见、加上一种被误导的形而上学迷信——将口头的视为莫名其妙地比书写的要更少物质性的东西——的产物。关于这个问题,见 Richard Shusterman, "The Anomalous Nature of Literature," *British Journal of Aesthetics* 18 (1978), 317 - 329; "Aesthetic Blindness to Textual Visuality," *Journal of Aesthetics and Art Criticism* 41 (1982), 87 - 96; 和"Ingarden, Inscription, and Literary Ontology," *Journal of the British Society for Phenomenology* 18 (1987), 103 - 119。

301 ⑲ P. de Man, "Foreward" to Carol Jacobs, *The Dissimulating Harmony* (Baltimore: Johns Hopkins University Press, 1978), ix - x。

⑳ 见 J. Culler, *Roland Barthes* (New York: Oxford University Press, 1983), 98 - 100; *OD* 132 注释, 引文引自 221, 225, 240 页; 和 Norris, Deconstruction: *Theory and Practice*, 92 - 108, *The Deconstructive Turn* (London: Methuen, 1983), 6 - 7, 引文引自第 7 页。

㉑ 见 Richard Shusterman, "Convention: Variations on a Theme", *Philosophical Inverstigations* 9 (1986), 36 - 55。那种常规的和肤浅的通常混淆,受到两种不同意义的"专断"的混合的滋养:偶然的或非本体论上必然的,对反复无常的、任意的、非理性的和容易可逆的。

㉒ 见 Hans-Georg Gadamer, *Truth and Method* (New York: Crossroad,

1982), 261; John Dewey, *Logic*: *The Theory of Inquiry* (New York: Irvington, 1982), 104 - 105。

㉓ De Man, "Form and Intent in the American New Criticism", 31 - 32。

㉔ J. Derrida, "Interpreting Signatures (Nietzsche/Heidegger): Two Questions", *Philosophy and Literature* 10 (1986), 256 - 257。

㉕ 可以在是一个个体(即,一个一)和是一个与众不同地统一的个体(即,一个统一的一)之间、在具有"统一"和具有一种在更强意义上的统一之间作出一种区分。

㉖ 对于最近的讨论,我是在"解释"的最宽的意义上,将它用作任何对事物从某种观点的理解或说明。然而,我相信,因为我在第5章中陈述的理由,不是所有这种理解都应该被视为解释。

㉗ W. James, *Pragmatism and Other Essays* (New York: Simon and Schuster, 1963), 76。

㉘ 分析者也可以反对说,如果没有基础的本质去构成同一性,就不可能有共享的和稳定的指涉对象,因此就不可能有有效的谈论。实用主义对这一点的回应已经被显示出来了:对有效的个体化指涉和言说来说,必须的共享的标准化规则性,不必被建立在任何不变的、外在于一种文化的社会实践的、本体论的所指上,可以容许有某种变化或者分歧,而不会必然招致交往的崩溃。我们语言的这种共享的所指,可以是在传统上共享的和实用主义地构成的"统一"或"个体",而不是基础性的实体。

㉙ J. Derrida, "Limited Inc.," *Glyph* 2 (1977), 236。

㉚ 它们也可以由分析哲学有同情心的拥护者和史学家所认可。例如,见J. O. Urmson, *Philosophical Analysis*: *Its Development between the Two World Wars* (Oxford: Oxford University Press, 1969), 45 - 47。

㉛ Hegel's *Logic*, 191; Nietzsche, *Will to Power*, 584, 643, 635。

㉜ Derrida, "Interpreting Signatures", 258 - 261。德里达的首要靶子,是海德格尔对尼采的解释,一种认可和强调这种总体性的解释。然而,应该 302
提及的是,这种解释不仅是海德格尔的,而且是出现在内哈玛斯那里,更重要的是,它在尼采文本中也非常突出。尼采的有机统一观念,尤其是内哈玛斯对它的运用,在我的论文中有更详细的批评,见"Nietzsche and Nehamas on Organic Unity", *Sourthern Journal of Philosophy* 26 (1988), 379 - 392。

㉝ 见W. V. Quine, *From a Logical Point of View* (New York: Harper and Row, 1963), 4, 16－19, 46。

㉞ 对这种区分的详细阐述,见后面的第5章。

㉟ W. James, *Collected Essays and Reviews* (New York: Longmans, 1920), 18, 和 *Pragmatism*, 36, 98。

㊱ Derrida, "Structure, Sign, and Play," 260, 重点是我加的。

㊲ James, *Pragmatism*, 36, 98。

㊳ Ibid. 71。约翰·杜威同样重视实用主义的调和作用:"需要……应该是发现一种对原子论——在逻辑上含有一种对联系的否认——的可行选择,一种对绝对化的呆板一元论——为了相互联系的现实的利益,不给不连续、多元和个体留有余地——的可行选择。"见 Dewey, "Experience, Knowledge, and Value," 载 P. Schipp (ed.), *The Philosophy of John Dewey* (La Salle, Ill.: Open Court, 1989), 544。对詹姆斯和杜威来说,对本体论上的个体性和多元主义的强调,都具有一种明显的伦理－政治的动机。

㊴ Richard Rorty, *Contingency, Irony, and Solidarity* (Cambridge: Cambridge University Press, 1989), 26。

第四章

① 我应该指出,其他对解释的新实用主义说明正显露出来。约瑟夫·马戈利斯在他的论文"Reinterpreting Interpretation"(载 *Journal of Aesthetics and Art Criticism* 47, 1989, 237－251)开始发展一种新实用主义的解释说明;我发现它比他下面要批评的较早的分析理论更为适宜。

② 见 William K. Wimsatt 和 Monroe C. Beardsley, "The Intentional Fallacy," 重印于 Joseph Margolis, *Philosophy Looks at the Arts* (New York: Scribner, 1962), 91－104, 和 Roland Barthes, "The Death of the Author," 载 *Image, Music, Text* (New York: Hill and Wang, 1977), 142－148。

③ 在其最直率的倡导者 E. D. 赫什(E. D. Hirsch)模棱两可的表述中,可以看到这种意向的观念有多么难懂和鬼怪。一方面,赫什显示,它那作为一种标准或试金石的实用主义价值,将排除解释与历史上的作者可能意向的东西的不一致性。但是,由于害怕心理主义和意识到文学的(即使不是所
303 有的)意向可能是太复杂了以至于不能单独从已知的历史和传记事实中被机械地推断出来,赫什放弃在一个经验的个体中探寻那种必不可少的作者意

向,转而使作者变成一种想像的概念,即“言说主体”,他“同……作为一个历史上的真实人物的作者的主观性不一样。”而这种作者－主体的抽象,非但没有为解释提供一个清晰的根据事实的试金石,自身反而需要根据文本被解释地构造。见 E. D. Hirsch, *Validity in Interpretation* (New Haven: Yale University Press, 1967), 242－244。

④ 例如,见 E. D. Hirsch, *The Aims of Interpretation* (Chicago: University of Chicago Press, 1978), 12－13。

⑤ Monroe C. Beardsley, *The Possibility of Criticism* (Detroit: Wayne State University Press, 1970), 31, 33, 41－43。

⑥ Hirsch, *Aims of Interpretation*, 1, 12, 和“On Justifying Interpretive Norms”, *Journal of Aesthetics and Art Criticism* 43 (1984), 91。

⑦ Hirsch, *Aims of Interpretation*, 7。

⑧ Joseph Margolis, *Art and Philosophy* (Atlantic Highlands, N.J.: Humanities Press, 1980)。这一节中的引文引自 111,150,159,161－162 页。我在论文“Interpretation, Intention, and Truth”中,对马戈利斯的理论提出了一个详细的批评说明,载 Journal of Aesthetics and Art Criticism 46 (1988), 399－411。

⑨ 描述和解释的这种相互循环依赖的问题,是一种也许更基本的作品同一性和作品解释之间相互依赖的显现,在那里解释的适当性是依照作品的实体同一性来衡量的,但是,在那里后者又可能是仅仅通过前者来确定的。我在下列论文和著作中,进一步讨论了这个问题,见“Four Problems in Aesthetics”, *International Philosophical Quarterly* 22 (1982), 21－33, 和 *The Object of Literary Criticism* (Amsterdam: Rodopi, 1984), 50－64。

⑩ 见 Harold Bloom, *Agon: Towards a Theory of Revisionism* (New York: Oxford University Press, 1982), 16, 17。

⑪ Harold Bloom, *A Map of Misreading* (New York: Oxford University Press, 1975), 3。

⑫ Jacques Derrida, Positions (London: Athlone, 1981), 27, 45。

⑬ 见 Jonathan Culler, *On Deconstruction: Theory and Criticism after Structuralism* (Ithaca: Cornell University Press, 1982), 176。这一节中其他卡勒的引文引自 123,128,176 页。

⑭ 对于维特根斯坦论意义和理解的观点,尤其见他的 *Philosophical*

Investigations（Oxford：Blackwell，1968），143－242 节。关于维特根斯坦的见解的进一步详细阐释和澄清，见 G. P. Baker 和 P. M. Hacker，*Wittgenstein*：*Meaning and Understanding*（Oxford：Blackwell，1983），29－45，321－346。口头阅读作为诗歌的一种正确理解方式或标准的观念，是在 *Lectures and Conversations on Aesthetics*，*Psychology and Religious Belief*（Oxford：Blackwell，1970，4－5，40）中提出来的。

304 ⑮ Hirsch，*Aims of Interpretation*，1－3。

⑯ 也许可以在真理的符合理论和知识的符合理论之间作出一种区分，其中据说只有知识的符合理论要求：符合的现实"作为其事实上所是的自身"，对这种知识要求的比照和评估是有用的。

⑰ 像我在下一章所显明的那样，这一见解不等于将世界和它的经验还原为语言的。

⑱ Richard Rorty，"Texts and Lumps"，*New Literary History* 17（1985），3。

⑲ 见吉尔伯特·赖尔对"知道怎样"的讨论，载 *The Concept of Mind*（London：Hutchinson，1949），26－60；Wittgenstein，*Philosophical Investigation*，179；和 Dewey，*Experience and Nature*（La Salle，Ill.：Open Court，1989），352。存在比科学真理更多的知识、甚至科学知识的观念，是近来由普特南和利奥塔之类的不同哲学家所突现的一个主题。见 Hilary Putnam，*Meaning and the Moral Sciences*（London：Routledge & Kegan Paul，1979），72－73，和 Jean－François Lytard，*The Postmodern Condition*（Minneapolis：University of Minnesota Press，1984），31－53。

⑳ 我（从意向主义者、新批评家、结构主义者和解构主义者的角度）证明了这一点，见我的 T. S. *Eloit and the Philosophy of Criticism*（New York：Columbia University Press，1988），122－123。

㉑ 约瑟夫·马戈利斯在他对解释的新的说明中，在根本上表达了同样的观点，见"Rinterpreting Interpretation"。

㉒ John Dewey，*Art as Experience*（Carbondale，Ill.：Southern Illinois University Press，1987），327；参见"The Practical Character of Reality"，载 *Philosophy and Civilization*（New York：Capricorn，1963），36－55，在那里杜威主张：由于"所有经验都在变迁之中"，知识的作用就是不"可能复制的"，而是"在现实中作出一种确定的区分"（40，46－47）。

㉓ 见 Stephen Knapp 和 W. B. Michaels，"Against Theory，"载 W. J. T. Mitchell（ed.），*Against Theory*（Chicago：University of Chicago Press，1985），11，此后缩写为 *AT*。有好的理由去否定这种对理论的狭隘说明和他们所说的假定：理论不能包括任何"本质上经验的"说明，不管这种说明多么概括（同上）。因为这种观点在这个方面明显背离日常用法，它乞求通过将理论变得比它实际所是似乎更加狭隘、严格和讨厌而武断地反对理论。而且纳普和迈克尔斯似乎陷入一个自反性矛盾之中，因为他们自己对于解释的所谓反理论立场——即"一个文本的意义仅仅等同于作者的意向意义"——它自身就是非经验的和理论的，尽管他们声明反对这种矛盾（*AT* 12，98－100）。

㉔ 这个谁的意向将决定意义的问题，显示出意义和解释如何也是深层 305
的权力问题。我随后批评罗蒂、菲什、纳普和迈克尔斯的一个基本主题，涉及到他们是怎样狭隘地定位这种权力的。

㉕ 在一个继续的题目"Against Theory 2：Hermeneutics and Deconstruction"（*Critical Inquiry* 14，1987，49－69）中，纳普和迈克尔斯扩展了他们对伽达默尔和利科的解释理论、古德曼和埃尔金（Elgin）的符号学传统主义以及德里达的解构主义文本主义的批评。然而，他们论证的基本线路并没有改变：完全不可能有"一个文本可以意谓某种不是其作者所意向的东西"；也不可能存在"任何可以独立于作者意向之外而起作用的文本同一性的似是而非的标准[例如，根据句法、语言上的惯例，或身份认同的传统]"（50），仅仅因为没有某种确定的意向，文本就既不能意谓着那样，也不能被看成那样。

我也应该指出，纳普和迈克尔斯将比尔兹利的反意向主义误传为主张文本意义是"永恒的和不变的"（51，68）。相反，一个文本的意义在其作者死后很久可以改变（通过在它的语词意义中的变化）的事实，构成比尔兹利去证明文本意义不是在逻辑上等同于作者意义的主要论据之一。见 Beardsley，*Possibility of Criticism*，19。

㉖ William James，*Pragmatism and Other Essays*（New York：Simon and Schuster，1963），27，111。詹姆斯认为，那些我们当作被给予的东西接受的、不顾我们的选择和反对我们的意愿的对象和事实，事实上是我们被反复训练去接受的我们祖先过去的选择和解释的产物。"我们感觉和生活于其中的世界，终归是那种我们祖先和我们通过慢慢积累的选择成果已经摆脱"未开化经验的世界。见 William James，*The Principles of Psychology*（New

York: Dover, 1950), 289。皮尔斯和杜威同样肯定可能性和多元选择,反对静止宇宙的必然性和处理静止宇宙的固定概念的必然性。实用主义这种根本的多元主义精神,最近已经被理查德·伯恩斯坦所强调,见 Richard Bernstein, "Pragmatism, Pluralism and Healing of Wounds", *Proceedings and Addresses of The American Philosophical Associations*, 63 (1989), 5–18。

㉗ 詹姆斯将实用主义描述为在根本上"面向未来"并且将"实用主义方法"定义为"那种无视最初的东西、原理、'范畴'、假定的必然性的态度;和那种正视最后的东西、成果、结果和事实的态度"。他的实用主义同样主张,知识的目的不是复制已经存在的现实,而是"那种可能被改变的现实",给我们提供更多的满意经验。见 James, *Pragmatism*, 26–27, 99–100。

㉘ John Dewey, "The Development of American Pragmatism", 载 *Philosophy and Civilization*, 24。关于蒯因对经验主义的批评,对此我随后将提
306 及,见 W. V. Quine, *From a Logical Point of View* (New York: Harper and Row, 1964), 20–46。

㉙ 然而,在这种原则上固定的结构中,纳普和迈克尔斯通过让这种所谓的经验问题——不仅是历史上的作者意向什么的问题,而且是谁实际上是历史上的作者的问题——完全开放,仍然可以对实际中解释多样性的存在留有余地。他们说,它甚至可能是"无所不在的缪斯"(*AT* 103)。因此,像赫什那样,尽管向我们保证:解释最终集中于一个固定的和共同的真理对象上,它维持批评作为一种旨在累积知识的合作事业的借口,但他们对解释生产力的专业压力仍然留有余地。

㉚ 我在 *The Object of Literary Criticism* (130–145)中对古德曼对同一性的文本主义定义提出了详细的批评,在那里我将作品同一性的概念视为一种"范围概念",它是开放的且在实用主义上是语境的。

㉛ 我将用下面的缩写在括号中指出罗蒂的著作:*Consequences of Pragmatism* (Minneapolis: University of Minnesota Press, 1982), *CP*; "Texts and Lumps", *New Literary History* 17 (1985), 1–16, *TL*; "Philosophy without Principles", 载 Mitchell (ed.), *Against Theory*, *PP*; *Contingency, Irony, and Solidarity* (Cambridge: Cambridge University Press, 1989), *CIS*。

㉜ 见 Donald Davidson, "What Metaphors Mean", 载 *Inquires into Truth and Interpretation* (Oxford: Oxford University Press, 1984), 245–264; "A Nice Derangement of Epitaphs", 载 E. Lepore (ed.), *Truth and Interpretation*

(Oxford: Blackwell, 1986), 433－446。

㉝　罗蒂用毫无疑问的方式宣称:"自我创造的语汇必然是私人的、非共享的、不适合论证的"(*CIS* xiv)。他那自我创造的个人主义伦理,在第9章中将被详细检查。

㉞　事实上,罗蒂将实用主义视为"文学现代主义——那种以其自律和新异而不是以其对经验的坦率或先在意义的发现而自傲的文学——的哲学副本"(*CP* 153)。

㉟　这一节的引文出自下列作品,此后在这一章中它们将被缩写为如下:Stanley Fish, "Change", *South Altantic Quarterly* 86 (1987), 424, *C*; 和 "Working on the Chain Gang: Interpretation in the Law and in Literary Criticism", *Critical Inquiry* 9 (1982), 204, 211, *WC*。我将提及的菲什的其他论文有 "Profession Despise Thyself: Fear and Self－Loathing in Literary Studies", *Critical Inquiry* 10 (1983), 349－364, *PD*; 和"No Bias, No Merit: The Case Against Blind Submission", *PMLA* 103 (1988), 739－747, *NB*。所有这些论文都收集在他的 *Doing What Comes Naturally* (Durham, N.C.: Duke University Press, 1989)。我也从他这本著作中引用: *Is There a Text in This Class?: The Authority of Interpretive Communities* (Cambridge, Mass.: Harvard University Press, 1980), *ITT*。

㊱　在另外的地方,菲什"不是将人构想为自由的代理者,而是构想为解 307
释共同体的延展,这种解释共同体的担保性假定,划定了可以看见什么因而可以描述什么的界限"(*C* 435－436)。

㊲　这个论点在根本上是:无论什么处在一个解释共同体的信仰结构之外,都不可能被发现,因而被相信;同时,由于只有一种信仰可以改变一种信仰,因此就没有信仰的改变可以来自共同体之外。我在第2章中批评了这个论点。

㊳　见 Hans-Georg Gadamer, *Truth and Method* (New York: Crossroad, 1982), 271。

㊴　我在下列著述中探究了这种解释目的(不是所有解释目的都是认识的)的变化:"The Logic of Interpretation", *Philosophical Quarterly* 28 (1978), 310－324, 和 *T. S. Eliot and the Philosophy of Criticism*, 124－133。

第五章

① 在一篇较早的论文(“Beneath Interpretation, Against Hermeneutic Holism,” *Monist* 73, 1990, 181－204)中,我把它称之为“解释学的整体论(hermeneutic holism)”。但是,这个术语也可以显示一个我根本不反对的立场:即,一个词语或陈述的意义,和一种知识要求的理由,不只是原子论上涉及基础对象或原子论上符合有特权的再现的问题,相反,而总是依赖于一个巨大的词语、陈述、信仰等等的上下文——一个整体社会实践背景和一种不是免于改变的东西——的问题。为了避免这些立场的混淆,“解释学的普遍主义”,对表达解释的无处不在来说,似乎是一个更好的术语。

② Friedrich Nietzche, *The Will to Power* (New York: Vintage Press, 1968), 481 节。

③ 见 Alexander Nehamas, *Nietzsche: Life as Literature* (Cambridge, Mass.: Harvard University Press, 1985; 此后缩写为 *N*。

④ Stanley Fish, *Is There a Text in This Class?: The Authority of Interpretive Communities* (Cambridge, Mass.: Harvard University Press, 1980), 350, 352, 355。

⑤ Stanley Fish, “Working on the Chain Gang: Interpretation in the Law and in Literary Criticism”, *Critical Inquiry* 9 (1982), 204。

⑥ Hans-Georg Gadamer, *Truth and Method* (New York: Crossroad, 1982), 350, 此后缩写为 *TM*。

⑦ Susan Sontag, “Against Intepretation”, 载 *Against Interpretation and Other Essays* (New York: Dell, 1966); 此后缩写为 *AI*。

⑧ Arthur Danto, *The Philosophical Disenfranchisement of Art* (New York: Columbia University Press, 1986), 45。

⑨ 见 Nietzche, *The Will to Power*, 556, 557, 559, 560 节。

⑩ Immanuel Kant, *The Critique of Judgement*, trans. J. C. Meredith (Oxford: Oxford University Press, 1952), 64－68; 和 Clive Bell, *Art* (New
308 York: Capricorn, 1958), 第 1 章。

⑪ T. S. Eliot, “Hamlet,” 载 *Selected Essays* (London: Faber, 1976), 142, 和他给 G. W. Knight, *The Wheel of Fire* (London: Methuen, 1962, xix)一书写的导言。有关激发艾略特解释转向的论证的详细说明,和他成熟的解释理论的批评分析,见 Richard Shusterman, *T. S. Eliot and Philosophy of Criticism* (New York: Columbia University Press, 1988), 107-155。

⑫ 我在其他地方已经证明:就实用主义的观点来看,我们的确可以拥有完整的(但有视界的)理解,而且只有在实用主义的、语境的意义上,完整理解的这种观念才是根本可理解的。这种完整的观念,总是以一种特殊的和有限的语境或实现目的作为前提,因此,那种自身中的完整和为自身的完整、没有方面或视域或目的的基础主义观念,只不过是一个毫无意义的想法,而不是一种值得惋惜的未能实现的理想。有关这一点的更多论述,见我的 *T. S. Eliot and Philosophy of Criticism*, 126-128。

⑬ John Dewey, *Experience and Nature* (LaSalle, Ill.: Open Court, 1929), 21-24。

⑭ 见杜威的评论:"原初的非反省经验……具有其自身的一种直接的、非逻辑特征的组织结构"。见 *Essays in Experimental Logic*, Chicago: University of Chicago Press, 1916, 6。

⑮ 当然,解释学普遍主义者可以对这种标准的用法提出争议,并且坚持主张即使是无意识的行为和当下直接的感知,也一定是解释的,主张它们正好可以被不用总体违背措辞地描述。我的观点是:普遍主义者没有给出强势理由去从这方面扩展解释的用法,而且在推举语言的修正或对一种有用的区别的否定上,给了普遍主义者沉重的证明的负担。就像应该已经清楚了的那样,普遍主义者的诉状依赖这种思想:由于非解释的理解必须要从基础上来设想,因此非解释的理解是不可能的。

⑯ Ludwig Wittgenstein, *Philosophical Investigations* (Oxford: Blackwell, 1968), II, xi, 212。维特根斯坦很快去具体说明那种我们在解释中的思想:"当我们解释的时候,我们形成假定,这种假定可能证明是错的"(ibid.)。

⑰ Donald Davidson, "Radical Interpretation" 和 "The Very Idea of a Conceptual Scheme", 载 *Inquiries into Truth and Interpretation* (Oxford: Oxford University Press, 1984), 125, 185。

⑱ Hans-Georg Gadamer, "On the Scope and Function of Hermeneutical Reflection", 载 *Philosophical Hermeneutics* (Berkeley: University of California Press, 1989), 19, 32。不过,伽达默尔在后一个问题上似乎并不总是完全一

致。在这点上,他在 *Truth and Method* 中说到一种"语言理解",这种语言理解"自身还不是一种真正的理解,而且还没有包含一种解释过程,而只不过是一种生活技艺。因为你凭借生活在一种语言之中来理解这种语言"(346)。
309 这里,即使以一种相当过时和曲解的方式,伽达默尔能够承认我希望得出的这种观点——解释不是完全处于某种更原初的语言理解之下,而总是依赖于某种更原初的语言理解——吗?伽达默尔的这种可选择的(很难说是典型的)观点,是由约翰·康诺利(John Connolly)向我提示的。

⑲ 例如,见 Ludwig Wittgenstein, *Zettel* (Oxford: Blackwell, 1967), 419 节。*Philosophical Investigations*, 5、6、9、86 节。

⑳ 见 Dewey, *Essays in Experimental Logic*, 4, 6, 9。

㉑ 而且,语言学和语言哲学最近的著作,已经证明我们何等多的语言结构(包括某些我们更抽象的逻辑法则)似乎是由更基本的前概念和前语言的身体经验式样所塑造。见 Mark Johnson, *The Body in the Mind* (Chicago: University of Chicago Press, 1987)。

㉒ 这不是否认我们的专业活动(例如,阅读、写作,等等)也依赖非解释的(语言上的或肌肉运动知觉的)理解,尤其是因为这种活动明显依赖我们更一般的非专业应付和训练。

㉓ 见 John Lyons, *Semantics* (Cambridge: Cambridge University Press, 1977), vol. 1, 33－50。

㉔ Martin Heidegger, *Being and Time* (New York: Harper and Row, 1962) 194。

㉕ Ludwig Wittgenstein, *Philosophical Investigations*, 198,201 节。

㉖ 对于另一种有疑问的区分也可以作同样的辩解,一种许多当代哲学似乎倾向于混淆和否认的区分——习俗对自然的区分。习俗总是比作为其基础的自然更为表面;但是,在一个语境中,与它更自然的背景相对照,我们视为习俗的东西,与某种更为表面或人造的东西相比,它自身又可以被视为自然的东西。有关这个主题的更详细的论证,见 Richard Shusterman, "Convention: Variations on a Theme", *Philosophical Investigations* 9 (1986), 36－55。

㉗ 这是我对非解释性理解的复原为什么不应该被视为塞勒斯称之为"被给予的神话"(Wilfred Sellars, "Empiricism and the Philosophy of Mind", 载 *Science, Perception and Reality*, New York: Routledge & Kegan Paul,

1963，127－196)的东西的一个简单复兴的一个理由；也见理查德·罗蒂在 *Philosophy and the Mirror of Nature* (Princeton: Princeton University Press, 1979, 182－192)中的支持性论述。我同意塞勒斯和罗蒂：任何作用为另一种理解的认识论基础的理解，必须总是存在于"推理的逻辑空间"之中因此必须是概念的。但是，首先，我主张这种概念上的理解仍然可以是当下(尽管不是无可置疑地)给予；它们不必是解释。其次，我可以认为非概念的(比如，肌肉运动知觉的)经验，它们尽管处于推理的逻辑空间之下，然而也可以是有意义的，也可以构成一种理解形式。最后，尽管我同意塞勒斯和罗蒂：除非和直到它们获得了概念化，这种经验不能为进一步的理解提供认识论上的基础或 310
证明，但是，它们仍然可为这种理解提供实践的基础和取向的背景。

换句话说，我在这里强烈要求对一种有经验的实践范畴的认可，这种范畴为有理智的活动提供基础和指导，但是，它不是处在那种推理的逻辑空间的推论和认识论层次上，也不能简单还原为由自然科学描述的物理条件和原因。这种范畴也不能被视为在认识论上为那种推理和物理原因提供基础。塞勒斯和罗蒂毫无疑问地会反对：所有赋予基础的形式，必须必然陷入推理的逻辑空间之中，要不然就必然陷入原因的物理空间之中，这两种空间一定不能混淆，它们的二分穷尽了理解人类经验的方式。在不将逻辑的推理和物理的原因混淆起来上，他们当然是正确的，但是，将这两种方式视为构成一种穷尽的二分，似乎是一种对理解的限制，似乎是一种笛卡尔主义和他那心与身、思想与物理外延的严格的、穷尽的二元论的不幸残余。

㉘ Ludwig Wittgenstein, *Zettel*, 234节。这个评论所比喻的东西，促使我冒昧提出这种主张：我们当前对解释的偏好，在很大程度上是我们在我们理解那个经常冲突的世界中不是很舒服地感到自在的结果；我们的时代是一个解释的时代，因为它是一个异化和破碎的时代。这可以被怀乡地哀悼为统一性和确定性的丧失，但它可以被更好地认可为我们更大自由和多元性的代价。

㉙ 见 Stanley Fish, *Is There a Text in This Class?*, 14, 350; "No Bias, No Merit: The Case Against Blind Submission", *PMLA* 103 (1988), 739; 和 "Working on the Chain Gang", 211。

㉚ 休伯特·德莱弗斯(Hubert Dreyfus)，在注释海德格尔的术语"寻视(circumspection)"和"上手(ready－to－hand)"中，适当地将这种流畅协同的理解描述为"日常灵巧的应对"或"全神贯注的应对"。见 Hubert Dreyfus,

Being－in－the－World: *A Commentary on Being and Time*, *Division I* (Cambridge, Mass.: MIT Press, 1991), 第4章。这个观念对杜威那个与有意识探究相对的非反思的聪明行为概念也至关重要。例如,见 John Dewey, "The Practical Character of Reality," "The Unit of Behavior", *Philosophy and Civilization* (New York: Capricorn, 1963), 36－55, 233－248。

㉛ 有美感的解释——即解释性的表演——似乎可以构成对这种主张的一种反驳,因为鲁宾斯坦对贝多芬《月光奏鸣曲》的解释,不是一种语言文本。一个人不需要用主张"解释"在这里是在不同的、派生的意义上使用的,来对付这种反对。因为我们再一次具有将一种明确表达的文本(乐谱)翻译为另一种明确表达的文本(实际的音乐演奏),而且拥有一种有美感的解释的标准,正是在这种明确表达的演奏中或者在对某人的清楚指令中去表现它。

311 ㉜ 罗蒂近来的审美主义主张,偶尔非常接近于认可这种语言之下的东西的深刻价值,因为考虑到他主张:"制造刺激比制造真理"更好(Richard Rorty, *Contingency*, *Irony*, *and Solidarity*, Cambridge: Cambridge University Press, 1989, 152)。但是,与杜威的实用主义相比,他保持更忠实于解释学普遍主义,因为他主张句子之下的东西总是依赖句子的东西(153注释),断言在根本上将人类经验等同于语言经验(例如,人"只不过是语言姿态",88)。这种残余的语言本质主义——令人悲哀地使罗蒂那有前途的"美学转向"精华尽失,将在下面的第9章中遭到批评。

㉝ Ludwig Wittgenstein, *Tractatus Logico－Philosophicus* (London: Routledge & Kegan Paul, 1963), 6.522(我在下面词语的翻译上违背了皮尔斯[Pears]和麦吉尼斯[McGuinness]的翻译,我更简单地将 *zeigt* 翻译为"show"而不是"make manifest",将 *das Mystiche* 翻译为"the mystical"而不是"what is mystical")。

第六章

① 见 Roger Taylor, *Art*, *an Enemy of the People* (Atlantic Highlands, NJ.: Humanities Press, 1978), 155。

② 见 *T. S. Eliot*, "East Coker", 97－98行,载 *The Complete Poems and Plays of T. S. Eliot* (London: Faber, 1969), 179。

③ 这则波戈达诺夫的引文,引自 H. Arvon, *Marxist Aesthetics* (Ithaca：Cornell University Press，1973)，57。

④　T.W.Adorno，*Aesthetic Theory*（London：Routledge & Kegan Paul，1984)，131，此后缩写为 *AT*。

⑤　关于这个问题的更多论述，见我的论文"Of the Scandal of Taste：Social Privilege as Nature in the Aesthetic Theories of Hume and Kant"，*Philosophical Forum* 20（1989)，211－229；尤其见 Pierre Bourdieu，*Distinction*：*A Social Critique of the Judgement of Taste*（Cambridge，Mass.：Harvard University Press，1984)，第一章。

⑥　对于前卫艺术在实现其革命目标上的失败的更详细和更仔细的论证说明，见 Peter Bürger，*Theory of the Avant-Garde*（Minneapolis：University of Minnesota Press，1984)。比格尔指出，无论如何，前卫艺术在这一点上取得了极大的成就：以一种惊人的清晰性，揭露了艺术存在作为一种显然的从生活实践中孤立出来的资本主义体制，从而为艺术的自我批评开辟了道路。

⑦　见 Bourdieu，*Distinction*，5，32－35，和 Bürger，*Theory of the Avant-Garde*，54。后者坚决主张，尽管通俗艺术被"整合在生活实践之中"，它的实践"目的……是强加给一种特别种类的消费行为"；因此，它不是"一种解放的手段……[而]是一种屈服。"这当然是一种经常的事情，但是，像我在 312
下一章将要论证的那样，它并不必然如此。而且，通俗艺术那种极度的商业开发，完全可以是那种忽视其审美潜能和将它丢给市场力量的竞争的结果。

⑧　见 Bourdieu，*Distinction*，53－54，111－115，291。

⑨　Herbert Marcuse，"The Affirmative Character of Culture，"载 *Negations*（Boston：Beacon Press，1968)，129，131，此后缩写为 *N*。通过艺术那迷人的幻像，"人们可以感到自己幸福，即使根本不是这样。幻像的结果导致错误，即使一个人自己断定他是幸福的"(122)。

⑩　John Dewey，*Art as Experience*（Carbondale：Southern Illinois University Press，1987)，346；此后缩写为 *AE*。

⑪　例如，见 Terry Eagleton，*Literary Theory*：*An Introduction*（Oxford：Blackwell，1983)，51。我在我的著作 *T.S.Eliot and Philosophy of Criticism*（New York：Columbia University Press，1988，1－17)中，论述了这一点和其他常见的对艾略特批评理论的曲解。

⑫　T. S. Eliot，*The Use of Poetry and the Use of Criticism*（London：

Faber, 1964), 154。

⑬ Ibid. 152－153。

⑭ T. S. Eliot, *After Strange Gods* (New York: Harcourt, Brace, 1934), 59－66。后来艾略特自己将他对劳伦斯的谴责描述为“一个病人”的看法(见 Helen Gardner, *The Composition of “Four Quartets”*, London: Faber, 1978, 55)。但是,他从来没有批判这个观念:文学批评需要由意识形态的批评来完成。

⑮ 见 T. S. Eliot, *Selected Prose of T. S. Eliot*, ed. Frank Kermode (London: Faber, 1975), 97, 103; *Selected Essays* (London: Faber, 1976), 271; 和 *Use of Poetry*, 98, 109。

⑯ 关于艾略特两个层级的批评欣赏理论的详细说明,见我的 T. S. Eliot, *The Use of Poetry and the Use of Criticism*,第 6 章。他的理论预见了阿多诺的理论,阿多诺也强调内在同情理解(*Verstheen*)和外在观念批评这两个层级或者立场(见 *AT*,177－179,346－347,387,477－479)。一方面,要理解艺术,一个人“必须进入作品”,“把……他自己交付给作品”(346,387)。另一方面,“一种对艺术作品完全内在的理解,是一种错误的和不完善的理解方式,因为它受到艺术的迷惑……[恰当的理解]只能够通过一种双重的方式来实现:特殊经验与一种能够反观经验的理论结合起来”(177,179)。“那种内在分析所发现的事态,不得不朝向第二性的反观和以强调形式表达的批评进行超越,……[由于]观念上的心胸狭隘,内在分析助长了对有关艺术的批判性社会思想的抑制”(477)。“那些仅有一种对艺术的内在看法的人们并不懂得艺术。而那些仅仅从外面去看艺术的人们——由于缺乏与艺术的密切关系——又倾向于误解艺术。美学必须针对具体作品显示这两种立场之间必然的相互联系,而不是在它们之间随意动摇”(479)。

313 ⑰ 这重要的一点是由斯蒂芬·斯彭德指出来的,见 Stephen Spender, *Eliot* (London: Fontana, 1972), 46。

⑱ 见 Ibid. 43－46; Hugh Kenner, *The Invisible Poet* (London: Methuen, 1956), 20－26; 和 A. D. Moody, *Thomas Stearns Eliot: Poet* (Cambridge: Cambridge University Press, 1980), 21－22。青年男子对自我和伴随的孤立的专注,已经在这个句子——“在这一点上许多人失败了”(我的强调)——的原子意象中显示出来了。

⑲ 我这里引用的是那个双语版本,由威尔金森(E. M. Wilkinson)与

L. A. 威洛比(Willoughby)翻译和编辑的:Friedrich Schiller, *On the Aesthetic Education of Man* (Oxford: Clarendon Press, 1982), 此后缩写为 *AEM*。译者注:也见《审美教育书简》(冯至、范大灿译,北京:北京大学出版社,1985)、《美育书简》(徐恒醇译,北京:中国文联出版公司,1984)。

⑳ 见 G. E. Moore, *Principia Ethica* (Cambridge: Cambridge University Press, 1959 年重印本),188－208。摩尔的审美伦理在第 9 章中将与其他更近的伦理生活审美化的努力相比较。

㉑ 不必将这个观点狭隘地归因于艾略特一般地支持古典主义超过浪漫主义,因为希腊审美的理想化对浪漫思想家也远非不相关的。事实上,不仅席勒分享了希腊审美,而且要是他活着看见了后期浪漫主义的审美主义和为艺术而艺术,他也会认可那种对它否定生活的逃避主义的批评。以希腊生活和艺术的整合作为他的理想,席勒的审美教育旨在增进社会中的真实生活,而不是私人的、个别的审美救赎。

㉒ 我不能抵制那种想法,即将青年诗人艾略特的身份双关地等同于那个有自制力的青年叙述者的"咚咚(tom－tom)"经验和态度。艾略特当时曾经被他的朋友们特别地称作"汤姆(Tom)";因而"咚咚沉闷的鼓声"的批评和叙述者的自私自利,显示了艾略特对他自身中存在的那些问题的批评意识。

㉓ 见 Clive Bell, *Art* (New York: Capricorn, 1958), 第 1 章。

㉔ Eliot, *Selected Prose*, 56. 关于艾略特批评客观性的观念的改变,见我的 *T.S.Eliot and Philosophy of Criticism*,第 3 章。

第七章

① 我很高兴指出这种一般的哲学态度的几个例外。斯坦利·卡维尔、诺埃尔·卡罗尔和亚历山大·内哈玛斯对电影和电视那种同情的研究尤其值得注目。例如,Cavell, *The World Viewed* (Cambridge, Mass.: Harvard University Press, 1979); *Pursuits of Happiness* (Cambridge, Mass.: Harvard University Press, 1981); "The Fact of Television," *Daedalus* 111 (1984), 235－268; Carroll, *Philosophical Problems of Classical Film Theory* (Princeton: Princeton University Press, 1988); 内哈玛斯的著作在下面的注释 52 和 65 中被引用。也见 David Novitz, "Ways of Art Making: The High and the Popular 314
in Art", British Journal of Aesthetics 29 (1989), 213－229。

② “通俗(papular)”这个术语具有更加肯定的内涵,而“大众(mass)”则使人想到一种无差别的和典型的非人性的聚集。关于这种术语的更多争辩,见 Herbert J. Gans, *Popular Culture and High Culture: An Analysis and Evaluation of Taste* (New York: Basic Books, 1974), 10,此后缩写为 *PH*。

③ 见 Lawrence W. Levine, *Highbrow / Lowbrow: The Emergences of Cultural Hierarchy in America* (Cambridge, Mass.: Harvard University Press, 1988), 13－81。

④ 如果一个人被强迫去界定高级/通俗艺术的区分,不仅根据不同的对象而且根据不同的接受或使用模式可能会更好。在更接近于日常经验中,“通俗”的用法与“高级”的用法形成对照,而且较少被由正式教育和知识分子机构反复灌输的学校教育与标准所结构和控制。在法语中,通俗艺术相应地与“博学的艺术(*l'art savant*)”形成对照,而正是“通俗艺术”这个观念或范畴,在很大程度上可以是一种知识分子发明的贬值性区分。

⑤ 皮埃尔·布尔迪厄曾经警告我:对通俗艺术合法性的理论上的辩护,本身不会导致它在真实的社会世界中变得合法。而且,由于这种辩护冒着使我们对社会上的不法事实熟视无睹(因此促成了它们的永久存在)的危险,因此它是一个要采纳的危险策略。我的回应是:这个危险是值得去冒的,辩护上的论证并不意味着对社会现实的盲目无知,而且理论主张、经验研究和实际的社会－文化改革可以也应该被用来影响这种期望得到的合法性。

⑥ 见 Pierre Bourdieu, *Distinction: A Social Critique of the Judgement of Taste* (Cambridge, Mass.: Harvard University Press, 1984), 4, 32, 41, 57。此后缩写为 *D*。罗杰·泰勒犯了一个同样的错误,他得出结论说:由于我们的艺术概念是由一群压迫的贵族精英创始的,并且已经被用来服务于他们,因此它必须始终对精英权力作出让步,必须必然保持为人民的敌人。泰勒也提出了一个对通俗艺术使高级艺术陷入堕落这种权威批评的有趣颠倒,转而主张由于艺术那上流社会的特征是本质性的和毫无问题的,因此这种艺术观念,本身刚好是一种“对通俗文化的腐败影响”(见 Roger Taylor, *Art, an Enemy of the People* (Atlantic Highlands, NJ.: Humanities Press, 1978, 40－58, 89－155)。

⑦ Dwight Macdonald, “A Theory of Mass Culture”, 载 Bernard Rosenberg and David M. White (eds), *Mass Culture: The Popular Arts in America* (Glencoe, Ill.: Free Press, 1957), 60. 此后缩写为 *PH*。上述引用甘斯的

PH 中提到“被动消费者”也源自麦克唐纳的同一节中。

⑧ 例如,想一想印象派和后印象派绘画是怎样痴迷于描写通俗娱乐 315 的:酒店、狂欢、跳舞等等。即使像蒙德里安(Mondrian)这样严峻的高级文化的现代主义者,也强调他在诸如 *Broadway Boogie Woogie* 之类的作品中对通俗文化的借用。事实上,现代主义前卫艺术为了使自己同学院派保持距离而很重地依赖通俗文化,这是可以很好地争论的。见 Thomas Crow, “Modernism and Mass Culture in the Visual Arts,”载 B. Buchlosh, S. Guilbaut, and S. Solkin (eds), *Modernism and Modernity* (Nova Scotia: Press of the Nova Scotia College of Art and Design, 1983), 215-264。

⑨ 托德·吉特林采取了一种在背后操纵和直白的透明两个极端之间的平衡立场,更正确地主张:虽然因为商业的原因,媒体不能无视现存的态度,但是它们一定能够且确实在塑造、引导和在某种程度上改变它们。见 Todd Gitlin, “Television's Screens: Hegemony in Transform,”载 Donald Lazere (ed.), *American Media and Mass Culture: Left Perspectives* (Berkeley: University of California Press, 1987), 240-265。

⑩ Macdonald, “A Theory of Mass Culture”,69。

⑪ Leo Lowenthal, “Historical Perspectives of Popular Culture”, 载 Rosenberg and White (eds), *Mass Culture*, 51; Clement Greenberg, “Avant-Garde and Kitsch”, ibid. 102。

⑫ 见 T. W. Adorno, Minima Moralia (London: Verso, 1978), 202, 和 *Aesthetic Theory* (London: Routledge & Kegan Paul, 1984), 340, 此后缩写为 *AT*。

⑬ Bernard Rosenberg, “Mass Culture in America”, 载 Rosenberg and White (eds), *Mass Culture*, 9;和 Ernest van den Haag, “Of Happiness and of Despair We Have No Measure”, ibid. 533-534。

⑭ van den Haag, “Of Happiness”,531。

⑮ 见 Allen Bloom, *The Closing of the American Mind* (New York: Simon and Schuster, 1987), 76, 79.

⑯ 引文分别引自 van den Haag, “Of Happiness”,534,和 Bernard Rosenberg, “Mass Culture”,9-10。

⑰ 即使许多人宣称从每月一次的古典音乐会获得充分满足,但这也可能是由于他们并没有真正地非常享受音乐会。对许多听音乐会的人来说,它

差不多是被迫坐在音乐厅那沉闷被动的静止中,感到身体上极不愉快,就像在尽力避免对其他漫游的参观者造成障碍、又尽力避免巡视的博物馆警察那不受欢迎的瞪眼的时候,在坚硬的博物馆地板上被迫行走和站着而没有短暂休息那样。在这种高雅文化的惩罚性"愉快"——其经验为文化合法性所要求,即使他们既不懂也不是真的享受——中,与通俗艺术的娱乐相比,我们发现有很多理由谈及"虚假感觉"和欺骗性满足。但是,这当然不是去否认高级艺术可以提供强烈的真正的和无法估价的满足。

⑱ T. W. Adorno, "On the Fetish Character in Music and the Regression
316 of Listening", 载 Andrew Arato and Eike Gebhardt (eds), *The Essential Frankfurt School Reader* (New York: Continuum, 1987), 280。德怀特·麦克唐纳和唐纳德·拉扎尔给出了同样的对强迫性条件的根本主张,见 Dwight Macdonald, "Mass Cult and Midcult", 载 *Against the American Grain* (New York, Random House, 1962), 9–10;Donald Lazere, "Media and Manipulation", 载 Lazere (ed.), *American Media*, 31。

⑲ van den Haag, "Of Happiness",533,534。

⑳ Bloom, *The Closing of the American Mind*, 77, 80。

㉑ *AT* 18,和 van den Haag, "Of Happiness",536。

㉒ 第一个理由的引文引自 Rosenberg, "Mass Culture",9;第二个理由的引文引自 van den Haag, "Of Happiness",534。

㉓ 见 Rosenberg, "Mass Culture",5;Macdonald, "A Theory of Mass Culture", 60;和 Gilbert Seldes, "The People and the Arts", 载 Rosenberg and White (eds), *Mass Culture*,85。阿多诺也主张,通俗音乐作品"不容许专心聆听而不会对听众变得无法忍受"("On the Fetish Character in Music", 288)。

㉔ Max Horkheimer 和 Theodor Adorno, *Dialectic of Enlightenment* (New York: Continuum, 1986), 137。

㉕ John Dewey, *Art as Experience* (Carbondale, Ill.: Southern Illinois University Press, 1987), 162。这不是否认摇滚常常以一种相当被动的静止方式来欣赏;而且它那越来越多的电视和录像消费也许加强了这种倾向。

㉖ 这个源于刚果语的非洲词写作"lu–fuki"。见 Robert Farris Thompson, *Flash of the Spirit* (New York: Vintage, 1984), 104–105, 和 Michael Ventura, *Shadow Dancing in the U.S.A.* (Los Angeles: J. P. Tarcher, 1986), 106。"感人的(funky)"这个词的非洲语源与一个可能的英语派生意

义交叉起来，其中动词“funk”意思是“吸烟或害怕得发抖”(见 Eric Partrige, *A Dictionary of Slang and Unconventional English* (New York: Macmillan, 1984, 436)。在这种意义上，黑人的 funkness 表示受惊吓的奴隶那臭烘烘的汗水——一种不体面的否定性意象。它被现代美国黑人转化为一个可以用来进行表扬的词语，因此这种转化是非常有意义和授予权力的表现，而且也例示了美国黑人语言典型的语义复杂性，这一点将在我对拉谱的研究中被进一步讨论。

㉗ 引文引自 Bloom, *The Closing of the American Mind*, 71, 73；和 Mark Crispin Miller, *Boxed In: The Culture of TV* (Evanston: Northwestern University Press, 1989), 175, 181。

㉘ 见 Harry Broudy, *Enlightened Cherishing: An Essay on Aesthetic Education* (Urbana: University of Illinois Press, 1972)；van den Haag, “Of Happiness”, 553, 536；和 Seldes 在“The People and the Arts”引用的 J. T. Farrell 的观点，81 页。

㉙ Macdonald, “Mass Cult and Midcult”, 72。

㉚ van den Haag, “Of Happiness”, 516－517。

㉛ 例如，见 John Fiske, *Television Culture* (London: Methuen, 1987) 317
中讨论的对《达拉斯(*Dallas*)》和《王朝(*Dynasty*)》的研究。

㉜ Pierre Bourdieu, “The Production of Belief”, R. Collins et al., *Media, Culture, and Society: A Critical Reader* (London: Sage, 1986), 154－155。

㉝ 引自 Bruce Springsteen's “Spare Parts”。最后，除了这些逻辑谬误之外，凡登哈格的论点还有一个非常值得怀疑的经验基础。如果我们看一看在浪漫和现代主义阶段之前高级艺术的历史，我们就不会发现理解的经验上的新异和困难并不是审美合法性的必要条件。

㉞ 这里的引文引自 Broudy, *Enlightened Cherishing*, 111, 和 Gans, *PH*, 77。

㉟ Horkheimer 和 Adorno, *Dialectic of Enlightenment*, 121。

㊱ T. W. Adorno, “Television and the Patterns of Mass Culture”, 载 Rosenberg and White (eds), *Mass Culture*, 478。

㊲ 见 Fiske, *Television Culture*, 84, 94。

㊳ 引自 Ventura, *Shadow Dancing*, 159。

㊴ 拉谱对噪音和语言偏差的主题化甚至仅仅在它的某些歌曲的题目中就可以看到,如,"人群之敌(Public Enemy"的"带来噪音"、BDP的"给我磁带,(喂)"和托恩·洛克(Tone Loc)的"感人的寒冷麦地那"。

㊵ T. S. Eliot,"Tradition and the Individual Talent",载 *Selected Essays* (London: Faber, 1976), 15。

㊶ 见 *AT* 348。Adorno 和 Horkheimer, *Dialectic of Enlightenment*, 125;和 Ernest van den Haag,"A Dissent from the Consensual Society",载 Norman Jacobs (ed.), *Culture for the Millions* (Princeto: Van Nostrand, 1961), 59。

㊷ Lowenthal,"Historical Perspectives", 55。

㊸ 例如,见 Rosenberg,"Mass Culture", 12, 它谴责"现代技术"为"大众文化的必要和充分条件"和它的文化野蛮主义。Lowenthal("Historical Perspectives", 55)同样引述了现代技术社会的"机械化工作过程中个人的衰落"。

㊹ 见 Macdonald,"Mass Cult and Midcult", 65。

㊺ Greenberg,"Avant－Garde", 98。

㊻ 在这种对通俗艺术技术的攻击背后,也存在这种痛苦的抱怨:工业化的技术使现代生活变得没有人性,进而担心:由于技术的统治,艺术将同样被非人性化且最终被剥夺艺术的资格。技术,尽管它那可叹的滥用和错误的意识形态,仍然是一种人的产品,人性将不得不去努力把握它和赋予它以人性。通俗艺术可以被视为一种为技术和人性之间的交易的表现舞台。就像在摇滚表演者装饰、要弄、甚或毁坏他们的电吉他的时候,或者在拉谱DJ们游戏地擦刮唱片和转换唱盘的时候,我们发现他们那游戏地赋予技术性的机器以人性或者断言艺术家的人性优势的努力。不过,在今天全球的科技游戏
318 之中,究竟谁在玩弄和谁被玩弄还远非清楚。这个问题将在下一章关于拉谱的讨论中继续追问。

㊼ van den Haag,"Of Happiness", 517, 529。关于这个观点的最近的表达,见阿里尔·多夫尔曼,他注意到:"适合于满足大量人群的同时需要的文化工业,在所谓最小公分母上使其信息变得平均化,仅仅创造那种每个人都能无须努力地明白的东西。这种公分母(像经常被指出的那样)基于一种中等性的典型北美平民——那还用说——构想,他已经被当作人性的普遍尺度承受了长期的褒扬"(Ariel Dorfman, *The Empire's Old Clothes*: *What the*

Lone Ranger, *Babar*, *and Other Innocent Heroes Do to Our Minds*, New York: Pantheon Books 1983, 199)。

㊽ 关于这些例子和其他例子的更多论述,见 Fiske, Television Culture, 71-72, 163-164, 320, 和其他各处。为了达到流行而对过分简单的均匀化食粮的要求,只有在假定一个作品的意义和接受模式为它的读者是固定的和统一的时候,在假定它的意义与其说被一种对话和变化——与其他文本和处于社会-历史之中的读者的交互作用——的结果有力地控制不如说被它的作者有力地控制才有意义的时候,才有意义。

㊾ 例如,见 T. S. Eliot, *The Use of Poetry and The Use of Criticism* (London: Faber, 1964), 152-153。

㊿ 见 Stuart Hall, "The Rediscovery of Ideology: The Return of the Repressed", M. Gurevitch et al. (eds), 载 *Culture*, *Society and Media* (London: Methuen, 1982), 56-90。

51 布尔迪厄自己也运用了这个观念(*D* 47-48,57,254,370),我将在第9章中探讨审美生活的伦理观念。

52 见 Alexander Nehamas, "Plato and the Mass Media", Monist 71 (1988), 223:"戏剧并不是在行为端庄的观众前表演。拥挤的人群可以吹口哨……剧场上充满了'没有教养的声音'……柏拉图对观众——在剧场或其他地方——大声表达他们的赞成或不满而引起的喧闹表达了极度的厌恶(Rep. 492c)……他们的某些食物是用来投击那些他们不喜欢的演员的,他们经常直白地把这些演员轰下台去。"

53 Horkheimer 和 Adorno, *Dialectic of Enlightenment*, 121, 157; Adorno, "Television and the Patterns of Mass Culture", 477。

54 例如,见 van den Haag, "Of Happiness", 517。

55 阿多诺不得不承认:绝大多数艺术作品与其说倾向于反对那个产生作品的社会,不如说倾向于肯定它。他只是被迫将非功能性的虚构或同真实的分离理解为一种反抗行为,来辩护艺术那本质上的反对身份。但是,即使我们认同这一点,同样的情形也应该适用于通俗艺术作品,然而它们却被典型地诽谤为非真实的逃避主义。阿多诺在其他地方似乎认识到了这一点,不过他又因为它对构成反抗来说是不充分的逃避主义而谴责通俗艺术。"不是因为它们背弃那种逃避电影非常讨厌的苍白无力的存在,而是因为它们对此 319
还做得不够有力"(*Minima Moralia*, 202)。

56 例如，在19世纪的美国剧院，许多英国演员被投掷食品、被在像"滚！滚！滚回英国去！告诉他们美国佬让你们滚回去"之类的喊叫中轰下了台。而且，"新奥尔良的观众经常要求给意大利歌剧的序曲增添像'傻瓜美国佬(Yankee Doodle)'和'万岁哥伦比亚(Hail Columbia)'之类熟悉的爱国曲子。"当一个指挥决定对这些要求不予理睬的时候，"观众就开始打碎椅子和长凳"。这种反对贵族化欧洲文化的抗议(在很大程度上也是对美国上流阶级中的欧洲和贵族倾向的愤怒的一种表现)，在1849年的阿斯托地区暴乱(Astor Place Riot)中达到了最猛烈的爆发，其中至少有22人被杀。关于美国公众对高级文化中的贵族统治、理智主义和欧洲做派的精英主义的抵制(和臣服)的更多论述，见 Levine，*Highbrow / Lowbrow*（我引用的文字引自62页和95页）。

57 Carl Boggs and Ray Pratt，"The Blues Tradition：Poetic Revolt or Cultural Impasse?"，载 Lazere（ed.），*American Media*，279，表达了同样的观点："就形成布鲁斯的社会条件是土地均分的、前资本主义的和受种族局限的来说，这种音乐起初存在于那种占统治地位的经济体系和社会联系之外。"有关黑人文化作为一种白人社会－文化统治的发达的避难所的更多论述，见 Eugene D. Genovese Roll *Jordan*，*Roll*：*The World The Slaves Made*（New York：Pantheon，1974）Lawrence W. Levine，Black Culture and Black Consciousness（New York：Oxford University Press，1977）。

58 例如，见 Taylor，*Art*，*an Enemy of the People*，43，和 Arnold Hauser，*The Social History of Art*（New York：Knopf，1951），438页以下。

59 然而，这不是说这种抵制强到足可以在美国防止一种在文化上贵族化的和在政治上有势力的高级艺术权力机构的产生，莱文(Levine)很好地描述了这种权力机构的构成。其要点更像是它有(且保持)足够的强势去破坏高级艺术在美学和文化合法性上毫无疑问的垄断。

60 Abraham Kaplan，"The Aesthetics of the Popular Arts"，载 J. B. Hall and B. Ulanov（eds），*Modern Culture and the Arts*（New York：McGraw－Hill，1972），53。

61 "畅销歌曲的形式是如此严格地公司化了……以至于在任何一首曲子中都没有特别的形式出现。"这种"部分从它们的[在任何形式单位中的]结合中的解放[意味着]……兴趣从整体……到个人癖好的转移"(Adorno，"On the Fetish Character in Music"，281，289；也见 Macdonald，"A Theory of Mass

Culture," 65:"在艺术中统一性是根本的;它不能通过一个专家——不管多么有能力——的流水生产线来实现")。

㉜ 而且,不仅这种受众欣赏解除内容中心和打破叙事连续性的形式复杂性(就像在音乐电视或在《迈阿密之罪(*Miami Vice*)》中的那种程式化的、自我意识的摄影作品和间断爆裂的音乐-图像的间歇那样),而且它的成员能够通过分割和组合通俗艺术作品去创造他们自己的原创文本,而生产他们自己形式上复杂的审美作品。这种创造可以通过系统化的频道切换的方式来执行,或者,像在拉谱中的情形那样,可以用不同唱片的分割取样和综合的方式来执行。有关这些关于电视的观点,见 Fiske, *Television Culture*, 103-104, 238, 250-262,而接下来的一章是关于拉谱的。 320

㉝ 同绝大多数理论家相比,布尔迪厄更能承认审美经验那深入的身体维度:"艺术从来不是理智主义观点制造的……完全精神性的东西(*cosa mentale*)……艺术也是一种'身体的东西'",与基本的"有机体的"节奏相关:"快和慢,渐强和渐弱,紧张和松弛"(*D* 80)。然而,不幸的是,由于他那将社会上占统治地位的看法作为肯定的事实来接受的社会学家的偏见,他将合法的审美限制为那种同生活和身体保持距离的"纯粹审美"。这反而巩固了理智主义形式主义的那个长期的传统——在这个传统中,感觉在审美上仅仅被合法化为一种通向理智形式的手段——正如阿多诺所指出的那样,"只是作为某种在整体中展示自身的理智性的东西的载体"("On the Fetish Character in Music", 274)。

㉞ Greenberg, "Avant-Garde", 100。

㉟ Fiske, *Television Culture*, 238。也见亚历山大·内哈玛斯对《在别处的大街(*St. Elsewhere*)》的分析中对电视的自我反省式样、形式复杂性和有意识的互文性的讨论, Nehamas, "Serious Watching", 载 David Hiley, James Bohman, and Richard Shusterman(eds), *The Interpretive Turn*: *Philosophy*, *Science*, *Culture* (Ithaca: Cornell University Press, 1991), 260-281。

第八章

① 当1990年夏天"2生活小组(The 2 Live Crew)"在佛罗里达被取缔和逮捕的时候,拉谱的审查变成国家新闻。关于更早的镇压拉谱的企图,见小册子 *You Got a Right to Rock*: *Don't Let Them Take It Away*, 由 *Rock and*

Roll Confidential 的编者撰写，由 Duke and Ventures, Inc., New York 于1989年9月出版。法庭的审查和记录的“有渊源的”黑名单(被“本源音乐资源中心”拼命追踪)经常被拉谱歌词当作主题，并与表达的美学和政治自由问题联系起来，例如，像在“冰－T(Ice－T)”的“言论自由”和(虽然以不太有智慧和风度的方式)“2生活小组”的“美国的取缔”中那样。当然，最近拉谱已经被证明是太流行了以至于被当权媒体用更温和的方式去拉拢。它的节奏和风格已经被主流的大众媒介广告所采取，而且一种温和的拉谱者，Fresh
321 Prince，被允许在主要电视网络的黄金时段演出自己的TV秀。

② 我从“冰-T”的那首旨在“证明拉谱为一种美的艺术”的“准备行动”的歌词中得到这个标题。存在无数其他强烈宣称其具有诗和艺术地位的拉谱；其中最有力的有：Stetsasonic 的“Talkin' All That Jazz”, BDP 的“I'm Still ＃1”,“Ya Slippin'”,“Ghetto Music”和“Hip Hop Rules”，以及 Kool Moe Dee 的“The Best”。

③ “希普霍普”实际上指的是一种比拉谱更宽的有机文化联合体。它包括霹雳舞和涂鸦(graffiti)，也包括一种风格化的但随意的装束风格，在这种装束中高盖运动鞋变得非常时髦。拉谱音乐给霹雳舞提供节拍；某些拉谱者证实练习过涂鸦；希普霍普时装得到了许多拉谱的赞美，其中一个例子是 Run－DMC 的“My Adidas”。有关涂鸦的研究，见 Susan Stewart,“Ceci Tuera Cela: Graffiti as Crime and Art”, 载 John Fekete (ed), *Life After Postmodernism* (New York: St. Martin's Press, 1987), 161－180。

④ 作为一个白人中产阶级犹太人，我认识到我对拉谱的兴趣可能被批评为“自私利用的”和不是“在政治上正确的”，我没有权利去鼓吹或研究一种我缺乏构成它的社区经验的文化形式。但是，尽管拉谱的根基牢固地处于黑人城市社区之中，它却旨在(像我们将要看见的那样)影响范围广泛得多的受众；而且它对贫穷、迫害和种族偏见的反抗，对许多黑人社区之外的具有这种事情的经验的群体和个人来说，都应该是能够理解的。无论如何，我认为，仅仅因为种族和社会－人种背景的原因而拒绝对它进行讨论，从而忽视拉谱对于当代文化和美学的重要性，这在政治上是十分错误的。

⑤ 我对后现代主义的美学维度做了详细的讨论，见 Richard Shusterman,“Postmodernism and the Aesthetic Turn”, *Poetics Today* 10(1989), 605－622。我所引用的那个对后现代最有影响的说明，出自 Fredric Jameson,“Postmodernism, or the Cultural Logic of Late Capitalism”, *New Left Review*

146 (1984), 53 - 92。

⑥　例如,见 Roger Abrahams, *Deep Down in the Jungle* (Chicago: Aldine Press, 1970),他对费城的一个黑人社区的研究显示,说话技能"授予高等社会地位",即使在青年男子之中"驾御词语的能力也被很好地估价为身体上的强壮"(39,59)。对华盛顿和芝加哥黑人社区的研究进一步证实了这一点。见 Ulf Hannerz, *Soulside* (New York: Columbia University Press, 1969), 84 - 85。这种研究指出,口头上的技能得到"社区中的男人之间的广泛赏识",不仅因为实际的竞争目的,而且因为"娱乐价值";还有 Thomas Kochman, "Toward an Ethnography of Black American Speech Behavior", 载 Thomas Kochman (ed.), *Rappin' and Stylin' Out* (Urbana, University of Illionois Press, 1972), 241 - 264。连同它那种在传统上和程式上专指口头凌辱的狭义用法,黑人的"互咬"具有一种更一般的编码和迂回的交谈,这种交谈主要依赖交谈者特殊的背景知识和特殊的语境。关于"互咬"的一种给人深刻印象的 322
综合性分析和在理论上复杂精致的分析,将它当作一种修辞类型,它"在黑人文本中的用法相当于直率的主题、含蓄的修辞策略和文学史的一项原则",见 Henry Louis Gates, Jr., The Signifying Monkey: A Theory of Afro - American Literary Criticism (Oxford: Oxford University Press, 1988),引文引自 89 页。

⑦　这种遁词和迂回的语言策略,包括"戏弄(shucking)"、"低声下气(tomming)"、"敲诈(marking)"和"大声嚷嚷(loud - talking)",以及更一般的倒置和互咬的观念,在下列文献中有详细的讨论: Kochman, "Toward an Ethnography"; Grace Simms Holt, " 'Inversion' in Black Communication"; 和 Claudia Mitchell - Kernan, "Signifying, Loud - talking, and Marking"。所有这些都收录于 Kochman (ed.), *Rappin' and Stylin' Out*。

⑧　见 David Toop, *The Rap Attack: African Five to New York Hip Hop* (Boston: South End Press, 1984), 14。

⑨　例如,见 Ice-T 的 "Rhyme Pays", Public Enemy 的 "Bring the Noise", Run - DMC 的"Jam - master Jammin',"和 BDP 的"Ya Slippin'"。

⑩　之所以被称作"擦进混合",不仅因为这种在某个磁道上的唱针的手动安插擦刮唱片,而且因为当 DJ 将唱针插入磁道进行取样——在实际将它加在另一张已经在音响系统中播放的唱片之前——的时候,他在耳朵中听见了这种擦刮声。

⑪　拉谱历史学家戴维·图普(David Toop)对这种疯狂的折衷主义作了

这样一种描述:"巴姆巴塔(Bambaataa)混合了卡里普索即兴小调(calypso)、欧洲和日本的电声音乐、贝多芬第五交响乐和诸如'大山(Mountain)'之类的摇滚小组;Kool DJ Herc 把 Doobie Brothers 和 Isley Brothers 编织得背靠背地对立;Grandmaster Flash 用 the Last Poets 覆盖演讲录音和音响效果;Symphonic B Boys Mixx 在五个唱盘上将古典音乐切得支离破碎。"见 *Rap Attack*,105,149,153。

⑫ 例如,见 Public Enemy 的"Caught, Can We Get a Witness?", Stetsasonic 的"Talkin' All That Jazz",以及 BDP 的"I'm Still #1","Ya Slippin'"和"The Blueprint"。这里最后一首拉谱歌曲的动机意象,突显了希普霍普图像式的原创观念。授予它们的地下样式以超过其他拉谱的"温柔的商业声音"的原创性和优越性。BDP 将它更高的原创性与它具有与拉谱的黑人社区起源更近的关系联系起来。"你只拿到一张拷贝,我却直接从蓝图上学习。"不过,蓝图本身也是一张拷贝,并不是一种原作——实际上,它是一种计划中的对象的图像或再现,这种计划中的对象显然是尚未(甚至永远不会)作为一种具体的原创对象而存在。

⑬ 见 Jameson, "Postmodernism", 73, 75。这不是否认拉谱可能会取得其自身的任何形式上的统一或一致性;因为我下面将显示,比如在"侃侃爵士"中,它已经取得这种统一。

⑭ T. S. Eliot, "Tradition and the Individual Talent",载 *Selected Papers*
323 (London: Faber, 1976), 15。对艾略特这种较早的主张的批评以及对他在后来的传统理论中为什么放弃这种主张的理由的一种解释,见 Richard Shusterman, *T. S. Eliot and Philosophy of Criticism* (New York: Columbia University Press, 1988), 156-167。

⑮ 分别见"My Philosophy"和"Ghetto Music"。"Ya Slippin'"和"Hip Hop Rules"的歌词分别将它们注明 1987 和 1989 的时间。Public Enemy 的"Don't Believe the Hype"有一个 1988 的时间标记,同样的时间标记也可以在 Ice-T Kool、Moe Dee 和其他许多拉谱中找到。

⑯ 基于同样的理由,我相信:我所呈现的有关拉谱的说明是值得去做的,即使由于这种艺术类型的新的发展,它可能很快成为过时的东西。

⑰ 有来自白人小组的唱片,如 Blondie, Tom Tom Club, Beastie Boys, 3rd Bass, 和来自白人单口拉谱者 Vanilla Ice 的唱片。

⑱ 例如,见法国拉谱集 *Rapattitudes*,在这本拉谱集中,拉谱者提到他

们在巴黎的特殊邻居以及他们住房和社会接受的问题。法国拉谱虽然在精神上是名副其实的,但它仍然保持为一种其美国来源的十足派生物的样子。

⑲ Toop, *Rap Attack*, 14-15, 70-71。希普霍普提供了一个审美领域,其中身体上的暴力和侵犯转化成了符号的形式,这一点可以很好地争论。的确,凶猛的敌对和侵犯性的竞争对拉谱审美来说是本质性的东西。也许拉谱歌词中最共同的主题就是:拉谱者怎样在其韵文的力量和"摇摆"受众的能力上胜过其他拉谱者,他怎样才能接受其他拉谱者(批评他或"否定"他)的挑战并且使他们在与其进行拉谱决斗中显得软弱和愚蠢。这种决斗经常以极端暴力的术语来描述,就像它在"对骂"和"互咬"等传统的口语凌辱竞赛中一样(见注释6中引用的原始资料)。然而,加上这种不妥协的成为"最好"的竞争性要求,拉谱者在他们的歌词中也表达了他们同其他分享同样的艺术和政治议程的拉谱艺术家的潜在团结。

拉谱的象征暴力的最令人痛心的表达之一,是它对待妇女的态度,这种态度常常不仅是性关系上的利用,而且是野蛮的粗暴。拉谱可以为它那极端厌恶女人的诗歌提供的最好辩护是,它们是被自觉地夸大的,而且应该被理解为对男性主义的反讽意味。这种(充其量有问题的)辩护,在冰-T的挖苦中比在NWA的赤裸的粗暴中表现似乎更为可信。最令人鼓舞的信号是,女拉谱歌手正在用拉谱进行抗议,比如,HWA(Hoes Wit Attitude)和BWP(Bytches with Problems),以及最有力的拉提法女王。

⑳ Jameson, "Postmodernism", 76, 79。

㉑ Toop, *Rap Attack*, 151。

㉒ 见 Public Enemy's "Bring the Noise"。

㉓ 见 Ice-T's "Heartbeat"和 Public Enemy's "Don't Believe the Hype"。

㉔ 载"Don't Believe the Hype"。 324

㉕ 见 BDP's "Ghetto Music", Public Enemy's "Rebel Without a Pause"和 Ice-T's "Radio Suckers"。然而,像这些拉谱所承认的那样,某些电台或电视台在某些时段(经常在深夜之后)播放"原汁原味的声音"。

㉖ 载"Radio Suckers"。

㉗ 见 Public Enemy's "Black Steel in the Hour of Chaos"。有关这个黑人被白人社会剥削的主题,也见 BDP's "Who Protects Us From You?"和 Ice-T's "Squeeze the Trigger"。

㉘ 前一种张力见 Ice－T's"High Rollers","Drama","6'N the Mornin'"和"Somebody Gotta Do It (Pimpin' Ain't Easy!)",以及 Big Daddy Kane's"Another Victory";后一种张力,见 Ice－T's"Radio Suckers", BDP's"The Blueprint"。另一个棘手的矛盾是:尽管拉谱谴责对少数民族的压迫和剥削,但它也经常采取那种由对剥削(经常是暴力的)妇女的讨厌的大男子式的庆颂组成的"拉皮条风格(pimpin' style)"。

㉙ 皮埃尔·布尔迪厄的 *Distinction: A Social Critique of the Judgement of Taste* (Cambridge, Mass.: Harvard University Press, 1984)揭露了那种以防所谓纯粹的、非商业艺术的工作方式、以防它那作为纯粹的和非商业的有效幻像的潜藏的物质、商业和阶级利益与机制的逻辑。

㉚ Houston Baker, *Blues, Ideology, and Afro－American Literature: A Vernacular Theory* (Chicago: University of Chicago Press, 1984), 34－63。

㉛ Ibid. 57。

㉜ 见 Ice－T's"Rhyme Pays"和 Kool Moe Dee's"They Want Mony"与"The Avenue"。

㉝ 例如,见 Jürgen Habermas, *The Philosophical Discourses of Modernity*, (Cambridge, Mass.: MIT Press, 1987), 1－22。

㉞ 见 Friedrich Schiller, *On the Aesthetic Education of Man* (Oxford: Clarendon Press, 1982)。

㉟ 见 BDP's"My Philosophy"和"Gimme Dat, (Woy)"。他们的知识拉谱"Who Protects Us From You?"的歌词,将其描述为"由 BDP(Boogie Down Productions)的科学家们带给你的一种服务公众的声明"。

㊱ 引自"I'm Still ＃1"。有关 BDP 对既成历史和媒体以及它们的陈词滥调的攻击,尤其见"My Philosophy","You Must Learn"和"Why is That?"。

㊲ 例如,这个观念提供了 Kool Moe Dee 的"Do You Know What Time It Is?"的中心主题,它在 Public Enemy 的 Flavor Flav 的服装商标——他带上一只巨大的钟表就像一条项链——中也有服饰上的表示。

㊳ 这一点的最好的例子,是 Gary Byrd,一位纽约的广播 DJ,他发展了一种基于拉谱的文字节目。有关这一点的更多细节,见 Toop, *Rap Attack*, 45－46。

325 ㊴ 这里和随后两节詹姆逊的引文,引自"Postmodernism",85,87,88,

89。阿多诺的短语，引自 T. W. Adorno, *Aesthetic Theory* (London: Routledge & Kegan Paul, 1984), 322。

㊵ 例如，见 Ice－T 的"409"和 BDP 的"Nervous"。值得注意的是：甚至这些将自己看作非商业的艺术家们，也具有使人想起生意界的名字。Ice－T 乐队或"小组"被称作"韵律企业联合制作(Rhyme Syndicate Productions")，而 BDP 当然代表了"摇摆制作(Boogie Down Productions)"。商业拉谱经常公然是这样，就像拉谱歌词在为其艺术家的录音或他那赚钱的商业热线做广告时那样(如 LL Cool J 的拉谱"1－900－LL Cool J")。

㊶ 其实，Grandmaster Flash 就曾对他的剪切的新异和精湛抱怨说："人群将停止舞蹈，他们只是围成一圈，好像这是一个讨论会。这不是我想要的东西。这不是学校——这是扭动你的屁股的时候"(引自 Toop, *Rap Attack*, 72)。

㊷ 见 Queen Latifah 的"Dance for Me"和 Ice－T 的"Hit the Deck"。对于拉谱对表演者和听众的那令人着迷的占有以及身体和精神上的感动力量的一个相似的强调，见 Kool Moe Dee "Rock Steady" "The Best"。

㊸ 这一点在柏拉图的《伊安篇》(*Ion*)表现得非常明显。但是，在 Kool Moel Dee 的拉谱"Get the Picture"中，这条充满魔力的铁链的方向和稳定作用被调皮地颠倒了。他那催眠性的拉谱被等同于"知识"和"告诉你真相"，将拉谱者对听众的占有一直带到诸神的层次上，既挑战他们的至高无上也令他们着迷：

我开始漂流
在我写出的韵律上
升到与诸神同在的层次上，我领着
大堆大堆的人群
他们好像达到了新的高度
离天堂半里远的地方就是聚会的地点
我就是那最吸引人的东西。
诸神也将被吸引过来
掏钱给我来跳摇滚
他们跳啊
像从来不曾享受这样的娱乐那样。

他们努力想要跳得像神那样,但他们身不由己
……
维纳斯对我说的每个词都会竖起大拇指
宙斯会得到彻底放松
被引诱得完全着迷
我将使得阿波罗的诗句像一只
老鹅妈妈
在夜晚结束时墨丘利是如此兴奋
326 以至他不得不说这里有一位麦克大神
迷住了其他所有神仙
大伙则称他为
一个戴眼睛的黑兄弟。

㊹ 例如,见 Michael Ventura, *Shadow Dancing in the U. S. A.* (Los Angeles: J.P. Tarcher, 1986); 和 Robert Farris Thompson, *Flash of the Spirit* (New York: Vintage, 1984)。

㊺ 例如,只有这首拉谱出现在 *Yo! MTV* 和 *Monster TV Rap* 两本流行的选集中。在这里重印这首拉谱得到了 Tee Gee Girl Music (BMI)的允许。

㊻ 我这里对这首歌词的印刷转抄,也不能传达这样的特征:它们是以三种声音交互轮唱的形式讲说的,这三种声音在诗行之间不规则地交替,有时候还在同一行歌词中交替,从而增加了这首拉谱那跳跃的切分音风格和形式上的复杂性。

㊼ 我从下列词典——*Funk and Wagnall's Standard Desk Dictionary* (New York: Thomas Y. Crowell, 1980), *Webster's New Collegiate Dictionary* (Springfield, Mass.: Merriam, 1979) 和 *The Random House College Dictionary* (New York: Random House, 1984)——中引取的这些定义,在根本上表达了同样的意义:"空洞的谈话:废话"和"虚伪的、夸张的或自命不凡的谈话"。

㊽ 拉谱在其黑人自豪感和对白人文化与政治统治的挑战方面,比爵士远为坦率。这不是什么大惊小怪的事情,因为后者是在一种更加接近奴隶状态的黑人经验中发展起来的。

㊾ 这种对拉谱作为深思熟虑地撰述的写作而不仅仅是谈论的强调,突

出了拉谱对文学和艺术的要求。然而,这首歌没有在作为谎言的谈论和作为真理的写作之间进行二分;为了将真理呈现给他们那充满敌意的批评家们,拉谱者不仅写作而且"把你侃"。拉谱者一般倾向于强调:他们口头即席创作的技巧实际上同他们书面作文的天才差不多一样。

㊿ 这是这首歌的居于支配地位的阅读。但是,鉴于对拉谱的辩护建立在那种模糊和颠倒的基础上,因此,它依然保持也向择他性的、对立的阅读开放。一个右翼的批评家可以论辩说:这首歌作为侃侃爵士的音乐身份,加上它对不仅要成为真的艺术而且要成为真的真理的要求,可悲地确认了它那仅仅作为在自命不凡的废话或空洞的"骗局"意义上的"侃侃爵士"的身份。

51 例如,见那种关于莎士比亚和歌剧从通俗艺术到精英艺术的美国式的变形的研究,载 Lawrence Levine, *Highbrow / Lowbrow: The Emergence of Cultural Hierarchy in America* (Cambridge, Mass.: Harvard University Press, 1988)。

52 见 Holt,"'Inversion' in Black Communication", 154。 327

53 Claude Brown, "The Language of Soul", 载 Kochman (ed.), *Rappin' and Stylin' Out*, 135。

54 Holt, "'Inversion' in Black Communication", 154。

55 见 Claudia Mitchell-Kernan, "Signifying", 326-327。这种口头艺术的形式是一种这样的艺术形式:在纯粹的杜威式的方式中,它完全是日常生活的连续和增强。我们不应该忘记:在拉谱变成音乐之前,它是一种语言风格,而且这种意义上的拉谱当然也还保持着。

56 见 *The Random House College Dictionary*。

57 例如,一位美国联邦调查局的执行官,针对 NWA(Niggers With Attitude)的一首拉谱颁发了一道官方警告,他甚至根本没有听过这首拉谱;对这个拉谱小组收到的抗议信件的调查显示:这些反拉谱的批评家们没有一个人曾经听过这首被质疑的拉谱歌曲,他们对其他拉谱音乐也根本不熟悉。这种基于道听途说的敌视,导致了对拉谱音乐会的取缔和对拉谱唱片的审查与没收。有关这些事件的更多细节,见 Dave Marsh 和 Phyllis Pollack, "Wanted for Attitude", *Village Voice*, 10 Oct., 1989, 33-37。

58 这种斗争的暴力常常超出了仅仅是象征性的暴力的范围。在批判和反批判之上,权力机构行使审查和逮捕的实际暴力,而拉谱支持者则运用它那震耳欲聋的暴力进行报复(这是很多拉谱歌曲中的主题),并源自延长阻挠和压迫的身体暴力进行威胁。这两种形式的报复暴力，在 Spike Lee 的 *Do the Right Thing* 中得到了强调和清楚的联系，在这里喧嚣的拉谱的沉默暴力，导致了邻居的一场骚乱。

㊾ 民主权力机构对拉谱的审查的矛盾，在 Ice-T 的选集 *Freedom of Speech... Just Watch What You Say* 的打头歌曲被尖锐地表达出来，而且也刚好由"公众之敌"的名字暗示出来。顽皮地运用了在这里是尖锐对立的两种不同意义的"人群"的双关语：官方体制的"人群"对真正代表人民或公众的"人群"。

㊿ 见 Jon Pareles, "How Rap Moves to Television's Beat", *New York Times*, Sunday, 14, Jan. 1990, sect. 2, Arts & Leisure, 1, 28。在推出拉谱方面，MTV 的确比商业电台和电视网做得更好，但它也专注于商业音乐，而大多数更危险和更有趣味的地下拉谱并没有得到充分的表现。在论证拉谱和它对大众的吸引力在本质上是由电视媒体形成的时，帕雷勒斯令人遗憾地忽视了电视对拉谱的审查和批判。直到 1989 年，电视才同意将拉谱纳入格莱美奖的电视播放中，这一点连同对电视台宣传的腐败的假像的批判一道，已经被许多拉谱拉过了（例如，见 Public Enemy 的"Terminator X to the Edge of Panic"——其中就有这样一句揭露性的诗行："谁在糟蹋该死的格莱美"，
328 以及他们的另一首拉谱"She Watch Channel Zero"）。此外，独立地将电视作为对拉谱那迅速变化的内容的拼贴凑合、自吹自擂以及不断打断的信息碎片负责任的东西，也过于简单化了。在商业电台中也可以发现同样的东西。商业电台同样是街头文化的组成部分——如果不是其中的大部分的话，为了得到比广告或新闻摘要更多的歌曲，听众也可以从一个电台跳到另一个电台。电台似乎更接近拉谱那种散漫的、对话的形式，因为电台的形式比电视更灵活、允许更多（由 DJ 和听众热线）的打断。尽管如此，电视对拉谱的影响更加重要。说拉谱是我们全球电子技术——多重转盘、磁带录音机、"beat boxes"和音响系统、电脑游戏、录像、电台、电视以及其他的东西——的产物更为准确。

(61) Greil Marcus, *Mystery Train: Images of America in Rock' n' Roll Music* (New York: Dalton, 1982), 82。这本书有非常出色的一章专门记述斯赖滚石的经历。

(62) 见他的选集 Roit 中收录的那首名为"Poet"的歌曲，在这首歌中，他唱道："我是一个歌曲作家，喔耶，一位诗人。"

⑹ 因此，歌曲求助于先辈对民主的多数主义和多元容忍的信仰，求助于先辈对"R & B"以及"斯赖和家庭滚石"的趣味。

⑹ 我在下列论文中，相当详细地讨论了这种论证形式："The Logic of Interpretation", *Philosophical Quarterly* 28 (1978), 310 – 314; "Evaluative Reasoning", *Ratio* 23 (1981), 141 – 157; "Wittgenstein and Critical Reasoning", *Philosophy and Phenomenological Research* 47 (1986), 91 – 110; 和 *T. S. Eliot and the Philosophy of Criticism*, 91 – 106。

⑹ 例如，沃尔海姆说到"艺术永久的和根深蒂固的自我意识"，见 Richard Wollheim, Art and its Objects (Harmondsworth: Penguin, 1975), 16。

⑹ M. Horkheimer and T. W. Adorno, *Dialectic of Enlightenment* (New York: Continuum, 1986); Bourdieu, *Distinction*, 41, 48, 395; 以及我在前一章中对他们的观点的讨论。

⑹ 关于这一点的详细阐述，见我的 *T. S. Eliot and the Philosophy of Criticism*, 157 – 164, 170 – 190。

⑹ 这两个特征可以与艺术那所谓的必须的反抗特征联系起来。因为艺术必须新异的创造性指令，至少意味着某种对旧的和熟悉的东西的反对，而对形式而不是内容的偏见，似乎是对我们日常认识和实际关涉的反对（因而被许多人用来定义特定的审美态度）。

⑹ 不过，我应该指出，这首歌曲明显是取样于爵士，尤其是爵士键盘手 Lonnie Liston – Smith 的"Expansions"。

⑺ Pareles, "How Rap Moves", 1。许多拉谱歌曲，尤其是那些追溯和颂扬希普霍普历史的歌曲，更直率地炫耀拉谱在比批评家对其早夭的斩钉截铁的预言活得更久方面所取得的令人瞠目结舌的成功，进而力争它的价值和在持久性方面的丰富的创造性潜力。例如，见 BDP 的"Hip Hop Rules"。

⑺ 当然，拉谱的创新决不从逻辑上排除形式一致和统一的成就。节奏 329
的张力、选取的片段和打断的插话，可以被重新编织成引人注目的艺术整体，就像任何阅读诸如艾略特的《荒原》之类的作品的读者应该认识到的那样。而我认为一个人在"在钢轮上的动画大师的历险"中也能发现一种复杂的一致性。然而，在某种程度上，却存在一个实际的张力。因为通过给予对其革新和艺术革命的冲动以最自由的支配，拉谱可以结束像无形式的、无意义的噪音一样的声音；而且它有时候也这样做了。但是，为了满足对形式的传统要求而放弃这种革新，意味着抛弃拉谱重新塑造和扩展我们对形式的感觉

——以便我们可以学习去领会和欣赏一种我们曾经于其中只看到无形式的形式类型——的潜力。

第九章

① 见 Ludwig Wittgenstein, *Tractatus Logico - Philosophicus* (London: Routledge & Kegan Paul, 1963), 146, 147。在这个双语版中的英语翻译“Ethics and aesthetics are one and the same”(伦理学和美学是一样和相同的),使得对这种同一性的断言比德语原文“Ethik und ästhetik sind Eins”(伦理学和美学是一回事)更强。后面提及 *Tractatus* 将被指明为 *T* 和相应的命题数字。

② Ludwig Wittgenstein's, *Notebooks 1914 - 1916*, 2nd edn (Chicago: University of Chicago Press, 1979), 此后缩写为 *N*。

③ 见 *T* 6. 45 和维特根斯坦的“Lecture on Ethics”,写于 1929 - 1930 年之间的某一时间,死后发表于 *Philosophical Review* 74(1965),3 - 12。在这个演讲和 *N* 86 中,维特根斯坦用奇妙或不可思议(*das Wunder*)的观念来指神秘的。

④ 见 Jean - François Lyotard, *The Postmodern Condition* (Minneapolis: University of Minnesota Press, 1984), 10, 40 - 41。

⑤ 伦理学和美学之间逻辑上的不同的经典例子,可以在 Stuart Hampshire, “Logic and Appreciation”中找到。该文重印于 W. Elton (ed.), *Aesthetics and Language* (Oxford: Blackwell, 1954), 161 - 169。

⑥ 我在“Wittgenstein and Critical Reasoning”一文中,已经探讨了维特根斯坦后期美学理论中的这个方面和其他方面,该文载于 *Philosophy and Phenomenological Research* 47 (1986), 91 - 110。

⑦ “私人伦理”和“公众伦理”之间的这种区分,是一种相当普遍的区分,而且最近被罗蒂用来论证他自己的审美化的伦理。虽然这种区分可以非常有用,但是,我怀疑(随后讨论怀疑的理由):私人道德的方案,会像罗蒂使我们相信的那样,可以清晰地分离和独立于公众道德。罗蒂在他的“Freud and Moral Reflection”一文的 10 - 11 页介绍了这种公众/私人道德的区分,该
330 文载于 J. H. Smith and W. Kerrigan (eds), *Pragmatism's Freud: The Moral Disposition of Psychoanalysis* (Baltimore: Johns Hopkins University Press,

1986),1－27,此后缩写为 *R*;这个区分在他的 *Contingency*, *Irony*, *and Solidarity* (Cambridge: Cambridge University Press, 1989,此后缩写为 *CIS*)中,变成了一个非常重要的主题。

⑧ 对于柏拉图以及一般对于希腊人来说,善的和美的的观念,不是如此清晰地区分开来的,就像我们从这种事实中可以看见的那样:它们经常在一个复合词 *kalon－kai－agathon*(美的和善的)中被共同提到,而且 *kalos*,一个关于美的专有词汇,多半像 *agathos* 那样差不多被用来指道德上的善。一旦由幸福(*eudaemonia*)目标所统治的希腊伦理世界让位给由神圣戒律和义务或责任的观念支配的伦理学,就会更加容易将伦理的和审美的区分开来,甚至将它们视为相冲突的原则。在美学与伦理学之间作出的那个著名的后古典联系,表达了对它们那觉察到的分隔的突出意识。康德将美视为道德的象征;席勒将审美教育视为达到道德目的的手段;而克尔凯廓尔将对生活的审美态度视为次于伦理生活的选择。后现代趣味伦理学也许刚好在这一点上显得与众不同:它试图以对有悠久传统的哲学二分(这种二分可以同希腊的重叠区分开来)的挑战意识,来真正融合这两个领域,因此,审美既不是伦理的象征、手段,也不是伦理的代替,而是同一个构成性的实质。

⑨ Richard Rorty, "Freud, Morality, and Hermeneutics," *New Literary History* 12 (1980), 180。

⑩ Bernard Williams, *Ethics and the Limits of Philosophy* (London: Fontana, 1985), 29, 此后将缩写为 *ELP*。

⑪ 见 T. S. Eliot, "Trandition and the the Individual Talent," *Selected Essays* (London: Faber, 1976), 16。

⑫ 见 Lyotard, *Postmodern Condition*, 27－41。

⑬ Richard Wollheim, *The Thread of Life*, (Cambridge, Mass: Harvard University Press, 1984), 215－216; 此后缩写为 *TL*。事实上沃尔海姆在这里并没有用"伦理(ethics)"这个术语;但是,在谈及包括非义务的价值"广义构想的道德"对由义务统治和建立在内向投射之上的"狭义构想的道德"上,他像威廉斯一样,作出了同样的根本区分(例如,*TL* 221)。我也应该告诫:无论沃尔海姆还是威廉斯,都不是典型的后现代哲学家,即使他们挑战现代性占统治地位的由义务理性统治的道德伦理。尽管它们的批评毫无疑问反映了后现代经验,但是,它们的哲学类型和一般的客观主义观点,终归于传统上现代的。相反,罗蒂可以被称之为后现代哲学家,不过,这里不是试图去解

释或证明这种区分的地方。我在“Postmodernism and the Aesthetic Turn”一文中,对这种区分做了一个大纲式的尝试。载 *Poetics Today* 10 (1989), 604–622。

331 ⑭ 将伦理学视为创造的艺术,表明伦理行为者在生活中具有艺术家在他的艺术中所拥有的同一种自由和权力。一个人可以有理由地反对:这对绝大多数社会成员来说并不是那么回事,尽管这是事实:即使是穷人也具有某种使生活风格化的选择。由于这个原因,像我随后将要讨论的那样,社会的(和审美的)改革,对使现行生活像艺术一样的伦理理想成为一种更可接受和分享的选择,是必需的。

⑮ Alisdair MacIntyre, *After Virtue* (London:Duckworth,1982),191。

⑯ 见 G. E. Moore, Principia Ethica (Cambridge: Cambridge University Press, 重印本,1959), 188–189, 此后缩写为 *PE*。

⑰ O. Wilde, The Works of Oscar Wilde (New York: Dutton, 1954), 934。王尔德对审美生活的鼓吹,似乎融合了我已区分的三种类型的所有方面。他分别要求(1)一种审美消费愉快(连同这种愉快所提供的令人振奋的刹那沉寂和静止状态)的生活;(2)对形成一个人在审美上的愉快整体的需要;以及(3)某种接近罗蒂–浮士德式的(Rortian—Faustian)审美生活——鉴于他推荐可以在持续变化中发现统一——的东西。实际上,当王尔德在1890年这样说的时候:理想的审美家“将以许多形式实现自己,将以一千种不同的方式实现自己,将不断对新异感觉和新鲜观点感到好奇。通过不断的变化,也仅仅通过不断的变化,他将发现自己真正的统一”(987),他已经扩展了罗蒂的后现代讽刺家的典型。应该指出的是,佩特鼓吹一种“活跃的、增殖的意识”、一种对新异性的强烈兴奋、以及一种对知识的实效的经验的观点,不是将知识当作提供任何永恒的真理(这是不可能达到的)而只是当作“观念(ideas)”、“观点(points of view)”或“批评的工具”(用罗蒂的话来说就是“词汇”),以此来丰富我们的经验和使经验的评鉴变得敏锐(见 Walter Pater, The Renaissance [London: Macmillan, 1917], vii–xv, 233–239),在这一点上他也预示了罗蒂的浮士德式的审美生活。

⑱ Michel Foucault, “On the Genealogy of Ethics: An Overview of Work in Progress,” 载 Paul Rabinow (ed.), *The Foucault Reader* (New York: Pantheon, 1985), 341, 343。有关这种观点的详细阐述,见 Foucault, *The History of Sexuality* (New York: Random House, 1985, 1986), 第 2 卷和第 3 卷。

⑲ Foucault, *Care of the Self* (*History of Sexuality*, 第3卷),40, 65 - 66。

⑳ 对尼采的这种解释,在 Alexander Nehamas, *Nietzsche: Life as Literature* (Cambridge, Mass: Harvard University Press, 1985)中有非常引人注目的表现。他写道:"因此也构成它的同一性的自我的统一,不是某种给予的东西,而是某种获得的东西,不是一个开始,而是一个目的"(182)。这种"统一的自我的[目的],依然能够兼容持续变化"和不同经验(189)。它承认一个自我,用尼采自己的话来说,"所有强健的、表面上充满矛盾的欲望——但在那种带着枷锁的方式下它们可以走到一起"(221),像它们可能造成相互冲突 332
的行为那样,紧紧保持在某种可能非常复杂的连贯统一之中。我对尼采和内哈玛斯的异议是:他们试图将这种自我统一的理想建立在统一的更基础的逻辑和本体论的原理之上。我在我的论文"Nietzsche and Nehamas on Organic Unity"中讨论了这个难题,载 *Southern Journal of Philosophy* 26 (1988), 379 - 392。

㉑ 可以更一般地认为,我们文化对明显突起——作为一种坚实地确定的个体——的偏好,源于将男性支配的自我与阴茎等同起来。缺乏阴茎这种突出的视觉形象和惟一性,而更恰当地是由多重覆盖、多重皱折构成的女性性特征,可以表明另一种自我和社会的样式。见 Luce Iriguray, *This Sex Which Is Not One* (Ithaca: Cornell University Press, 1985), 23 - 33。

㉒ 事实上,这种多元主义与他倡导"一种日益增进的承受多元性的意愿"和"一种日益增进的对私人目的的根本差异的见识"更为合拍。但是,罗蒂将这种差异性太狭隘地等同于十足的诗人和讽刺家那种野心勃勃的原初的自我创造,"个人生活根本的诗人特征"(*CIS* 67)。一种更符合实用主义的多元主义,应该认可私人目的的差异性,也应该认可被接受为仅仅是群体中的一员的要求,一种对相似和归属的要求,没有对根本区别和个人原创性的追求。

㉓ 见 Pierre Bourdieu, "The Market of Symbolic Goods," *Poetics* 14 (1985), 13 - 44, 和"The Production of Belief", 载 R. Collins 等人, *Media, Culture, and Society: A Critical Reader* (London: Sage, 1986), 131 - 163。

㉔ 见 W. F. Haug, *Critique of Commodity Aesthetics: Appearance, Sexuality, and Advertising in Capitalist Society* (Minneapolis: University of Minnesota Press, 1986)。

㉕ Fredric Jameson, *The Ideologies of Theory* (Minneapolis: University of Minnesota Press, 1988), 第2卷,70页。.

㉖ 有关根据对身体和自我的不足与危险而对芬达有氧健身电视录像的有启发的批评,见 Elizabeth Kagan and Margaret Morse, "The Body Electronic, Aerobic Exercise on Video: Women's Search for Empowerment and Self-Transformation," *The Drama Review* 32 (1988), 164-180。关于对我们文化的这种偏好——改造身体的外型使之符合社会上享有特权的模特——的范围更广的批评,见 Susan Bordo, "'Material Girl': The Effacements of Postmodern Culture," *Michigan Quarterly Review*, 1990, 653-677。

㉗ William James, *Pragmatism and Other Essays* (New York: Simon and Schuster, 1963), 26。

第十章

① Michel de Montaigne, "Of Presumption," 载 *The Complete Essays of Montaigne* (Stanford: Stanford University Press, 1965), 484。

333 ② 参见 Richard Shusterman, "Die Sorge um den Körper in der heutigen Kultur", 载 Andreas Kuhlmann (ed.), *Philosophische Ansichte der Kultur der Moderne* (Frankfurt: Fischer, 1994), 241-277。

③ J. M. Guyau, *Les problèmes de l'esthétique contemporaine* (1884), 11th edn (PARIS: Alcan, 1925), 20-21;参照英译本 *Problems of Contemporary Aesthetics* (Los Angeles: DeVorss, 1947), 23。

④ 参见 Richard Shusterman, *Practicing Philosophy: Pragmatism and the Philosophical Life* (New York: Routledge, 1997), 127-129, 166-177。这是我使用"身体美学"这个术语的第一个英文文本。这个术语在拙著 *Vor der Interpretion* (Vienna: Passagen, 1996, 132)也有介绍,该书是拙著 *Sous l'interprétion* (Paris: L'éclat, 1994)的修订德译本。也可参见拙文"Somaesthetics and the Body/Media Issue," *Body and Society* 3 (1997): 33-49。身体也是我较早的时候在 *Pragmatist Aesthetics: Living Beauty, Rethinking Art* (Oxford: Blackwell, 1992, 6-7, 52-53, 258-261) 第一版中展开的美学的中心。

⑤ 这个定义以詹姆斯的著作(《实用主义:某些旧思想方式的新名字》)

Pragmatism: *A New Name for Some Old Ways of Thinking*(New York: Longmans, 1907)的副标题的形式出现,该书重印于 William James, *Pragmatism and Other Essays*,(New York: Simon and Schuster, 1963)。

⑥ 鲍姆嘉通首先使用这个术语是在他 1735 年的博士论文 *Meditiationes Philosophical de nonnullis ad poema pertinentibus* 的第 116 节中。在 1742–1749 年于奥得河的法兰克福大学(University of Frankfurt-on-the-Oder)讲授关于美学的讲演课程之后,他于 1750 年出版了一本(用拉丁文写作的)题为《美学》的长论文,在 1758 年又由一个较短的第二部分作了补充。我对鲍姆嘉通的引用,出自鲍姆嘉通 *Theoretische Äesthetik*: *Die grundlengenden Abschnitte aus der "Aesthetica"* (1750/1758) 这本著作的双语(拉丁-德语)对照本,德语翻译为 H. R. Schweizer (Hamburg: Felis Merner, 1988)。英文翻译是我自己的。我的文本中随后对这本书的提及将以加括号的形式——即(A)——注出。

⑦ 不过,上面引用的鲍姆嘉通的博士论文和第一本书有了英文译本。由 Karl Aschenbrenner 和 W. B. Hoelther 翻译和编辑。它的英文题目为《诗的沉思》(*Reflection on Poetry*, Berkeley: University of California Press, 1954)。

⑧ "*Caro*"经常在与灵魂的否定性对照的意义上被使用,就像在塞涅卡著名的评论中那样:"In hoc obnoxio domicilio animus liber habitat. Numquam me caro ista compellet ad metum, numquam ad indignam bono simulationem"(在这个败坏的居所中,灵魂自由生活。我的肉体决不会使得我感到恐惧,或者采取一个好人不足取的伪装),见塞涅卡的《书信》(*Epistles*), 65:22。"*Caro*"也用于一条用来蔑视人的拉丁习惯用语中——"*caro putida*"(臭皮囊)。见 Harper's *Latin Dictionary* (New York:Harper,1907),294。

⑨ 鲍姆嘉通出生于一个虔信派教徒的家庭背景中,他当然意识到,如果早期启蒙哲学家以与教会教义相冲突的方式来建立他们的理论的话,他们就得面临极大的风险。他的哲学英雄,克里斯蒂安·沃尔夫,就被驱逐出哈雷(鲍姆嘉通在这里学习,后来在这里任教),因为他的学说惹怒了那里的宗教领袖。在那个时候,斯宾诺莎和他的追随者的文本,因为有关于上帝和心- 334
身统一的异端邪说,也经常被焚毁。总之,鲍姆嘉通不得不将美学引进的那个宗教意识形态占统治地位的环境,对强调身体的哲学是完全无法容忍的。

⑩ 在《哲学实践》(*Practicing Philosophy*)的"导言"中,关于哲学从一种丰润醇厚的生活艺术退化为一种纯粹的学院理论学科的历史原因,我提供了

一些尝试性的猜想。我提供的这种解释，在很大程度上建立在皮埃尔·阿多和米歇尔·福柯的工作之上。不过，我自己的大量努力，被投入去探究将哲学实践当作一种具体化的生活艺术的可能性和范型。

⑪ 参见 Diogenes Laertius, *Lives of Eminent Philosophers* (Cambridge: Harvard University Press, 1991) vol. 1, 153, 163; Xenophon, Conversations of Socrates (London: Penguin, 1990), 172。

⑫ 关于犬儒学者第欧根尼，据说："他会引证明白无疑的证据，来说明我们从体育训练达到美德是如何轻而易举"。甚至前苏格拉底的克莱奥布洛斯，一位"以力和美而著名"和传授埃及哲学的圣者，也"劝告人们[在他们对智慧的追求中]从事身体练习"。这一节的引文，来自 Diegenes Laertius, *Lives of Eminent Philosophers* (Cambridge: Harvard University Press, 1991), vol. 1, 91, 95, 153, 221; vol.2, 71,215。

⑬ Yaśuo Yuasa, *The Body: Toward an Eastern Mind - Body Theory* (Albany: SUNY Press, 1987), 25. 在汤浅的后一本书 *The Body, Self - Cultivation, and Ki - Energy* (Albany: SUNY Press, 1993)中，*shugyo* 一词被翻译为"自我修养 self - cultivation)。*Shugyo* 由两个分别表示"掌握"和"行为"的汉字合并而成，在字面上意味着"掌握一种行为"，但是，这种要求自我修养和自我掌握的观念，是固有的和根本的。

⑭ 我已经在"Die Sorge um den Körper in der heutigen Kultur"中分析了这些练习，在这里我只是指出少数重要的原始资料的例子。F. M. Alexander, *Constructive Conscious Control of the Individual* (New York: Dutton, 1924) 和 *The Use of the Self* (New York: Dutton, 1932); Moshe Feldenkrais, *Awareness Through Movement* (New York: HarperCollins, 1977) 和 *The Potent Self* (New York: HarperCollins, 1992); 以及 Alexander Lowen, *Bioenergetics* (New York: Penguin, 1975)。

⑮ Diogenes Laertius, *Lives of Eminent Philosophers*, vol. 1, 71; 参见 vol. 1, 221; vol.2, 119。

⑯ 当然，愉快并没有穷尽身体美学——像美学那样——应该检验和获得的有价值的感受。但是在挑战愉快对所有价值的垄断中，我们不应该轻视愉快的价值，不应该将它的深度和种类的范围降低到最小的限度。有关这个问题的争论，见 Alexander Nehamas, "Richard Shusterman on Pleasure and Aestheitc Experience"（和我的回应）, *Journal of Aesthetics and Art Criticism* 56

(1998)：49 - 53。也见与 Wolfgang Welsch 的一个类似的交流，“Rettung 335
durch Halbierung? Zu Richard Shustermans Rehabilitierung ästhetischer Erfahrung,” *Deutsche Zeitschrift für Philosophie* 47 (1999)，111 - 126；“Provaktion und Erinnerung：Zu Freude，Sinn，und Wert in ästhetischer Erfahrung,” ibid.，127 - 137。

⑰ 例如，见 Friedrich Nietsche，*The Will to Power*（New York：Vintage，1968）；Maurice Merleau - Ponty，*The Phenomenology of Perception*（London：Routledge，1962）；和 Owen Flanagan，*The Science of the Mind*，2nd edn (Cambridge Mass.：MIT Press，1991)。

⑱ 虽然副现象对学哲学的学生来说是一个非常熟悉的概念，但超集(superset)概念就需要解释：“超集是两种[或更多的健美运动]连续不停顿地进行的练习。”更详细的内容，见 Arnold Schwarzenegger，*Encyclopedia of Modern Hodybuilding*（New York：Simon and Schuster，1985)，161。

⑲ 例如，见 Michel Foucalt，*Discipline and Punish*（New York：Vintage，1979)；*The History of Sexuality*，vol. 1，*An Introduction*（New York：Vintage，1980)；vol. 2，*The Use of Pleasure*（New York：Vintage，1986)；vol. 3，*The Care of Self*（New York：Vintage，1988)；Pierre Bourdieu，*The Logic of Practice*（Stanford：Stanford University Press，1990)，“La Connaissance par Corps,” 载 *Meditations Pascaliennes*（Paris：Seuil，1997)。

⑳ 当然，我没有主张像瑜珈和禅宗的修炼(或者费尔登克拉斯和亚历山大的那些练习)整个地或首要地是为审美经验来从事的。但是，它们事实上强调了它们的审美维度和益处。例如，参见 Svatmarama Swami 的古老的 *Hatha Yoga Pradipika*，trans. Pancham Sinh (Allabad，India：Lalit Mohan Basu，1915)，其中说到“一个瑜珈修行者的身体，怎样变得神圣、充满生机、健康和发出神圣的气味”，因此他或她“变得几乎像爱神一样美丽”(23,57)。也见 Dogen “Principles of Seated Meditation”，Carl Bielefeldt，*Dogen's Manuals of Zen Meditation*（Berkeley：University of California Press，1988)。关于费尔登克拉斯和亚历山大，见注释 14 的参考书目。

㉑ 见 Max Horkheimer 和 Theodor Adorno，*Dialectic of Enlightenment*（New York：Continuum，1986)，232，233。

㉒ Horkheimer and Adorno，*Dialectic of Enlightenment*，233 - 234。

㉓ Ibid.，234。

㉔ Ibid., 235。

㉕ 这不是说经验性的身体美学不能提供标准和理想:著名的“跑步者的高峰”、健美运动员的“涨大”和爱人的高潮可以被视为形成了这种经验成就的独特标准,这种成就有时候可以掌握一种压制性的力量。

㉖ 关于印度古典美学怎样强调身体和身体的感官愉快的一个有益的说明,参见 Rekha Jhanji, *The Sensuous in Art: Reflections on Indian Aesthetics* (Delhi: Motilal Banarsidass, 1989),这本书反驳了印度美学那种十足的超
336 验-宗教的形象,印度美学的这种形象通过 Ananda Coomaraswamy 的著作而变得非常有影响。

㉗ 见 David Hume, “Of the Standard of Taste”, 载 E. F. Miller (ed.), *Essays Moral Political, and Literary* (Indianapolis: Liberty Classics, 1985), 236。尼采的引文引自 *The Will to Power* (New York: Vintage, 1968), 820 节。梅洛-庞蒂是另一位强调审美欣赏和艺术创造中的身体作用的重要哲学家。见他在“Eye and Mind”中有关绘画的说明,载 Maurice Merleau-Ponty, *The Primacy of Perception* (Evanston: Northwestern University Press, 1964), 159-190。

㉘ Alexander Nehamasm 在 *The Art of Living* (Berkeley: University of California Press, 1998)中提供了一种在苏格拉底、柏拉图、蒙田、尼采和福柯等人中的哲学的生活艺术的有趣研究。也见 Wolfgang Welsch, *Undoing Aesthetics* (London: Sage, 1997),他凭借感性认识(*aisthesis*)的概念,鼓吹一种非常广义的美学的哲学概念,这种美学在根本上不以艺术为中心。

㉙ 对这种论点——哲学不能有效地处理身体经验,因为根据哲学的定义,它被限制在语言领域之内——的进一步的批评,见 *Practicing Philosophy*, 第6章。

㉚ 见马克斯·德索,他建立了德国美学协会和 *Zeitschrift für Ästhetik und allgemeine Kunstwissenchaft* 杂志,他的主要著作被翻译为 *Aesthetics and Theory of Art* (Detroit: Wayne State University Press, 1970)。也见托马斯·门罗,他后来帮助建立了美国美学协会和它的官方刊物 *The Journal of Aesthetics and Art Criticism*。门罗对美学独立的主张,可以在下列文献中找到,例如:“Aesthetics and Philosophy in American Colleges”, *Journal of Aesthetics and Criticism* 4 (1946): 185-187; “Society and Solitude in Aesthetics”, *Journal of Aesthetics and Criticism* 3 (1945): 33-42;和“Aesthetics as Science: Its Development in America", *Journal of Aesthetics and Criticism* 9 (1951): 161－207。对于门罗为了将美学确立为一个独立的领域且将美国确立为它的首选地点而从德索(和其他人)那里借来的策略的一种说明,见 Richard Shusterman,"Aesthetics Between Nationalism and Internationalism", *Journal of Aesthetics and Art Criticism* 51 (1993), 157－167。

㉛ 关于杜威身体理论和实践以及他同亚历山大的关系,见我的 *Practicing Philosophy*,第1、6章。

㉜ Michel Foucault, *Foucault Live* (New York: Semiotext[e], 1996), 384;参见378。

㉝ 见 *Practicing Philosophy*,第1章,也见 Richard Shusterman,"The Self As a Work of Art", *The Nation*, 30 June 1997, 25－28。

㉞ Richard Shusterman,"Styles et styles de vie: originalité, authenticité, et dédoublement dumoi", *Littérature* 105 (1997): 102－109。

㉟ Henry David Thoreau, Walden,载 *The Portable Thoreau* (New York: Viking, 1969), 468。

索　引

本索引所标页码为原书页码，中译本边码

图书在版编目(CIP)数据

实用主义美学:生活之美,艺术之思/(美)舒斯特曼著;彭锋译.—北京:商务印书馆,2002(2016.6重印)
(新世纪美学译丛)
ISBN 978-7-100-03541-5

Ⅰ.实... Ⅱ.①舒...②彭... Ⅲ.实用主义—美学
Ⅳ.B83-069

中国版本图书馆CIP数据核字(2002)第052436号

新世纪美学译丛
实 用 主 义 美 学
——生活之美,艺术之思
〔美〕理查德·舒斯特曼 著
彭 锋 译

商 务 印 书 馆 出 版
(北京王府井大街36号 邮政编码100710)
商 务 印 书 馆 发 行
北京中科印刷有限公司印刷
ISBN 978-7-100-03541-5

2002年9月第1版 开本850×1168 1/32
2016年6月北京第2次印刷 印张15 1/4 插页2
定价:43.00元